U0187194

半导体与集成电路关键技术丛书
微电子与集成电路先进技术丛书

宽禁带半导体功率器件
——材料、物理、设计及应用

[美] 贾扬·巴利加（B. Jayant Baliga）等著
杨兵　译

机 械 工 业 出 版 社

本书系统地讨论了第三代半导体材料 SiC 和 GaN 的物理特性，以及功率应用中不同类型的器件结构，同时详细地讨论了 SiC 和 GaN 功率器件的设计、制造，以及智能功率集成中的技术细节。也讨论了宽禁带半导体功率器件的栅极驱动设计，以及 SiC 和 GaN 功率器件的应用。最后对宽禁带半导体功率器件的未来发展进行了展望。

本书适合从事第三代半导体 SiC 和 GaN 方面相关工作的工程师、科研人员和技术管理人员阅读，也可以作为高等院校相关专业高年级本科生和研究生的教材和参考书。

译者序

全球温室气体排放量主要来自能源消耗，而电力占到世界能源消耗总量的约1/3。硅基半导体性能正接近物理极限，MOS 器件面临着无法继续降低导通损耗的问题。随着“碳达峰”“碳中和”目标的提出，能够实现绿色节能的第三代半导体 SiC 和 GaN 无疑是未来的希望。第三代半导体能源转换效率能达到95%以上，在新能源、数据中心、5G、汽车电子等市场的应用值得期待。第三代半导体引起了学术界和产业界的高度重视，我们国家也将其列入了“十四五”规划当中。

本书分为 10 章，第 1 章简要介绍了第三代半导体中各种类型的功率器件结构；第 2、3 章讲述了 SiC 和 GaN 材料的基本物理特性；第 4 ~6 章讨论了 SiC 和 GaN 功率器件的设计、制造，以及智能功率集成；第 7 章讨论了宽禁带半导体功率器件的栅极驱动；第 8、9 章介绍了 SiC 和 GaN 功率器件的应用；第 10 章对宽禁带半导体功率器件的发展进行了展望。本书是 IGBT 的发明人 B. Jayant Baliga 教授和世界顶尖研究机构的科学家们最新研究成果的结晶，涵盖了材料、工艺、器件结构以及应用，因而本书的翻译对于国内第三代半导体方面的研究无疑会起到积极的促进作用。对于希望学习和研究 SiC 和 GaN 方面的广大学生和研究人员来说，本书是一本非常值得阅读的书籍。

本书由北方工业大学杨兵老师完成翻译和整理工作。

感谢机械工业出版社编辑江婧婧为原著版权和译著出版等各项事宜所做的大量工作。感谢家人这么多年来的理解和支持，使我能静下心来完成翻译工作。

书中翻译有不妥甚至错误之处，敬祈读者不吝赐教。

杨兵

2023 年 5 月

原书前言

1979 年，我在通用电气公司工作时推导出了单极型半导体功率器件的比导通电阻与半导体材料基本特性之间的理论关系。我的理论为功率器件提供了Baliga性能指数（BFOM），可以用来预测用宽禁带半导体取代硅所带来的性能提升。当时，在硅之后最成熟的半导体技术是砷化镓（GaAs），因为它应用于红外激光器和发光二极管。根据 BFOM 预测，用 GaAs 取代硅，单极型功率器件的比导通电阻会变为原来的1/13.6，而其应用会扩展到更高的电压和功率水平。通用电气现有的 GaAs 器件制造基础部门促使其管理层在 20 世纪 80 年代初指派了一个由 10 名科学家和技术人员组成的团队，在我的指导下工作，奠定了基于GaAs 的功率器件技术。我负责组织的一项重点工作是开发采用较低掺杂水平的GaAs 外延层来制造高压器件，创建一个工艺平台来制造高性能欧姆和肖特基接触，并针对该材料设计新颖的器件结构。这一努力最终在 20 世纪 80 年代的第一个宽禁带半导体功率器件——肖特基整流器和垂直金属 - 半导体场效应晶体管上证实了我的理论预测。

根据我的公式预测，在 20 世纪 80 年代，利用已知的特性，用碳化硅（SiC）取代硅，电阻降低了 200 倍。到 20 世纪 90 年代初，SiC 晶圆开始商业化，我领导的功率半导体研究中心在 1992 年首次演示了开发的高电压肖特基二极管。1997 年，我们使用现有的 6H - SiC 材料演示了开发的高性能 SiC 功率金属 - 氧化物半导体场效应晶体管（MOSFET）。在我的指导下对 SiC 的碰撞电离系数进行了测量，测量给出的 SiC 的 BFOM 数据增加到 1000。这些突破带动了美国、欧洲和日本在开发更好的材料和设备方面的重大投资。第一个商用 SiC 产品是21 世纪初上市的高压结势垒肖特基（JBS）二极管。由于在众多应用中作为硅绝缘栅双极型晶体管（IGBT）的反向并联二极管，这些器件现在的市场规模已增长到超过 2 亿美元。

经过多年对 4H-SiC 和热生长氧化层界面之间性能的改善，2011 年向市场推出第一款 SiC 功率 MOSFET 是可行的。通过业界严格的测试，解决了应用工程师最初对这些器件可靠性的担忧。现在，这些器件在光伏逆变器和电源等应用中得到了认可。这种器件必须与成熟的硅功率器件IGBT和超结FET竞争。市场增长的主要障碍是SiC功率器件过高的成本。世界各地的研究人员都在努力降低SiC功率器件的成本，这预示着未来市场是有希望的。

通过使用过渡层来解决晶格的失配，在硅衬底上生长GaN层，GaN功率器件的发展走上了一条不同寻常的道路。这一突破使得GaN高电子迁移率晶体管(HEMT)结构与高导电性的二维电子气层成为可能。这些横向器件提供了非常优越的漂移区电阻。然而，制造常关器件一直是一个挑战，即便是常开结构仍然存在动态导通电阻问题。一些公司已经采取了使用Baliga对或级联结构实现常开的GaN HEMT产品的方法。其他研究人员则采用结构改造来获得正的阈值电压。这些器件已被证明能够使功率电路在几MHz的开关频率下工作，从而使非常紧凑的电子产品成为可能。在单个芯片上集成多个器件的能力也为制造功率芯片产品创造了机会。

出版这本关于宽禁带半导体功率器件书籍的动机源自我在2015年在爱思唯尔出版的《IGBT器件——物理、设计与应用》一书的成功，该书获得了著名的PROSE奖，被评为当年工程和技术领域的最佳书籍。这本IGBT书籍对IGBT在过去25年中在社会各方面的应用及其社会影响进行了广泛论述。

对于这本关于宽禁带半导体功率器件的书，我想涵盖从材料特性到器件结构以及应用的整个领域。很高兴联系的所有撰写本书的专家都热情地接受了我的提议。不幸的是，由于涉及技术秘密的原因，一些作者未能兑现他们的承诺。尽管如此，本书的内容对宽禁带半导体功率器件的最先进研究水平进行了全面讨论，这对电力电子领域是非常有益的。

本书从引言第1章开始，提供了关于宽禁带半导体材料的功率器件优点的概述。在本章中描述了各种类型的功率器件结构，以便读者知晓在本书的其余部分会更深入讨论的技术。

第2章，关于SiC材料的性质，由京都大学的Kimoto教授撰写，提供了SiC材料的基本特性的信息，这与功率器件的设计和分析有关。重点是4H-SiC多型，因为它在制造SiC功率器件方面占主导地位。讨论包括影响少数载流子寿命的缺陷，因为它与双极型SiC功率器件（如非常高电压的IGBT）有关。

第3章，关于氮化镓和相关Ⅲ-Ⅴ氮化物的物理特性，由伦斯勒理工学院的Bhat教授撰写，提供了氮化镓（GaN）材料的基本特性的信息。包括二维电子气在AlGaN/GaN异质结结构中的电学特性，因为它对已经商业化的横向GaN HEMT器件非常重要。讨论在硅衬底上的GaN层生长过程中产生的缺陷，因为它与这些器件的可靠性相关。

第4章，关于SiC功率器件的设计和制造，由筑波大学的Iwamuro教授撰写，提供了SiC功率二极管和晶体管的全面讨论。描述了SiC P-i-N二极管和JBS整流器的物理机制，并对它们在各种阻断电压下的性能进行了量化。鲁棒性边缘终端的设计是最大化其性能的关键。对采用平面或沟槽栅极方法的 SiC 功率 MOSFET 结构进行了广泛的讨论。这些器件良好的短路能力对于它们在应用中的接受程度是至关重要的。本章还分析了开发超高电压 SiC IGBT 的潜力。

第 5 章，关于 GaN 智能功率器件和集成电路，由伦斯勒理工学院的 Chow 教授撰写，提供了对 GaN 功率器件的全面讨论。本章详细介绍了基于 Si 基 GaN 技术的 HEMT 结构横向功率器件。本章对基于 GaN 的功率集成电路的发展前景进行了展望。

第 6 章，关于 GaN 基 GaN 功率器件的设计和制造，由加州大学戴维斯分校的 Chowdhury 教授撰写，描述了使用体 GaN 衬底的垂直 GaN 器件的设计和制造的最新进展。这里描述了制造增强模式工作的 CAVET 结构的挑战。

第 7 章，关于宽禁带半导体功率器件的栅极驱动，由北卡罗莱纳州立大学的 Bhattacharya 教授撰写，强调了为宽禁带半导体功率器件提供足够的栅极驱动能力的重要性。这里描述了驱动这些器件实现更高工作频率的挑战和解决方案。SiC 和 GaN 器件在更高频率下的运行抵消了器件由于尺寸、重量和无源元件成本的降低而产生的较高成本。本章还深入介绍了功率电路中具有极高 dV/dt 瞬态的高阻断电压 IGBT 的驱动器设计。

第 8 章，关于 GaN 功率器件的应用，由弗吉尼亚理工大学的几位教授撰写，描述了 GaN 功率器件的潜在应用。本章介绍了作者为电源应用所实现的一些转换器设计。这里量化了用 GaN 器件取代硅器件在效率方面的改进。

第 9 章，关于 SiC 器件的应用，由弗劳恩霍夫太阳能系统研究所的研究人员撰写，重点介绍 SiC 功率器件在太阳能（PV）逆变器上的优势。这里量化了用 SiC 器件取代硅器件对逆变器效率的提高。

在最后一章中，我对 1980 年以来宽禁带半导体功率器件的发展历史进行了展望。这里提供了一些技术性趋势的预测。预测了 SiC 和 GaN 功率器件的应用增长，并定义了实现这一目标的系统需求。预计的市场规模，推动着对这项技术的投资将持续到 2025 年。此外，还定义了具有各种阻断电压额定值的 SiC 功率器件的价格目标，然后制定了实现这些目标的制造策略。

能够燃起全世界对采用宽禁带半导体取代硅来实现功率器件性能飞跃的兴趣，对我来说非常荣幸。虽然即刻可以认识到实现这一目标带来的好处，但为了开发晶圆材料技术以及重新设计器件结构以制造商业上可行的产品，研究人员已经历了 35 年的不懈努力。

B. Jayant Baliga

美国北卡罗莱纳州罗利北卡罗莱纳州立大学

2018 年 6 月

目　录

第1章 引言

1.1 硅功率器件

高效的发电、配电和管理已成为现代社会中的一个关键问题。随着技术的发展，20世纪50年代双极型硅功率器件取代了真空管，首次实现了这些功能。硅双极型晶体管和晶闸管的额定值迅速提高，满足了更广泛的系统需求。然而，受到复杂的控制和保护电路方面的基本限制，使得整个系统体积大且昂贵。20世纪70年代，随着用于数字电路的金属氧化物半导体（MOS）技术的出现，一类新的用于功率开关应用的器件逐渐发展起来。这些硅功率金属-氧化物半导体场效应晶体管（MOSFET）已广泛应用于工作电压相对较低（低于100V）的高频应用中。20世纪80年代，MOS和双极型结构的结合使得又诞生出了另一类硅器件，这类器件中最成功的创新是绝缘栅双极型晶体管（IGBT）[1]。IGBT的高功率密度、简单接口和可靠性使其成为所有中高功率应用的首选技术。

在20世纪90年代，引入了二维电荷耦合的概念，使用两种基本方法来显著降低硅功率器件的导通电阻。第一种方法利用嵌入深垂直沟槽内源极连接的电极，该方法实现了新一代硅功率器件的商业化，其额定电压为30～200V。第二种方法利用P型和N型硅区的交替垂直排列，使用这种方法实现了阻断电压在600V左右的产品商业化。任何宽禁带半导体功率器件都必须优于目前市场上可用的这些先进硅功率器件。

1.2 硅功率器件的应用

功率器件用于国民经济的各个方面，其系统可在不同的功率水平和频率范围内运行。如图1.1所示，功率器件的应用是关于工作频率的函数。需要控制MW级功率的高压直流（HVDC）配电和机车驱动在相对较低的频率下运行。当工作频率增加时，器件的额定功率会降低，典型的微波器件的功率约为100W。如今，所有这些应用都采用硅器件。功率MOSFET是在低功率电源电压下工作的

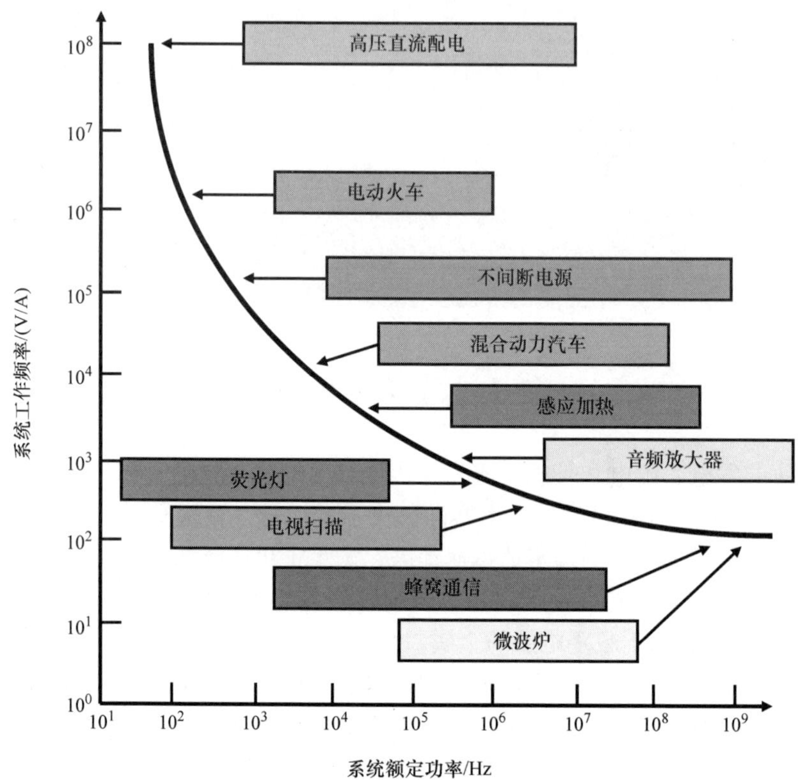

图 1.1　功率器件在不同频率范围的应用

高频应用的首选。这些应用包括计算机和笔记本电脑的电源、智能手机的电源管理和汽车电子产品。以前，晶闸管是唯一一种具有足够额定电压和电流值的器件，适用于 HVDC 配电应用。IGBT 的额定值现在已经提高到比晶闸管更适合用于电压源转换器和柔性交流输电（FACT）设计的水平。中频和电力应用，如电动火车、混合动力汽车、家用电器、紧凑型荧光灯、医疗设备和工业电动机驱动等也使用 IGBT。

硅功率器件也可根据其电流和电压处理要求进行分类，如图 1.2 所示。晶闸管可单独处理超过 6000V 和 2000A 的电流，从而通过单个单片器件控制超过 10MW 的功率。这些器件适用于 HVDC 输电应用。在过去 10 年中，开发出了阻断电压高达 6500V、电流处理能力高于 1000A 的硅 IGBT 模块。这使得硅 IGBT 能够取代 HVDC 中的晶闸管。硅 IGBT 是要求工作电压在 300 ~ 3000V 且具有显著电流处理能力且应用广泛的系统的最佳解决方案。这些应用涵盖国民经济的各个方面，包括消费、工业、交通、照明、医疗、国防和可再生能源发电[1]。当电流要求低于 1A 时，在单个芯片上集成多个硅器件是可行的，可以为电信和显示

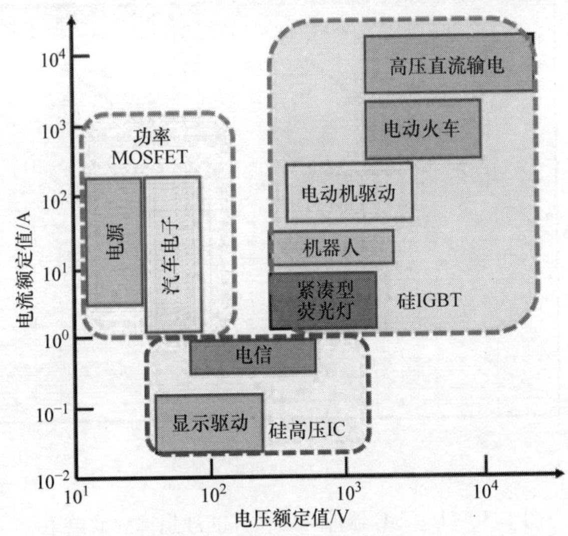

图 1.2 硅功率器件在不同电流和电压额定值系统中的应用

驱动等系统提供更强大的功能。然而，当电流超过几 A 时，使用带有适当控制 IC 的分离功率 MOSFET 来服务于汽车电子和开关电源等应用，成本效益更高。

1.3 碳化硅理想的比导通电阻

在文献［2］中给出了垂直单极功率器件漂移区的理想比导通电阻：

$$R_{\text{on-ideal}} = \frac{4BV^2}{\varepsilon_S \mu_n E_C^3} \tag{1.1}$$

式中，ε_S是半导体的介电常数；μ_n是电子迁移率；E_C是半导体击穿的临界电场。分母称为 Baliga 品质因数（BFOM）[3,4]：

$$\text{BFOM} = \varepsilon_S \mu_n E_C^3 = \frac{4BV^2}{R_{\text{on-ideal}}} \tag{1.2}$$

它是功率器件功率处理能力（W/cm^2）的度量单位。单极 SiC 功率器件由于其大的 BFOM 而具有低的导通态电压降。这主要是由于 SiC 击穿的临界电场比硅增加了大约 10 倍。

图 1.3 比较了击穿电压在 100 ~ 100000V 的 4H–SiC 器件漂移区的理想比导通电阻与硅器件的理想比导通电阻。用 4H–SiC 替换硅，可以预测漂移区的比导通电阻会显著降低。硅与 4H–SiC 的比导通电阻之比从 100V 击穿电压下的 527 增加到 40000V 以上击穿电压时的 1280。

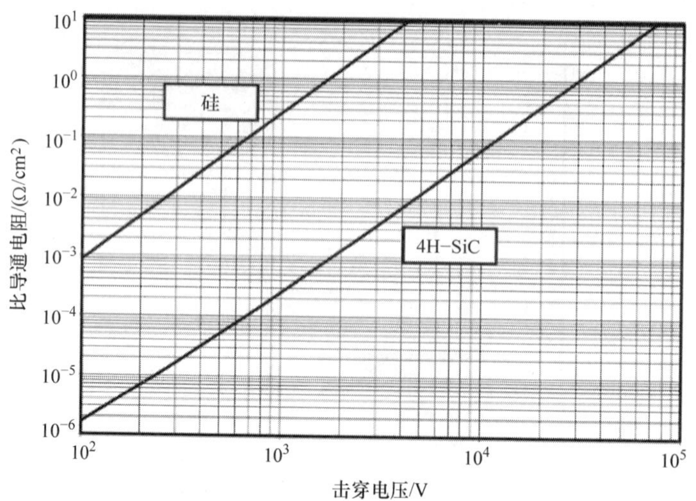

图 1.3　4H - SiC 器件与硅器件的理想比导通电阻

1.4　碳化硅功率整流器

硅双极型功率 P - i - N 二极管工作在导通态时，电流主要是注入的少数载流子[2]。当器件从导通态切换到关断态时，必须去除这些载流子。这是通过反向恢复过程实现的，该过程在关断期间会产生一个大的反向电流。这个电流在二极管和电路的开关中会产生显著的功率损耗。

因此，最好在功率二极管中利用单极电流传导。常用的单极型功率二极管结构是肖特基整流器，它是利用金属 - 半导体势垒进行整流的。如图 1.4 所示，高压肖特基整流器结构包含漂移区，它是为了支撑反向阻断电压而设计的。漂移区的电阻随着阻断电压性能的增加而迅速增加。市场上销售的硅肖特基整流器的阻断电压可高达 150V。超过这个值，硅肖特基整流器的导通态电压降对于实际应用来说太大了。尽管硅 P - i - N 整流器具有较慢的开关特性，但由于其较低的导通态电压降，因此其更适合于较大击穿电压的设计。

SiC 肖特基整流器具有更低的漂移区电阻，使设计具有低导通态电压降的超高压器件成为可能。这些器件是硅 P - i - N 整流器的最佳替代者，用作逆变器中 IGBT 的反激二极管或续流二极管。然而，在 SiC 肖特基整流器中观察到的一个主要问题是反向泄漏电流随着反向偏置电压的增大而大幅增大。由于肖特基势垒的降低和隧穿，反向泄漏电流增大了 5 个数量级。这对于这些整流器的高温运行和稳定性是一个严重的问题。

对于肖特基整流器的泄漏电流随着反向偏置电压的增大而快速增大的问题，

可通过使用图1.5所示的结势垒控制的肖特基（JBS）结构[5,6]来缓解。该结构包含围绕肖特基接触的P⁺区。耗尽区从结延伸并在肖特基接触下方形成势垒，这就抑制了肖特基接触处的电场。肖特基接触处较低的电场减小了接触的肖特基势垒的降低和隧穿[7]。

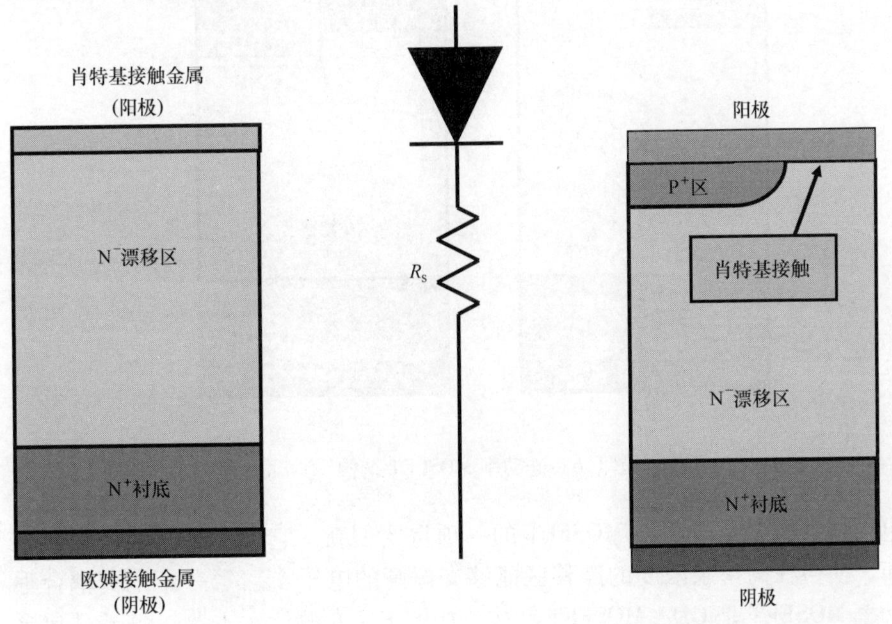

图1.4　高压肖特基整流器结构

图1.5　结势垒控制的肖特基整流器结构

1.5　硅功率MOSFET

商用硅功率MOSFET已广泛用于电源电压低于200V的低功率应用。商用硅功率MOSFET产品的基本结构如图1.6所示。在D－MOSFET结构中，通过使用硼和磷的离子注入及其各自推进的热处理周期，在多晶硅栅极的边缘自对准形成P⁻基区和N⁺源区。N⁻沟道由栅极下结的横向扩展的差异来定义。该器件支持通过P⁻基区/N⁻漂移区结施加到漏极的正电压。电压阻断能力由漂移区的掺杂和厚度决定。虽然低电压（<100V）硅功率MOSFET具有较低的导通电阻，但漂移区电阻随着阻断电压的增大而迅速增大，将硅功率MOSFET的性能限制在200V以下。硅U－MOSFET结构的栅极结构嵌入到硅表面刻蚀的沟槽中。N⁻沟道形成在P⁻基区表面的沟槽侧壁上。沟道长度由P⁻基区和N⁺源区垂直扩展的差异确定，该差异由掺杂剂的离子注入能量和推进时间控制。开发硅U－MOSFET结构是为了通过消除D－MOSFET结构中的JFET元件来降低导通电阻[2]。

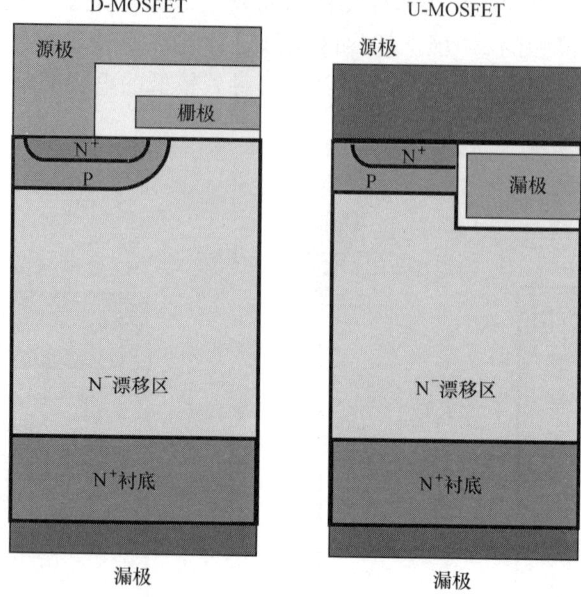

图 1.6　硅功率 MOSFET 结构

电荷耦合概念是硅功率 MOSFET 的一项重要创新。它改变了漂移区中的电场分布，使得在高掺杂浓度的漂移区能够支撑高的电压[8]。第一个电荷耦合垂直硅功率 MOSFET 是 GD - MOSFET 结构，如图 1.7 左侧所示[9,10]。该器件包含一个深沟槽区域，沟槽中有连接电极的源区。通过在高掺杂浓度的漂移区中使用梯度掺杂分布，可以在漂移区中产生均匀的电场[11]。利用这种想法可以获得远

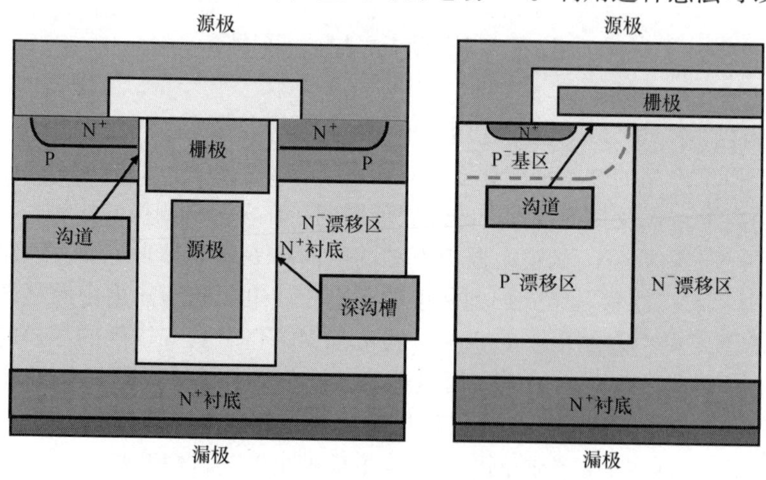

图 1.7　硅电荷耦合功率 MOSFET 结构

高于平面结构的击穿电压。这些器件的比导通电阻已被证明远低于（5~25倍）用于阻断50~1000V电压的传统硅器件[6]。许多公司已经发布了使用这种方法制造的产品。

另一种电荷耦合硅功率MOSFET是图1.7右侧所示的COOLMOS结构。这里，电荷耦合是通过在P^-和N^-漂移区柱之间形成的垂直P－N结实现的[12]。对于阻断电压500~1000V的应用，已经进行了许多研究来优化该器件结构[6]。研究表明，在600V的击穿电压下，COOLMOS结构的比导通电阻比传统硅功率MOSFET低3~10倍。许多公司已经将该器件结构商业化，产品名称各不相同。

任何被提出的GaN或SiC电源开关技术不仅必须与传统的硅功率MOSFET结构竞争，还必须与新型电荷耦合硅功率MOSFET竞争。电荷耦合硅器件具有更好的性能，但需要更昂贵的制造工艺。这一差异也必须加以考虑。

1.6　碳化硅功率MOSFET

由于一些原因，硅D－MOSFET结构不能在SiC中复制。首先，SiC中的掺杂剂即使在非常高的温度下也不会扩散。因此，SiC平面功率MOSFET中的沟道是通过交错的P^-基区和N^+源区离子注入来形成的[13]，这被称为双注入或DI－MOSFET结构[14]。其次，由于阻断结处较大的电场[15]，SiC器件的P^-基区出现较大的耗尽，这会导致非常大的沟道长度，使得器件的导通电阻变差。这个问题可以通过使用图1.8所示的带有反型层或积累层沟道的屏蔽SiC平面功率MOSFET结构[16]来解决。在结构中加入了一个深的P^+屏蔽区，以防止基区耗尽。对具有反型层沟道的结构，P^+屏蔽区扩展到N^+源区和P^-基区下方。对具有积累层沟道的结构，P^+屏蔽区扩展到N^+源区和位于栅极下方的N^-基区的下方。该N^-基区可以使用N^-漂移区的未补偿部分形成，也可以通过离子注入或外延生长在上表面附近添加N^-掺杂剂，来独立控制其厚度和掺杂浓度。

SiC功率MOSFET的另一个重要问题是由于阻断高电压时半导体中的大电场而在栅氧化层中产生的大电场。通过使用图1.8所示的屏蔽SiC功率MOSFET结构可以克服这个问题。P^+屏蔽区之间的间隙经过优化，可以获得较低的比导通电阻，同时屏蔽栅氧化层界面免受漂移区中的较强电场的影响。

已经证明，与反型模式SiC功率MOSFET相比，积累模式SiC功率MOSFET的沟道中观察到的电子迁移率明显更大[17]。这降低了阻断电压低于3kV的SiC功率MOSFET的比导通电阻。对于阻断电压较大的器件，漂移区电阻占主导地位[18]。目前，SiC功率MOSFET的商业化工作主要集中在阻断电压为1.2kV和1.7kV的器件上。

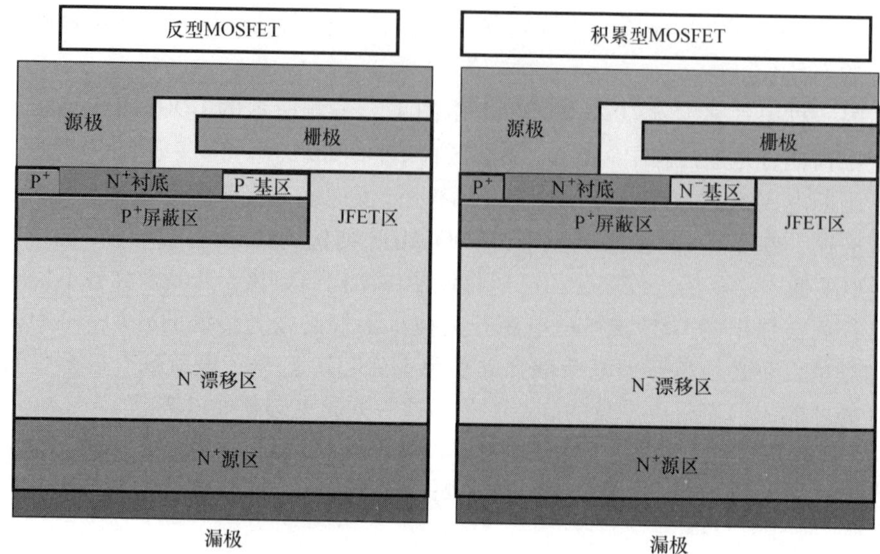

图 1.8 屏蔽的 SiC 平面功率 MOSFET 结构

1.7 碳化硅功率结势垒肖特基场效应晶体管（JBSFET）

功率器件的大多数应用要求电流不仅在第一象限，还需要在第三象限。一种常见的此类应用是用于电动机控制的 H 桥电路。功率 MOSFET 结构中体二极管的存在为第三象限中的电流流动提供了方便的路径。或者，即使漏极电压处于负电位，栅极也可以开启而允许电流通过沟道。不幸的是，栅极信号与漏极电压切换到第三象限的完美同步不可能产生通过体二极管电流。对于 SiC 功率 MOSFET，体二极管的导通压降超过 4V 时会产生较高的传导损耗。此外，体二极管导通引入了少数载流子注入和漂移层中电荷的存储。存储电荷的去除伴随着反向恢复电流，该反向恢复电流在 MOSFET 中产生额外的导通损耗。而且还发现，当体二极管导通时，由于基面位错处的堆垛层错的产生，功率 MOSFET 特性会下降。

如图 1.9 所示，将 JBS 二极管集成到功率 MOSFET 结构而形成的 SiC 结势垒控制的肖特基场效应晶体管（JBSFET）结构克服了上述问题[19,20]。研究表明，JBSFET 内的 JBS 二极管的制造可以使用单一金属与 N^+ 源区和 P^- 基区形成欧姆接触，同时与 N^- 漏区形成肖特基接触。JBS 二极管在第三象限传导电流时的压降仅为 2V，这防止了 MOSFET P－N 结体二极管的开启。

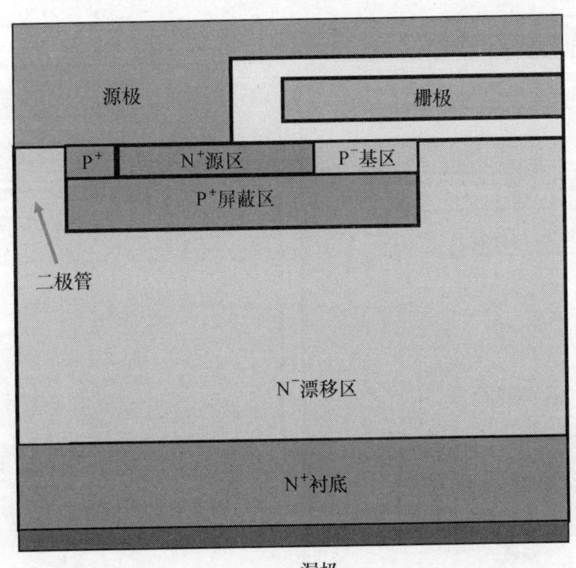

图 1.9　SiC 功率 JBSFET 结构

1.8　碳化硅功率 MOSFET 高频性能的改进

为了最大限度地利用 SiC 功率 MOSFET 替代硅 IGBT，有必要提高电路工作频率以减小无源元件的尺寸和成本。必须优化 SiC 功率 MOSFET 以降低其开关损耗。这可以通过栅极结构的创新来降低反向传输电容（C_{GD}）来实现。图 1.10 显示了 2 种产生显著改善的（更小）高频品质因数（HFFOM）的器件结构，由［$R_{on}\times C_{GD}$］和［$R_{on}\times Q_{GD}$］定义。

分裂栅极（SG）MOSFET 结构具有一个多晶硅栅极，在栅极的中间有一个开孔，该开孔与漂移区重叠。这种结构可以使用与制造常规 SiC 平面栅极功率 MOSFET 相同的工艺制造。已发现 SG MOSFET 测得的 HFFOM［$R_{on}\times C_{GD}$］比常规 MOSFET 小 1.3 倍，而其 HFFOM［$R_{on}\times Q_{GD}$］比传统 MOSFET 小 2.4 倍[21]。

缓冲栅极（BG）MOSFET 结构有一个多晶硅栅极，在栅极中间有一个开孔，该开孔与漂移区重叠。此外，P^+ 屏蔽区扩展到栅极边缘以外，以完全屏蔽漏极。为了防止 P^+ 屏蔽区上方的 N 型区完全耗尽，需要添加掺杂浓度高于 JFET 1 区的第二个结场效应晶体管（JFET）2 区。测量发现 BG MOSFET 的 HFFOM［$R_{on}\times C_{GD}$］比常规 MOSFET 小 3.6 倍，而其 HFFOM［$R_{on}\times Q_{GD}$］比传统 MOSFET 小 4.0 倍[22]。

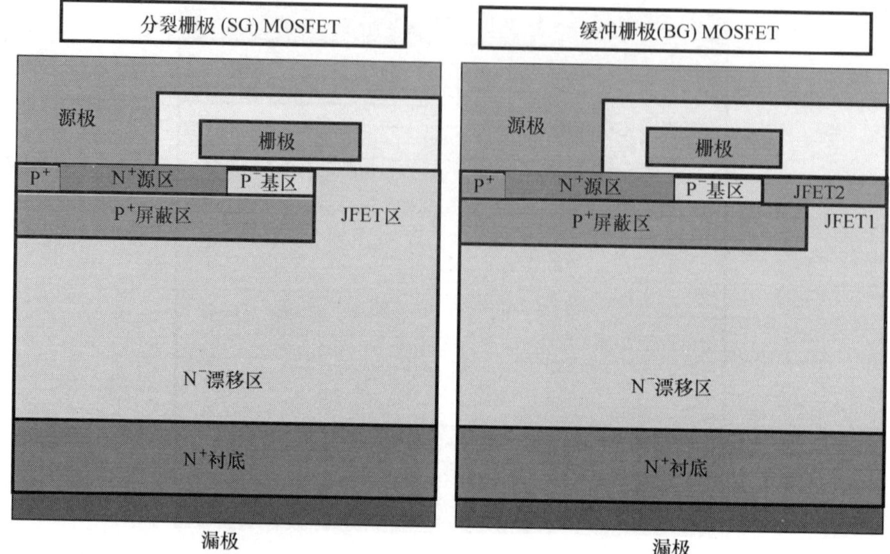

图 1.10　改善的 HFFOM 的 SiC 功率 MOSFET 结构

1.9　碳化硅双向场效应晶体管

矩阵转换器需要功率器件能在第一和第三象限阻断高电压并在两个象限承载栅极控制电流[23]。由于缺乏具有低导通态电压降和开关损耗的经济高效的双向开关，这些类型转换器的开发和商业化受到了阻碍。已经提出了许多使用硅 IG-BT 和 SiC 功率 MOSFET 来构造双向开关的方法。它们需要多个具有高净导通态电压降的独立封装器件。

针对这一应用，提出了 SiC 双向场效应晶体管（BiDFET）[24]。它由两个串联的 SiC JBSFET 组成，如图 1.11 所示。这些器件也可以通过将它们彼此相邻地构建在同一 SiC 晶圆上而进行单片集成。T1 端用作 BiDFET 的参考端，T2 端施加较大的 AC 电压。栅极 G1 和 G2 均用于控制第一象限和第三象限中器件的运行。值得强调的是，与传统功率 MOSFET 不同，在所提出的 BiDFET 中没有对 N^+ 衬底（漏极）进行外部电学连接。

在 BiDFET 中，G1 栅极相对于 T1 端施加零偏置时，实现了第一象限的高阻断电压性能。在这些条件下，功率 JBSFET－2 的体二极管正向偏置，功率 JBSFET－1 及其边缘终端支撑高电压。G2 栅极相对于 T2 端施加零偏置时，实现了第三象限的高阻断电压性能。在这些条件下，功率 JBSFET－1 的体二极管是

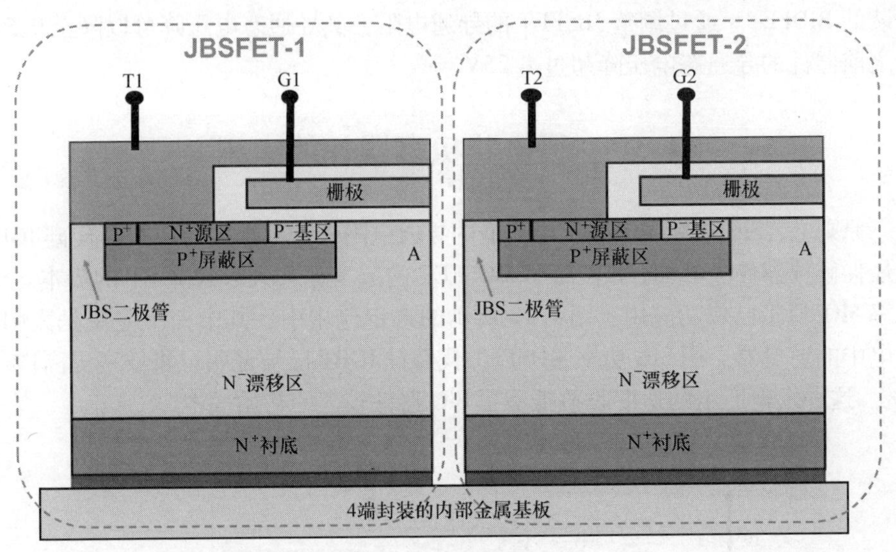

图 1.11 SiC BiDFET

正向偏置的，功率 JBSFET－2 及其边缘终端支撑高电压。

在 BiDFET 中，第一象限中的电流传导是通过参考相应的 T1 和 T2 端向两个栅极 G1 和 G2 施加正栅极驱动电压来实现的。这开启了两个 SiC 功率 JBSFET 的沟道。BiDFET 的导通电阻是两个 SiC 功率 JBSFET－1 和 JBSFET－2 的导通电阻之和。可以根据需要按比例增加两个功率 JBSFET 的面积来降低导通电阻，以实现低的导通态电压降。

正如之前在 SiC 功率 MOSFET 中演示的那样，在 BiDFET 中实现了具有优异输出特性的栅极电压控制的饱和电流。BiDFET 还具有快速的开关性能，如之前演示的 SiC 功率 MOSFET。这些特性使其非常适合于高频下运行的矩阵转换器，以实现高的功率密度。

矩阵转换器中使用的双向开关在死区时间或换相时间期间可能会遇到一个问题，这可能导致通过 MOSFET 中的体二极管传导电流。已经证明，通过 SiC 功率 MOSFET 的体二极管的电流可导致器件的双极退化。通过使用 SiC JBSFET 实现 BiDFET，该问题得以避免。在这种情况下，电流通过 JBSFET 结构内集成的 JBS 二极管流动，防止电流通过 P－N 体二极管以完全抑制双极退化现象。

BiDFET 已经用 1.2kV 额定电压的 JBSFET 进行了实验验证[25]。这些器件在第一象限和第三象限显示出栅极电压控制的输出特性，阻断电压高达 1650V。两个象限中器件的导通电阻等于每个导通态栅极偏置为 20V 的 JBSFET 的电阻之和。如果未通过正向偏置 JBS 二极管向器件施加栅极电压，则导通态特性呈现约 1V 的偏差。与之前需要 4～6 个单独封装器件的双向开关相比，只需要一个单独封装的 BiDFET。通过调整 JBSFET 的导通电阻，其导通态电压降可以降至 0.5V，而之前器件的导通态电压降超过 1.25V。

1.10 碳化硅功率器件的应用

原则上，SiC 功率 MOSFET 因其低的导通电阻和开关损耗而成为替代硅 IGBT 的最佳候选器件。然而，SiC 功率 MOSFET 的成本显著大于硅 IGBT 的成本。SiC 功率 MOSFET 已成功应用于图 1.12 所示的选定应用中。其中一个应用是太阳能发电中的逆变器。用 SiC 功率 MOSFET 代替硅 IGBT 已被证明可将效率提高1% ~ 2%。这种发电产生的适度收益抵消了 SiC 器件较大的初始成本。

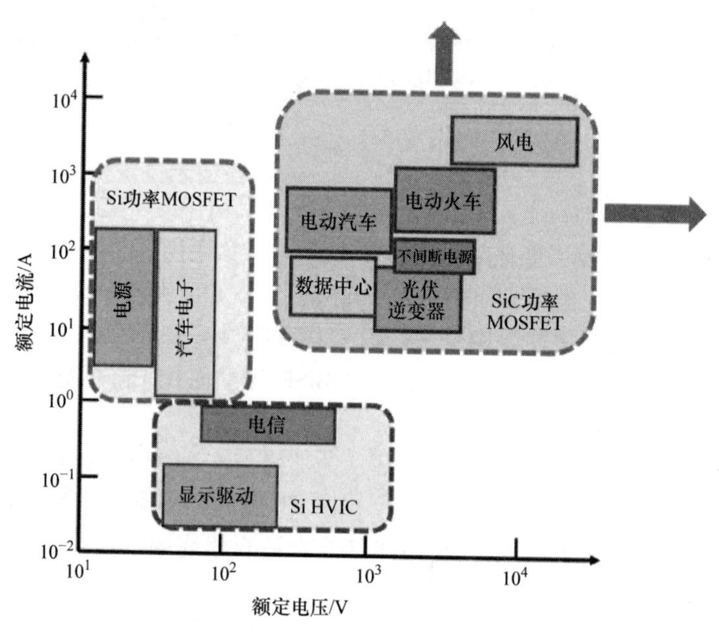

图 1.12　SiC 功率 MOSFET 结构的应用

SiC 功率 MOSFET 的另一个具有前景的应用是在电动和混合电动汽车的逆变器中。逆变器效率的提高使得车辆的续航里程得以扩大。此外，SiC 逆变器可以比基于硅 IGBT 的逆变器工作在更高的频率。这可以减小无源元件的尺寸和重量，这对电动汽车来说是一个重要的优点。

随着未来 SiC 功率 MOSFET 的成本降低，预计其应用将如图 1.12 中箭头所示而不断扩大。通过制造具有优异 HFFOM 的产品，如 SG - MOSFET 和 BG - MOSFET，SiC 功率 MOSFET 将加速渗透到 Si IGBT 的应用中。

1.11 氮化镓功率器件

通过使用图1.13所示的过渡层来改善材料之间的晶格失配，在硅衬底上成功生长出高质量GaN层，从而加速了GaN器件的商业化。与SiC或GaN衬底相比，采用大直径的硅衬底大大降低了晶圆的成本。在GaN层的顶部形成薄的AlGaN层，可以在GaN中产生二维电子气。二维电子气中的电子具有较高的迁移率（大约为$2000cm^2/Vs$）和电荷密度（大约为$10^{13}cm^{-2}$）。尽管是横向器件结构，但这在低比导通电阻的GaN漂移区形成了一个高导电率的电流路径。这使得可以形成具有高阻断电压和低比导通电阻的横向器件。

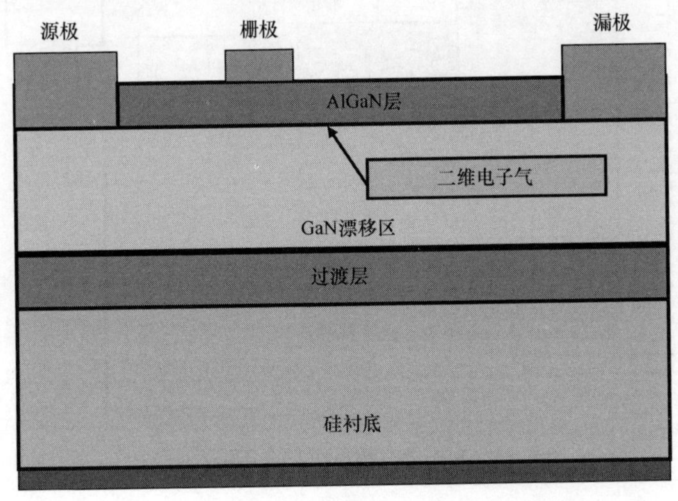

图1.13 硅衬底上形成的GaN HEMT结构

已经证明GaN HEMT结构具有非常高的阻断电压。然而，商用器件的阻断电压为600~900V。横向GaN HEMT器件的叉指状单元结构难以扩展到更高的电流水平。这限制了额定电流在50~100A。此外，很难实现增强型横向GaN HEMT器件。不幸的是，对于电力电子应用来说，常开器件是不可接受的。通过使用Baliga对或级联结构实现了常关GaN器件。在Baliga对中[26]，一个常开SiC高压JFET/MESFET器件或GaN HEMT器件与一个低压硅MOSFET一起使用，以形成一个具有高质量功率开关所需特征的结构。基本思想如图1.14所示。它由高压SiC JFET或MESFET结构组成，其源极连接到低压硅功率MOSFET的漏极。结构的一个重要特点是SiC器件的栅极连接到硅功率MOSFET的源极，作为电路中的接地或参考端。栅极信号专用于硅功率MOSFET的栅极。SiC器件的漏极连接到功率电路中的负载，就像硅功率 MOSFET 的漏极那样。Baliga 对结构是 1 个三端功率开关，MOS 输入接口由硅功率 MOSFET 提供而高阻断电压性能由 SiC JFET/MESFET 器件或 GaN HEMT 器件提供。用 GaN HEMT 器件实现的 Baliga 对如图 1.15 所示。

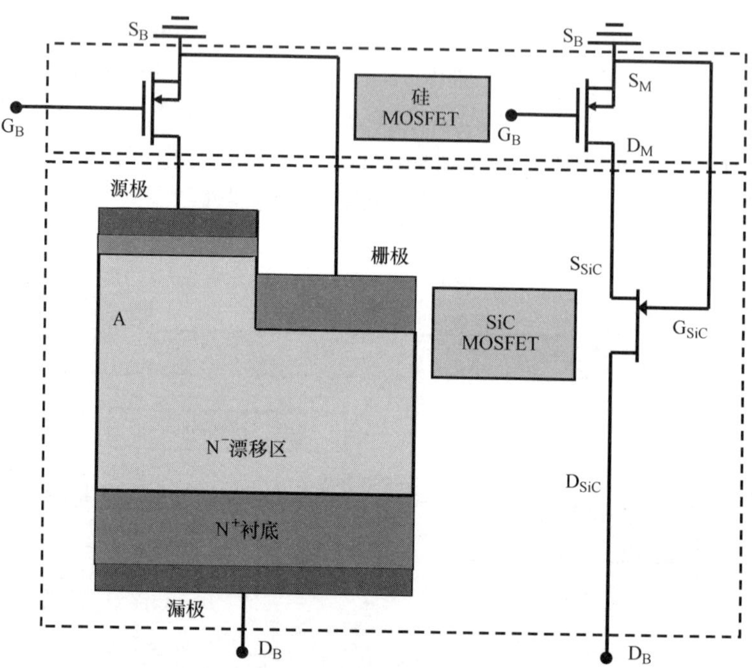

图 1.14　采用 SiC MOSFET 的 Baliga 对结构

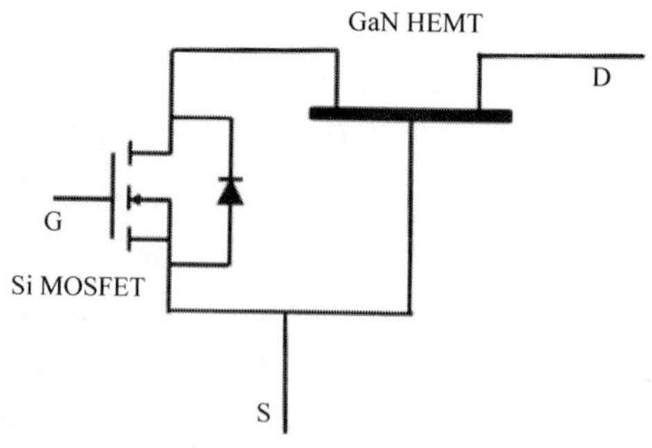

图 1.15　采用 GaN HEMT 的 Baliga 对结构

1.12 氮化镓功率器件的应用

GaN HEMT 器件已经通过使用 Baliga 对结构实现了商业化。由于常关结构的高比导通电阻和性能退化，该方法被工业界所采用。它们的应用主要集中于低功率（<100W）应用，如手机电池充电器。GaN 器件的快速开关性能使得能够将电路工作频率提高到 1MHz 以上。这使得可以减少无源元件，得到对移动消费者有吸引力的小型化设备。

GaN HEMT 的横向结构使得可以对所有的器件端在芯片（IC）上表面进行连线。这便于将多个器件相互连接而形成功率 IC。这适用于低功率电动机驱动等应用。GaN HEMT 器件的应用如图 1.16 所示。

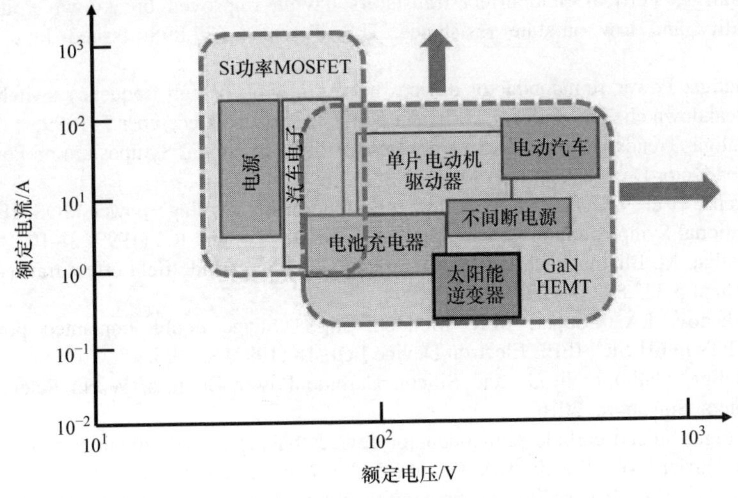

图 1.16 GaN HEMT 器件的应用

1.13 小 结

制造高阻断电压性能的单极器件给 SiC 和 GaN 功率器件的发展带来了机遇。SiC JBS 整流器和功率 MOSFET 具有优异的导通态电压降，其阻断电压高达 5000V。与硅 IGBT 相比，这些器件具有较低的开关损耗，能够提高电路工作频率，从而减少应用中的无源元件和滤波器的尺寸。GaN HEMT 器件已经商业化，阻断电压为 100～600V。与硅器件相比，SiC 和 GaN 器件的应用受到更高成本的限制。这些器件的较低开关损耗可用于增加电路工作频率，从而可以采用更小、更便宜的无源元件以抵消其较高的器件成本。

参考文献

[1] B.J. Baliga, The IGBT Device: Physics, Design, and Applications of the Insulated Gate Bipolar Transistor, Elsevier Press, 2015.

[2] B.J. Baliga, Fundamentals of Power Semiconductor Devices, Springer-Science, 2008.

[3] B.J. Baliga, Semiconductors for high voltage vertical channel field effect transistors, J. Appl. Phys. 53 (1982) 1759−1764.

[4] B.J. Baliga, Power semiconductor device figure of merit for high frequency applications, IEEE Electron Device Lett. 10 (1989) 455−457.

[5] B.J. Baliga, The pinch rectifier: a low forward voltage drop high speed power diode, IEEE Electron Device Lett. 5 (1984) 194−196.

[6] B.J. Baliga, Pinch rectifier, U.S. Patent 4,641,174, Issued February 3, 1987.

[7] B.J. Baliga, Advanced Power Rectifier Concepts, Springer-Science, New York, 2010.

[8] B.J. Baliga, Advanced Power MOSFET Concepts, Springer-Science, New York, 2010.

[9] B.J. Baliga, Vertical field effect transistors having improved breakdown voltage capability and low on-state resistance, U.S. Patent 5,637,898, Issued June 10, 1997.

[10] B.J. Baliga, Power semiconductor devices having improved high frequency switching and breakdown characteristics, U.S. Patent 5,998,833, Issued December 7, 1999.

[11] B.J. Baliga, Trends in power discrete devices, IEEE International Symposium on Power Semiconductor Devices and ICs, Abstract P-2 (1997) 5−10.

[12] L. Lorenz, et al., COOLMOS − A new milestone in high voltage power MOS, IEEE International Symposium on Power Semiconductor Devices and ICs (1999) 3−10.

[13] B.J. Baliga, M. Bhatnagar, Method of fabricating silicon carbide field effect transistor, U.S. Patent 5,322,802, Issued June 21, 1994.

[14] J.N. Shenoy, J.A. Cooper, M.R. Melloch, High voltage double-implanted power MOSFETs in 6H-SiC, IEEE Electron Device Lett. 18 (1997) 93−95.

[15] B.J. Baliga, Gallium Nitride and Silicon Carbide Power Devices, World Scientific Publishers, Singapore, 2016.

[16] B.J. Baliga, Silicon carbide semiconductor devices having buried silicon carbide conduction barrier layers therein, U.S. Patent 5,543,637, Issued August 6, 1996.

[17] W. Sung, K. Han, B.J. Baliga, A comparative study of channel designs for SiC power MOSFETs: Accumulation-mode vs inversion-mode channel, IEEE International Symposium on Power Semiconductor Devices and ICs (2017) 375−378.

[18] J.W. Palmour, Silicon carbide power device development for industrial markets, IEEE International Electron Devices Meeting, Abstract 1.1.1 (2014) 1−8.

[19] W. Sung, B.J. Baliga, Monolithically integrated 4H-SiC MOSFET and JBS diode (JBSFET) using a single Ohmic/Schottky process scheme, IEEE Electron Device Lett. 37 (2016) 1605−1608.

[20] W. Sung, B.J. Baliga, On developing one-chip integration of 1.2 kV SiC MOSFET and JBS diode (JBSFET), IEEE Trans. Ind. Electron. 64 (2017) 8206−8212.

[21] K. Han, B.J. Baliga, W. Sung, Split-gate 1.2 kV 4H-SiC MOSFET: analysis and experimental results, IEEE Electron Device Lett. 38 (2017) 1437−1440.

[22] K. Han, B.J. Baliga, W. Sung, A novel 1.2 kV 4H-SiC buffered-gate (BG) MOSFET: analysis and experimental results, IEEE Electron Device Lett. 39 (2018) 248−251.

[23] P.W. Wheeler, et al., Matrix converters: a technology review, IEEE Trans. Ind. Electron. 49 (2002) 276−288.

[24] B.J. Baliga, Monolithically integrated AC switch having JBSFETs therein with commonly connected drain and cathode electrodes, U.S. Provisional Patent Application No. 62/526,192, Filed June 28, 2017.

[25] B.J. Baliga, K. Han, Monolithic SiC bi-directional field effect transistor (BiDFET): concept, implementation, and electrical characteristics, GOMACTech 2018, Paper 3.2, pp. 32–35, March 13, 2018.

[26] B.J. Baliga, Silicon carbide switching device with rectifying gate, U.S. Patent 5,396,085, Issued March 7, 1995.

第 2 章 碳化硅材料的特性

2.1 晶体和能带结构

SiC 是一种具有严格的化学计量比（Si∶C = 1∶1）的Ⅳ－Ⅳ化合物半导体。较大的 SiC 键能（约 4.6eV）使该材料具有较宽的禁带、较高临界电场强度和较高的声子能量[1-3]。与Ⅲ－氮化物宽禁带半导体相比，在 SiC 中通过原位掺杂或离子注入可以在较宽范围［$(10^{14} \sim 10^{20})\ cm^{-3}$］内非常容易地进行 p 型和 n 型掺杂控制。与 Si 一样，SiC 的热氧化会在表面生成 SiO_2，这为金属－氧化物半导体（MOS）基器件的制造（尽管界面质量需要很大改善）、表面钝化和牺牲氧化以消除表面损伤提供了机会。SiC 的另一个优势是可以获得质量不错的大直径单晶晶圆。自 2012 年以来，电阻率低至 0.02Ω·cm 的 150mm SiC 晶圆已经上市，商用晶圆的位错密度已降至约 $3000cm^{-2}$（截至 2017 年）。然而，在 SiC 中，异质结的形成极其困难。较低的堆垛层错能是这种材料的另一个缺点。

SiC 结晶成不同的晶体结构，这些晶体结构在一个维度上（即堆叠顺序）不同，这种现象称为多型现象，每种 SiC 结构称为“多型”。有关详细描述，请参阅有关 SiC 或多型的书籍[1-4]。每个 SiC 多型通常使用 Ramsdell 表示法表示，其中多型由晶胞和晶体系统中 Si－C 双层的数量表示（C 表示立方，H 表示六边形，R 表示菱形）。在 200 多种 SiC 多型中，3C－SiC、4H－SiC 和 6H－SiC 受到广泛关注，并进行了生长和研究。虽然还不完全理解为什么会出现如此多的 SiC 多型，但 SiC 的中间离子性（根据 Pauling 的定义为 11%）可能是 SiC 多型现象出现的一个可能原因。

单个 SiC 多型表现出不同的禁带和迁移率，并且在不同的多型中，其各自的电学特性通常差别很大。对于功率器件应用，4H－SiC 是最合适的，并且已经专门进行了开发[3,5]，其主要原因包括其高电子迁移率[6]、高临界电场强度[7]和单晶晶圆的可用性。4H－SiC 的迁移率[8]和临界电场强度[9]的各向异性较小也是其优点，因为 6H－SiC 沿〈0001〉方向表现出非常小的电子迁移率，并且垂

直于〈0001〉方向的临界电场强度相对较低。从未生长出满足器件级质量要求的 3C－SiC，更重要的是，3C－SiC 的临界电场强度太低，无法与 Si 功率器件竞争。因此，除非另有说明，本章下文中的“SiC”指 4H－SiC。

图 2.1 示意性地给出了 SiC（4H－SiC）的 a）晶体结构和 b）堆叠结构，其中空心圆和实心圆分别表示 Si 和 C 原子，以及 c）在六边形结构中几个主要平面的定义，基本平移向量 $\boldsymbol{a}_1$、$\boldsymbol{a}_2$、$\boldsymbol{a}_3$ 和 $\boldsymbol{c}$。（0001）面称为“Si 面”，其中四面体成键的 Si 原子的 1 个键沿 c 轴（〈0001〉）方向，而（$000\bar{1}$）面则称为“C 面”，其中四面体成键的 C 原子的 1 个键沿 c 轴方向。（$11\bar{2}0$）面称为“A 面（或 a 面）”，（$1\bar{1}00$）面为“M 面（或 m 面）”。标准 SiC 晶圆的表面为（0001）或 Si 面。注意，在晶圆上的外延层中，向［$11\bar{2}0$］方向引入了若干度的偏离角（通常为 4°），以确保完美的多型复制[10]。在 SiC 中，由于 C 的电负性高于 Si（C：2.5，Si：1.8），价电子在 C 原子附近有轻微的局域化。这种电离性赋予了这种材料的极性，从而在不同的表面（例如 Si 表面与 C 表面）上导致不同的电学和化学特性。

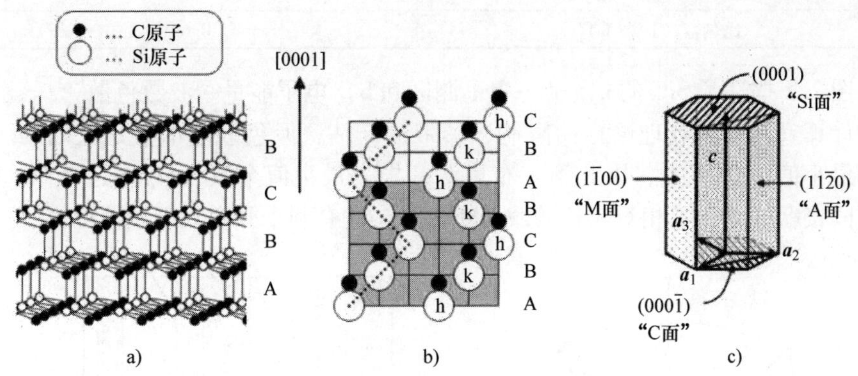

图 2.1 SiC（4H－SiC）的 a）晶体结构，b）堆叠结构示意图，其中空心圆和实心圆分别表示 Si 和 C 原子。c）定义具有基本平移向量 $\boldsymbol{a}_1$、$\boldsymbol{a}_2$、$\boldsymbol{a}_3$ 和 $\boldsymbol{c}$ 的六边形结构中的几个主要晶面

表 2.1 显示了室温下 SiC 的晶格常数和几种力学性能。在室温下，SiC 中的原子密度（Si 与 C 原子之和）约为 $9.6\times10^{22}\mathrm{cm}^{-3}$㊀。注意，当温度、掺杂剂和掺杂密度发生变化时，晶格常数略有变化，与其他半导体中的情况一样。氮（施主）掺杂导致晶格收缩，铝（受主）掺杂引起晶格膨胀[3,11]。因此，在器件制造中控制由掺杂诱导的结附近晶格失配（例如，$\mathrm{n}^-/\mathrm{n}^+$、$\mathrm{p}^+/\mathrm{n}^-$、$\mathrm{p}^+/\mathrm{n}^+$）引起的

㊀ 此处原书有误。——译者注

应力至关重要。

表 2.1　SiC 室温晶格常数及几种力学性能

特　性	SiC (4H)
晶格常数 a/Å c/Å	 3.0798 10.0820
密度/(g/cm^3)	3.21
杨氏模量/GPa	390 ~ 690
断裂强度/GPa	21
泊松比	0.21
弹性常数/GPa c_{11} c_{12} c_{13} c_{33} c_{44}	 501 111 52 553 163
比热容/(J/g·K)	0.69

图 2.2 描述了 SiC 的 a) 第一布里渊区和 b) 电子能量 - 波数色散[12]。由于理论计算（浓度函数理论）的限制，禁带被低估，但色散基本上是正确的。导带的最小值位于 M 点，因此第一布里渊区导带最小值个数（M_c）是 3 个。SiC 中的间接跃迁导致了相对较长的载流子寿命，这有利于开发双极型器件。

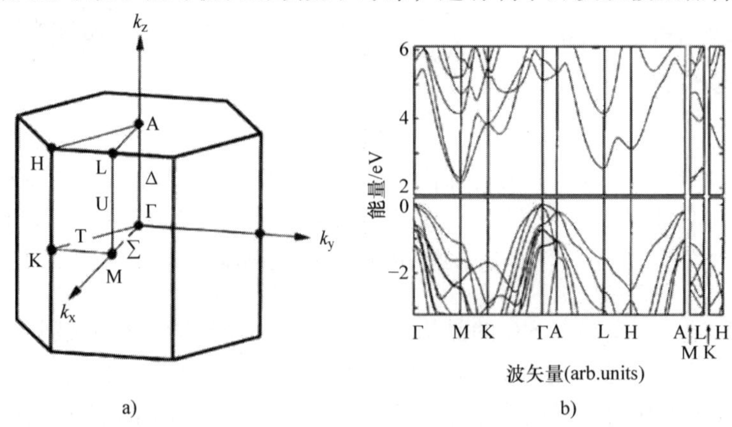

图 2.2　SiC 的 a) 第一布里渊区和 b) 电子能量 - 波数色散[12]。由于理论计算（浓度函数理论）的限制，禁带被低估。导带的最小值位于 M 点

在室温下 SiC 的禁带（E_g）为 3.26eV，在高温下由于热膨胀而减小。SiC 禁带的温度依赖性的半经验表达见式（2.1）（见图 2.3）[3,13]

$$E_g(T) = E_{g0} - \frac{\alpha T^2}{T + \beta} \tag{2.1}$$

式中，E_{g0}是 0K（3.292eV）下的禁带；T是绝对温度；α和β是拟合参数（$\alpha = 8.2 \times 10^{-4}\mathrm{eV \cdot K^{-1}}$，$\beta = 1.8 \times 10^3\mathrm{K}$）。当掺杂浓度超过$10^{19}\mathrm{cm^{-3}}$时，由重掺杂引起的禁带变窄变得显著，相关细节已在文献中进行了报道[14]。

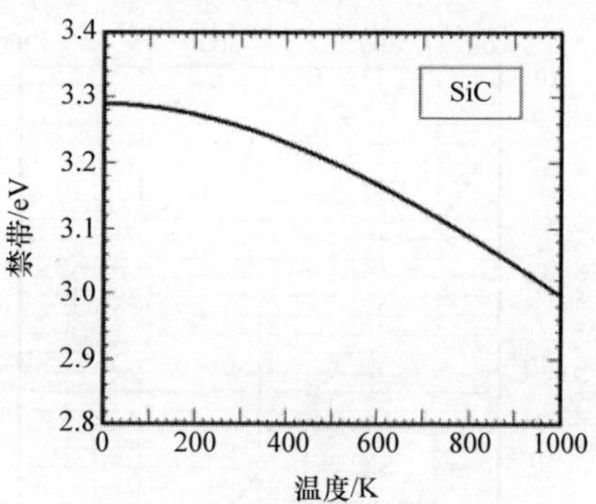

图 2.3　SiC 禁带与温度的关系

2.2　电学特性

2.2.1　杂质掺杂和载流子密度 ★★★

n^-掺杂采用氮或磷，p^-掺杂采用铝。氮取代 C 亚晶格位，而磷、铝和硼取代 Si 亚晶格位。表 2.2 显示了 SiC 中氮、磷和铝的电离能和溶解度极限[3,15,16]。施主的电离能相对较小（尽管比 Si 中的电离能大），轻掺杂 SiC 中施主的离化率相当高，室温下为 80% ~100%。而铝的电离能较大（200meV），导致室温下不完全电离（10% ~60%，取决于掺杂浓度）。电离能随着掺杂浓度的增加而下降，在$10^{19} \sim 10^{20}\mathrm{cm^{-3}}$范围内下降得非常剧烈。尽管铝的电离能相对较大，但在重掺杂铝的 SiC（$> 2 \times 10^{20}\mathrm{cm^{-3}}$）中观察到近乎完美的电离[17]。

表 2.2　SiC 中氮、磷和铝的电离能和溶解度极限[3,15,16]

	氮	磷	铝
电离能/meV（六边形/立方体位置）	61/126	60/120	198/201
溶解度极限/$\mathrm{cm^{-3}}$	2×10^{20}	大约为1×10^{21}	1×10^{21}

利用密度态有效质量和导带最小值，确定在 300K 下导带（N_C）和价带（N_V）中的有效密度态分别为$1.8 \times 10^{19}\mathrm{cm^{-3}}$和$7.6 \times 10^{18}\mathrm{cm^{-3}}$。SiC 和 Si 的本征载流子浓度与温度的关系如图 2.4 所示。由于较宽的禁带，SiC 的本征载流子

浓度极低（300K 时为 $5\times10^{-9}cm^{-3}$），而 Si 的本征载流子浓度约为 $1\times10^{10}cm^{-3}$。这种极低的本征载流子浓度使 SiC 电子器件能够在高温下工作。此外，通过晶体缺陷（点缺陷和扩展缺陷）产生载流子所导致的泄漏电流在 SiC 中非常低，这表明 SiC 器件对缺陷的容忍度更高。

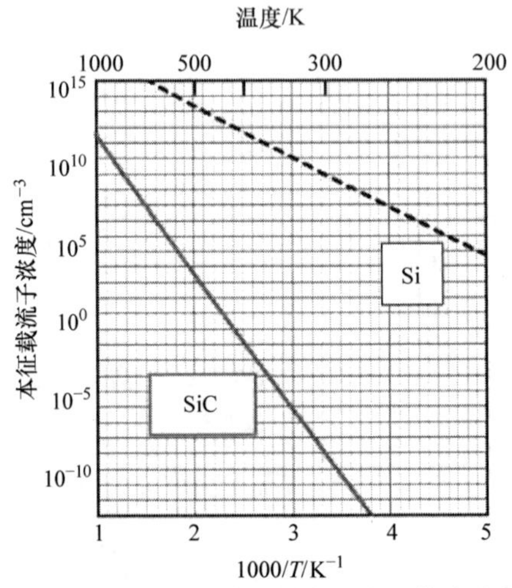

图 2.4　SiC 和 Si 的本征载流子浓度与温度的关系。由于较宽的禁带，SiC 的本征载流子浓度极低（300K 时为 $5\times10^{-9}cm^{-3}$），而 Si 的本征载流子浓度约为 $1\times10^{10}cm^{-3}$

通常，非简并半导体中费米能级 E_F的位置由式（2.2）和式（2.3）计算[18]：

$$E_F = E_C - kT\ln\left(\frac{N_C}{n}\right) \tag{2.2}$$

$$E_F = E_V + kT\ln\left(\frac{N_V}{p}\right) \tag{2.3}$$

这里 E_C（E_V）是导（价）带边的能量。图 2.5 显示了掺杂氮或铝的 SiC 费

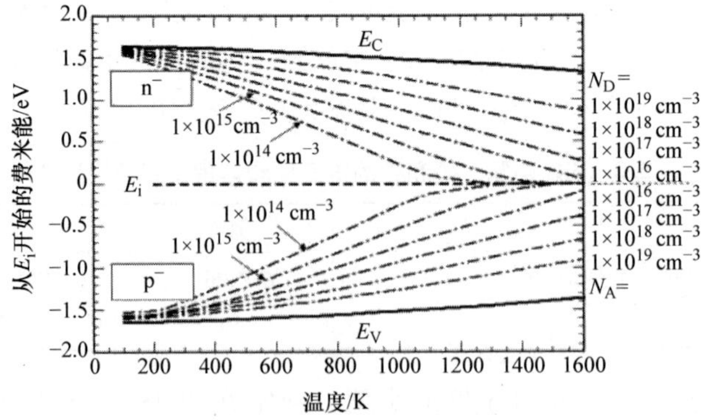

图 2.5　掺杂氮或铝的 SiC 费米能级随温度和杂质浓度的变化，同时考虑到禁带对温度的依赖性和低温下掺杂剂的不完全电离

米能级随温度和杂质浓度的变化，其中考虑了低温下禁带对温度依赖性和低温下掺杂剂的不完全电离。由于较宽的禁带，即使在 800 ~ 1000K 的高温下，费米能级也不会接近本征能级，保持 n^- 或 p^- 的导电性。

2.2.2 迁移率 ★★★

图 2.6 显示了室温下 SiC 在低电场下电子和空穴迁移率（垂直于 c 轴的迁移率）与掺杂浓度的关系。低电场下的迁移率可用 Caughey – Thomas 方程表示如下[3]：

$$\mu_e = \frac{1020}{1 + \left(\frac{N_D + N_A}{1.8 \times 10^{17}}\right)^{0.6}} \text{cm}^2/\text{Vs} \tag{2.4}$$

$$\mu_h = \frac{118}{1 + \left(\frac{N_D + N_A}{2.2 \times 10^{18}}\right)^{0.7}} \text{cm}^2/\text{Vs} \tag{2.5}$$

这里 N_D 和 N_A 的单位为 cm^{-3}。注意，SiC（4H–SiC）在迁移率方面表现出较小的各向异性[8]。沿 c 轴方向的电子迁移率比垂直于 c 轴的电子迁移率高约 20%，因此，在室温下，高纯度 SiC 中的电子迁移率约为 $1200\text{cm}^2/\text{Vs}$。另一方面，沿 c 轴的空穴迁移率比垂直于 c 轴的迁移率低约 15%[19]。

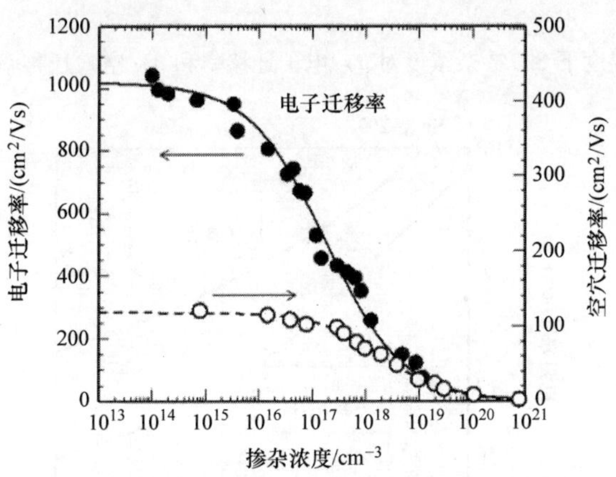

图 2.6 室温下 SiC 的在低电场下电子和空穴迁移率（垂直于 c 轴的迁移率）与掺杂浓度的关系

图 2.7 描述了不同温度下 SiC 的 a）电子迁移率和 b）空穴迁移率与掺杂浓度的关系[3,20,21]。随着温度的升高，迁移率对掺杂浓度的依赖性变小，因为杂质散射的贡献不再占主导地位。一般来说，迁移率对温度的依赖性通过 $\mu \sim T^{-n}$ 的关系进行讨论，其中，μ 是迁移率；T 是绝对温度。n 值强烈依赖于掺杂浓度，因为不同掺杂浓度下的 SiC 的主要散射机制发生了变化。例如，轻掺杂的 n^- SiC

的 n 值为 2.6，而重掺杂的 n 值为 1.5。在轻掺杂 n^- SiC 中，电子迁移率主要由低温（70～200K）下的声子散射和高于 300K 温度下的谷间散射决定。在轻掺杂 p^- SiC 中，空穴迁移率主要由室温或室温以下的声子散射和高温（>400K）下的非极性光学声子散射决定。

图 2.8 给出了掺杂 N 或 Al 的 SiC 外延层在 300K 下的电阻率与掺杂浓度的函数关系。在掺杂非常高的材料中，n^- 的电阻率下降到 0.003Ω·cm，而 p^- 的电阻率下降到 0.016Ω·cm。通过升华（或其他技术）生长的衬底表现出比图 2.8 所示的更高的电阻率，因为多余的杂质和点缺陷的浓度更高。

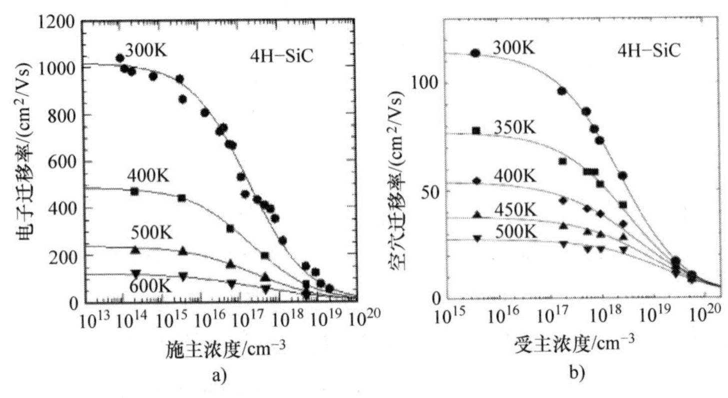

图 2.7　不同温度下 SiC 掺杂浓度对 a）电子迁移率和 b）空穴迁移率的影响[3,20,21]

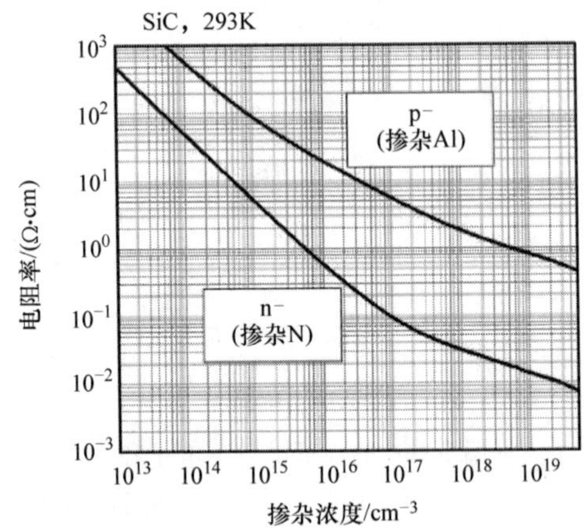

图 2.8　掺杂 N 或 Al 的 SiC 外延层在 300K 下的电阻率与掺杂浓度的函数关系

2.2.3　漂移速度 ★★★

目前对 SiC 中漂移速度的研究还很有限。图 2.9 显示了实验获得的 n^- SiC 的电子漂移速度与外加电场的关系[22]。在室温下，从低电场（$<10^4$V/cm）下的

斜率确定了低电场迁移率为 $450cm^2/Vs$，这与图 2.6 中所示的施主浓度（$1\times10^{17}cm^{-3}$）数据完全一致。饱和漂移速度估计为 $2.2\times10^7cm/s$。

饱和漂移速度（v_{sat}）近似由式（2.6）给出[18]：

$$v_{sat}=\sqrt{\frac{8\hbar\omega}{3\pi m^*}} \tag{2.6}$$

式中，$\hbar\omega$ 是光学声子（LO 声子）的能量。实验获得的值与式（2.6）中的估计值完全一致。虽然尚未对 SiC 中空穴的漂移速度进行实验研究，但根据式（2.6）可以估计出饱和值为 $1.3\times10^7cm/s$。

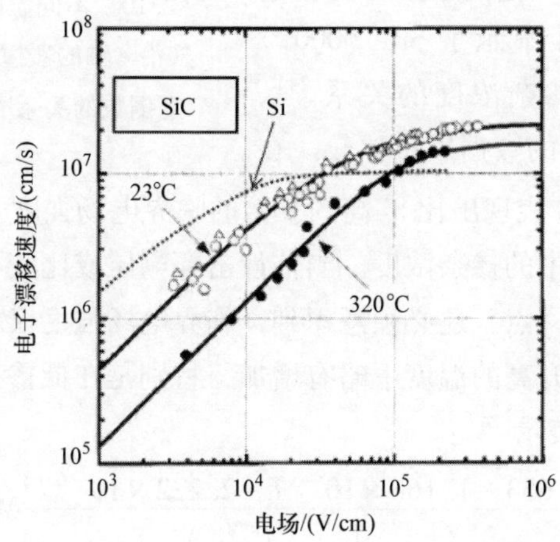

图 2.9　实验获得的 n^- SiC 的电子漂移速度与外加电场的关系[22]

2.2.4　碰撞电离系数和临界电场强度 ★★★

通过使用电子和空穴的碰撞电离系数以及电场强度分布，可以很好地描述结的雪崩击穿[23]。电子（α_e）和空穴（α_h）的碰撞电离系数通常由光电倍增实验确定。图 2.10 显示了不同温度下 SiC 中电子和空穴沿 c 轴的碰撞电离系数与电场强度倒数的关系[24]。在室温下，碰撞电离系数近似由方程（2.7）和方程（2.8）表示：

$$\alpha_e=1.43\times10^5\exp\left\{-\left(\frac{4.93\times10^6}{E}\right)^{2.37}\right\}cm^{-1} \tag{2.7}$$

$$\alpha_h=3.12\times10^6\exp\left\{-\left(\frac{1.18\times10^7}{E}\right)^{1.02}\right\}cm^{-1} \tag{2.8}$$

这里，E 是以 V/cm 为单位的电场。在给定的电场强度下，由于 SiC 具有较宽的禁带，SiC 的电离系数显著低于 Si 的电离系数。需要注意的是，SiC 中空穴的电离系数远大于电子的电离系数（$\alpha_h>\alpha_e$），这与 Si（$\alpha_h<\alpha_e$）的情况完全

相反。如图 2.10 所示，由于声子散射增强，空穴碰撞电离系数在高温下降低，这是自然预期的结果。相反，电子的碰撞电离系数几乎与温度无关。这种不寻常的温度依赖性和电子比空穴电离系数更小的现象可能源于 SiC 的特殊导带结构[25]。

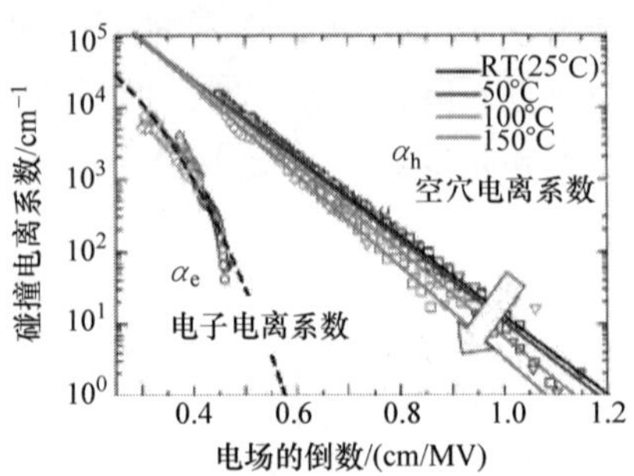

图 2.10　不同温度下 SiC 中电子和空穴沿 c 轴的碰撞电离系数与电场强度倒数的关系[24]（彩图见插页）

临界电场强度（或击穿电场强度）EB 可以通过使用上述碰撞电离系数计算电离积分来确定。图 2.11 显示了 SiC〈0001〉的临界电场强度与掺杂浓度的关系[24]，同时显示了室温下 Si 的数据以供比较。在给定掺杂浓度下，SiC 表现出比 Si 高约 8 倍的临界电场强度。注意，临界电场强度取决于半导体材料中的掺杂浓度。当估计击穿电压或比较不同材料的临界电场强度时，应考虑到这一点。还必须意识到，临界电场强度仅对非穿通结构的结有效。临界电场强度在升高的温度下略有增加，特别是在低掺杂范围内，并且可以近似地由式（2.9）表示[24]：

$$E_B = \frac{2.653 - 1.166 \times 10^{-3}T + 2.222 \times 10^{-6}T^2}{1 - \frac{1}{4}\log_{10}\left(\frac{N_D}{10^{16}}\right)} \text{MV/cm} \tag{2.9}$$

式中，T（开尔文）表示温度；N_D是以 cm^{-3} 表示减小的掺杂浓度。由于载流子加速和散射受到能带结构的强烈影响，因此碰撞电离系数以及临界电场强度取决

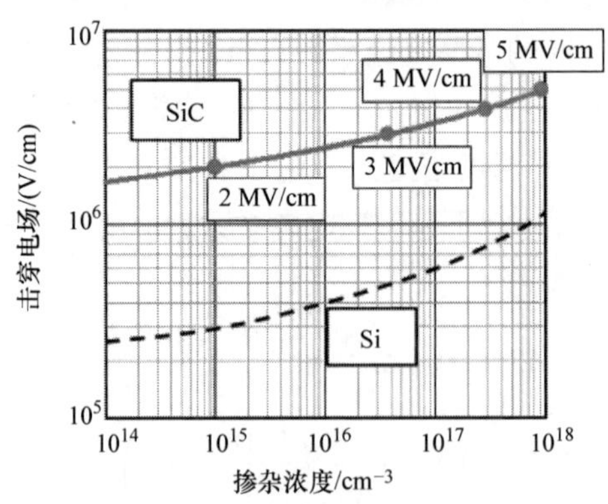

图 2.11　SiC〈0001〉的临界电场强度与掺杂浓度的关系[24]，还给出了室温下的 Si 数据以供比较

于晶体取向。事实上，SiC(4H-SiC）在碰撞电离和击穿特性方面表现出一定的各向异性[9,26]。SiC⟨11$\bar{2}$0⟩的临界电场强度比场 SiC⟨0001⟩低 20% ~25%。

2.3　其他物理特性

SiC 的光吸收系数与波长的关系如图 2.12 所示[27]。由于间接能带结构，当光子能量超过禁带时，吸收系数逐渐增大。室温下 SiC 对 365nm（3.397eV，汞发射线）的光吸收系数为 69cm^{-1}，对 325nm（3.815eV，He-Cd 激光）的光吸收系数为 1350cm^{-1}，对 244nm（5.082eV，2HG 氩离子激光）的光吸收系数为 14200cm^{-1}。因此，由吸收系数的倒数定义的穿透深度对 365nm 为 145μm、对 325nm 为 7.4μm、对 244nm 为 0.7μm。

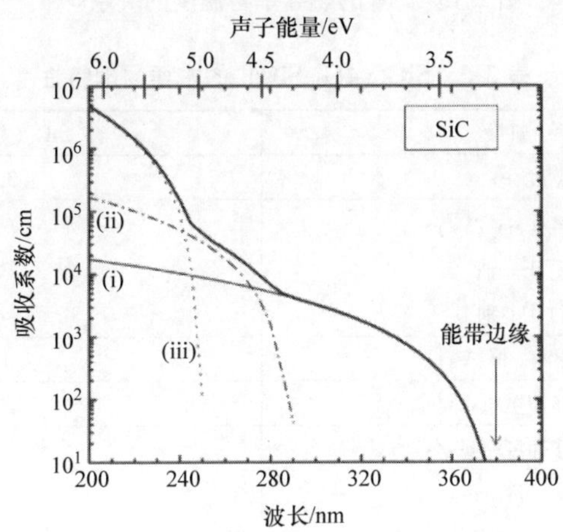

图 2.12　SiC 的光吸收系数与波长的关系

室温下，SiC 在高频（100kHz ~1MHz）区域垂直于 c 轴的相对介电常数为 9.76，平行于 c 轴的为 10.32[28]。波长 600nm 时的折射率为 2.64。

高热导率是 SiC 的一个重要特征，其中声子的贡献非常显著。图 2.13 描述了 SiC 的热导率与温度的关系[29]。热导率取决于掺杂浓度和晶体方向，高纯度 SiC 在室温下的热导率为 4.9W/cm·K[29,30]。重掺杂氮的 4H-SiC 通常用作垂直功率器件的 n^+ 衬底，在室温下沿〈0001〉的热导率约为 4.1W/cm·K。

由于键能较大，SiC 中的声子能量较高。在 SiC 发光中产生声子伴线的主要声子能量分别为 36(TA)、46、51、77(LA)、95、96(TO)、104 和 107meV(LO)[31]。

表 2.3 总结了 SiC（4H-SiC）的主要物理特性。

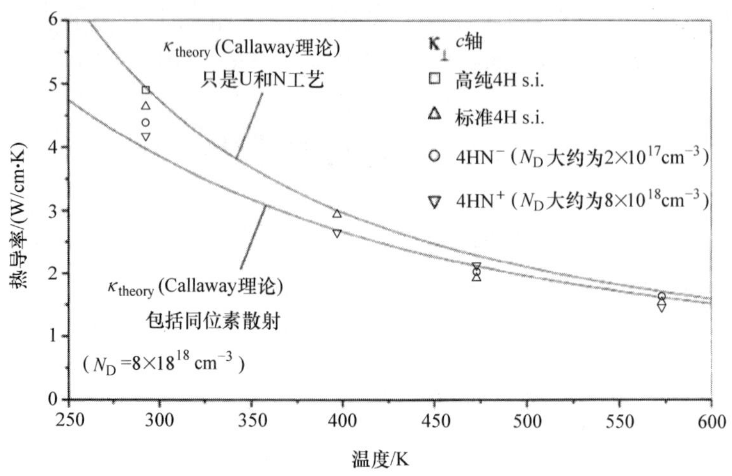

图 2.13　SiC 的热导率与温度的关系[29]

表 2.3　SiC（4H-SiC）的主要物理特性

特　　性	SiC（4H-SiC）
禁带宽度/eV	3.26
电子迁移率/(cm^2/Vs) μ：垂直于 c 轴 μ：平行于 c 轴	 1020 1200
空穴迁移率/(cm^2/Vs)	120
电子饱和漂移速度/(cm/s)	2.2×10^7
空穴饱和漂移速度/(cm/s)	大约为 1.3×10
击穿电场/(MV/cm) E_B垂直于 c 轴 E_B平行于 c 轴	 2.0 2.5
相对介电常数 ε_s垂直于 c 轴 ε_s平行于 c 轴	 9.76 10.32

2.4　缺陷和载流子寿命

2.4.1　扩展缺陷　★★★

虽然在过去的十年中缺陷密度已经显著降低，但商用 SiC 晶圆含有各种类型的扩展缺陷［位错和堆垛层错（SF）］。在任何 SiC 功率器件中作为有源层的同

质外延 SiC 层中，大多数扩展缺陷是从底层衬底（体晶圆）复制而来的，但也有一些类型的扩展缺陷是在外延生长过程中产生的。SiC 中存在的主要位错有螺位错（TSD）、刃位错（TED）和基面位错（BPD），其详细内容参见参考文献[3]。微管（MP）缺陷已基本消除（密度 $<0.1\text{cm}^{-2}$），不再是主要问题。

图 2.14 示意性地展示了通过化学气相沉积在偏离轴｛0001｝上生长的 SiC 外延层中常见的各种典型位错的复制和转换[32,33]。衬底中几乎所有的 TSD 和 TED 都在外延层中进行复制。外延生长过程中 BPD 的行为更复杂。衬底中的大多数 BPD 在外延生长的初始阶段转化为 TED[34]，这是因为这种转化导致外延层中的位错长度大幅减少，从而导致总位错能量的降低。BPD→TED 转化率通常很高（>95%），但该比率取决于外延生长条件和工艺（包括原位刻蚀）。近年来，该比率已提高到 99.9% 或更高，目前从衬底复制的 BPD 密度为 $0.01\sim0.2\text{cm}^{-2}$。

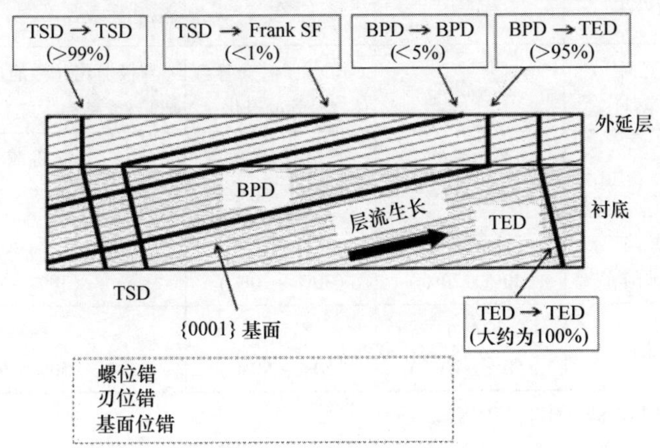

图 2.14　通过化学气相沉积在偏离轴｛0001｝上生长的 SiC 外延层中常见的各种典型位错的复制和转换示意图

虽然很难在 SiC 晶圆中观察到 SF，但 SF 可能在外延生长期间（特别是在初始阶段）成核，这被称为“内生长 SF”（IGSF）[35,36]。已经确定了几种具有不同结构（堆叠顺序）的 IGSF，但成核机制仍然是一个悬而未决的问题。高质量 SiC 外延层的 IGSF 密度低于 0.1cm^{-2}。

除了常见的位错和 SF 外，SiC 外延层还包含多种表面形态缺陷，其中大多数伴随着某种扩展缺陷。这些形态缺陷很容易通过光学显微镜识别。这些宏观缺陷包括所谓的“胡萝卜”缺陷、“彗星”缺陷、“三角形”缺陷和“坠落”缺陷[3]。这些缺陷的密度也取决于外延工艺和衬底质量，通常为 $0.1\sim0.8\text{cm}^{-2}$。

表 2.4 显示了主要扩展缺陷对 SiC 器件的影响[33]。虽然人们认为，在早期阶段，螺位错（特别是 TSD）会严重降低 SiC 器件的阻断性能，但事实证明，当

器件通过适当的工艺制造时，最先进的 SiC 晶圆中的螺位错并不能消除缺陷[37]。在表面出现位错的位置抑制凹坑的形成至关重要。SiC 器件对位错的优异容忍度很可能是由于极低的本征载流子密度，因为任何载流子产生电流都与本征载流浓度成正比[18]。由于最先进的 SiC 晶圆的位错密度相对较低（大约为 3000cm^{-2}），位错引起的泄漏几乎被其他泄漏成分所掩盖。通过时间相关的介电击穿测试评价的栅氧化层失效也不会受到位错的很大影响，只要表面没有形成凹坑[38]。

表 2.4　当前对主要扩展缺陷对 SiC 器件影响的理解[33]

缺陷/器件	SBD	MOSFET，JFET	pin，BJT，晶闸管，IGBT
TSD（无凹坑）	无	无	无，但会导致局部载流子寿命的缩短
TED（无凹坑）	无	无	无，但会导致局部载流子寿命的缩短
BPD（包括界面位错、半环阵列）	无	NO㊀，但会导致体二极管的退化	双极退化（导通电阻和漏电流增加）
原生 SF	V_B㊁减小（20%～50%）	V_B减小（20%～50%）	V_B减小（20%～50%）
“胡萝卜”缺陷 “三角形”缺陷	V_B减小（30%～70%）	V_B减小（30%～70%）	V_B减小（30%～70%）
“坠落”缺陷	V_B减小（50%～90%）	V_B减小（50%～90%）	V_B减小（50%～90%）

注：1. TSD：螺位错，TED：刃位错。
2. BPD：基面位错，SF：层错。
㊀“NO”表示“可忽略”。
㊁“V_B”是指“击穿电压”。

BPD 对于任何类型的 SiC 双极器件都是一种有害的缺陷，因为 BPD 可以在载流子注入时作为单个肖克利型 SF 的源[39]，并且这种 SF 会导致局部载流子寿命的减小（导通电阻的增大）和泄漏电流的增大。这被称为“双极型退化”，是开发高可靠性 SiC 双极器件的严重障碍。虽然在 SiC 功率金属氧化物半导体场效应晶体管（MOSFET）的导通态和关断态运行时不会引起双极型退化，但通过嵌入功率 MOSFET 中的体二极管的电流传导也会引发退化现象。近年来，通过外延生长过程中增强的 BPD→TED 转换，以及在电压阻断层和衬底之间引入“复合增强层”，这种退化得到了很大程度的抑制[40]。在功率 MOSFET 的情况下，在体二极管中嵌入肖特基势垒二极管可产生非常有希望的结果，完全消除 SiC 功率 MOSFET 中的双极型退化[41]。

如表 2.4 所示，BPD、原生 SF 和宏观（形态）缺陷被认为是 SiC 器件中的

杀伤性缺陷。这些杀伤性缺陷的总密度通常为 0.2 ~ 0.8cm^{-2}，这确定了 SiC 功率器件的最大芯片面积。为了无损地检测和识别大直径 SiC 晶圆中的这些缺陷，开发了光致发光（PL）测绘或成像技术[42,43]。由于 SiC 外延层中的每个位错或 SF 产生特定波长的 PL，因此通过使用适当的带通滤波器进行 PL 测绘/成像，可以轻松识别单个缺陷的位置和类型。借助先进的测量系统，可以在 30min 或更短的时间内完成 150mm SiC 晶圆上主要缺陷的测绘工作。

在诸如离子注入之后在高温下激活退火的器件加工过程中，会产生各种扩展缺陷。在离子注入的情况下，高能粒子的轰击自然会导致注入区域内部和附近形成扩展（和点）缺陷。此外，当不均匀温度分布（和掺杂引起的晶格失配）引起的热应力超过临界值时，位错滑移被激活，或者在大应力下从表面引入 BPD 半环的形成。因此，随着 SiC 晶圆直径的增加，应力控制变得越来越严格。

2.4.2 点缺陷 ★★★

与扩展缺陷相反，SiC 外延层中通常产生深能级的所有点缺陷与衬底质量无关，主要由外延生长条件决定。在轻掺杂生长的 SiC 外延层中，深能级总浓度通常为 $3\times10^{12}\sim2\times10^{13}cm^{-3}$。作为化合物半导体，该值相当低，并且非常适合制造 SiC 单极器件，因为该浓度远低于漂移层的掺杂浓度。对于双极型器件应用，需要较长的载流子寿命，这可以通过减少深能级（点缺陷）来实现。当然，在诸如离子注入和干法刻蚀的器件加工过程中会产生额外的点缺陷。例如，在注入区域以及注入尾部区域内产生高密度的点缺陷（主要是本征型缺陷）[44]。这些产生的点缺陷大部分是持久性的，并且在高温下退火激活后仍然存在。

在生长的 n^- 和 p^- SiC 外延层中观察到的主要深能级如图 2.15 所示。在这些能级中，通常在所有生长的外延层中都观察到密度最高的 $Z_{1/2}$（$E_c-0.63eV$）[45] 和 EH6/7（$E_c-1.55eV$）[46]。两个深能级在高温（大约为 1700℃）退火时都非常稳定。在禁带的下半部分，观察到几个深能级，如 HK4（E_v + 1.44eV），但这些深能级在 1450 ~ 1550℃ 退火后消失。如下一小节所述，$Z_{1/2}$ 中心是主要的载流子寿命杀手，是 SiC 中最重要的深能级。

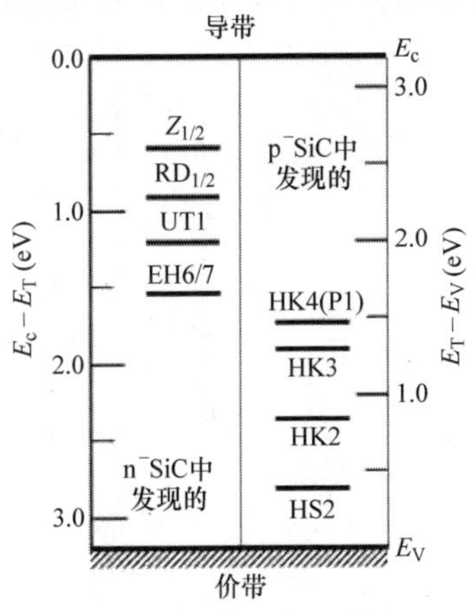

图 2.15 在生长的 n^- 和 p^- SiC 外延层中观察到的主要深能级

在所有 SiC 样品中观察到密度几乎相同的 $Z_{1/2}$ 中心和 EH6/7 中心，最近这些中心的起源被确定为具有不同电荷态的碳单空位（V_C）[47]：$Z_{1/2}$ 中心和 EH6/7 中心分别对应于受主型（带负电荷）和施主型（带正电荷）能级。如预期的那样，当在富 C 条件下进行外延生长时，可以降低 $Z_{1/2}$ 和 EH6/7 中心的密度。

除了这些本征点缺陷外，在 SiC 外延层中经常观察到一些杂质相关能级。硼（B）可能无意中被掺入，从而形成硼受主能级（$E_v+0.28eV-0.35eV$）和与硼相关的“D 中心”（$E_v+0.55eV$）[48]。另一种常见的杂质是钛（Ti），它在 SiC 中产生非常浅的电子陷阱（$E_c-0.11/0.17eV$）和其他可能的深能级。典型的 B 和 Ti 密度约为（1~20）$\times10^{12}cm^{-3}$。其他金属杂质如铁和钒的密度通常非常低。

2.4.3 载流子寿命 ★★★

载流子寿命是一个关键的物理特性，它决定了双极型器件的导通态和开关特性，尽管它在功率 MOSFET 等单极器件中并不重要。SiC 中的载流子寿命通常通过时间分辨光致发光或微波检测光电导衰减（μ-PCD）测量来表征。SiC 中的载流子寿命杀手被确定为 $Z_{1/2}$ 中心（碳空位的受主型能级）[49]。虽然 SiC 中存在其他几个深能级，但除了 $Z_{1/2}$ 中心外，这些能级对载流子寿命的影响非常小。图 2.16描述了 50μm 或 230μm 厚的轻掺杂 n^- SiC 外延层中测量的载流子寿命的倒数与碳空位缺陷密度（$Z_{1/2}$ 中心密度的一半）的关系。当碳空位密度相对较高时（在 50μm 厚外延层的情况下约高于 $1\times10^{13}cm^{-3}$），载流子寿命的倒数与碳空位密度成正比。然而，当碳空位密度相对较低时，载流子寿命由其他复合路径控制。由于轻掺杂 SiC 外延层中的载流子寿命相对较长，载流子的扩散长度可以达到 30~100μm。注意，表面复合和底层衬底中的复合（或外延层和衬底之间界面附近的复合）严重影响（低估）测得的载流子寿命。这是图 2.16 中碳空位密度较低时，线性关系消失的主要原因之一。

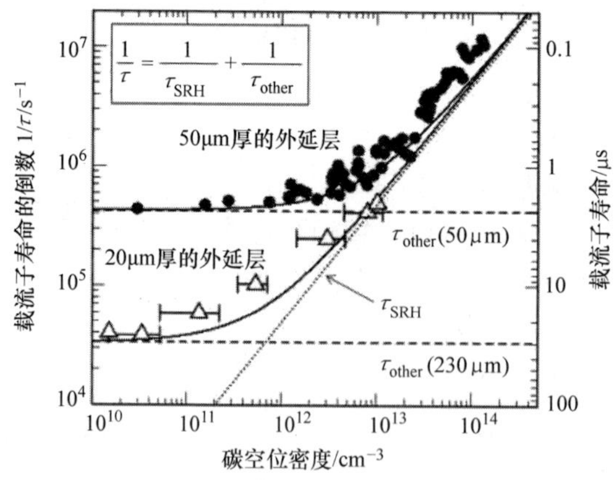

图 2.16 50μm 或 230μm 厚的轻掺杂 n^- SiC 外延层中测量的载流子寿命的倒数与碳空位缺陷密度的关系

载流子寿命的增加可以通过减少碳空位缺陷来实现。在富碳条件下生长时，外延层中的碳空位密度降低。作为提高载流子寿命的后生长工艺，已经取得了一些成功的方法。第一种方法是通过碳注入引入过量碳，通过注入后退火促进碳间隙的扩散[50]；在第二种方法中，高温（1300～1400℃）下的热氧化对于碳空位的减少是有效的，因为一些碳原子在氧化过程中发射到 SiC 体侧并向深的区域扩散[51]。通过这些技术，从表面到非常深（100～200μm）区域的碳空位缺陷几乎可以消除（密度：低于 $3\times10^{10}\mathrm{cm}^{-3}$）。据报道，在氩（Ar）中用碳帽退火或在碳氢化合物环境中退火对于减少 SiC 中的碳空位缺陷也是有效的。在室温下，商用 n^- SiC 外延片的载流子寿命为 1～2μs，并随着温度的升高而逐渐增加。通过碳空位还原工艺，载流子寿命可以增加到 30μs 或更长[52]。虽然到目前为止，对 p^- SiC 中载流子寿命的研究还不够系统，但碳空位缺陷的减少也可以显著提高载流子的寿命。p^- SiC 在 800～1000℃下 H_2 中退火的缺陷钝化也是有效的，导致其寿命超过 10μs[53]。

当掺杂浓度或过剩载流子浓度变高时，会发生带间复合和俄歇复合，从而限制体载流子寿命。n^- 半导体中过剩载流子的复合由方程（2.10）控制[54]。

$$\frac{\mathrm{d}\Delta n}{\mathrm{d}t} = -\frac{\Delta n}{\tau_{\mathrm{SRH}}} - B(n_0 + p_0 + \Delta n)\Delta n - C_{\mathrm{n}}(n_0^2 + 2n_0\Delta n + \Delta n^2)\Delta n - C_{\mathrm{p}}(p_0^2 + 2p_0\Delta n + \Delta n^2)\Delta n \tag{2.10}$$

式中，Δn、n_0 和 p_0 分别是过剩载流子浓度、平衡电子浓度和平衡空穴浓度。考虑了 SRH 复合（τ_{SRH}）、带间（直接）复合（系数:B）和俄歇复合系数（系数:$C_{\mathrm{n}}, C_{\mathrm{p}}$）。通过使用文献［55］中报告的带间和俄歇复合系数（B，C_{n}，C_{p}），可以计算过剩载流子浓度的衰减，并提取有效载流子寿命。图 2.17 显示了利用方程（2.10）计算出的有效载流子寿命与过剩载流子浓度的函数关系。在这种特殊情况下，假设平衡电子浓度（n_0）为 $1\times10^{14}\mathrm{cm}^{-3}$，并显示了 SRH 寿命从 2～200μs 的变化结果。在图中，分别用短划线和虚线表示纯粹受限于带间和俄歇复合的寿命。

如图 2.17 所示，当过剩载流子浓度非常高（$>10^{18}\mathrm{cm}^{-3}$）时，载流子寿命受到俄歇复合的限制，并且在重掺杂的 SiC 中观察到类似的趋势。当 SRH 寿命较长（>50μs）时，即使在相对较低的过剩载流子浓度（$1\times10^{16}\mathrm{cm}^{-3}$）下，带间复合也会影响有效载流子寿命。在这种情况下，限制有效载流子寿命的主要不是通过缺陷的 SRH 复合，而是带间复合。由于在高电流密度下，双极型器件电压阻断层的过剩载流子浓度超过 $1\times10^{16}\mathrm{cm}^{-3}$，因此，受带间复合限制的寿命可能是高压 SiC 双极型器件中一个固有的性能限制因素[56]。

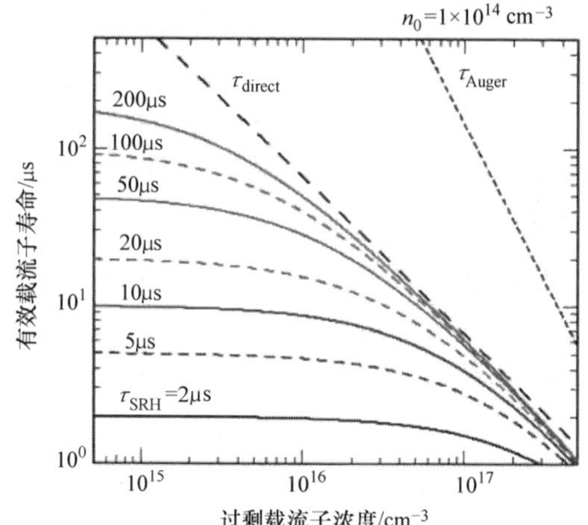

图2.17 利用方程（2.10）计算出的有效载流子寿命与过剩载流子浓度的函数关系。在这种特殊情况下，平衡电子浓度（n_0）为1×10^{14}cm^{-3}，而显示的SRH寿命为2～200μs。在图中，分别用短划线和虚线表示纯粹受限于带间和俄歇复合的寿命

参考文献

[1] G.L. Harris, Properties of Silicon Carbide, INSPEC, London, 1995.
[2] W.J. Choyke, H. Matsunami, G. Pensl (Eds.), Silicon Carbide: A Review of Fundamental Questions and Applications to Current Device Technology, Vols. I & II, Akademie Verlag, Berlin, 1997.
[3] T. Kimoto, J.A. Cooper, Fundamentals of Silicon Carbide Technology, John Wiley & Sons, Singapore, 2014.
[4] A.R. Verma, P. Krishna (Eds.), Polymorphism and Polytypism in Crystals, John Wiley & Sons, Inc, New York, 1966.
[5] B.J. Baliga, Silicon Carbide Power Devices, World Scientific, Singapore, 2006.
[6] A. Itoh, H. Akita, T. Kimoto, H. Matsunami, High-quality 4H-SiC homoepitaxial layers grown by step-controlled epitaxy, Appl. Phys. Lett. 65 (1994) 1400.
[7] A.O. Konstantinov, Q. Wahab, N. Nordell, U. Lindefelt, Ionization rates and critical fields in 4H silicon carbide, Appl. Phys. Lett. 71 (1997) 90.
[8] W.J. Schaffer, G.H. Negley, K.G. Irvin, J.W. Palmour, Conductivity anisotropy in epitaxial 6H and 4H SiC, Mater. Res. Soc. Symp. Proc. 339 (1994) 595.
[9] S. Nakamura, H. Kumagai, T. Kimoto, H. Matsunami, Anisotropy in breakdown field of 4H-SiC, Appl. Phys. Lett. 80 (2002) 3355.
[10] H. Matsunami, T. Kimoto, Step-controlled epitaxial growth of SiC: high quality homoepitaxy, Mater. Sci. Eng., R 20 (1997) 125.
[11] M. Stockmeier, R. Muller, S.A. Sakwe, P.J. Wellmann, A. Magerl, On the lattice parameters of silicon carbide, J. Appl. Phys. 105 (2009) 033511.
[12] C. Persson, U. Lindefelt, Relativistic band structure calculation of cubic and hexagonal SiC polytypes, J. Appl. Phys. 82 (1997) 5496.
[13] W.J. Choyke, Optical properties of polytypes of SiC: interband absorption, and luminescence of nitrogen-exciton complexes, Mater. Res. Bull. 4 (1969) 141.

[14] C. Persson, U. Lindefelt, B.E. Sernelius, Band gap narrowing in n-type and p-type 3C-, 2H-, 4H-, 6H-SiC, and Si, J. Appl. Phys. 86 (1999) 4419.

[15] Yu. A. Vodakov, E.N. Mokhov, Diffusion and solubility of impurities in silicon carbide, in: R.C. Marshall, J.W. Faust Jr., C.E. Ryan (Eds.), Silicon Carbide, University of South Carolina Press, Columbia, 1974, p. 508.

[16] I.G. Ivanov, A. Henry, E. Janzén, Ionization energies of phosphorus and nitrogen donors and aluminum acceptors in 4H silicon carbide from the donor−acceptor pair emission, Phys. Rev. B 71 (2005) 241201.

[17] S. Ji, K. Kojima, Y. Ishida, S. Saito, T. Kato, H. Tsuchida, et al., The growth of low resistivity, heavily Al-doped 4H−SiC thick epilayers by hot-wall chemical vapor deposition, J. Crystal Growth 380 (2013) 85.

[18] S.M. Sze, K.K. Ng, Physics of Semiconductor Devices, 3rd ed., Wiley, New York, 2007.

[19] T. Hatakeyama, T. Watanabe, M. Kushibe, K. Kojima, S. Imai, T. Suzuki, et al., Measurement of Hall mobility in 4H-SiC for improvement of the accuracy of the mobility model in device simulation, Mater. Sci. Forum 433−436 (2003) 443.

[20] S. Kagamihara, H. Matsuura, T. Hatakeyama, T. Watanabe, M. Kushibe, T. Shinohe, et al., Parameters required to simulate electric characteristics of SiC devices for n-type 4H-SiC, J. Appl. Phys. 96 (2004) 5601.

[21] A. Koizumi, J. Suda, T. Kimoto, Temperature and doping dependencies of electrical properties in Al-doped 4H-SiC epitaxial layers, J. Appl. Phys. 106 (2009) 013716.

[22] I.A. Khan, J.A. Cooper Jr., Measurement of high-field electron transport in silicon carbide, IEEE Trans. Electron Devices 47 (2000) 269.

[23] B.J. Baliga, Fundamentals of Semiconductor Power Devices, Springer, Berlin, 2008.

[24] H. Niwa, J. Suda, T. Kimoto, Impact ionization coefficients in 4H-SiC toward ultrahigh-voltage power devices, IEEE Trans. Electron Devices 62 (2015) 3326.

[25] A.P. Dmitriev, A.O. Konstantinov, D.P. Litvin, V.I. Sankin, Impact ionization and super-lattice in 6H-SiC, Soviet Phys. Semicond. 17 (1983) 686.

[26] T. Hatakeyama, Measurements of impact ionization coefficients of electrons and holes in 4H-SiC and their application to device simulation, Phys. Status Solidi A 206 (2009) 2284.

[27] H.-Y. Cha, P.M. Sandvik, Electrical and optical modeling of 4H-SiC avalanche photodiodes, Jpn. J. Appl. Phys. 47 (2008) 5423.

[28] S. Ninomiya, S. Adachi, Optical constants of 6H−SiC single crystals, Jpn. J. Appl. Phys. 33 (1994) 2479.

[29] J.R. Jenny, St. G. Müller, A. Powell, V. Tsvetkov, H.M. Hobgood, R.C. Glass, et al., High-purity semi-insulating 4H-SiC grown by the seeded sublimation method, J. Electron. Mater. 31 (2002) 366.

[30] H.M. Hobgood, M. Brady, W. Brixius, G. Fechko, R. Glass, D. Henshall, et al., Status of large diameter SiC crystal growth for electronic and optical applications, Mater. Sci. Forum 338−342 (2000) 3.

[31] W.J. Choyke, Optical and Electronic Properties of SiC, in: R. Freer (Ed.), The Physics and Chemistry of Carbides, Nitrides, and Borides, Kluwer Academic Publishers, Dordrecht, 1990, p. 563.

[32] H. Tsuchida, M. Ito, I. Kamata, M. Nagano, Formation of extended defects in 4H-SiC epitaxial growth and development of a fast growth technique, Phys. Status Solidi B 246 (2009) 1553.

[33] T. Kimoto, Material science and device physics in SiC technology for high-voltage power devices, Jpn. J. Appl. Phys. 54 (2015) 040103.

[34] S. Ha, P. Mieszkowski, M. Skowronski, L.B. Rowland, Dislocation conversion in 4H silicon carbide epitaxy, J. Cryst. Growth 244 (2002) 257.

[35] G. Feng, J. Suda, T. Kimoto, Characterization of major in-grown stacking faults in 4H-

SiC epilayers, Phys. B 23–24 (2009) 4745.

[36] I. Kamata, X. Zhang, H. Tsuchida, Photoluminescence of Frank-type defects on the basal plane in 4H-SiC epilayers, Appl. Phys. Lett. 97 (2010) 172107.

[37] H. Fujiwara, H. Naruoka, M. Konishi, K. Hamada, T. Katsuno, T. Ishikawa, et al., Impact of surface morphology above threading dislocations on leakage current in 4H-SiC diodes, Appl. Phys. Lett. 101 (2012) 042104.

[38] J. Senzaki, A. Shimozato, K. Kojima, T. Kato, Y. Tanaka, K. Fukuda, et al., Challenges of high-performance and high-reliablity in SiC MOS structures, Mater. Sci. Forum 717–720 (2012) 703.

[39] M. Skowronski, S. Ha, Degradation of hexagonal silicon-carbide-based bipolar devices, J. Appl. Phys. 99 (2006) 011101.

[40] T. Tawara, T. Miyazawa, M. Ryo, M. Miyazato, T. Fujimoto, K. Takenaka, et al., Short minority carrier lifetimes in highly nitrogen-doped 4H-SiC epilayers for suppression of the stacking fault formation in PiN diodes, J. Appl. Phys. 120 (2016) 115101.

[41] S. Hino, H. Hatta, K. Sadamatsu, Y. Nagahisa, S. Yamamoto, T. Iwamatsu, et al., Demonstration of SiC-MOSFET embedding Schottky barrier diode for inactivation of parasitic body diode, Mater. Sci. Forum 897 (2017) 477.

[42] M. Tajima, M. Tanaka, N. Hoshino, Characterization of SiC epitaxial wafers by photoluminescence under deep UV excitation, Mater. Sci. Forum 389–393 (2002) 597.

[43] R.E. Stahlbush, K.X. Liu, Q. Zhang, J.J. Sumakeris, Whole-wafer mapping of dislocations in 4H-SiC epitaxy, Mater. Sci. Forum 556–557 (2007) 295.

[44] K. Kawahara, G. Alfieri, T. Kimoto, Detection and depth analyses of deep levels generated by ion implantation in n- and p-type 4H-SiC, J. Appl. Phys. 106 (2009) 013719.

[45] T. Dalibor, G. Pensl, H. Matsunami, T. Kimoto, W.J. Choyke, A. Schöner, et al., Deep defect centers in silicon carbide monitored with deep level transient spectroscopy, Phys. Status Solidi A 162 (1997) 199.

[46] C. Hemmingsson, N.T. Son, O. Kordina, J.P. Bergman, E. Janzén, J.L. Lindstrom, et al., Deep level defects in electron-irradiated 4H SiC epitaxial layers, J. Appl. Phys. 81 (1997) 6155.

[47] N.T. Son, X.T. Trinh, L.S. Løvlie, B.G. Svensson, K. Kawahara, J. Suda, et al., Negative-U system of carbon vacancy in 4H-SiC, Phys. Rev. Lett. 109 (2012) 187603.

[48] T. Troffer, M. Schadt, T. Frank, H. Itoh, G. Pensl, J. Heindl, et al., Doping of SiC by implantation of boron and aluminum, Phys. Status Solidi A 162 (1997) 277.

[49] K. Danno, D. Nakamura, T. Kimoto, Investigation of carrier lifetime in 4H-SiC epilayers and lifetime control by electron irradiation, Appl. Phys. Lett. 90 (2007) 202109.

[50] L. Storasta, H. Tsuchida, Reduction of traps and improvement of carrier lifetime in 4H-SiC epilayers by ion implantation, Appl. Phys. Lett. 90 (2007) 062116.

[51] T. Hiyoshi, T. Kimoto, Reduction of deep levels and improvement of carrier lifetime in n-type 4H-SiC by thermal oxidation, Appl. Phys. Express 2 (2009) 041101.

[52] T. Kimoto, K. Kawahara, B. Zippelius, E. Saito, J. Suda, Control of carbon vacancy in SiC toward ultrahigh-voltage power devices, Superlattices Microstruct. 99 (2016) 151.

[53] T. Okuda, T. Miyazawa, H. Tsuchida, T. Kimoto, J. Suda, Carrier lifetimes in lightly-doped p-type 4H-SiC epitaxial layers enhanced by post-growth processes and surface passivation, J. Electron. Mater. 46 (2017) 6411.

[54] D.K. Schroder, Semiconductor Material and Device Characterization, third ed., Wiley-IEEE, New York, 2006.

[55] A. Galeckas, J. Linnros, V. Grivickas, U. Lindefelt, C. Hallin, Auger recombination in 4H-SiC: Unusual temperature behavior, Appl. Phys. Lett. 71 (1997) 3269.

[56] T. Kimoto, K. Yamada, H. Niwa, J. Suda, Promise and challenges of high-voltage SiC bipolar power devices, Energies 9 (2016) 908.

第3章 氮化镓及相关Ⅲ-Ⅴ型氮化物的物理特性

在本章中，简要回顾了在功率器件应用中 GaN 和其他Ⅲ-Ⅴ型氮化物的材料和传输特性。对不同衬底的外延生长及其优点进行了讨论。最后介绍了氮化物中缺陷的性质和作用，以及减轻缺陷对硅衬底上 GaN 影响的一些方法。以上内容并不完整，更多信息可在所列参考文献中查阅。

3.1 晶体结构和相关特性

GaN、AlN 和 InN 最常见的晶体结构是纤锌矿 2H 多型[1]。在该结构中，每个Ⅲ族原子被作为四面体的角的 4 个等距的最近Ⅴ族原子包围，反之亦然。纤锌矿晶体结构是六方晶系的一员，因此具有 2 个晶格常数：a（基底边的长度）和 c（晶胞的高度）。在理想情况下，c/a 之比等于 $\sqrt{(8/3)}=1.633$。每个晶胞有 6 个原子，由 2 个相互贯穿的紧密堆积的六边形晶格组成。它可以被视为 2 个相互贯穿的六边形紧密堆积的晶格，其基元由位于（0，0，0，0）的 1 个Ⅲ族原子和 1 个沿 c 轴移动到（0，0，0，0.375）的Ⅴ族原子组成[2]；另一种方法是将其视为六边形紧密堆积的结构，其中每个晶格位由 2 个原子组成，1 个来自Ⅲ族，1 个来自Ⅴ族。每个阴离子在四面体的角被 4 个阳离子包围，反之亦然。纤锌矿结构的点群和空间群分别为 6mm 和 $P6_3mc$[3]。由于缺乏反转对称性，这意味着（0001）基面不同于（$000\bar{1}$）面，纤锌矿结构材料表现出晶体极性。

当使用立方衬底时，所有上述氮化物也可能结晶为亚稳态闪锌矿 3C 结构[4-7]。该结构为亚稳结构，经高温处理后可转变为纤锌矿结构。闪锌矿结构为面心立方晶胞，由 2 个相互贯穿的面心立方亚晶格组成，其中 1 个沿体对角线移动 1/4 的距离。该晶体也可以被认为是 1 个面心立方晶格，每个原子位由 2 个原子组成，1 个Ⅲ族原子和 1 个Ⅴ族原子。闪锌矿结构的空间群为 $F43m$[8]。

闪锌矿结构和纤锌矿结构之间的一个重要区别是第 2 近邻原子的键角。在纤锌矿结构中，第 1 层和第 3 层中的原子直接排列在一起，这意味着沿 c 轴存在镜像对称，但在闪锌矿结构中第 3 层旋转了 60°。因此，紧密堆积平面的堆叠顺序是不同的。纤锌矿结构在〈0001〉方向以 ABABAB 序列排列的三角形交替双原子紧密堆积的（0001）平面，而闪锌矿结构在〈111〉方向以 ABCABC 序列排列的紧密堆积的（111）平面，其中字母 A、B 或 C 表示阴离子 - 阳离子键。可能的晶体结构如图 3.1 所示。

在 $T=300\mathrm{K}$ 条件下，GaN 的键长为 1.94Å，每个键的结合能为 2.24eV[9]。由于 Ga 和 N 原子之间的强键合，GaN 是一种非常硬的半导体材料，并且具有热稳定性。在室温下 GaN 的密度为 6.1g/cm^3[10]。表 3.1 中列出了这些数据以及有关 AlN 和 InN 的信息。

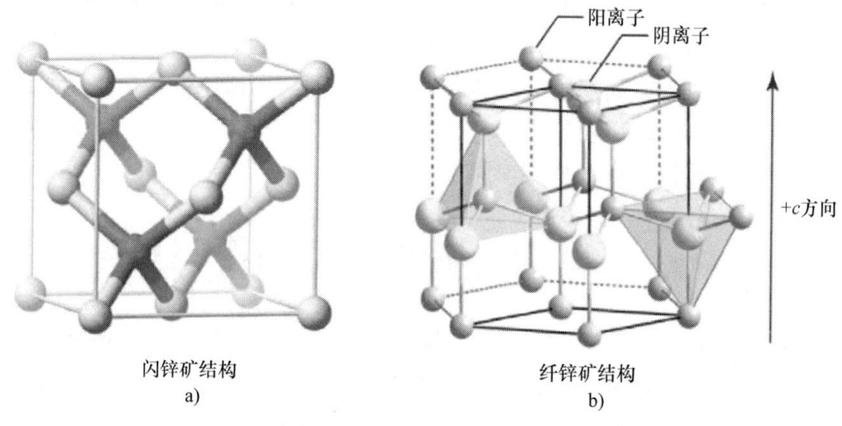

图 3.1　GaN a）闪锌矿和 b）纤锌矿结构的示意图

表 3.1　GaN、AlN 和 InN 的一些特性

特性	纤锌矿 GaN	纤锌矿 AlN	纤锌矿 InN
晶格常数 a/Å	3.1880 ±0.0001	3.1127 ±0.0003	3.53 ~3.548
晶格常数 c/Å	5.1856 ±0.0005	4.9816 ±0.0005	5.69 ~5.76
300K 下 a 方向的热膨胀系数（1/K）	3.1×10^{-6}	2.56×10^{-6}	3.1×10^{-6}
300K 下 c 方向的热膨胀系数（1/K）	2.8×10^{-6}	5.3×10^{-6}	—
密度/(g/cm^3)	6.1	3.255	6.88
键长/Å	1.94	1.89	2.15
每键结合能/eV	2.24	2.88	1.93
热导率 κ/(W/cm·K)	2.3	3.19（exp）	0.8
弹性常数/GPa	—	—	—
C11	390	345	190 ±7
C12	145	125	104 ±3
C13	106	120	121 ±7
C33	398	395	182 ±6
C44	105	118	10 ±1
C66	123	110	—

在室温下，纤锌矿 GaN 的普遍公认的晶格常数为 $a = 3.189Å$ 和 $c = 5.185Å$[11]，文献中同时也给出了它们的温度依赖性。早期得到的数据差异很大，因为这些数据是从异质外延生长的薄膜中获得的。从体 GaN 单晶可以获得更精确的数据。在 294K 下，更准确的晶格常数为 $a = 3.188Å$ 和 $c = 5.1856Å$[12]，这些值因样品大小、极性和自由载流子浓度的不同而略有不同。在 300 ~ 700K 温度范围内的热膨胀系数（TEC）分别为 $\Delta a = 5.59 \times 10^{-6} K^{-1}$ 和 $\Delta c = 3.17 \times 10^{-6} K^{-1}$[11]。GaN 体晶体晶格常数对温度依赖性如图 3.2 所示[13]。图 3.3 显示了 294 ~ 753K 范围内 GaN 的 TEC 的温度依赖性[14]。AlN 和 InN 的晶格常数和 TEC 见表 3.1[15-17]。对于Ⅲ－Ⅴ族氮化物三元合金，如 AlGaN 和 InGaN，通常假设 GaN 和 AlN（或 InN）之间的线性外推。

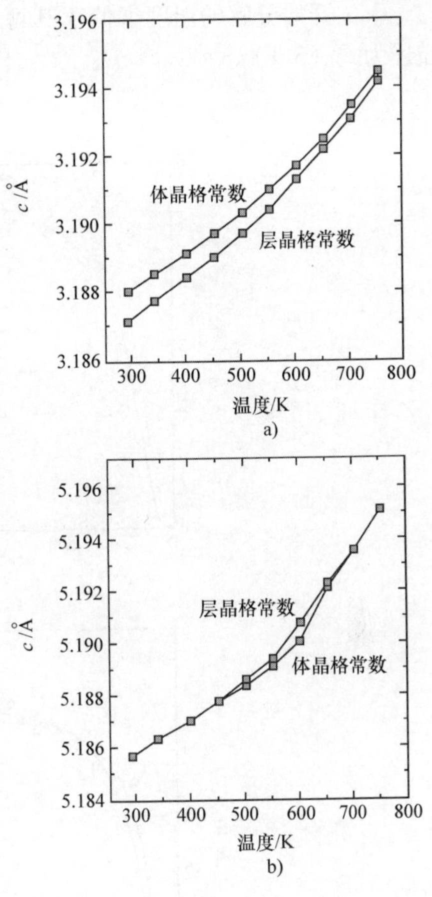

图 3.2　GaN 体晶体晶格常数与温度的关系
a）平行于界面的晶格常数 a 和 b）垂直于界面的晶格常数 c[13]

GaN 的杨氏模量在（0001）取向下为 150GPa，在（1210）取向下为 196GPa。这两种取向对应的泊松比分别为 0.37 和 0.33[18]。一些学者也报道了 GaN 的弹性常数，但其值因使用的技术不同而有很大的差异[19,20]。Polian 使用布里渊散射测量确定的 GaN 弹性常数看起来更可靠[20]，因为测量是在 GaN 单晶体上进行的。这些值为：C11 = 390GPa、C12 = 145GPa、C13 = 106GPa、C33 = 398GPa、C44 = 105GPa 和 C66 = 123GPa。AlN 和 InN 的弹性常数见参考文献［21］和［22］，也包括在表 3.1 中。

GaN 是一种较好的热导体，其室温下的热导率 $\kappa = 2.3W/cm \cdot K$[23]。由于热导率对位错密度非常敏感，并且随着位错密度的增加而降低（位错密度 > $10^6 cm^{-2}$ 情况下），早期报告引用了沿 c 方向的 1.3W/cm·K 值[24]。在约 30K 的低温下，该值降低至 0.4W/cm·K。AlN 显示出更好的热导率，在单晶 AlN 上得到的热导率为 3.19W/cm·K，理论预测值为 3.2W/cm·K[25]；另一方面，InN 在 300K 下的热导率仅为 0.8W/cm·K[26]。

GaN 开始分解的温度远低于其可能的熔化温度。分解过程可通过可逆反应描述为式（3.1）：

$$GaN \leftrightarrow Ga + 1/2N_2 \tag{3.1}$$

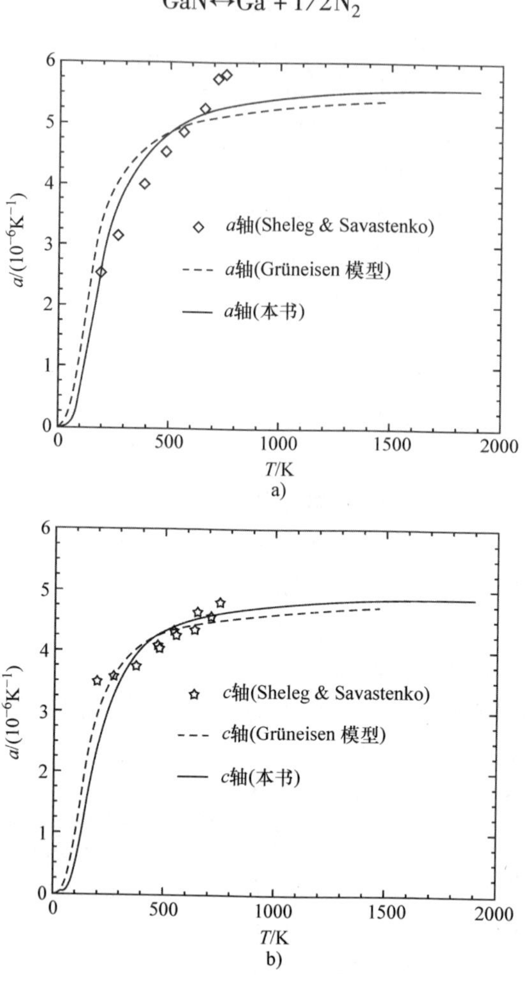

图 3.3　a）a 轴和 b）c 轴的热膨胀系数比较[14]

在图 3.4 中，GaN 上氮的平衡压力如实线所示[27,28]。沿着这条曲线，GaN、N_2 和 Ga 可以共存。在这条线以下，GaN 是不稳定的，在最终平衡阶段只能存在 $Ga + N_2$；另一方面，在这条线以上的区域，所有 Ga 将在 N_2 环境中合成为 GaN。从该图可以提取的 GaN 标准生成热（ΔH°）以及标准生成熵（ΔS°）分别为 −37.7和 −32.43kcal/mol·K[29]。该图说明了从液相生长体 GaN 材料的困难，因为该工艺的成功需要非常高的 N_2 压力。

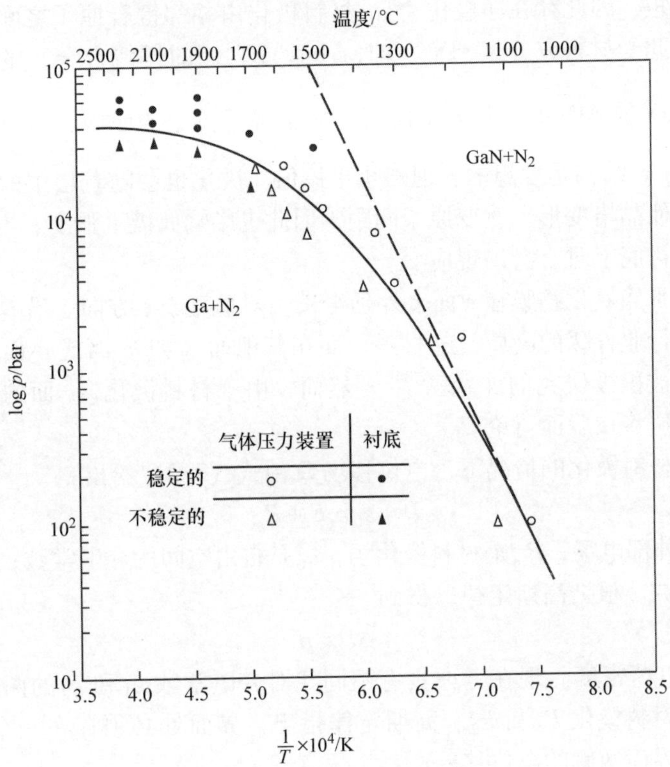

图 3.4　GaN 上氮的平衡压力

3.2　极化电荷

化合物半导体中的键具有某些离子特征，这导致例如在Ⅲ族氮化物的情况下相邻的镓原子和氮原子之间，或在Ⅲ族磷化物的情况中，镓原子和磷原子之间形成一个净电偶极子。闪锌矿结构的 GaAs 的 Phillips 电离度 f_i 为 0.310，而闪锌矿结构的 GaN 的 Phillips 电离度 f_i 为 0.5，表明存在更多的离子键[30,31]。离子键和由此产生的偶极子存在于化合物半导体中，但不存在于像 Si 或 Ge 这样的元素半导体中，因为只有在化合物半导体中相邻原子之间存在电负性差异。

与闪锌矿晶格不同，纤锌矿是非中心对称的，缺乏反演对称性。闪锌矿的中心对称特征意味着晶体中没有唯一的晶向；对于晶体中的任何晶向，都存在原子排列相同的其他等效晶向。这种对称性的效果是，相邻一对原子之间的每个偶极子被其他键合原子的偶极子抵消，不留下净偶极矩。然而，对于非中心对称纤锌矿，晶体有一个独特的晶向，即 c 晶向。沿 c 晶向的偶极子未被抵消，沿 c 晶向存在净偶极矩，因此存在净极化[32]。材料极化由相邻键合原子之间的偶极子大小决定，因此受材料成分（AlN、GaN、InN 或它们的任何合金）的影响。这就是为什么 GaN 或 AlN 的实际 c/a 比值不完全等于$\sqrt{\frac{8}{3}}$的原因，这对于六边形紧密堆积（hcp）结构是理想的，但略小于该值。极化也会随着层中的任何应变而改变。应变使晶格变形，改变原子间距，因此也影响偶极子强度。当该层生长在晶格失配的衬底上时，会出现应变。

通常，Ⅲ族氮化物膜在 c 面上外延生长，即垂直于 c 方向。沿着这一方向可以生长出受行业青睐的高质量的材料，而在其他面（如 m 面或 a 面）上的生长是一个正在被积极研究的课题[33,34]。然而，由于材料极化，c 面的生长具有深远的意义，这将在后面讨论。

在内建材料极化的情况下，电位移场 D 由式（3.2）给出：

$$D = \varepsilon_0 \varepsilon_r E + P_m \tag{3.2}$$

式中，E 是外部电场；P_m是材料极化场；ε_0是自由空间的介电常数；ε_r是材料的相对介电常数。根据高斯定律，得到

$$\Delta D = \rho \tag{3.3}$$

式中，ρ 是电荷密度。现在考虑具有不同相对介电常数 ε_1 和 ε_2 的两种材料之间的界面以及材料极化 P_1 和 P_2。高斯定律指出，界面处必须存在一个片电荷 σ，其大小等于界面两侧的电位移差：

$$\varepsilon_0 \varepsilon_2 E_2 + P_2 - (\varepsilon_0 \varepsilon_1 E_1 + P_1) = \sigma \tag{3.4}$$

这意味着，对于 c 面Ⅲ族氮化物薄膜，只要存在极化失配，材料界面上就会存在片电荷，这称为自发极化。这可能发生在 n^- 或 p^- 体材料之间的界面、异质界面或量子阱边缘，甚至在表面和接触处。研究发现，Ⅲ族氮化物半导体表面的片电荷使其难以实现欧姆接触的性能[35-37]。

由于自发极化，在 Ga 面上产生负电荷，在 N 面上产生正电荷。在没有应变的情况下，GaN 的自发极化电荷为 $2.1 \times 10^{13}\,\mathrm{cm}^{-2}$[32,38]。在没有补偿电荷的情况下，[0001] 方向上会存在 4MV/cm 的内部电场。然而，这些强电场通常被半导体或表面陷阱中的其他自由电荷或束缚电荷屏蔽。预计 AlGaN 会有更高的极化电荷。压电极化电荷是由机械扰动引起的，例如 AlGaN 和 GaN 之间的晶体应变。AlGaN/GaN 高电子迁移率晶体管（HEMT）利用了晶体应变引起的自发极化电荷差和压电极化，从而在 2DEG 中获得了高的电子密度。对于较厚的 AlGaN（Al 含量为 35% 时 > 30nm），预计该层有望得到松弛，但由于禁带的不连续性，界面处仍会存在自发极化电荷。在金属 - 氧化物半导体场效应晶体管（MOSFET）结构中，极化电荷被认为与固定氧化物电荷类似。然而，这种自发电荷密度随温度而变化（称为热电极化）[39,40]，这会显著影响 MOS 结构的平带电压，

并导致 GaN 表面的累积或耗尽。

由于压电极化的极性取决于晶体应变，这可以帮助或抑制自发极化。图 3.5 显示了衬底上生长的 GaN 和 GaAlN 的不同极化极性和电场方向[41]。这些特性用于制造 HEMT 器件结构，如图 3.6 所示。这里，2DEG 不是由掺杂引起的，而是由 AlGaN 层中的自发电场和压电电场促成的。因此，GaN 基 HEMT 中的 2DEG 密度是强烈依赖于势垒层（AlGaN）厚度的函数。通过向栅极施加一个负电压，可以关断器件。

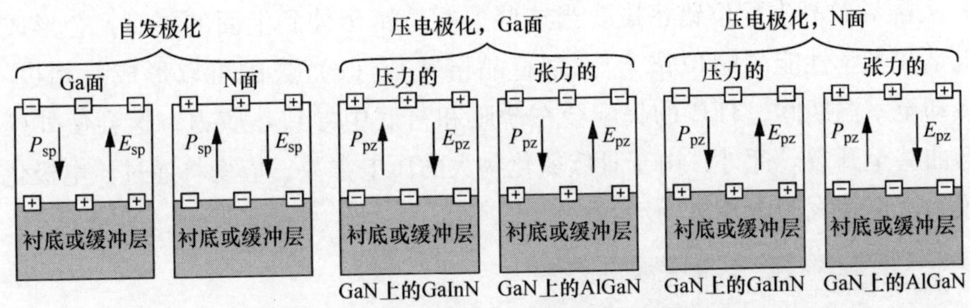

图 3.5　Ga 面和 N 面取向的Ⅲ－氮化物中自发极化和压电极化的表面电荷和内部电场方向以及极化场[41]

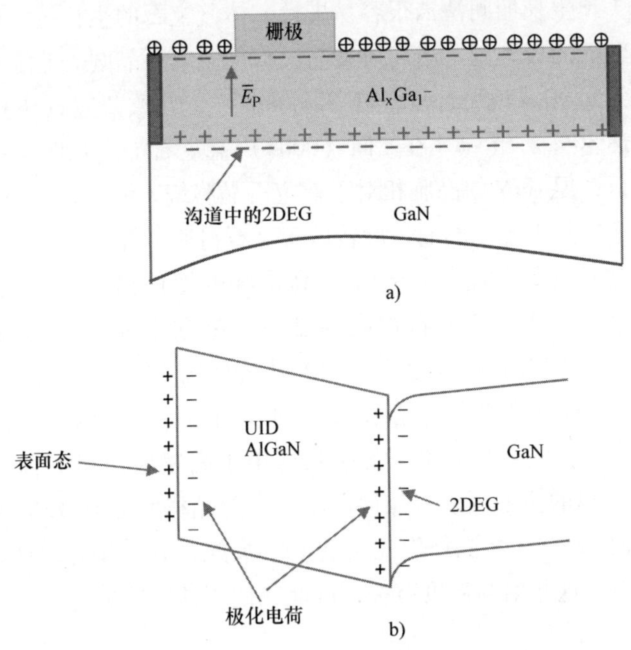

图 3.6　a）器件结构示意图 b）异质结构能带图，显示出不同类型的电荷

3.3 用于氮化镓外延生长的衬底

尽管近年来 GaN 和 AlN 体生长有相当大的改善，但 GaN 体材料的生长仍面临困难，目前还没有可用的大面积商用体Ⅲ族氮化物衬底。外延生长主要是在异质衬底上进行，所有问题都与这种沉积形式有关。晶格常数失配是选择衬底以及其他重要问题如 TEC 差异、热导率和极性的主要标准。通常，横向晶格常数（a）失配导致高失配位错密度。当这些失配位错延伸到上面的层时，会形成降低电学和光学性能的螺位错[42]。垂直晶格常数（c）失配可以形成反相边界。在冷却至室温期间，TEC 的失配会在薄膜和衬底中导致热应力，这会使外延薄膜弯曲甚至开裂。此外，由于Ⅲ族氮化物大的压电常数，应变将通过压电极化在薄膜中产生较大的内建电场。

3.3.1 蓝宝石衬底 ★★★

蓝宝石（$\beta-Al_2O_3$）是生长Ⅲ族氮化物最为广泛使用的衬底。从可见光到深紫外光都是光学透明的。由于其在 Si 工艺中用于 SOI 晶圆制造，并且它在高温下是稳定的，预生长期间清洁很容易进行。体蓝宝石的生长技术相对成熟，并且可以以相对较低的成本制造出高质量的大直径蓝宝石晶圆。蓝宝石具有六方晶胞，晶格常数为 $a=0.4765$nm 和 $c=1.2982$nm[43]，导致蓝宝石和 GaN 之间的晶格常数失配高达 30%。当 GaN 在 c 面（0001）蓝宝石上生长时，蓝宝石和 GaN 的晶体取向平行，但 GaN 的晶胞相对于蓝宝石晶胞绕 c 轴旋转了 30°。这减少了它们之间的晶格常数失配。然而，旋转后蓝宝石衬底的晶格失配仍然高达 16%，这在衬底上方生长的氮化物层中产生了高密度的螺位错（大约为 $10^{10}cm^{-2}$）。（0001）GaN 与（0001）蓝宝石衬底的晶格失配和平面内取向关系示意图如图 3.7所示。c 面蓝宝石和 GaN 之间的 TEC 失配约为 39%。因此，在从沉积温度冷却到室温期间，GaN 外延层中存在较大的双轴压应力。基于晶格失配，预计 GaN 应处于张力下，但生长温度下的生长层由于高密度位错的存在而松弛，因此 TEC 失配是这里的主要因素。几种常用衬底的晶格常数和 TEC 的失配情况见表 3.2。应注意的是，一旦晶格失配超过 TEC 失配百分之几时，TEC 失配比晶格失配更重要。由于这些值与温度有关，因此在使用这些值估计材料中的残余应力时必须小心。

在蓝宝石上用 AlN 或 GaN 的低温缓冲层生长 GaN，然后在较高温度下生长较厚的 GaN。在这种情况下，该层通常是 Ga 面 GaN，从而产生从界面到表面的

电场。这将对器件结构的设计产生重要影响。

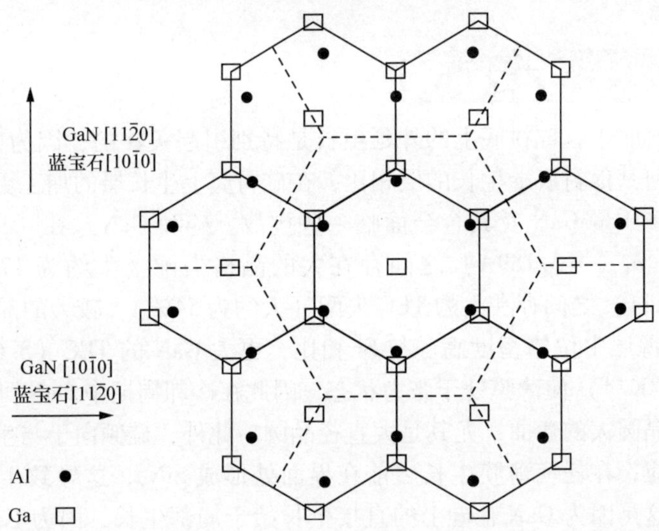

图 3.7　GaN 和蓝宝石衬底的晶格失配和平面内取向示意图

表 3.2　几种常用衬底的晶格常数和 TEC 失配情况

	晶格常数/nm	沿 a 与 GaN 的失配率（%）	TEC 值/(K^{-1})	沿 a 与 GaN 的 TEC 失配率（%）
GaN	$a=0.318843$ $c=0.518524$	0	$a=3.1\times10^{-6}$ $c=2.8\times10^{-6}$	0
AlN	$a=0.3112$ $c=0.4982$	2.4	$a=2.8\times10^{-6}$ $c=2.7\times10^{-6}$	-10.7
蓝宝石	$a=0.4765$ $c=1.2982$	33	$a=6.062\times10^{-6}$ $c=6.66\times10^{-6}$	48
6H-SiC	$a=0.30806$ $c=1.51173$	3.4	$a=4.46\times10^{-6}$	30
Si	0.543102	—	$a=2.61\times10^{-6}$	-18

3.3.2　碳化硅衬底 ★★★

除了蓝宝石，SiC 是另一种常用的Ⅲ族氮化物衬底。与蓝宝石相比，SiC 有几个优点。对于［0001］取向生长，它具有较小的晶格失配（3%）和较高的热导率（3.8W/cm·K）。导电的 SiC 使得在衬底背面衬底电接触成为可能。SiC 也有它的缺点，主要是 SiC 衬底仍然相当昂贵，而且与蓝宝石或硅相比尺寸相对较小。因此，除了蓝宝石和 SiC 外，Ⅲ族氮化物还生长在硅上，并成为功率器件应用的主要衬底[44]。

3.3.3 硅衬底 ★★★

在所有衬底中，硅衬底上的外延生长是特别引起关注的，因为硅衬底便宜，并且与在任何其他衬底上生长的层相比，在硅衬底上生长层的加工更容易。在硅衬底上生长高质量 GaN 及其合金面临一些挑战。硅和 GaN［在（111）平面上 $a_{Si}=3.84Å$，$a_{GaN}=3.189Å$］之间存在大的晶格失配（大约为 17%）。此外，GaN 和 Si（111）之间存在大的 TEC 失配（大约为 54%）。较大的晶格失配导致硅上 GaN 有源层中位错密度高。与 Si 相比，更大 GaN 的 TEC（$5.6\times10^{-6}K^{-1}$ 与 $2.6\times10^{-6}K^{-1}$）使薄膜处于张力状态，因此在冷却周期中 GaN 可能会产生裂纹，或导致晶圆大的弯曲，尤其是大直径晶圆。此外，硅倾向于与生长系统中可用的氮源反应，在任何薄膜生长之前在界面处形成 SiN_x，这导致生长层中存在大量位错。这是因为 GaN 在硅上的直接生长始于局部生长，因为 GaN 不会润湿硅[44]，系统中的氨会与暴露的硅发生反应。因此，首先引入了 AlN 缓冲层，因为发现 AlN 完全润湿了表面，并且该技术还防止了氨与硅衬底的直接反应。例如，分子束外延（MBE）中 AlN 的开始至少是从 Al 的沉积首先开始的，以避免 SiN_x的形成。为了克服上述问题，许多研究人员使用了各种缓冲层方案，如低温生长 AlN 成核层，然后从 AlN 逐步变化到 GaN，或者 AlN 成核层之后是 AlN/GaN 超晶格以控制位错。然后是厚 GaN 生长或者厚 AlN 的生长之后生长 GaN。采用这种多层方案不仅可以控制有源层中的缺陷密度，还可以改变层中的应变，以防止晶圆开裂或弯曲。

获得高质量 GaN 层的最成功的过渡层方案如图 3.8所示[45]。AlN 初始层用于防止硅衬底和反应器环境之间的不良反应，同时也缓解了外延层和硅衬底之间大的晶格失配引起的应力。该层厚度为 160nm，预计会完全松弛。然后在该层上生长 40nm 厚的 $Al_{0.3}Ga_{0.7}N$，该层被认为是改善初始 AlN 层的表面粗糙度并提供平坦表面以生长 AlN/GaN 超晶格（SL）结构和具有光滑异质界面的 AlGaN/GaN 沟道层。引入 AlN/GaN SL 结构产生压应力，以抵消Ⅲ－Ⅴ族氮化物和硅之间的 TEC 失配引起的拉伸应力。需要精确控制由 AlN/GaN SL 结构产生的应力，以抵消由 TEC 失配引起的拉伸应力，从而减少弯曲。这可以通过优化单个 AlN 和 GaN 厚度来实现，使得每一层仅部分松

图 3.8　用在硅衬底上生长高质量 GaN 层的过渡层示意图[45]

弛。Ishida 等人计算了各个层的最佳厚度[45]，从而可以在硅上生长大面积无裂纹的 GaN。例如，100 对 AlN/GaN（5/20nm）SLs 结构和由 50nm 厚的 $Al_{0.2}Ga_{0.8}N$ 层和 2μm 厚的 GaN 层组成的 AlGaN/GaN 异质结可以在 6 英寸直径的衬底上形成弯曲小于 50μm 的晶圆。SL 结构中选择的单层厚度，使 AlN 层为赝晶层，其中 GaN 层将部分松弛，从而为整个结构提供压应力。GaN 弛豫的程度可以通过诸如温度等生长条件来控制，从而在生长后可以获得最佳弯曲。过渡层上的其他变化包括从界面处的 AlN 到 $Al_{0.2}Ga_{0.8}N$ 缓冲层的厚 AlN 层或渐变层的生长[46-50]。

除了获得高质量的硅基 GaN 用于 HEMT 结构制造外，由于衬底具有高导电性，因此获得适合高压工作的 GaN 厚度也很重要。因此，高压工作需要足够厚度的未掺杂或高电阻的 GaN 缓冲层。即使 HEMT 器件的击穿电压取决于栅极到漏极距离和表面附近的最佳电场分布，对于大的栅极到漏极距离，衬底导电也是一个因素。因此，缓冲层厚度对于获得高击穿电压是至关重要的。图 3.9 显示了未掺杂的 GaN 缓冲层的垂直击穿电压与未掺杂 GaN 缓冲层厚度的关系[45]。显然，需要至少 5.4μm 厚的缓冲层才能承载 1200V 的电压。通过引入未知的本征深能级使缓冲层半绝缘。然而，这种缓冲层表明，在补偿的本征深施主和受主中的电荷捕获会导致“电流崩塌”，这会随几何结构、缓冲层掺杂和捕获能级而变化。因此，需要改进缓冲层来减少功率器件在高频工作时的充电和释放效应。

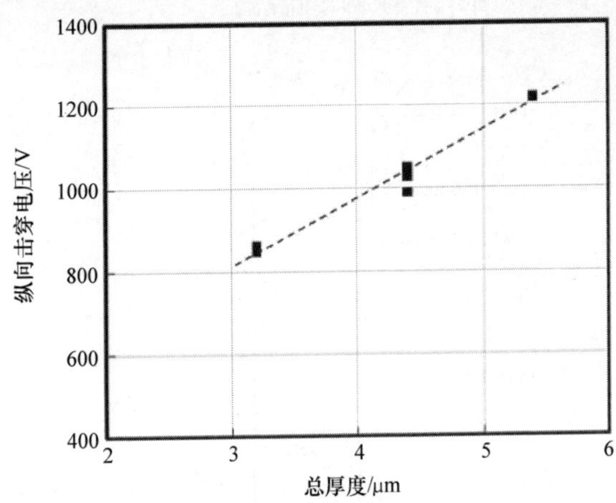

图 3.9　垂直击穿电压随 GaN 缓冲层厚度的变化。层生长在硅（111）衬底上[45]

最近的 GaN/AlGaN HFET 器件通常倾向于使用非本征深能级掺杂剂来制造缓冲绝缘层，而不是使用本征缺陷，部分原因是生长过程易于控制，因为可以根据层的形态等其他要求优化生长条件。两种广泛使用的掺杂剂是铁（Fe）和碳（C）。它们导致 2 个不同的深受主中心，分别位于 GaN 禁带的上半部分和下半部分。铁的陷阱能级低于导带以下 0.7eV 处，碳的陷阱能级在价带以上 0.9eV 处[51,52]。这些非本征掺杂缓冲层提供了优异的隔离和功率器件性能。例如，由于碳在价带上方0.9eV 处有一个受主能级，因此在高于任何施主态的能级引入碳将导致费米能级被钉扎在碳能级上。这比取决于生长条件的本征能级更容易控制。

3.4 禁带结构和相关特性

使用不同的方法计算了纤锌矿 GaN 的电子能带结构[53-55]，并在文献［53］中给出了详细图片。图 3.10 给出了 Γ 点附近的简化能带结构[56]。Γ_9 状态总是被称为重空穴（hh）态，而下面的能量（Γ_{7+}）形成轻空穴状态（lh）。第三种状态（Γ_{7-}）被定义为晶体场分离状态（cs）。用自旋分裂能 Δ_{so} 和晶体场分裂能 Δ_{cr} 这两个参数可以计算这些态之间的能量差，对于 GaN，这两个参数分别为 12meV和 37.5meV。价带显示出相当大的非抛物线形状。对于 GaN，导带最小值（Γ_7）和价带最大值（Γ_9）都在 Γ 点，因此它在室温下有一个能量为 3.39eV 的直接带隙，在 1.6K 时该值增加到 3.503eV[57]。GaN 禁带的温度依赖性如图 3.11 所示，该关系也可以由经验表示为

$$E_g(T) = 3.503 - 5.08 \times 10^{-4} T^2/(996 - T)(\mathrm{eV});T < 295 \tag{3.5}$$

在高于 180K 的温度下，dE_g/dT 的值约为 -6.0×10^{-4} eV/K[58]。在静压力

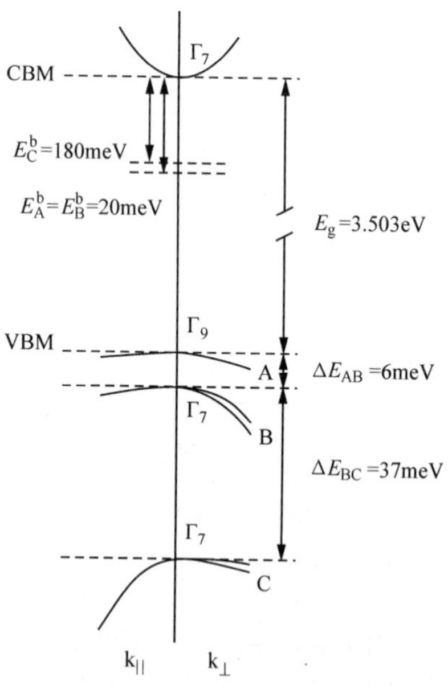

图 3.10 计算的 WZ GaN Γ 点附近的禁带结构

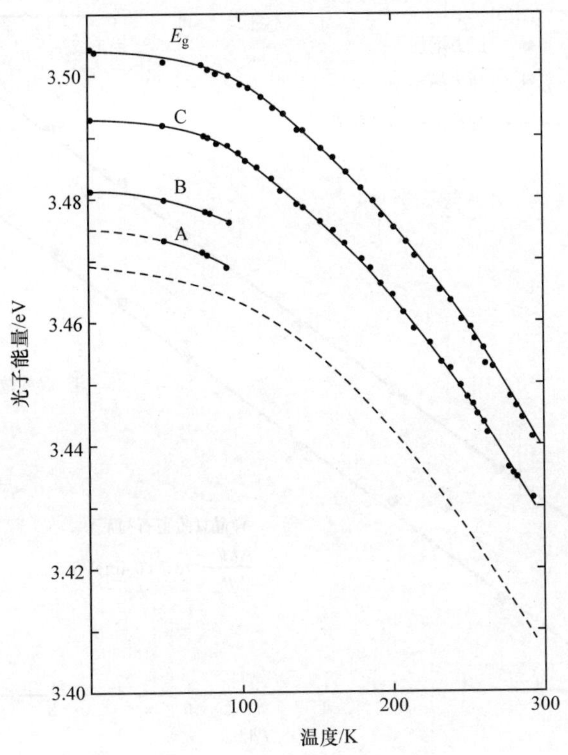

图 3.11　禁带与温度的关系

作用下，禁带能量将转移到更高的能量。禁带与压力的关系如图 3.12 所示，近似为 $dE_g/dP=3.7\pm0.4$meV/kbar[59]。但更常见的是，在异质衬底上的外延层中会遇到双轴应变问题。对导带最小值与 3 个价带最大值之间的能隙的双轴应变效应进行了理论计算，并与一些实验数据一起显示在图 3.12 中[60]。

纤锌矿 AlN 和 InN 的电子能带结构与 GaN 能带结构非常相似，除了具体的能量值[61,62]。AlN 和 InN 在 300K 下的禁带宽度分别为 6.2eV 和 1.89eV。现在认为 InN 禁带甚至更低，在 0.7eV 范围内。InN 材料的早期数据给出了更高的禁带值。这可能是因为薄膜是重掺杂的并且存在 Burstein - Moss 效应，则光吸收测量可以给出更高的值。参考文献［63］中提供了其温度相关性。对于 AlGaN 三元合金，其禁带的组分依赖性已通过光学吸收边缘法得到了实验确定，如图 3.13所示[64,65]。由方程 $E(x)=E(0)+ax+bx^2$ 得到的实线与实验数据拟合结果一致性非常好，其中 $E(0)=3.43$eV 是由室温下的吸收测量得到的 GaN 禁带能量，x 是 AlN 合金成分值，能量以 eV 为单位。当 AlN 的禁带能量被固定在 6.2eV 时，使用最小二乘拟合法得到的最佳拟合结果为 $a=1.44$ 和 $b=1.33$eV。参数 b 被称为弯曲参数。

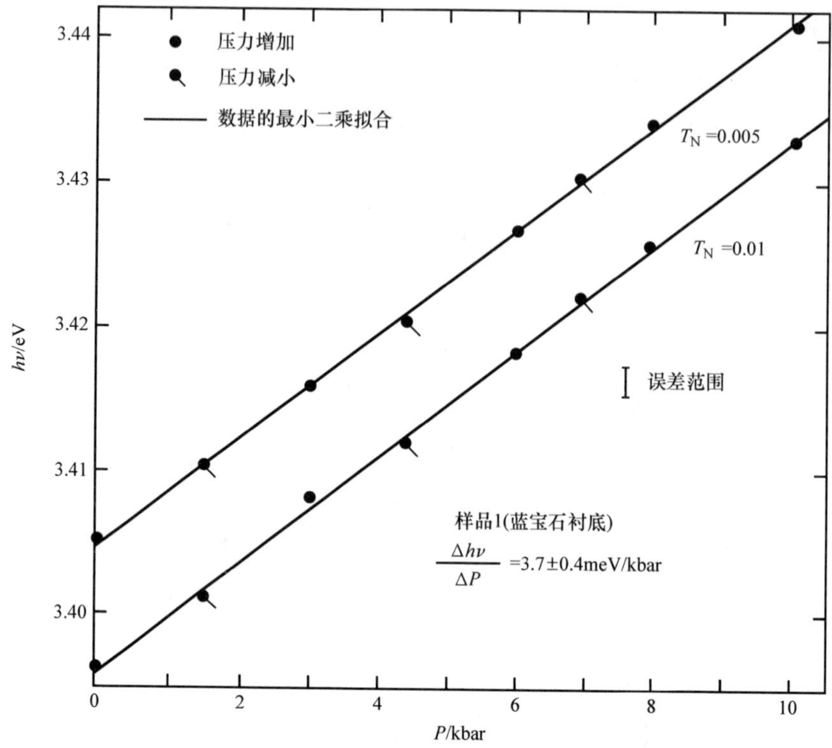

图 3.12　压力对禁带的影响

3.4.1　载流子的有效质量 ★★★

禁带中电子和空穴的有效质量对于传输特性，以及描述材料的各种电学和光学特性非常重要。有效质量取决于禁带极值附近禁带的局部结构，并由禁带的局部曲率定义。由于价带分为轻空穴和重空穴，因此对于不同类型的载流子，以及平行于生长平面还是垂直于生长平面移动的载流子，有效质量也将不同。电子和空穴的总有效质量如表 3.1 所示。

3.4.2　有效态密度 ★★★

态密度（DOS）知识对于研究 GaN 的电学和光学特性非常重要。然而，经常用来描述能带特性的更重要参数是导带和价带边缘的有效 DOS。其定义为

$$N = 2\left(2\pi m^{*} kT/h^{2}\right)^{3/2} \tag{3.6}$$

式中，h 是普朗克常数；k 是玻耳兹曼常数；T 是温度；而 m^* 是 DOS 有效质量。对于 GaN，导带边缘电子的 m_e^* 为 $0.19m_0$，而价带边缘（Γ_9点）空穴的 m_h^* 为 $0.66m_0$[66]，如表 3.1 所示。将这些值代入式（3.6）中，得到

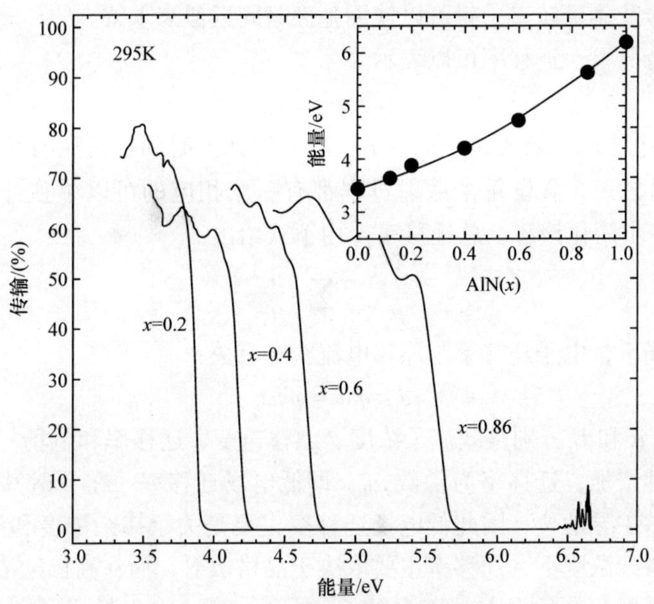

图 3.13　禁带能量与成分的关系

$$N_e = 0.4 \times 10^{15} T^{3/2} cm^{-3} = 2.08 \times 10^{18} cm^{-3} (300K) \quad (3.7a)$$

$$N_V = 2.6 \times 10^{15} T^{3/2} cm^{-3} = 1.35 \times 10^{19} cm^{-3} (300K) \quad (3.7b)$$

因此，可以得到本征载流子浓度为

$$n_i = 5.3 \times 10^{18} \exp(-E_g/2kT) \quad (3.8)$$

室温下的 n_i 值大约为 $1.65 \times 10^{-10} cm^{-3}$，需要在大约 1500K 的温度才能获得 $10^{13} cm^{-3}$ 的本征载流子浓度水平。因此，在典型的生长温度下，GaN 通常是非本征的。

3.5　传输特性

半导体材料中的电荷传输是通过价带中的空穴和导带中的电子的运动实现的。在低电场下，这些电荷的漂移速度（v_d）与电场强度（E）成正比，比例常数称为迁移率 μ。半导体材料中载流子的迁移率是由不同的散射机制决定的，这些散射机制包括缺陷散射、载流子－载流子散射和晶格散射。缺陷散射包括中性和电离杂质散射、合金散射和晶体缺陷如位错引起的散射。晶格散射包括声学声子散射（变形势和压电）和光学声子散射。每个过程的细节可以在常规的教材中找到。

电子和空穴的传输行为由 Boltzmann 方程来表示，只要所有散射过程都是弹性的，即不涉及能量转移，就可以使用弛豫时间近似来求解。

在这种情况下，迁移率可以表示为

$$\mu = q\tau / m^* \tag{3.9}$$

式中，m^*是电子的有效质量；而〈τ〉是平均弛豫时间，是所有单个散射过程τ_i的弛豫时间之和。假设每个散射过程都有一个相应的可以单独计算的迁移率μ_i，可以进一步简化该解。总迁移率μ_i由下式给出：

$$\frac{1}{\mu} = \sum_i \frac{1}{\mu_i} \tag{3.10}$$

在低电场下，电子迁移率与漂移电流密度有关：

$$J = qnv = qn\mu E \tag{3.11}$$

式中，n、v、μ和E分别是载流子浓度、漂移速度、迁移率和电场。漂移速度几乎随电场线性增加，迁移率为常数μ_0，即低电场迁移率。在GaN中，晶格散射和杂质散射占主导地位，因此低电场迁移率主要是关于掺杂浓度和温度的函数。在非常低的掺杂浓度下，迁移率主要取决于晶格散射，而在高掺杂浓度下，应同时考虑晶格散射和杂质散射。著名的Caughey - Thomas[67,68]模型广泛用于与掺杂浓度和温度相关的低电场迁移率，可以描述为：

$$\mu_0 = \mu_{\min} + \frac{\mu_{\max}(T/300)^{v} - \mu_{\min}}{1 + \left(\frac{T}{300}\right)^{\xi}\left(\frac{N}{N_{\text{ref}}}\right)^{\alpha}} \tag{3.12}$$

式中，N是电离掺杂浓度；T是绝对温度；$\mu_{\min}$、$\mu_{\max}$、N_{ref}、ξ和α是拟合参数，$\mu_{\max}$代表未掺杂或无意掺杂样品的迁移率，其中晶格散射是主要的散射机制，$\mu_{\min}$代表重掺杂材料中的迁移率，重掺杂材料的迁移率以杂质散射为主，但也存在晶格散射，N_{ref}是迁移率介于$\mu_{\max}$和$\mu_{\min}$之间的掺杂浓度，α是迁移率从$\mu_{\min}$到$\mu_{\max}$变化速度的度量。迁移率与温度的关系用参数v和ξ来表示。

在高电场下，由于光学声子散射的增加，载流子漂移速度v饱和，最终达到材料饱和速度v_{sat}。当载流子速度接近v_{sat}时，与电场的关系不再是线性的，迁移率由式（3.12）给出。高电场下迁移率的降低可以表示为

$$\mu = \frac{\mu_0}{\left[1 + \frac{\mu_0 E^{\beta}}{v_{\text{sat}}}\right]^{1/\beta}} \tag{3.13}$$

式中，v_{sat}是饱和速度；β是一个经验常数，说明速度达到饱和的变化程度。饱和速度的温度相关性如下[69]：

$$\mu = \frac{2.7 \times 10^7}{1 + 0.8\exp\left(\frac{T}{600}\right)} \tag{3.14}$$

Mnatsakanov 等人在实验工作的基础上，总结了上述电子和空穴的参数值[70]。表 3.3 列出了纤锌矿 GaN（c 面）中电子迁移率模型的参数值。还给出了硅和 4H-SiC 的常用参数以进行比较[71]。图 3.14 和图 3.15 分别给出了不同掺杂浓度（300K）和不同温度（不同掺杂浓度）下材料中的低电场迁移率变化曲线。绘制的迁移率和列出的参数在 c 平面。给出了低电场电子迁移率与掺杂水平的关系，并与许多关于室温 GaN 中电子迁移率的实验数据进行了比较。在图 3.16 中，对空穴迁移率进行了类似比较。很明显，对于高掺杂浓度的电子，实验数据中存在明显的散射现象，这可能是由许多实验数据中存在不同的补偿造成的。

表 3.3　纤锌矿 GaN（c 面）中电子迁移率模型的参数

参　数	纤锌矿 GaN	Si
$\mu_{max}/(cm^2/Vs)$	1000	1430
$\mu_{min}/(cm^2/Vs)$	55	55
N_{ref}/cm^{-3}	2.0×10^{17}	1.0×10^{17}
α	1	0.73
v	22.0	22.3
ξ	22.7	23.8
$v_{sat}/(cm/s)$	2.5×10^{7}	1.0×10^{7}
β	2	2

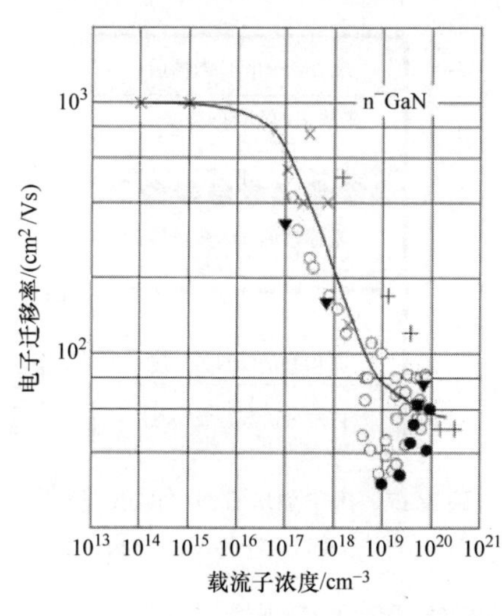

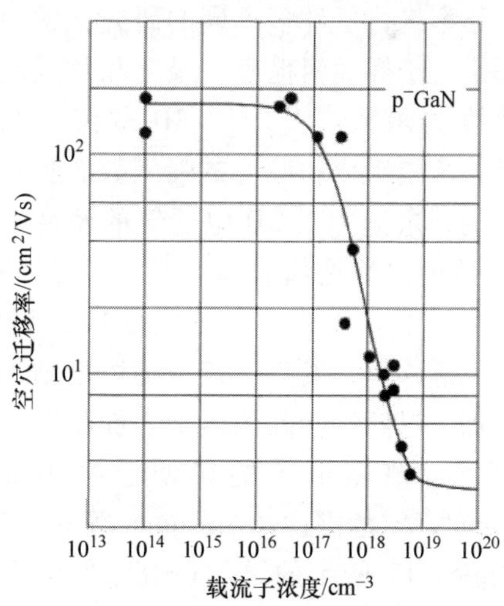

图 3.14　室温下 GaN 中低电场电子迁移率和空穴迁移率随掺杂浓度的变化

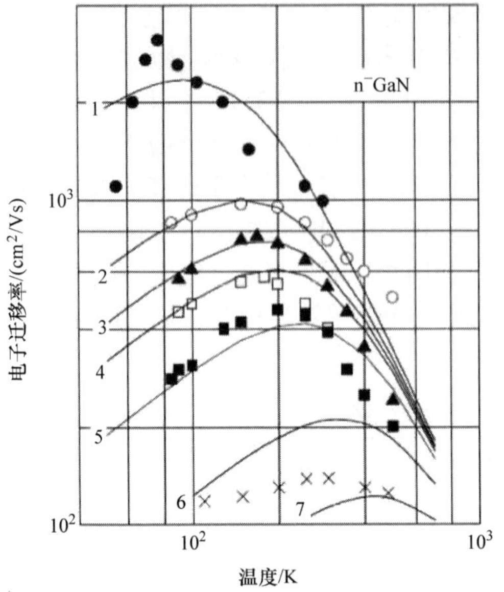

图 3.15 不同掺杂浓度值下纤锌矿 GaN 低电场电子迁移率与温度的关系

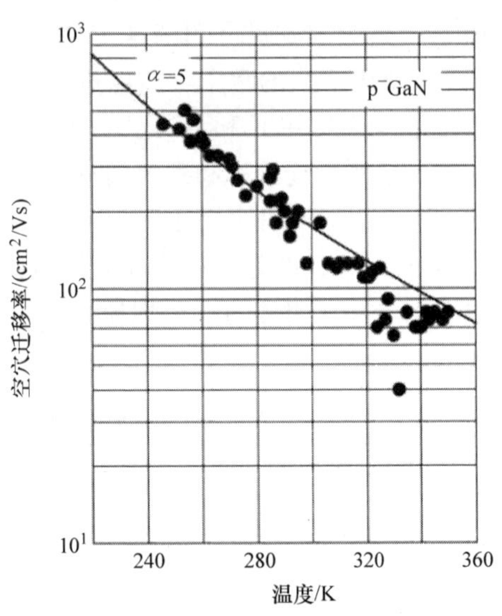

图 3.16 纤锌矿 GaN 中低电场空穴迁移率与温度的关系

3.5.1 GaN/AlGaN 结构中的 2D 迁移率 ★★★

在 GaN/AlGaN HEMT 结构中，电子来自 AlGaN 势垒中的自发极化和压电极化效应，在室温下沟道中的电子漂移迁移率非常重要。对 2D 载流子的电子和空穴迁移率进行了许多不同的研究，这两者都是关于界面粗糙度、温度和片载流子浓度的函数[38,71-73]。2D 载流子浓度是势垒层组成和厚度的强函数。势垒层中的残余应力对 2D 电子气的密度有很大影响，常见值在 $\leqslant 10^{13}\,\text{cm}^{-2}$ 范围内。测量了作为载流子浓度函数的 2D 电子气迁移率，发现迁移率随浓度增加而增加，这归因于高浓度下表面粗糙度的屏蔽。测量电子的典型迁移率在 $2000\text{cm}^2/\text{Vs}$ 范围内。Nakajima 等人[74]使用图 3.17 所示的结构研究了空穴和 2D 电子气迁移率。通过选择性接触适当的载流子，他们测量了载流子的迁移率随温度的变化。为了进行比较，还测量了掺杂镁（Mg）的 GaN 体载流子浓度和

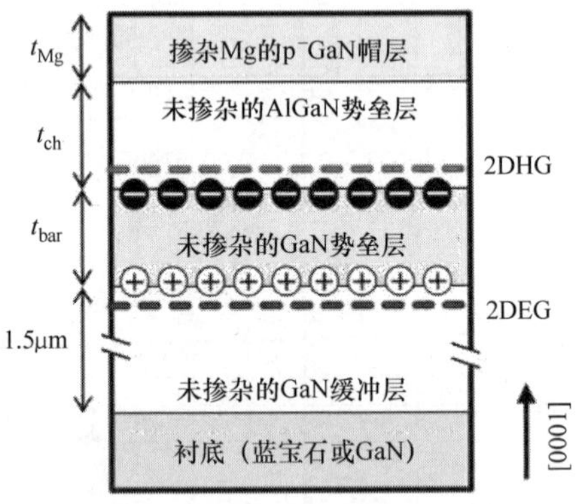

图 3.17 用于测量 GaN/AlGaN 结构中 2D 电子气和空穴迁移率的结构示意图

空穴迁移率。图 3.18 显示了 2D 空穴和电子的载流子面密度和霍尔迁移率随温度的函数变化关系。

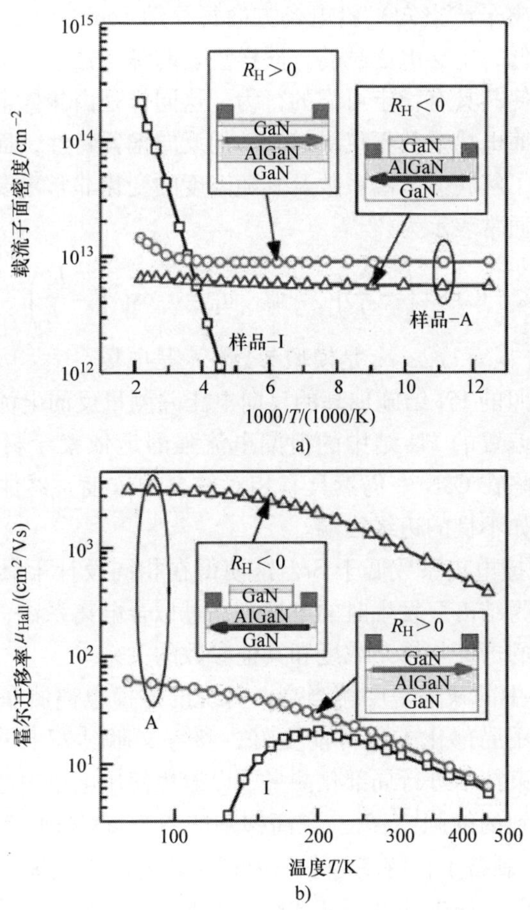

图 3.18　2D 空穴和电子的载流子面密度和霍尔迁移率随温度的函数变化关系。还显示了掺杂 Mg 的体 GaN 数据

3.6　碰撞电离系数

GaN 最吸引人的特性之一是它能够承受比 Si 更高的电场，这使得半导体能够通过更薄、电阻更小的层实现相同的阻断电压。有 3 种主要的击穿机制：热不稳定性、隧道效应和雪崩倍增，雪崩倍增通常代表功率器件设计的物理极限。在高电场下，高能电子和空穴与晶格中的原子碰撞产生电子－空穴对，并将电子从价带激发到导带。这种产生电子－空穴对的过程称为碰撞电离。碰撞电离是一种

产生级联电子－空穴对的倍增现象，这些电子－空穴对被扫出耗尽区，导致电流的增加。当碰撞电离过程达到无限速率时，就会发生雪崩击穿。碰撞电离系数定义为每个载流子（电子或空穴）沿电场方向每移动 1cm 所产生的电子－空穴对数目。电离系数越低，击穿电压越高。同样重要的是，器件的击穿电压随着温度的升高而升高，以使其具有稳定可靠的行为。这同样是由碰撞电离系数随温度的变化来确定的。碰撞电离系数不仅决定器件的反向偏置特性，而且还影响器件的正向特性。因此，了解碰撞电离系数及其随温度的变化非常重要。碰撞电离系数是电场的强函数，通常表示为[75,76]

$$a_n = a_n \exp\left(-\frac{b_n}{E}\right)^{c_n} \quad \text{或} \quad a_p = a_p \exp\left(-\frac{b_p}{E}\right)^{c_p} \tag{3.15}$$

式中，a_n，a_p、b_n，b_p 和 c_n，c_p 是模型参数；E 是电场。

通常通过向光照的 PN 结施加高的反向电压并测量反向电流来提取碰撞电离系数。然而，反向偏置的 PN 结中的泄漏电流强烈地依赖于材料中的杂质和缺陷，这些杂质和缺陷在 GaN 中仍然具有相对较高的浓度。器件设计也会导致过大的泄漏电流，例如不良的边缘终端。

在 GaN 中，碰撞电离系数低于 Si，这使得在相同设计下具有更高的击穿电压。临界电场定义为结击穿发生时的电场。通过拟合电离系数，可以导出一个表达式来描述一维结的击穿与掺杂浓度和其他参数的关系。

由于 GaN 材料中的缺陷密度相当高，传统的碰撞电离测量方法可能会导致相当高的系数。使用局部化方法可能更好，参考文献［77］中使用了该方法。这里使用脉冲电子束技术进行局部化测量，以避免使用电子束感应电流（EBIC）扫描在材料中检测到的缺陷[77,78]。在高掺杂的 N^+ GaN 衬底上生长的低掺杂浓度 n^- GaN 外延层上制备了肖特基势垒二极管。通过使用氩离子注入解决了二极管边缘的高电场问题，使击穿电压从 300V 提高到 1650V。在碰撞电离测量期间通过使用锁相放大器对电子束进行脉冲控制，大大提高了信噪比。

根据 GaN 中电子的测量数据，在室温下；a_n的值为 1.5×10^5（+或 -0.2×10^5）cm^{-1}，b_n的值为 1.41×10^7（+或 -0.03×10^7）$V\cdot cm^{-1}$。根据 GaN 中空穴的测量数据，在室温下，a_p的值为 6.4×10^5（+或 -0.1×10^5）cm^{-1}，b_p的值为 1.46×10^7（1 或 -0.01×10^7）$V\cdot cm^{-1}$。如图 3.19 所示，通过使用安装在用于脉冲电子束实验的扫描电子显微镜内的加热台，还测量了 GaN 这些参数的温度依赖关系：$a_n=4.4\times10^5\sim9.73\times10^2T$ 和 $a_p=1.68\times10^6\sim3.44\times10^3T$。发现系数 b_n和 b_p在实验公差范围内与温度无关。

室温下，在蓝宝石衬底上生长的 GaN 外延层测量的电子碰撞电离系数的 a_n值为 $9.17\times10^5cm^{-1}$，b_n值为 $1.7\times10^7V\cdot cm^{-1}$。对于室温下空穴的碰撞电离系

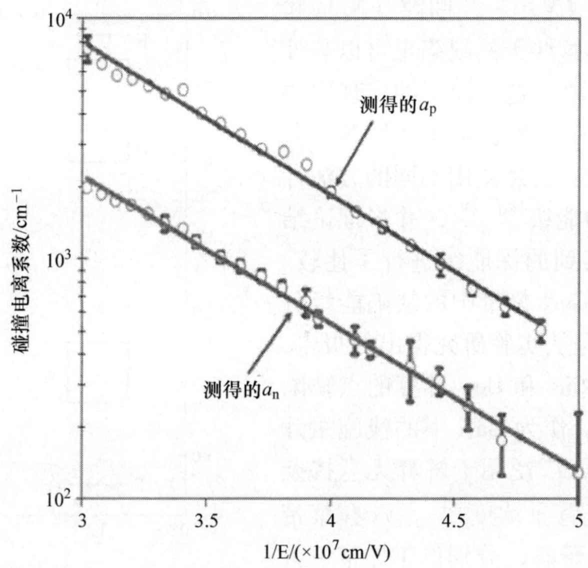

图3.19　在体GaN上生长的外延层上测得的GaN中电子和空穴的碰撞电离系数

数a_p和b_p的值分别为$8.7\times10^5\text{cm}^{-1}$和$1.46\times10^7\text{V}\cdot\text{cm}^{-1}$。这两个系数的值都大于在GaN衬底上生长的GaN的测量值。温度相关性测量结果为$a_n=2.82\times10^5\sim6.34\times10^2T$和$a_p=2.98\times10^6\sim7.02\times10^3T$。发现系数$b_n$和$b_p$在实验公差范围内与温度无关。较高的值表明缺陷密度仍然太高，并且局部电子束激发仍然存在一些限制。

3.7　氮化镓中的缺陷

由于缺乏晶格匹配的衬底和未优化的生长条件，GaN外延层总是包含大量缺陷，包括点缺陷、线位错和晶界。即使在基于氮化物的超亮LED中，令人惊讶的是，有源区中的位错密度仍然在$10^{-10}\sim10^{-8}\text{cm}^{-2}$的量级[79]，这在其他Ⅲ-Ⅴ族化合物半导体中是绝对不可接受的。因此，缺陷可能在Ⅲ-Ⅴ族氮化物中起到一些独特的作用。理解与这些缺陷相关的能级的性质和位置对于改善材料和器件性能非常重要。在本节中，首先回顾本征点缺陷，然后讨论由晶格失配异质外延生长的GaN中发现的平面缺陷和线缺陷。同时回顾在硅衬底上生长的GaN中的缺陷。

3.7.1　本征点缺陷 ★★★

GaN中的本征点缺陷包括Ga空位（V_{Ga}）、Ga间隙（G_I）、Ga反位

(Ga_N)、N 空位（V_N）、N 间隙（N_I）和 N 反位（N_{Ga}）。这些天然缺陷也可以与外部杂质形成复合物。这些缺陷的出现取决于材料生长过程中的生长条件（如 N 的分压）和费米能级。已经使用不同的方法计算了这些缺陷的能级[80-83]，并将理论结果与实验中观察到的深能级进行了比较。图 3.20 给出了 GaN 禁带中的缺陷能级分布[84]。第 1 列是从实验研究得出的报告，而第 3 列是 Jenkins 和 Dow 计算的点缺陷的电子状态[81]。作为 GaN 中的浅施主计算的 N 空位 V_N，广泛用于解释无意掺杂薄膜中的高电子背景浓度[81]。V_N在禁带中可能有 3 个电子态，分别位于导带下方约 30meV、100meV 和 0.4eV 处。相应地，在实验中检测到 3 组能级，在图 3.20 中标记为 A、B 和 C。然而，在无意掺杂的 GaN 中 V_N作为浅施主的理论受到了 Neugebauer 和 Van de Walle 计算的质疑[83]，他们认为 n 型 GaN 中的 V_N形成能太高，无法让 V_N成为 n^- 导电性的来源。在采用 MOCVD 生长 GaN 的过程中，在某些生长条件下，在外延层生长之前沉积一层薄的缓冲层，本征载流子浓度可以降低 2 ~3 个数量级。这很难用氮空位理论来解释。

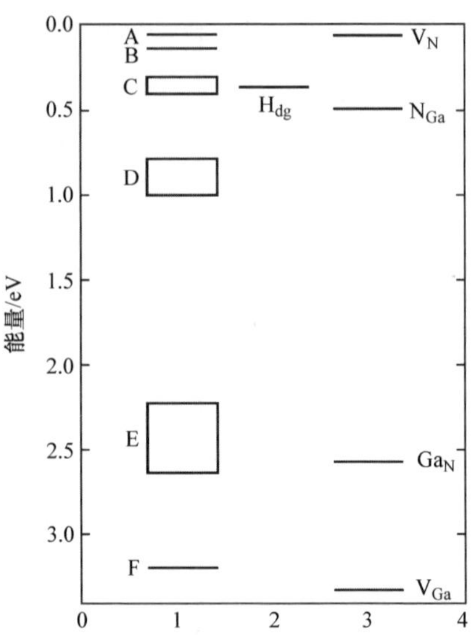

图 3.20　GaN 禁带中的缺陷能级分布

因此，Neugebauer 和 Van de Walle 的计算可能是正确的，质量较差的 GaN 材料中的高本底浓度可能是由于其他一些与结构相关的缺陷或外部污染所致。热激活实验中观察到导带边缘以下约 0.8 ~1.1eV（图 3.20 第 1 列中的 D 组）的深能级，Tansley 和 Egan[80]将其解释为氮反位缺陷。如果这个论点是正确的，那么位于 PL 中约 2.2eV 的黄色能带发射可以归因于 N_{Ga}能级和价带之间的复合。互补反位缺陷 GaN 被认为是 GaN 中的吸收边末端，在导带边缘能级以下 2.3 ~2.7eV（对应于图 3.20 中的 E 组能级）的 Ga 空位，其在导带边缘下的 3.26eV 能级位置[82]，已确认为是在 n^- GaN 中起补偿中心作用的深能级受主。

3.7.2　其他缺陷 ★★★

除了这些点缺陷外，由于衬底和 GaN 外延层之间大的晶格和 TEC 失配，外延生长的 GaN 中也出现高密度平面和线缺陷。这些缺陷包括螺位错[86]、纳米管[87,88]、层错等。其中，螺位错是典型外延生长 GaN 薄膜的主要成分，其密度通常为 10^8 ~10^{10} cm^{-2}。螺位错的主要来源是 GaN 生长初始阶段岛状凝聚过程中形成的低角度晶界。大多数位错沿 *c* 轴分布，并被认为是纯边缘，具有 1/3（11～20）型的 Burgers 矢量[85]。GaN 中的另一种类型的缺陷是沿［0001］方向生长的纳米管，并呈现漏斗形状，其较宽的凹坑终止于 GaN 晶体自由表面。凹坑和管道通常都是六边形，一些管道内部是空的，而另一些管道则填充了非晶态材料。推测纳米管的起源很可能是在局部热力学平衡下形成的螺位错的开放核。TEM 也能检测到层错和微孪晶，通常在闪锌矿衬底上生长的 p－GaN 中更为主要。到目前为止，在体 GaN 衬底上用 MOCVD 生长的 GaN 薄膜晶体的质量最好。

3.7.3 氮化镓中的杂质 ★★★

在生长过程中，外来杂质可能有意或无意地混入样品中。无意的杂质通常来自源气体和生长环境，应减少到最低限度；另一方面，为了控制膜的电学和光学特性，有意将一些其他杂质引入反应器。本节讨论掺杂不同杂质的薄膜特性[89]。

3.7.4 Ⅱ族杂质 ★★★

Ⅱ族元素（包括 Be、Zn、Mg、Cd、Hg）通常占据 Ga 位，因此表现为受主。在这些杂质中，Mg 是研究最广泛的杂质。对 GaN 中 Mg 掺杂的研究始于 20 世纪 70 年代初。然而，在 20 世纪 90 年代之前，所有 Mg 掺杂的 GaN 均表现出高度补偿行为，且未观察到 p－电导率。在 1989 年，通过对高补偿的掺杂 Mg 的 GaN 样品进行低能电子束辐照（LEEBI），首次实现了掺杂 Mg 的 P－GaN[90]。后来，其他几个研究小组使用 LEEBI 或其他生长后处理方法获得了 p－GaN: Mg[91-94]。不久之后，通过 MBE 生长的掺杂 Mg 的 GaN 在未经任何后生长处理的情况下实现了 p－行为[95]。在金属有机气相外延（MOVPE）生长过程中，在大量氢存在下形成 Mg－H 络合物被认为是 GaN 中 Mg 钝化的原因[96]；另一个原因是早期未掺杂的 GaN 通常是重掺杂的 n－，而 p－掺杂剂的加入将导致显著的补偿。当通过优化蓝宝石上的生长工艺，在足够低的 n－掺杂下生长未掺杂的 GaN 时，取得了突破。目前，可获得最高空穴浓度 $3\times10^{18}cm^{-3}$，室温下空穴迁移率为 $9cm^2/Vs$（检查）。对于 MBE 生长的样品，有报道称空穴浓度高达 $10^{19}cm^{-3}$[97]。Mg 受主的活化能在 120M～160MeV，这取决于掺杂水平。由于如此高的活化能，在室温下只有不到 1% 的 Mg 受主被电离，导致室温下 GaN 中的低空穴浓度。其他列Ⅱ族元素已用于 p－掺杂，但不如 Mg 成功。

3.7.5 Ⅳ族杂质 ★★★

Ⅳ族元素（包括 C、Si 和 Ge）在Ⅲ－Ⅴ族半导体中称为两性掺杂剂，因为它们既可以占据阳离子位作为施主，也可以占据阴离子位作为受主。这种两性行为将导致掺杂有这些杂质的薄膜中的补偿。然而，在大多数情况下，这些杂质倾向于占据一个位置，这取决于杂质和主晶格的详细特性，例如原子的大小和元素的电子负性。

在第Ⅳ族元素中，碳有望成为 GaN 中的受主[97]。碳可以作为 MO 源材料的污染物，也可以作为 MOVPE 中石墨基座的污染物。一般认为，源材料的化学特性对生长层的碳能级起着至关重要的作用[98]。例如，通过 $(C_2H_5)_3Ga$㊀生长的层将比通过 $(CH_3)_3Ga$ 生长的层含有更少的碳，因为这两种化合物的分解机制不同。这种碳是不受欢迎的，因为它们是不可控制的，并且会在 n^- 材料中引起补偿。因此，诸如 CCl_4 的外部源可以用作碳源。

硅是 GaN 中最常用的 n^- 掺杂剂。对于纤锌矿 GaN，获得的最高电子浓度为 $6\times10^{19}cm^{-3}$[99]。然而，研究发现高 Si 掺杂引起的应力通过形成 V 形凹槽和裂纹导致薄膜形态退化[100]。Nakamura 报道的无 V 型槽和裂纹的最高掺杂浓度为 $2\times10^{19}cm^{-3}$[99]。研究发现载流子浓度与硅烷流速呈线性关系。纤锌矿 GaN 中 Si 施主的活化能为 26.2meV。Ge 也可以作为 n^- 掺杂剂，并且使用 GeH_4 作为掺杂源实现了 $7\times10^{16}\sim1\times10^{19}cm^{-3}$ 范围内的掺杂浓度[99]。

3.7.6 Ⅵ族杂质 ★★★

Ⅵ族元素包括 O、S、Se 和 Te。当它们掺入到Ⅲ－Ⅴ族氮化物薄膜中时，它们将占据 N 位并表现为施主。然而，由于它们相对较大的原子半径，除了氧之外，它们不容易掺入 GaN 中。其中，氧可能是源气体和反应器中的主要污染物之一，因此进行了详细的研究。Seifert 等人假设，用掺杂的氧取代氮位时，取代结合的氧可能是无意掺杂 GaN 层中电子浓度较高的原因[101]。他们发现，当采取特殊措施从氨气中除去 H_2O 时，电子浓度显著降低。本研究证实了氧的施主行为，从变温电阻率测量中提取的活化能仅为 28.7meV。

除了氧之外，硒（Se）是另一种Ⅵ族元素，已经研究了其可作为 GaN 中 n^- 掺杂剂。然而，这些掺杂剂现在并不常见，因为 Si 是一种性能良好且易于使用的 n^- 掺杂剂。一些常见杂质及其电离能如图 3.21 所示。

3.7.7 深能级 ★★★

在（111）Si 上生长 GaN 通常用于制造 HEMT 器件，它对生长绝缘缓冲层至关重要。这在 Si 上尤其成问题，因为残余 Si 通常是 GaN 中的 n^- 掺杂剂。铁和碳是获得绝缘缓冲层最常用的杂质。它们导致了 2 个不同的深受主中心，分别位于 GaN 禁带的上半部分和下半部分。铁的陷阱能级低于导带下 0.7eV 处，碳的陷阱能级位于价带上 0.9eV 处[52,102]。这些掺杂剂用于在（111）Si 衬底上以获得 GaN 的绝缘缓冲层。

㊀ 此处原书有误。——译者注

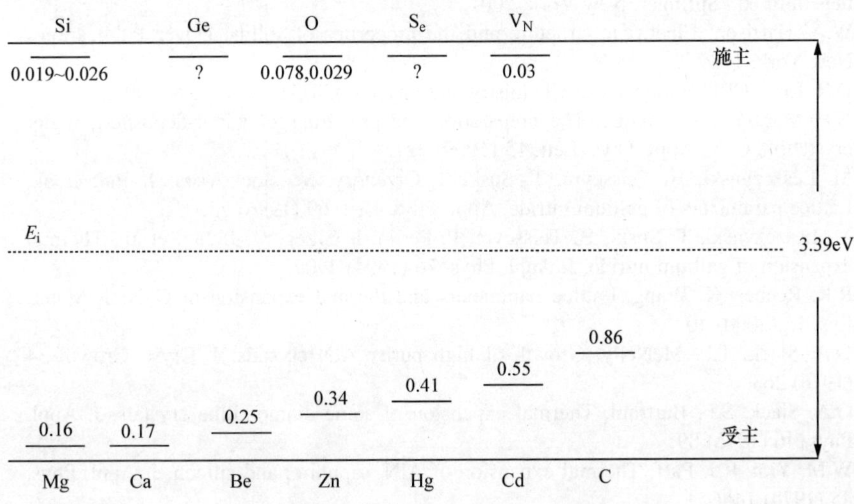

图 3.21　GaN 中取代杂质的电离能

3.8　小　结

本章简要介绍了与功率器件相关的 GaN 和相关合金的特性。更详细的信息可参阅所引用的参考文献以及公开文献中的许多其他综述文章。

参考文献

[1] S. Strite, H. Morkoc, GaN, AIN, and InN: a review, J. Vac. Sci. Technol. B 10 (1992) 1237.

[2] P. Kung, C.J. Sun, A. Saxler, H. Ohsato, M. Razeghi, Crystallographyof epitaxial growth of wurtzite-type thin films on sapphire substrates, J. Appl. Phys. 75 (1994) 4515.

[3] S. Adachi, Properties of Group-IV, III-V and II-VI Semiconductors, John Wiley and Sons, 2005.

[4] M. Mizuta, S. Fujieda, Y. Matsumoto, T. Kawamura, Low temperature growth of GaN and AIN on GaAs utilizing metalorganics and hydrazine, Jpn. J. Appl. Phys. 25 (1986) L945.

[5] H. Okumura, K. Ohta, G. Feuillet, K. Balakrishnan, S. Chichibu, H. Hamaguchi, et al., Growth and characterization of cubic GaN, J. Cryst. Growth 178 (1997) 113.

[6] I. Petrov, E. Mojab, R.C. Powell, J.E. Greene, L. Hultman, J.-E. Sundgren, Synthesis of metastable epitaxial zinc-b]ende-structure AIN by solid-state reaction, Appl. Phys. Lett. 60 (1992) 2491.

[7] S. Strite, D. Chandrasekhar, D.J. Smith, J. Sariel, H. Chen, N. Teraguchi, et al., Structural properties of InN films grown on GaAs substrates: observation of the zinc-blende polytype, J. Cryst. Growth 127 (1993) 204.

[8] P.Y. Yu, M. Cardona, Fundamentals of Semiconductors physics and Materials properties, third ed., Springer, New York, 2001.
[9] W.A. Harrison, Electronic strncture and the properties of solids, Dover Publications, New York, 1989.
[10] D.R. Lide, CRC Handbook of Chemistry and Physics, CRC Press, 1992−1993.
[11] H.P. Maruska, J.J. Tietjen, The preparation and properties of vapor-deposited single-crystalline GaN, Appl. Phys. Lett. 15 (1969) 327.
[12] M. Leszczynski, H. Teisseyre, T. Suski, I. Grzegory, M. Bockowski, J. Jun, et al., Lattice parameters of gallium nitride, Appl. Phys. Lett. 69 (1996) 73.
[13] M. Leszczynski, T. Suski, H. Teisseyre, P. Perlin, I. Grzegory, J. Jun, et al., Thermal expansion of gallium nitride, J. Appl. Phys. 76 (1994) 4909.
[14] R.R. Reeber, K. Wang, Lattice parameters and thermal expansion of GaN, J. Mater. Res. 15 (2000) 40.
[15] G.A. Slack, T.F. McNelly, Growth of high purity AlN crystals, J. Cryst. Growth 34 (1976) 263.
[16] G.A. Slack, S.F. Bartram, Thermal expansion of some diamondlike crystals, J. Appl. Phys. 46 (1975) 89.
[17] W.M. Yim, R.J. Paff, Thermal expansion of AlN, sapphire, and silicon, J. Appl. Phys. 45 (1974) 1456.
[18] I.F. Chetverikova, M.V. Chukichev, L.N. Rastorguev, X-ray phase analysis and the elastic properties of gallium nitride, Inorg. Mater. 22 (1980) 53.
[19] V.A. Savastenko, A.U. Sheleg, Study of the elastic properties of gallium nitride, Phys. Status Solidi A 48 (1978) Kl35.
[20] A. Polian, M. Grimsditch, I. Grzegory, Elastic constants of gallium nitride, J. Appl. Phys. 79 (1996) 3343.
[21] K. Tsubouchi, N. Mikoshiba, Zero-temperature-coefficient SAW devices on AIN epitaxial films, IEEE Trans. Sonics Ultrason SU-32 (1985) 634.
[22] U. Sheleg, V.A. Savastenko, Determination of elastic constants of hexagonal crystals from measured values of dynamic atomic displacements, Inorg. Mater. 15 (1979) 1257.
[23] C. Mion, J.F. Mutha, E.A. Preble, D. Hanser, Accurate dependence of gallium nitride thermal conductivity on dislocation density, Appl. Phys. Lett. 89 (2006) 092123.
[24] E.K. Sichel, J.I. Pankove, Thermal conductivity of GaN, 25−360 K, J. Phys. Chem. Solids 38 (1977) 330.
[25] G.A. Slack, T.F. McNelly, AJN single crystals, J. Cryst. Growth 42 (1977) 560.
[26] H. Morkoc, S. Strite, G.B. Gao, M.E. Lin, B. Sverdlov, M. Bums, Large-band-gap SiC, III-V nitride, and II-VI ZnSe-based semiconductor device technologies, J. Appl. Phys. 76 (1994) 1363.
[27] J. Karpinski, J. Jun, S. Porowski, Equilibrium pressure of N2 over GaN and high pressure solution growth of GaN, J. Cryst. Growth 66 (1984) 1.
[28] S. Porowski, I. Grzegory, Thermodynamic properties of III-V nitrides and crystal growth of GaNat high N2 pressure, J. Cryst. Growth 178 (1997) 174.
[29] J. Karpinski, S. Porowski, High pressure thermodynamics of GaN, J. Cryst. Growth 66 (1984) 11.
[30] A. Garcia, M.L. Cohen, First-principles iconicity scales. I. Charge asymmetry in the solid state, Phys. Rev. B 47 (1993) 4215.
[31] M. Schubert, Overcoming the efficiency droop in GaInN light-emitting diodes and novel technologies for *c*-plane GaInN polarized emitters, Ph.D. Thesis, Rensselaer Polytechnic institute, 2009.
[32] F. Bernardini, V. Fiorentini, D. Vanderbilt, Spontaneous polarization and piezoelectric

constants of III-V nitrides, Phys. Rev. B 56 (1997). R10 024−R10 027.

[33] P. Waltereit, O. Brandt, M. Ramsteiner, A. Trampert, H.T. Grahn, J. Menniger, et al., Growth of m-plane GaN (11-00): a way to evade electrical polarization in nitrides, Phys. Status Solidi A 180 (2000) 133.

[34] A. Chakraborty, B.A. Haskell, S. Keller, J.S. Speck, S.P. Denbaars, J. Nakamura, et al., Demonstration of nonpolar m-plane InGaN/GaN light-emitting diodes on free-standing m-plane GaN substrates, Jpn. J. Appl. Phys. 44 (2005) L173.

[35] Th Gessmann, J.W. Graff, Y.-L. Li, E.L. Waldron, E.F. Schubert, Ohmic contact technology in III nitrides using polarization effects of cap layers, J. Appl. Phys. 92 (2002) 3740.

[36] Y.-L. Li, J.W. Graff, E.L. Waldron, Th Gessmann, E.F. Schubert, Novel polarization enhanced ohmic contacts to n-type GaN, Phys. Status Solidi A 188 (2001) 359.

[37] E.T. Yu, X.Z. Dang, L.S. Yu, D. Qiao, P.M. Asbeck, S.S. Lau, et al., Schottky barrier engineering in III-V nitrides via the piezoelectric effect, Appl. Phys. Lett. 73 (1998) 1880.

[38] O. Ambacher, J. Smart, J.R. Shealy, N.G. Weimann, K. Chu, M. Murphy, et al., Two-dimensional electron gases induced by spontaneous and piezoelectric polarization charges in N- and Ga-face AlGaN/GaN heterostructures, J. Appl. Phys. 85 (1999) 3222−3233.

[39] M.S. Shur, A.D. Bykhovski, R. Gaska, Pyroelectric and piezoelectric properties of GaN-based materials, MRS Internet J. 4S1 (1999). G1.6 1−G1.6 12.

[40] V. Fuflygin, E. Salley, A. Osinsky, P. Norris, Pyroelectric properties of AlN, Appl. Phys. Lett. 77 (2000) 3075−3077.

[41] E.F. Schubert, Light-Emitting Diodes, second ed., Cambridge University Press, Cambridge, 2006.

[42] V. Narayanan, K. Lorenz, W. Kim, S. Mahajan, Origins of threading dislocations in GaN epitaxial layers grown on sapphire by metalorganic chemical vapor deposition, Appl. Phys. Lett. 78 (2001) 1544.

[43] L.M. Belyaev, Ruby and Sapphire, Amerind Publishing Co., New Delhi, 1980.

[44] L. Liu, J.H. Edgar, Substrates for gallium nitride epitaxy, Mater. Sci. Eng., R 37 (2002) 61.

[45] M. Ishida, T. Ueda, T. Tanaka, D. Ueda, GaN on Si technologies for power switching devices, IEEE Trans. Electron Devices 60 (2013) 3053.

[46] H.-P. Lee, J. Perozek, L.D. Rosario, C. Bayram, Investigation of AlGaN/GaN high electron mobility transistor structures on 200-mm silicon (111) substrates employing different buffer layer configurations, Sci. Rep. 6 (2016) 37588.

[47] N. Ikeda, Y. Niiyama, H. Kambayashi, Y. Sato, T. Nomura, S. Kato, GaN power transistors on Si substrates for switching applications, Proc. IEEE 98 (2010) 1151.

[48] M.J. Uren, J. Möreke, M. Kuball, Buffer design to minimize current collapse in GaN/AlGaN HFETs, IEEE Trans. Electron Devices 59 (2012) 3327.

[49] K.J. Chen, O. Häberlen, A. Lidow, C.L. Tsai, T. Ueda, Y. Uemoto, et al., GaN-on-Si power technology: devices and applications, IEEE Trans. Electron Devices 64 (2017) 779.

[50] C. Zhou, Q. Jiang, S. Huang, K.J. Chen, Vertical leakage/breakdown mechanisms in AlGaN/GaN-on-Si devices, IEEE Electron Device Lett 33 (2012) 1132.

[51] A. Tzou, D. Hsieh, S. Chen, Y. Liao, Z. Li, C. Chang, et al., An investigation of carbon-doping-induced current collapse in GaN-on-Si high electron mobility transistors, Electronics 5 (2016) 28.

[52] M. Silvestria, M.J. Urena, D. Marconb, M. Kuballa, Gan Buffer design: electrical char-

acterization and prediction of the effect of deep level centers in GaN/AlGaN HEMTs, CS MANTECH Conference, 2013, New Orleans, Louisiana, USA, p. 195.
[53] S. Bloom, G. Harbeke, E. Meier, I.B. Ortenburger, Band structure and reflectivity of GaN, Phys. Status Solidi B 66 (1974) 161.
[54] W.C. Lu, K.M. Zhang, X.D. Xie, Band structures and pressure dependence of the bandgap ofGaN, J. Phys. C 5 (1993) 875.
[55] M. Palunmo, C.M. Bertoni, L. Reining, et al., The electronic structure of gallium nitride, Phys. B 185 (1993) 404.
[56] G.D. Chen, M. Smith, J.Y. Lin, H.X. Jiang, S. Wei, M.A. Khan, et al., Fundamental optical transitions in GaN, Appl. Phys. Lett. 68 (1996) 2784.
[57] B. Monemar, Fundamental energy gap of GaN from photoluminescence excitation spectra, Phys. Rev. B 10 (1974) 676.
[58] J.I. Pankove, J.E. Berkeyheiser, H.P. Maruska, J. Wittke, Luminescent properties of GaN, Solid State Commun. 8 (1970) 1051.
[59] D.L. Camphausen, G.A.N. Cornell, Pressure and temperature dependence of the absorption edge in GaN, J. Appl. Phys. 42 (1971) 4438.
[60] J.A. Majewks, M. Stadele, P. Vogl, Electronic structure of biaxially strained wurtzite crystals GaN and AIN, Mater. Res. Soc. Symp. 449 (1997) 887.
[61] A. Kobayaski, O.F. Sankey, S.M. Volz, J.D. Dow, Semiempirical tight binding band structures of wurtzite semiconductors: AIN, CdS, CdSe, ZnS and ZnO, Phys. Rev. B 28 (1983) 935.
[62] C.P. Foley, T.L. Tansley, Pseudo potential band structure of indium nitride, Phys. Rev. B 33 (1986) 1430.
[63] Q. Guo, A. Yoshida, Temperature dependence of bandgap change in InN and AIN, Jpn. J. Appl. Phys. 35 (1994) 2453.
[64] S. Yoshida, S. Miawa, S. Gonda, Properties of AlxGa 1.xN films prepareed by reactive molecular beam epitaxy, J. Appl. Phys. 53 (1982) 6844.
[65] K. Osamura, K. Nakajima, Y. Murakami, P.H. Shingu, A. Ohtsuki, Fundamental absorption edge in GaN, InN and their alloys, Solid State Commun. 11 (1972) 617.
[66] M. Drechsler, B.K. Meyer, D.M. Hofinann, D. Detchprohm, H. Amano, I. Akasaki, Determination of the conduction band electron effective mass in hexagonal GaN, Jpn. J. Appl. Phys. 34 (1995) Ll178.
[67] W. Huang, High-voltage lateral MOS-gated FETs in gallium nitride, Ph.D. Thesis, Rensselaer Polytechnic Institute, 2008.
[68] D.M. Caughey, R.E. Thomas, Carrier mobilities in silicon empirically related doping and field, Proc. IEEE 52 (1967) 2192–2193.
[69] S.J. Pearton, C.R. Abernathy, F. Ren, Gallium Nitride Processing for Electronics, Sensors and Spintronics, Spring-Verlag, London, 2006.
[70] T.T. Mnatsakanov, M.E. Levinshtein, L.I. Pomortseva, S.N. Yurkov, G.S. Simin, M.A. Khan, Carrier mobilities model for GaN, Solid-State Electron. 47 (2003) 111–115.
[71] D. Zanato, S. Gokden, N. Balkan, B.K. Ridley, W.J. Schaff, The effect of interface-roughness and dislocation scattering on low temperature mobility of 2D electron gas in GaN/AlGaN, Semicond. Sci. Technol. 19 (2004) 427–432.
[72] R. Oberhuber, G. Zandler, P. Vogl, Mobility of two-dimensional electrons in AlGaN/GaN modulation-doped field-effect transistors, Appl. Phys. Lett. 73 (1998) 818.
[73] E. Ahmadi, S. Keller, U.K. Mishra, Model to explain the behavior of 2DEG mobility with respect to charge density in N-polar and Ga-polar AlGaN-GaN heterostructures, J. Appl. Phys. 120 (2016) 115302.
[74] A. Nakajima, P. Liu, M. Ogura, T. Makino, K. Kakushima, S. Nishizawa, et al.,

Generation and transportation mechanisms for two-dimensional hole gases in GaN/AlGaN/GaN double heterostructures, J. Appl. Phys. 115 (2014) 153707.

[75] J. Kolnik, I.H. Oguzman, K.F. Brennan, R. Wang, P. Ruden, Monte Carlo calculation of electron initiated impact ionization in bulk zinc-blende and wurtzite GaN, J. Appl. Phys. 81 (1997) 726–733.

[76] H. Oguzman, E. Belloti, K.F. Brennan, J. Kolnik, R. Wang, P. Ruden, Theory of hole initiated impact ionization in bulk zinc blende and wurtzite GaN, J. Appl. Phys. 81 (1997) 7827–7834.

[77] M. Ozbek, Measurement of impact ionization coefficients in GaN, Ph.D. Thesis, North Carolina State University.

[78] B.J. Baliga, Gallium nitride devices for power electronic applications, Semicond. Sci. Technol. 28 (2013) 074011.

[79] S.D. Lester, F.A. Ponce, M.G. Crawford, D.A. Steigerwald, High dislocation densities in high efficiency GaN-based light-emitting diodes, Appl. Phys. Lett. 66 (1995) 1249.

[80] T.L. Tansley, R.J. Egan, Point-defects energies in the nitrides of aluminum, gallium, and indium, Phys. Rev. B 45 (1992) 10941.

[81] D.W. Jenkins, J.D. Dow, M.H. Tsai, N vacancies in AlxGa1x-N, J. Appl. Phys. 72 (1992) 4130.

[82] P. Boguslawski, E.L. Briggs, J. Beernholc, Native defects in gallium nitride, Phys. Rev. B 51 (1995) 17255.

[83] J. Neugebauer, C.G. Van de Walle, Atomic geometry and electronic structure of native defects in GaN, Phys. Rev. B 50 (1994) 8067.

[84] O. Lagerstedt, B. Monemar, Luminescence in epitaxial GaN:Cd, J. Appl. Phys. 45 (1974) 2266.

[85] W. Qian, M. Skowronski, M. De Graef, K. Doverspike, L.B. Rowland, D.K. Gaskill, Microstructural characterization of a-GaN films grown on sapphire by organometallic vapor phase epitaxy, Appl. Phys. Lett. 66 (1995) 1252.

[86] W. Qian, M. Skowronski, K. Doverspike, L.B. Rowland, D.K. Gaskill, Observation of nanopipes in a-GaN crystals, J. Cryst. Growth 151 (1995) 396.

[87] F.A. Ponce, W.T. Young, D. Chems, J.W. Steeds, S. Nakamura, Nanopipes and inversion domains in high-quality GaN epitaxial layers, Mater. Res. Soc. Symp. Proc. 449 (1997) 405.

[88] Z.L. Weber, S. Ruvimov, C.H. Kisielowski, Y. Chen, W. Swideer, J. Washburn, et al., Structural defects in heteroepitaxial and homoepitaxial GaN, MRS Symp. Proc. 395 (1996) 351.

[89] H.-Q. Lu, Studies on the growth and processing of III-V nitrides for light emitting diode applications, Ph.D. Thesis, Rensselaer Polytechnic Institute, 1997.

[90] H. Amano, M. Kito, K. Hiramatsu, I. Akasaki, P-type conduction in Mg-doped GaN treated with low-energy electron beam irradiation, Jpn. J. Appl. Phys. 28 (1989) L2112.

[91] S. Nakamura, M. Senoh, T. Mukai, Highly p-type Mg-doped GaN films grown with GaN buffer layer, Jpn. J. Appl. Phys. 30 (1991) LI 708.

[92] S. Nakamura, T. Mukai, M. Senoh, N. Iwasa, Thermal annealing effects on p-type Mg-doped GaN films, Jpn. J. Appl. Phys. 31 (1992) Ll39.

[93] H. Lu, I. Bhat, Magnesium doping of GaN by metalorganic chemical vapor deposition, MRS Proc 395 (1995) 497.

[94] J.W. Huang, H. Lu, I. Bhat, T.F. Kuech, Electrical characterization of Mg doped GaN grown by metalorganic vapor phase epitaxy, Appl. Phys. Lett. 68 (1996) 2392.

[95] T.D. Moustakas, Epitaxial growth of GaN films produced by ECR-assisted MBE, Mater. Res. Soc. Symp. Proc. 395 (1996) 111.

[96] S. Nakamura, N. Iwasa, M. Senoh, T. Mukai, Hole compensation mechanism of p-type GaN films, Jpn. J. Appl. Phys. 31 (1992) 1258.

[97] P. Boguslawski, E.L. Briggs, J. Bemholc, Amphoteric properties of substitutional carbon impurity in GaN and AIN, Appl. Phys. Lett. 69 (1996) 233.

[98] T.F. Kuech, J.M. Redwing, Carbon doping in metalorganic vapor phase epitaxy, J. Cryst. Growth 145 (1994) 382.

[99] S. Nakamura, T. Mukai, M. Senoh, Si- and Ge-doped GaN films grown with GaN buffer layer, Jpn. J. Appl. Phys. 31 (1992) 2883.

[100] B. Rowland, K. Doverspike, D.K. Gaskill, Silicon doping of GaN using disilane, Appl. Phys. Lett. 66 (1995) 1495.

[101] W. Seifert, R. Franzheld, E. Butter, H. Sobotta, V. Riede, Cryst. Res. Technol. 18 (1983) 383.

[102] M. Meneghini, I. Rossetto, D. Bisi, A. Stocco, A. Chini, A. Pantellini, et al., Buffer traps in Fe-doped AlGaN/GaN HEMTs, IEEE Trans. Electron Devices 61 (2014) 4070.

第4章 碳化硅功率器件设计与制造

4.1 引　　言

“物联网（IoT）”是未来十年非常重要的技术趋势之一，因为它有可能影响消费者和企业之间的联系，以及社会基础设施。IoT 通过互联网连接人、场所、计算机、家用电器、汽车和生产机械等所有实物。而且，所有物体都配备了嵌入式电子系统、软件和传感器。据说，目前有 125 亿台电气设备接入网络，而且这个数字正在迅速增长。据一家研究公司称，2020 年全球将有 500 亿台设备连接起来。与此同时，物联网解决方案的全球市场预计将以 20% 的复合年增长率增长，2020 年达到了 7 万亿美元。随着 IoT 技术的发展，许多人移民到城市地区，行政办公室将想方设法在嵌入式智能系统和现代 ICT 技术的帮助下，使超大城市的基础设施和能源系统更智能、更安全、更节能，这就是所谓的智能城市，而半导体器件，特别是功率半导体器件，将在实现这些目标方面发挥重要作用。例如，在智能城市中将会有大量具有某些智能功能的电动汽车和插电式混合动力汽车（PHEV）运行，因此需要建立一个高效的电动汽车和插电式混合动力汽车的电源管理系统，以实现最高效的动力系统解决方案。对于 IoT 至关重要的安全数据中心运行来说，最可靠的不间断电源（UPS）是必不可少的。对智能商业/工业和家庭/消费者来说，高效发电、存储、管理和能源分配是非常必要的。对于这些应用，中功率和高功率半导体，如硅绝缘栅双极晶体管（Si IGBT）和碳化硅金属－氧化物场效应晶体管（SiC MOSFET）是适合的。

图 4.1 显示了功率半导体器件及其应用领域。从图 4.1 中可以清楚地看出，Si IGBT 现在应用于许多用途，如 EV/PHEV/HEV 逆变器、UPS 和太阳能电池的功率控制单元（PCS）。应注意的是，SiC 金属－氧化物场效应晶体管（SiC MOSFET）的适用领域几乎与前面描述的 Si IGBT 相同；这意味着 SiC MOSFET 可能是 IGBT 的竞争对手或更好的替代品。在 10kV 以上的应用领域，由于 Si IGBT 结构不能实现低的导通态电压降，所以仍然使用 Si 晶闸管，因此在该超高压应用领域中应用的 IGBT 器件很少。然而，由于晶闸管器件具有较大的栅极电流

的电流源工作的特性，导致栅极控制电路非常复杂，并且由于该器件不具有电流饱和能力，在发生短路故障时需要无源保护元件（熔断器），因此 SiC IGBT 被认为是优于 Si 晶闸管的替代品。

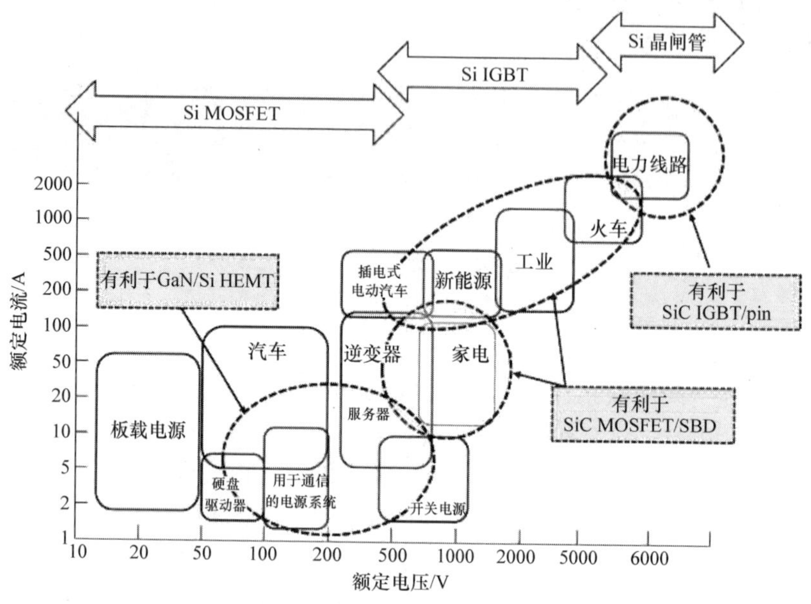

图 4.1　功率半导体器件及其应用

Si IGBT 在过去 30 年中有了显著的改善，而且进展一直没有停止。据说，Si IGBT 现在即将接近于硅的基本材料特性的性能极限；然而，通过精确的物理分析和复杂的制造工艺，它们的导通态电压降和开关特性仍然得到了改善，因此保持了较高的性价比。一个例子是，当今最先进的 Si IGBT 是一种穿通结构，在漂移区和低效率背发射极之间具有低掺杂场终止层，没有任何载流子寿命减少的需求，通常称为场终止结构或软穿通方法[1]。对于熟知的 IGBT 导通态性能的理论极限[2]，许多研究都是在相邻深沟槽之间的亚 μm，一直到低于 0.5μm 的台面上进行的[3-5]。除此之外，有迹象表明，对于 1200V 额定阻断电压器件，正向电压降确实可以降低到接近 1V。此外，在 IGBT 的垂直结构中，仍然有改进的空间，因为它是有效的。与每个垂直双极功率器件的情况一样，漂移区越薄，可调节的导通态和开关损耗就越低。目前，芯片厚度为 100 ~ 130μm 的 1200V IGBT 很常见，而芯片厚度约为 70μm 的 600V IGBT 也很常见。从 1200V 阻断能力的理论极限来看，80 ~ 90μm 的芯片厚度似乎是可行的，而对于 600V 阻断能力，为 45 ~ 50μm。

现有最先进技术水平的 IGBT 还在芯片内集成了其他功能。一个例子是，在 IGBT 中实现续流二极管（FWD）功能，称为反向传导 IGBT（RC IGBT）。2004

年，RC IGBT 的制造结果首次被报道[6]。仅适用于感应加热等特殊应用的方法可以根据集成二极管功能进行优化[7]，同时也适用于需要二极管硬换向的 600 ~ 1200V 电压等级范围内的典型消费和通用驱动应用[8,9]。挑战主要是将技术上非常不同的优化功能（二极管的寿命终止、IGBT 单元中的高 p 剂量）集成在一个芯片中。但同时，首次讨论了 1.2kV 和 3.3kV 电压范围逆变器和牵引的应用[10-14]。

SiC 是一种宽禁带半导体材料，其宽禁带和高热稳定性使 SiC 器件能够在 200℃以上的极高结温下工作。此外，SiC 是唯一一种天然氧化物为二氧化硅（SiO_2）的化合物半导体，与 Si 的绝缘体相同。SiO_2 作为 Si 功率器件中的钝化膜具有良好的性能，因此这使得在 SiC 中制造整个基于 MOS 的器件成为可能。第一个 SiC 肖特基势垒二极管（SBD）于 21 世纪初上市，SiC 结场效应晶体管（SiC JFET）和 MOSFET 于 21 世纪中后期上市。目前，许多企业生产和销售 SiC 功率器件，特别是 SiC SBD 和 SiC MOSFET，并利用 SiC 功率器件的优势，如电源或逆变器的体积和重量减小。这意味着 SiC MOSFET 和 Si IGBT 之间的真正竞争才刚刚开始。

本章的重点是器件加工、SiC 整流器及 MOSFET 和 IGBT 开关器件的设计概念、单极型和双极型器件工作的特点。此外，还介绍了最先进的 SiC 器件结构及其制造工艺和特点。

4.2　碳化硅二极管

4.2.1　导言 ★★★

SiC 是禁带为 2.3 ~ 3.3eV 的Ⅳ-Ⅳ族化合物半导体材料。人们知道 SiC 中存在许多多型体。由于高临界场强和沿 c 轴的高电子迁移率，4H-SiC 的 Baliga 品质因数（BFOM）明显高于其他 SiC 多型体[15]。这是 4H-SiC 几乎专门用于功率器件应用的主要原因。因此，本章的讨论仅限于 4H-SiC。

在比 Si 器件功耗更低的应用中要实现 SiC 功率器件工作时，利用 SiC 更好的电学性能来设计和制造器件是非常重要的。改进的器件性能使得 SiC 能在与 Si 器件相同的阻断电压下以更低的功耗工作在更高的温度，从而减少冷却设备和元器件数量。

通过在半导体材料的表面上沉积金属可以制造具有整流特性的 SBD。与 pin 二极管相比，由于缺少了少数载流子的注入，SBD 的突出优势是具有非常快的恢复特性。因此，Si SBD 现在应用于许多高频应用，例如低功率电源。当反向电压施加到典型制造的 SBD 时，会有非常少量的电流（泄漏电流）流动。当正向电压施加到二极管时，二极管的导通电阻很小。当 SBD 具有较高的肖特基势垒高度时，器件可以抑制泄漏电流以提高击穿电压，而其导通态电压降变大。相反，当肖特基势垒高度较低时，导通电阻变小，但泄漏电流变大。因此，在反向电压特性中的泄漏电流和正向电压特性的导通态电压降之间存在折中关系。出于这些原因，应根据制造 SBD 的目的选择金属。然而，由于 SBD 的肖特基势垒高度通过半导体的电子亲和势及金属的功函数来表征，因此不可能总是制造出用于此目的的最佳 SBD。如果肖特基势垒高度较低，即使在宽禁带半导体 SBD 中，泄漏电流也会增加。此外，Baliga 在参考文献［16］中提到，SiC SBD 中的肖特基势垒降低预计会显著大于 Si SBD，这导致泄漏电流随着反向偏置的增加而更快地增加。例如，在漂移区掺杂浓度为 $1\times10^{16}cm^{-3}$的情况下，发现 SiC SBD 中的肖特基势垒降低要大 3 倍。此外，应注意的是，在施加反向电压的情况下测得的高压 SiC SBD 器件的泄漏电流远大于肖特基势垒降低模型所得到的结果[17-19]。为了研究 SiC SBD 中泄漏电流较大的原因，Hatakeyama 和 Shinohe 建议有必要加入泄漏电流的场发射分量（或隧穿效应）[20]。根据该文献，当施加较高的反向电压时，隧穿过程主导 SiC SBD 的反向泄漏电流。因此，场发射模型的加入增加了泄漏电流，所以测量的 SiC SBD 较大的泄漏电流的主要机制不仅要考虑势垒降低模型，还要考虑场发射模型。使用结势垒肖特基结构（JBS 结构）的二极管是结合 pin 和肖特基二极管的结构，是用来解决上述问题的一种方法。

与 Si 器件相比，SiC pin 二极管具有更薄的漂移区，这是由于击穿的临界电场更高。这意味着 SiC pin 二极管中存储的电荷比 Si pin 二极管少得多，从而改进了开关行为。然而，改进的开关性能伴随着与 SiC 的更大的禁带宽度相关的导通态压降的显著增加。虽然 SiC pin 二极管的工作原理与 Si pin 二极管相同，但 SiC 器件的参数却与 Si 器件不同。例如，这对 pn 结的电压降有很大影响。结压降由式（4.1）给出：

$$V_p + V_n = \frac{kT}{q}\ln\left[\frac{n(-w)n(+w)}{n_i^2}\right] \tag{4.1}$$

式中，k 是玻尔兹曼常数；q 是电子电荷；T 是绝对温度；n_i 是本征载流子浓度。该式中的其他参数如图 4.2 所示。与 Si 的 $1.4\times10^{10}cm^{-3}$ 相比，由于较大的禁带宽度，4H-SiC 的本征载流子浓度非常小，在 300K 时为 $6.7\times10^{-11}cm^{-3}$。因此，如果假设漂移区中的载流子浓度为 $1.0\times10^{17}cm^{-3}$，则 SiC 的结压降为 3.24V，而

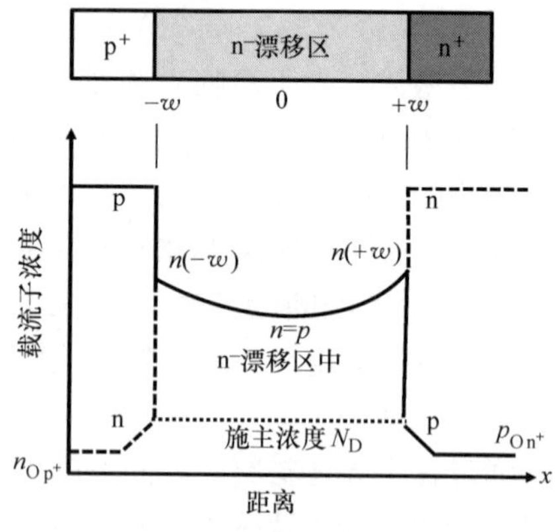

图 4.2　SiC pin 二极管大注入条件下的载流子分布示意图

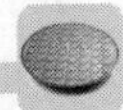

Si 的结压降仅为 0.82V。因此，SiC pin 二极管在导通态下的功耗比 Si pin 二极管高 4 倍左右。因此，开发用于 10kV 以上超高压应用的 SiC pin 二极管是更好的选择。

4.2.2　低导通态损耗的 SiC JBS 器件设计 ★★★

图 4.3 给出了肖特基、pin 和 JBS 二极管的横截面示意图。JBS 二极管结构首次在 Si 中得到证实，它是一种肖特基结构，其漂移区集成了 p + n 结网格[21]。顶部的金属层与 p^+ 区形成欧姆接触，与 n^- 区形成肖特基接触，因此整个器件由并联连接的叉指状肖特基二极管和 pin 二极管组成。

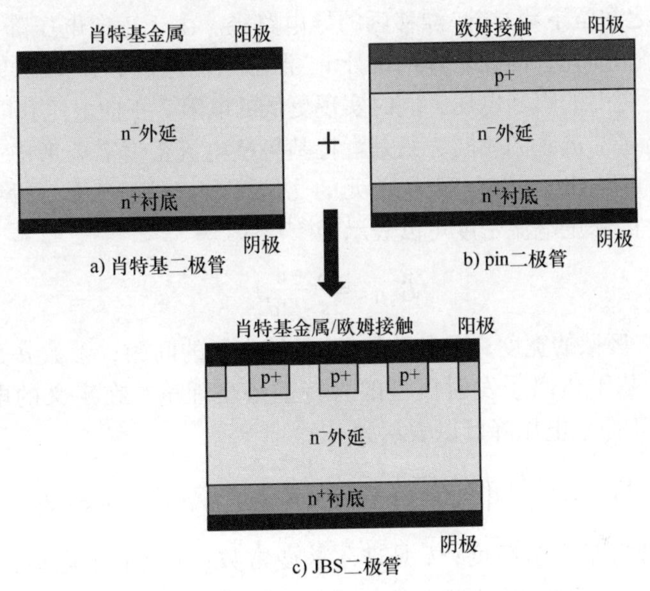

图 4.3　肖特基、pin 和 JBS 二极管的横截面示意图

对于 JBS 二极管，开关功率损耗非常低，因此，设计策略是将额定电压下的导通态损耗降至最低。静态导通损耗由肖特基结上的正向电压降和 n^- 漂移层的导通电阻组成。最重要的设计参数是由 n^- 外延掺杂浓度及其厚度确定的 n^- 漂移区电阻、肖特基接触特性，比如势垒高度、电流理想度和 p^+ 网格尺寸。SiC JBS 二极管通常在 Si 面（0001）4H－SiC 晶圆上制造。肖特基电极下的 n^- 半导体区（n^- 漂移层）夹在 p^- 半导体区之间，以耗尽肖特基界面部分的 n^- 漂移层，从而抑制泄漏电流。此外，当耗尽层的厚度（从肖特基界面向半导体衬底扩展的耗尽层宽度）变大时，对泄漏电流的抑制就越大。在反向阻断模式下，p + n 结变为反向偏置，耗尽层扩展到沟道中并夹断肖特基势垒。夹断后，在肖特基接触处形成限制电场的势垒，而漂移区支撑电压的进一步增加。p^+ 区域之间的间隔设

计应该使得肖特基接触处的电场增加到由于隧穿电流而出现过大泄漏电流之前达到夹断。在 SiC 器件中，肖特基接触处的电场强度变得非常高，大约比 Si 器件高 10 倍。因此，接触处的能带图变得非常剧烈，以至于势垒可能非常薄，泄漏电流可以用热离子场发射模型来描述[20,22]。这意味着减少通过肖特基接触的泄漏电流的有效方法是降低肖特基势垒界面处的电场强度，从而使势垒不会变得太薄。为此，JBS 结构显然是合适的。

在正向传导模式下，电流以单极模式流过肖特基接触下 p^+ 区之间的多个导电沟道，电压降由金属半导体肖特基势垒高度和漂移区电阻确定。沟道区间隔必须足够远，以使其耗尽区在零偏置或正向偏置条件下不接触。这在每个肖特基接触和 n^+ 衬底之间留下穿过 n^- 漂移区的导电路径。由于正向电压降导致 SiC JBS 二极管中的静态损耗，因此要仔细设计 n^- 漂移层的厚度和掺杂浓度，以实现比器件额定电压更高的阻断电压，同时实现更低的电阻。正向电压和电流密度之间的关系与肖特基二极管的相同，只是肖特基势垒电流密度需要考虑 p^+ 区域所占的面积。图 4.4 给出了 JBS 二极管单元的几何参数。对于条形 p^+ 网格设计，通过肖特基势垒的修正电流密度可以表示为[23]

$$J_{\mathrm{F,JBS}} = \frac{s + w}{s - 2d} J_{\mathrm{F}} \tag{4.2}$$

式中，w 是 p^+ 区域的宽度；参数 s 是 p^+ 区域之间的间距；参数 d 是 p^+ 区域的结耗尽宽度。基于热离子发射模型的肖特基势垒理论，在定义的电流密度下，JBS 二极管的正向总电压降可以表示为

$$V_{\mathrm{F,JBS}} = \frac{kT}{q}\ln\left(\frac{J_{\mathrm{F,JBS}}}{A^{**}T^2}\right) + \Phi_{\mathrm{B}} + R_{\mathrm{grid}} \times J_{\mathrm{F}} + R_{\mathrm{drift,JBS}} \times J_{\mathrm{F}} \tag{4.3}$$

式中，Φ_{B}是肖特基势垒高度；k 是玻尔兹曼常数；q 是电子电荷；T 是绝对温度；J_{F}是在 $V_{\mathrm{F,JBS}}$下的正向电流密度；参数 A^{**} 是 Richardson 常数；参数 R_{grid}是 p^+ 网格和网格下方的电流扩展的电阻之和。从式（4.3）可以清楚地看出，要优化的主要参数是漂移区电阻、肖特基势垒高度和 p^+ 网格设计，控制正向电压降和泄漏电流的折中。如果采用优化的 p^+ 网格间距和宽度，可以在不过多增加导通电阻的情况下降低泄漏电流，即屏蔽肖特基势垒。对于非穿通设计，即阻断电压下的耗尽层不超过外延层厚度，漂移电阻与阻断电压二次方成正比，见式（4.4）[16]。由于漂移区电阻是 JBS 导通电阻的主要部分，因此考虑漂移区电阻的优化也很重要，漂移区电阻由外延层厚度和掺杂来确定，见式（4.5）。

$$R_{\mathrm{drift,npt}} = \frac{4V_{\mathrm{B}}^2}{\varepsilon\mu_{\mathrm{n}}E_{\mathrm{c}}^3} \tag{4.4}$$

$$R_{\mathrm{drift,npt}} = \frac{t_{\mathrm{epi}}}{q\mu_{\mathrm{n}}N_{\mathrm{d}}} \tag{4.5}$$

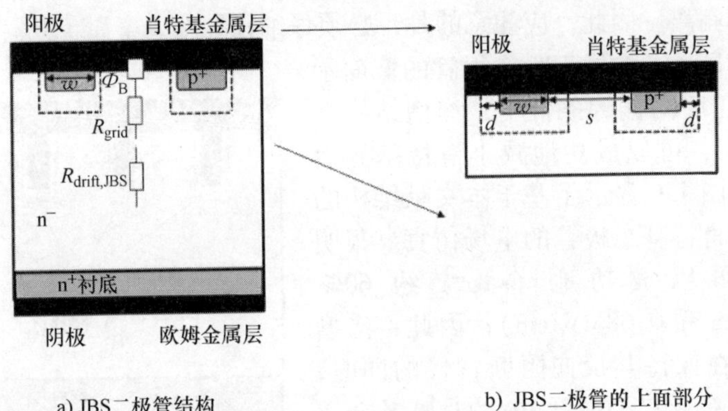

a) JBS二极管结构　　b) JBS二极管的上面部分

图 4.4　定义了几何参数的 JBS 整流器的晶胞单元

通过引入穿通因子 z，定义为衬底处的电场与结电场之间的比率，对于穿通外延设计，式（4.4）可以修改为

$$R_{\mathrm{drift,npt}} = \frac{4V_{\mathrm{B}}^2}{\varepsilon\mu_{\mathrm{n}}E_{\mathrm{c}}^3} \times \frac{1}{(1-z^2)(1+z)} \tag{4.6}$$

最小化该表达式可得到 $z=1/3$ 的最小漂移区电阻。与适当的外延掺杂和厚度组合的非穿通情况相比，将漂移区电阻降低了 16%[24]。

设计的 JBS 二极管的条形或方形/六边形网格结构具有最佳的 p^+ 区宽度。p^+ 区之间的间距主要依赖于 n^- 漂移层浓度进行优化；然而，对于 1200V 器件设计，间距通常设置为约几微米。通常采用穿通设计，例如，对 1200V 器件，n^- 外延层厚度为 10 ~ 15μm，而掺杂大约为 $5.0\times10^{15}\mathrm{cm}^{-3}$[25]。该二极管的制造顺序如下：

1）在制备 SiC 晶圆后，同时对 p^+ 有源区和 p^+ 边缘终端区的保护环进行铝（Al^+）离子注入，深度大约为 0.5μm。

2）然后在 1600 ~ 1800℃下进行退火工艺。

3）厚的 SiO_2 沉积。

4）在 JBS 器件中制作结终端扩展（JTE）结构的情况下，用于实现边缘终端的 Al^+ 的最佳剂量通常较小，并且与前面提到的 p^+ 区域不同。

5）对于肖特基和欧姆接触工艺，通常在顶部选择钛（Ti）或钼（Mo）。

6）在晶圆底部，镍（Ni）被广泛用作欧姆金属层。

7）最后，分别在晶圆顶部和底部沉积厚的铝（Al）层和 Ti/Ni/Au 层，然后用聚酰亚胺等钝化膜覆盖器件。

尽管 Ni 可以有效地与 SiC 反应，并在略低于 1000℃ 的退火后表现出欧姆行为，但 Ni/SiC 界面变得粗糙，有大量孔洞，并且表面上累积了大量的碳[26]。表面上累积的碳可能导致器件中的实际问题，例如铝的顶部金属和/或 Ti/Ni/Au 层的底部金属剥离。因此，应注意的是，必须仔细设计欧姆金属工艺。

图 4.5 显示了沟槽 JBS 二极管的截面示意图[27]。在反向偏置条件下，沟槽结构在 p^- 区域扩展，可以成功地减小肖特基界面处的电场。图 4.6 显示了基于本文献结构的沟槽和标准肖特基二极管的电场仿真。很明显，电场可以成功地降低大约 60%（1.66MV/cm 和 0.68MV/cm）；因此，沟槽 JBS 二极管在保持其反向阻断特性的同时，通过应用具有低势垒高度 Φ_B 的肖特基金属实现较低的导通电压降。图 4.7 给出了两者正向计算的电流 - 电压曲线的比较。对于标准肖特基二极管，势垒高度 Φ_B 设置为 1.31eV，而对于沟槽 JBS 二极管设置为 0.85eV，因此沟槽结构的内建电压为 0.46V，比标准肖特基二极管的内建电压小约 0.45V。这个较低的内建电压有助于降低导通态电压降。

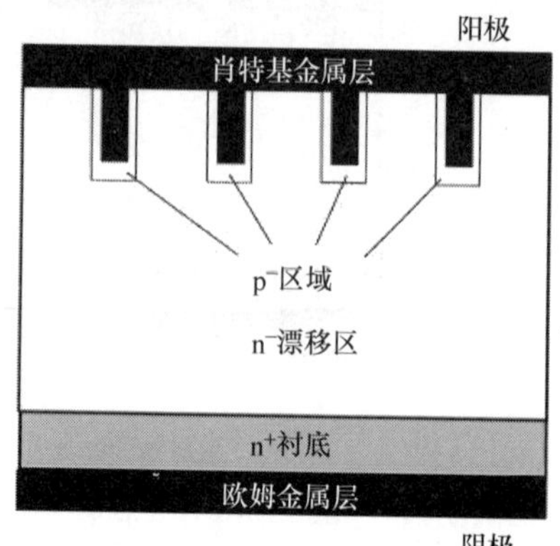

图 4.5　沟槽 JBS 二极管的截面示意图

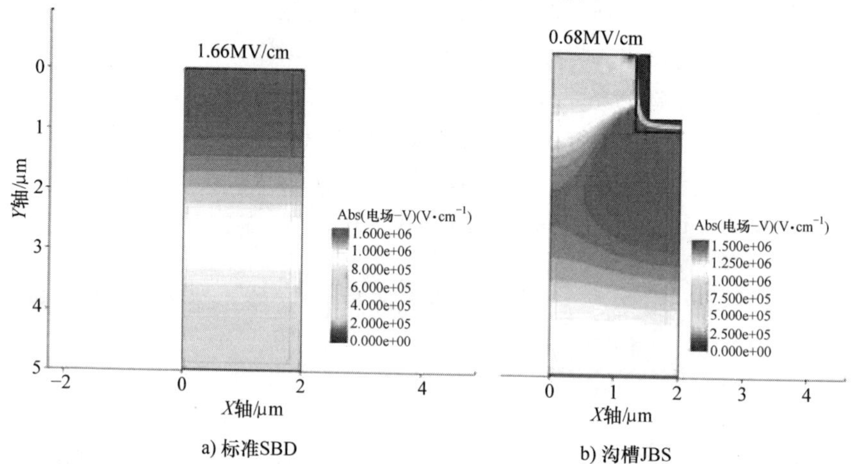

图 4.6　$V_{ak} = -600V$ 时漂移层的电场分布仿真结果。该结果是本章作者在参考文献［27］中描述的器件结构计算得到的（彩图见插页）

这些计算结果与文献［27］中报道的测量结果几乎相同，因此这意味着可以降低沟槽结构中的势垒高度 Φ_B，从而改善泄漏电流和导通态电压降之间的折中特性。

4.2.3　SiC JBS 器件的边缘终端 ★★★

在硅功率器件中，通常采用带有浮置场限环的平面结边缘终端。图 4.8 显示了该边缘结构[16]。这种结构的优点之一是可以在不增加工艺步骤的情况下，浮

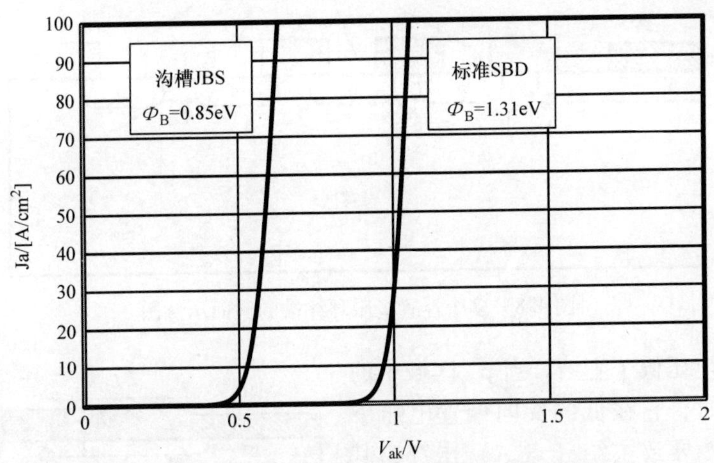

图 4.7　标准 SBD 结构和沟槽 JBS 结构的正向Ⅳ特性的仿真结果。该结果是本章作者基于参考文献［27］中描述的器件结构计算得到的

置场限环可以与主结同时制造。终端结构的击穿电压强烈依赖于第一个浮置场限环与主结的间距（W_{s1}）和每个浮置场限环（W_{sn}）的间距。例如，如果间距 W_{s1} 太大，主结边缘的电场仍然很高（点 A），导致击穿电压类似于没有边缘结构的平面结。当间距太小时，高电场集中在浮置场限环的下一个外边缘，导致击穿电压下降的可能性。因此，需要一个最佳间距以实现击穿电压的增加。在参考文献［28］中，可以使用分析方法计算具有单个浮置场限环的平面结的击穿电压。根据该方法，在器件漂移区掺杂浓度为 $1\times10^{16}cm^{-3}$、结深为 0.9μm 的情况下，计算出主结与浮置场限环的最佳间距为 4.5μm[29]。这是 1200V SiC JBS 二极管的器件设计示例。而此时，为了在边缘结构中实现更高的可靠性，SiC JBS 器件采用了多浮置场限环结构。可以通过结构的二维数值仿真来进行更精确的间距优化。例如，根据 1200V SiC JBS 器件的指标[30]，采用了五个浮置场限环来实现。对于 1200V 器件，SiC JBS 中 n^- 漂移层的掺杂浓度必须设置为约 $1\times10^{16}cm^{-3}$，这大约是 Si 器件的 100 倍，耗尽层不容易扩展；因此，W_{s1}、W_{s2} 和 W_{sn} 的间距必须设置得非常小，只有几 μm 或更小。因此，多个保护环结构存在一个缺点，即在其制造过程中，由于 W_{sn} 的 W_{s1}、W_{s2} 之间间距的不均匀性，它们的击穿特性可能很容易改变。

结边缘终端的另一种方法是 JTE 结构。对于硅器件，使用这种结构可以大大提高击穿电压。该结构如图 4.9 所示，包含在 p/n 结外围形成的 p^- 区域[16]。这个轻掺杂 p^- 区域通常是通过使用离子注入来精确控制层内的掺杂剂电荷形成。当 p^- 区域中的掺杂浓度过高时，由于边缘曲率半径较小，击穿发生在边缘（点

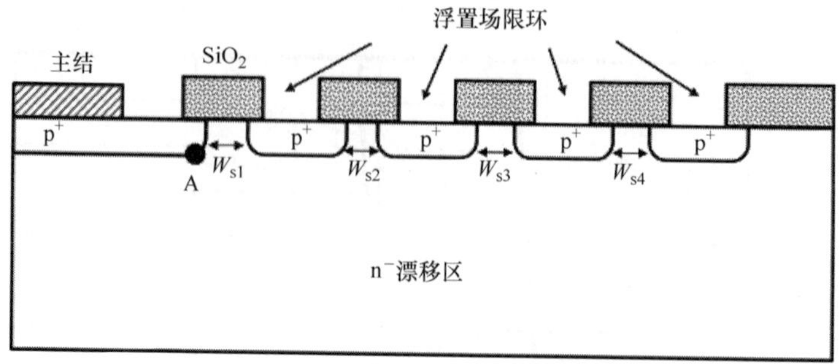

图 4.8 多个浮置场限环终端的截面示意图

B)，击穿电压低于主结。当 p^- 区域中的掺杂过低时，它在低的反向偏置电压下完全耗尽，导致主结（点 A）击穿，其电压与无终端的结相同。

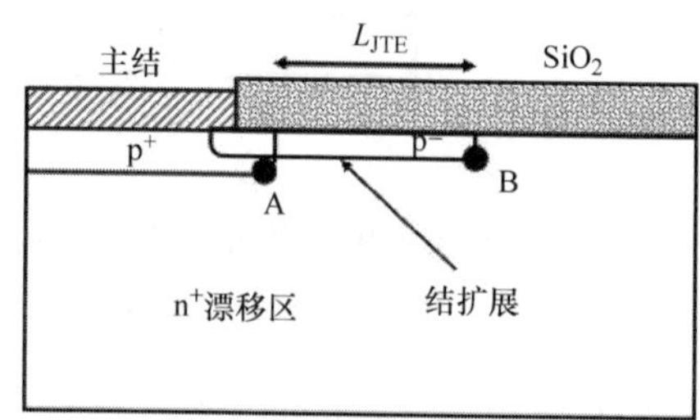

图 4.9 结边缘终端扩展部分的截面示意图

p^- 区的最佳电荷为

$$Q = \varepsilon_s \times E_c \tag{4.7}$$

当 4H-SiC 的临界电场 E_c 为 3.0×10^6V/cm时，其值等于 2.58×10^{-6}C/cm^2。参数 ε_s是 SiC 的介电常数。这相当于1.6×10^{13}cm^{-2}的掺杂剂量，比硅器件中使用剂量高约 10 倍。与浮置场限环结构的情况一样，可以通过数值仿真实现剂量的精确优化。例如，根据参考文献［31］，40～50μm 宽的无间距双区 JTE 结构适用于 SiC 器件。虽然 JTE 结构的击穿特性对轻掺杂 p^- 区域非常敏感，但该区域的总剂量可以通过离子注入工艺精确控制，由于 p^- 区域中的掺杂不均匀，其击穿特性可能不会轻易改变。

4.2.4 更高耐用性的 SiC JBS 器件设计 ★★★

二极管在更高的正向电压下工作时，空穴开始从 p^+ 区注入，但同时通过肖特基接触进行电流传导，反向恢复电流仍然很低，只有少量的正向电压和泄漏电流的牺牲。当 JBS 二极管在这种模式下工作时，通常称为混合 PiN 肖特基（MPS）整流器[32]。由于禁带较宽，SiC 中的 pn 结具有大约 2.5V 及更大内建电压，因此，正向电压降超过 2.5V，而与硅二极管相比看起来更差，因此它不适用于 MPS，而适用于低电压和中电压应用比如 600～3300V 的 JBS 二极管。然而，在意外工作模式下，会有浪涌电流流过二极管。如果浪涌电流流过纯 SiC 肖特基二极管，阳极和阴极电极之间会产生非常高的正向电压降，超过 10V，由于巨大的功耗，导致器件破坏性失效。相反，当 SiC JBS 二极管在这种模式下工作时，器件像 MPS 二极管一样工作，由于是在双极模式下工作，正向电压降变得很小，

只有几 V。因此，与纯肖特基二极管相比，功耗大大降低，JBS 二极管可以成功地承受这样严酷的环境。根据参考文献［33］，SiC MPS 二极管的正向行为允许比纯肖特基二极管高 2 ~3 倍的浪涌电流密度额定值，从而导致 I_{FSM} 值（浪涌非竞争性正向电流，半正弦波，10ms）达到额定标称电流的 8 ~9 倍。因此，I^2t 的额定值可以增加大约 5 倍。

在实际的电力电子应用中，SiC SBD 必须具有较高耐用性，特别是抗雪崩性能。选择这种设计是为了优化二极管在肖特基界面处的电场衰减、p^+ 区和肖特基区之间的比率以及浪涌电流鲁棒性。这个结构中的副作用是最大电场总是出现在注入的 p^+ 区域的底部。如果确保边缘终端的击穿电压高于单元结构的击穿电压，则雪崩仅发生在单元中。这些功率器件具有抗雪崩性能，因此非常适合用来研究 SiC 的雪崩行为。Tsuji 等人展示了 1200V SiC JBS 器件抗雪崩性能的测量结果[34]。该器件设计的最大电场总是出现在 p^+ 有源区。结果显示出超过 5000mJ/cm^2（25℃）的极强的抗雪崩能力，比 Si pin 二极管的抗雪崩能力高出一个数量级以上。此外，应注意的是，在该测量中，在有源区识别出 SiC JBS 器件的损坏点。Rupp 等人和 Harada 等人报道，通过对单元和边缘结构组合的优化设计，1200V SiC JBS 器件表现出极强的抗雪崩能力[35,36]。Rupp 等人还报道，为了证明这一点，通过仿真和实验测试了两种不同的结终端浓度。应注意的是，优化设计是这样一种方式，即终端剂量设置为接近对应于边缘终端的最大击穿电压的剂量。在这种情况下，雪崩电流位于 JBS 单元的 p 阱区域，而对于未优化终端设计的 SiC JBS，雪崩位置是 JTE 区域的 p^+/p^- 结。这意味着 JBS 结构的每个 p 阱都有助于产生雪崩电流，从而实现良好的长期雪崩稳定性；另一方面，这是通过优化设计来实现高电流单脉冲雪崩事件中良好功率耗散分布的好的先决条件。

4.2.5　SiC JBS 和 Si IGBT 混合型模块 ★★★

由于成功实现了第 4.2.4 节所述的高耐受能力，SiC JBS 二极管开始作为 FWD 应用于最先进的 Si IGBT 模块中。混合型模块是一种使用硅 IGBT 作为晶体管，SiC JBS 作为 FWD 的功率模块。根据参考文献［34］，与 Si pin 二极管相比，SiC JBS 反向恢复过程中的功率损耗极低，且不存在温度依赖性，因此，使用 1200V SiC JBS 和 Si IGBT 混合模块成功降低了逆变器系统的总功耗。由于 SiC JBS 在单极模式下工作，混合模块的反向恢复损耗和导通损耗分别成功降低了 77% 和 51%。应注意的是，在二极管和 Si IGBT 的正向传导损耗以及 IGBT 的关断损耗方面，两个模块之间没有明显差异。这意味着当 IGBT 开启时，SiC JBS 的极低恢复损耗有助于降低功耗，而导致逆变器效率的显著提高；因此，与标准 Si IGBT模块相比，逆变器系统的总功率损耗降低了 35%，其中 Si pin 二极管用作 FWD（V_{bus} =600V，f_c =20kHz）。这一结果表明，SiC 混合型模块对电动机驱动和电源等方面的影响非常显著，而使用 SiC MOSFET 作为晶体管，SiC JBS 作为 FWD 的全 SiC MOSFET 模块的影响更进了一步。

4.2.6 pin 二极管 ★★★

如前所述，SiC 半导体的主要优点是漂移区的电阻非常低，即使其设计地用于支撑更高的电压。这有利于开发具有比双极器件开关速度快得多的高压单极器件。此外，由于 SiC pn 结的内建电势在室温下高达大约 2.5V，双极器件的导通态压降变高。因此，在超高压器件的研究中，超高压 pin 二极管的开发备受关注[37]。例如，超高压低损耗功率器件是未来智能电网和高压电源的关键部件。典型的配电电压为 6.5 ~ 7.2kV，其中需要 13 ~ 15kV 功率器件来构建单相变流器。固态变压器是一种极具吸引力的应用[38]。由于即使采用 SiC，超高压单极器件的比导通电阻变得非常高（$>100\mathrm{m\Omega\cdot cm^2}$），因此，因为电导率调制效应，双极器件将具有吸引力[39,40]。Kimoto 等人介绍了超高压 pin 二极管的器件结构和特点[41]。为了支撑高电压，在 n^+ 衬底上生长了一层很厚且低剂量掺杂的 n^- 外延层。例如，n^- 外延层的厚度和施主浓度分别设计为 268μm 和 $(1 \sim 2)\times10^{14}\mathrm{cm^{-3}}$。此外，为了缓解电场拥挤，还演示了空间调制 JTE（SM - JTE）[42]，它是台面、JTE 和保护环结构的组合。顶部欧姆接触使用 Al/Ti，因为它具有比 p^- 4H-SiC 低的空穴势垒高度。阴极欧姆接触使用与 JBS 二极管相同的 Ni 制成。此外，重要的是，对于这种超高压 pin 二极管制造，p^+ 阳极区不是通过离子注入而是通过外延方法制造的。这是因为用于制造 p^+ 阳极区的离子注入诱发的缺陷可能在 pn 结附近充当寿命杀手，导致更高的导通态电压降[43]。SiC pin 二极管和 SM JTE 结构的横截面如图 4.10 所示。该 pin 二极管的击穿电压超过 26.9kV。此外，在该超高压 pin 二极管制造工艺中，在生长非常厚且低剂量掺杂的 n^- 外延层后，利用碳空位消除工艺（高温热氧化）提高了载流子寿命[44]，该工艺被认为是该超高压 pin 二极管制备工艺中生长极厚低剂量的 n^- 外延层后的寿命杀手。通过碳空位消除工艺成功地将少数载流子寿命从 1.8μs 提高到 21.6μs；因此，实现了 $9.72\mathrm{m\Omega\cdot cm^2}$ 的极低微分导通电阻和 4.72V（$J=100\mathrm{A/cm^2}$）的导通态电压降。由于在同一晶圆上制造的 SBD 的导通电阻高达 $460\mathrm{m\Omega\cdot cm^2}$，该 pin 二极管较小的导通电阻表明由于较多的少数载流子注入以及增加的载流子寿命，电导率调制效应显著。SiC pin（$p^+/n^-/n^+$）二极管的工作原理已被证明与用于描述 Si 器件的原理相似。漂移区中的高浓度注入可以调制其电导率，以减少导通态电压降。Singh 等人解释了载流子寿命对 SiC pin 二极管导通态电压降的影响[40]。pin 二极管导通态电压降的主要部分由式（4.8）给出：

$$V_F = V_{p^+\mathrm{cont}} + V_M + V_{p^+n^-} + V_{n^+n^-} + V_{\mathrm{subs}} \tag{4.8}$$

式中，V_F是 pin 二极管中的导通态电压降；$V_{p^+\mathrm{cont}}$是 p 接触电阻；V_M是“中间区

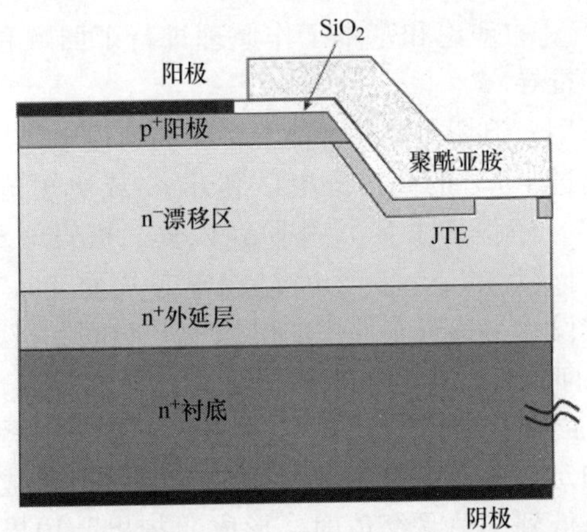

图 4.10　超高压 SiC pin 二极管的示意结构图。pn 结是外延生长的。边缘终端通过台面和 Al 注入的组合实现。图中未显示 SM JTE 结构

域”（n^-漂移区）电压降；$V_{p^+n^-}$和$V_{n^+n^-}$是p^+n^-和n^+n^-结的结压降；V_{subs}是衬底的电阻压降。对于超高压器件，V_M是前面提到部分中的最大值，由 pin 二极管n^-漂移中的载流子调制程度确定，与载流子寿命的关系如下：

$$V_M = \frac{3kT}{q}\left(\frac{W}{2L_a}\right)^2 \quad W \leqslant 2L_a \tag{4.9}$$

$$V_M = \frac{3\pi kT}{8q}e^{W/L_a} \quad W \geqslant 2L_a \tag{4.10}$$

式中，k 和 T 是玻耳兹曼常数和绝对温度；L_a是双极扩散长度，由 $L_a = \sqrt{D_a \times \tau_{HL}}$ 给出；D_a是双极扩散常数，由 $D_a = \mu_a \times kT/q$ 给出；τ_{HL}是高注入浓度的载流子寿命；双极载流子迁移率μ_a由$\mu_a = \mu_n\mu_p/(\mu_n + \mu_p)$给出。这里，$\mu_n$和$\mu_p$是电压阻断漂移层中的电子和空穴迁移率。$V_{p^+n^-}$和$V_{n^+n^-}$强烈依赖于$n^-$漂移层的两端区域的少数载流子浓度。从式（4.9）和式（4.10）可以清楚地看出，V_M是双极扩散常数（或载流子寿命）和n^-漂移层厚度 W 的函数，并且载流子的寿命越高，电导率调制越好。在前面提到的具有 268μm 外延层的 26.9kV pin 二极管的超高压情况下，21.6μs 的载流子寿命足以实现n^-漂移层中的电导率调制。因此，除了p^+外延阳极层的高浓度少数载流子注入外，该器件还实现了 4.72V 的较低导通态电压降。

为了将 pin 二极管从导通态工作转换到反向阻断模式，需要移除存储的载流子，以使得能够在n^-漂移层中形成耗尽区。在电力电子电路中，功率整流器通常与电感负载一起使用，有时强烈要求改善其反向恢复特性。然而，在超过 10kV 的超高压器件的电力电子应用中，pin 二极管的总功耗主要不是反向恢复损耗，而是其导通损耗，因此实现其较低的导通态电压降对于 SiC pin 二极管至关重要。许多论文，例如参考文献［22，45］和几本 SiC 半导体书籍[16,29]中都对

SiC pin 二极管反向恢复的理论和基本工作原理进行了回顾和描述，因此，它的工作细节不在本章中推导。

对于脉冲功率应用，迫切需要一种能显示极高速度电压脉冲的高压 pin 二极管。为了同时实现超过 10kV 的高击穿电压和几 ns 或更短范围内的高速电压脉冲，在文献［46，47］中报告了 Si 漂移阶跃恢复二极管（Si DSRD）结构。制造并演示了具有专门设计的 $p^+/p^-/n^+$ 结构单芯片而非 p^+n^-/n^+ 结构的 SiC DSRD[48]。该器件被设计为具有非常快的电压上升时间和极强的反向恢复特性。$p^+/p^-/n^+$ 结构的反向恢复行为与 $p^+/n^-/n^+$ 结构截然不同，这意味着 $p^+/p^-/n^+$ 结构中恢复电流的 dI/dt 非常陡。图 4.11 显示了恢复过程中注入的电子空穴等离子体（EHP）的定性分布。在恢复过程的初始阶段完成后，结的左边和右边空穴和电子浓度降低到其热平衡值时，形成“扫出”边界，这些“扫出”边界以不同的速度相互移动。左边界的速度为

$$v_l = \frac{\mu_n}{\mu_n + \mu_p} \times \frac{J_R}{qn_l} \tag{4.11}$$

式中，μ_n、μ_p 分别是电子和空穴的迁移率；q 是电子电荷；n_l 是左边界处的 EHP 密度；J_R 是反向电流密度。相应地，右边界的速度为

$$v_r = \frac{\mu_n}{\mu_n + \mu_p} \times \frac{J_R}{qn_r} \tag{4.12}$$

式中，n_r 是右边界处的 EHP 密度。

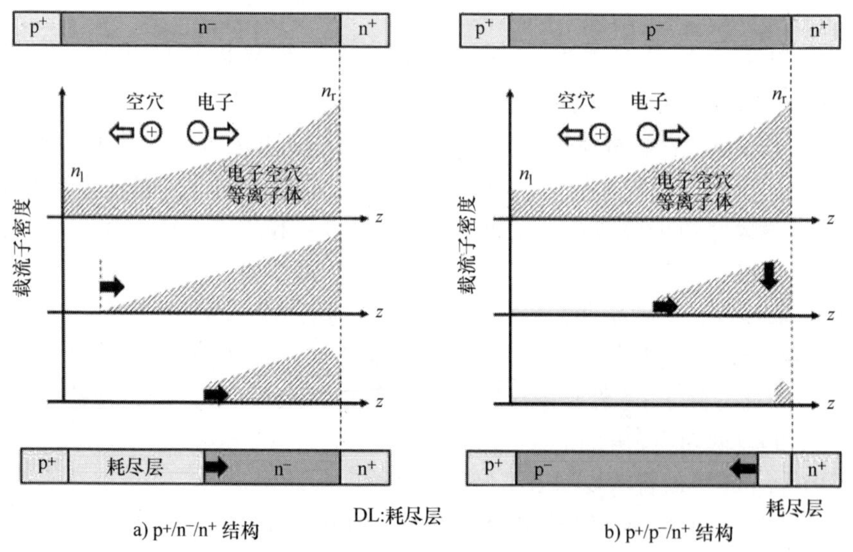

图 4.11 恢复过程中注入的 EHP 的定性分布[46]

众所周知，在 4H - SiC 中，电子迁移率 μ_n 大约是空穴迁移率 μ_p 的 7 倍。此外，左结处注入的 EHP 密度 n_l 比右结处的 n_r 要低。对于 $p^+/n^-/n^+$ 二极管，由

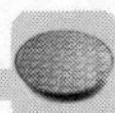

于$\mu_n/n_l >> \mu_p/n_r$，阻断 p^+/n^- 结附近的区域很快就没有少数载流子，从而预先确定了软恢复行为。对于 $p^+/p^-/n^+$ 二极管，由于μ_n/n_l的高比值，EHP 波阵面首先在无阻断 p^+/p^- 区域附近形成，并高速向 p^-/n^+ 结移动。此外，由于μ_p/n_r较低，阻断 p^-/n^+ 结处的 EHP 密度开始下降很慢。可以选择某些条件，以使波阵面到达 p^-/n^+ 结和 EHP 密度在此变为 0 的情况同时出现。因此，在耗尽层开始恢复的瞬间，所有过剩载流子都会远离底部。然后耗尽层边界将以极高的速度向左移动，从而使反向电流突然中断。

如前所述，$p^+/p^-/n^+$ 结构的 SiC DSRD 由于恢复电流的急剧下降而可能显示出极高速的电压脉冲；然而，由于难以制造厚的 p^- 外延层并对厚的 p^- 外延层应用干法刻蚀工艺来制造台面边缘结构，因此很难制造并获得超过 10kV 高击穿电压的单个管芯。此外，几乎不存在 4in㊀或更大直径且低电阻率的良好 p^- SiC 衬底。因此，可以在 n^+ SiC 衬底上使用薄 p^- 外延层来制造 SiC $p^+/p^-/n^+$ 结构，如图 4.12 所示。由于薄的 p^- 外延（小于 10μm）适用于在 n^+ 衬底上制造该二极管结构，因此其阻断电压可低至 1000V 或更高。为了制造用于脉冲功率应用的 10kV 以上的高电压特性和纳秒/亚纳秒级快速 SiC 二极管，需要大量串联连接的二极管管芯，从而导致导通态特性下降和极高的芯片成本。为了解决这些问题，人们提出并成功制造了一种新开发的 SiC $p^+/p^-/n^-/n^+$ DSRD[49]。该器件的示意性横截面如图 4.13 所示。为了获得稳定可靠的击穿特性，采用干法刻蚀技术制备厚度为 10μm 的具有 JTE 层的台面边缘结构，p^- 外延层的厚度优化为

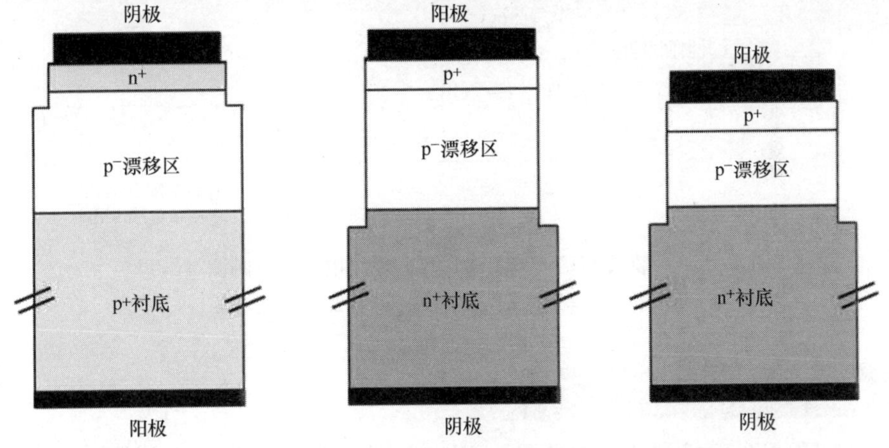

图 4.12　超高压（ >10kV）SiC $p^+/p^-/n^+$ pin 二极管及备选结构

㊀　1in = 0.0254m。

9μm。此外，为了在开关工作期间通过耗尽层的穿透获得更高的击穿电压和更高的 dV/dt 值，在 p^- 漂移区和 n^+ 衬底之间生长了极低剂量为 $1.0\times10^{15}cm^{-3}$ 和 8μm 厚的 n^- 漂移层。单个管芯的击穿电压达到 2. 8kV。制造和封装的 SiC DSRD 展示出更高的 14kV 击穿电压，它包含 5 个芯片的堆叠，与 Si DSRD 相比仅为其数量的一半，如图 4. 14 所示，其测量的开关波形如图 4. 15 所示。从图中可以看出，11. 0kV 的较高峰值电压值和小至 2. 3ns 的电压上升沿时间，同时成功实现。

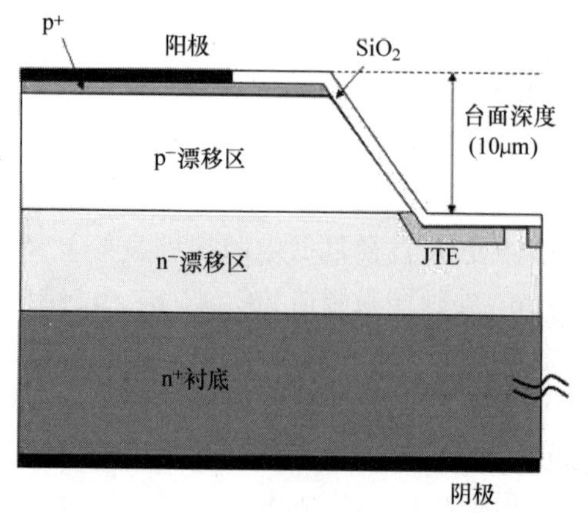

图 4. 13　新开发的 SiC $p^+/p^-/n^-/n^+$ DSRD 的截面示意图

图 4. 14　封装的 14kV SiC DSRD。成功组装了 5 个串联的芯片

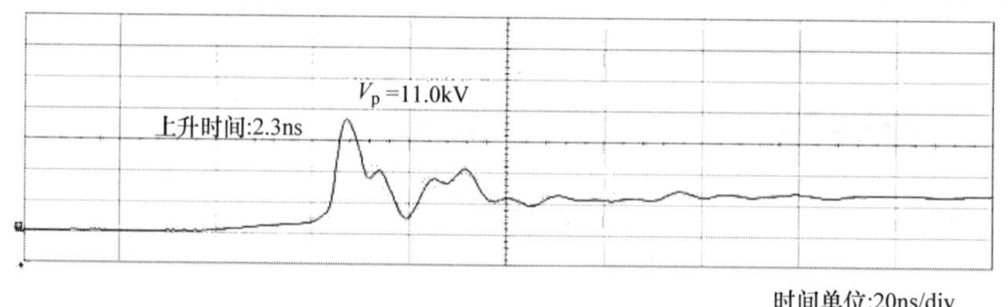

图 4. 15　封装的 14kV SiC DSRD 反向恢复电压波形的测量结果。实现了 $V_p=11.0$kV，上升时间为 2. 3ns 的结果

4. 2. 7　双极退化 ★★★

在 4H - SiC 双极器件的情况下，正向双极退化仍然是一个问题。2001 年，Bergman 等人报道了这种正向双极退化与衬底中基面位错（BPD）引起的层错（SF）扩展之间的相关性[50]。在参考文献［51］中，双极型退化的机理解释如下：

1）在少数载流子注入和复合后，单个肖克利层错（SSF）的成核和扩展发

生在 BPD 的位置或在 n^- 外延层中复制的其他位错的基面部分。

2）扩展的 SSF 导致载流子寿命显著减小，并且可能形成载流子传输的潜在势垒。

3）这导致诸如 pin 二极管的 SiC 双极器件中的正向电压降增加。

通过对 SSF 膨胀机制的研究，发现它似乎是 4H－SiC 材料所固有的。因此，完全消除成核点对于 SiC pin 二极管的发展至关重要。为了防止在 n^- 外延层中复制的 BPD 的 SSF 扩展，强烈需要在外延生长期间从 BPD 到刃位错（TED）的增强转换。Kimoto 等人报告[52]，在轻的富 C 的生长条件下，BPD 向 TED 的转换增强。在外延生长之前进行适当的原位氢刻蚀也是有帮助的。此外，随着生长速率的增加，外延层的 BPD 密度有降低的趋势。因此，n^- 外延层中的 BPD 密度估计为 0.1cm^{-2} 或更小。除此之外，应注意的是，从 SiC pin 二极管设计的角度报道了抑制正向电压衰减的新器件结构。Tawara 等人[53]证明，具有较短少数载流子寿命的氮和硼（N＋B）掺杂的 n^- 缓冲层对于抑制 SSF 扩展和双极性退化非常有效。如图 4.16 所示，位于 n^+ 衬底和 n^- 漂移层之间的这种"复合增强层"成功地降低了 n^+ 衬底/n^- 外延界面附近的空穴密度，防止了从 BPD 部分的 SSF 扩展。制备了具有大约 2μm 厚（N＋B）掺杂缓冲层的 pin 二极管，并对其特性进行了测试。确定 N 和 B 浓度分别为 $4\times10^{18}\text{cm}^{-3}$ 和 $7\times10^{17}\text{cm}^{-3}$，估计该缓冲层中少数载流子的寿命非常短，小于 30ns（250℃）。对（N＋B）缓冲层掺杂的 16 个 pin 二极管在 600A/cm^2 下经受 1h 的电流应力测试，所有二极管所显示出的正向电压降变化可以忽略，并且没有 SSF 扩展。

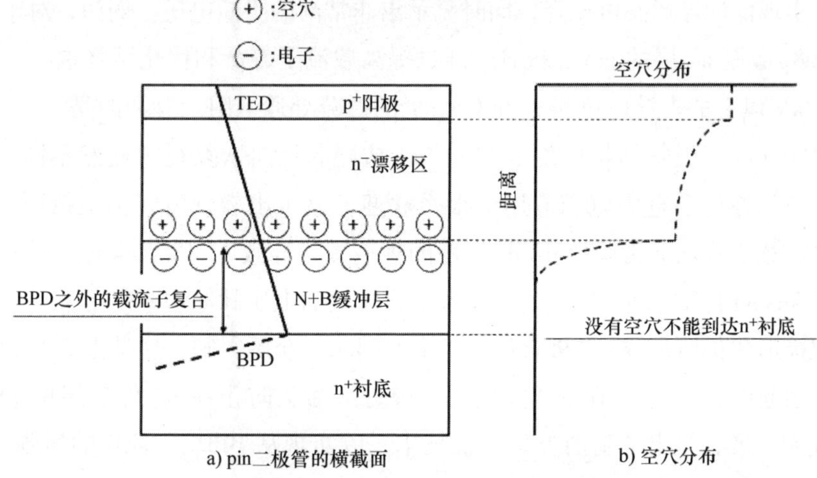

图 4.16　a）带有（N＋B）掺杂缓冲层的 pin 二极管的横截面示意图。b）带有（N＋B）掺杂缓冲层的 pin 二极管正向导通状态下的空穴分布

双极型退化是 SiC 双极器件发展中最严重的问题，因此，不仅要减少体生长中的 BPD，增强外延生长中从 BPD 向 TED 的转换，以及消除器件加工过程中 BPD 成核，而且要利用复合增强缓冲层以降低 n^+ 衬底/n^- 外延界面附近的空穴密度，解决 SiC 双极器件技术中仍然存在的重要问题。

4.2.8 小结 ★★★

SiC JBS 二极管结构可以通过屏蔽肖特基接触免受高电场影响而显著改善泄漏电流。SiC JBS 二极管的开关功率损耗非常低；因此，设计策略是最小化额定电压下的导通态损耗。静态导通损耗由肖特基结上的正向电压降和 n^- 漂移层的导通电阻组成，因此最重要的设计参数是 n^- 漂移掺杂浓度及其厚度、肖特基接触特性比如势垒高度、理想因子和 p^+ 网格尺寸。此外，由于在许多电力电子应用中强烈要求更高的浪涌电流和雪崩能力，因此有必要将 SiC JBS 二极管设计的像 MPS 二极管一样工作在非常大的正向电流区域，而恰当的边缘终端的主单元具有高的击穿电压。

与 Si 器件相比，SiC pin 二极管结构具有更薄的漂移层，这是由于击穿的临界电场更高。这有利于更快的开关速度和减少的反向恢复电流。然而，SiC 的较大禁带产生比 Si 二极管高 4 倍的导通态电压降。因此，SiC pin 二极管对于 10kV 以上的超高电压应用引起了广泛的关注。SiC pin 二极管可以通过漂移区的高剂量注入实现低的导通态电压降，同时显示出非常高的阻断电压。例如，对于一个具有 268μm 厚 n^- 层的 pin 二极管，通过提高载流子寿命和优化结终端，可以实现 26.9kV 以上的击穿电压和 $9.7\text{m}\Omega\cdot\text{cm}^2$ 的微分导通电阻。有趣的是，$p^+/n^-/n^+$ 结构和 pin 二极管结构中的 $p^+/p^-/n^+$ 结构的反向恢复行为截然不同。$p^+/n^-/n^+$ 结构在许多电力电子应用中很受欢迎，显示出软恢复行为，然而，$p^+/p^-/n^+$ 结构表现出非常陡的 dI/dt 特性的硬恢复，导致 11.0kV 的极高速电压脉冲和 2.3ns 的上升时间，因此这个特性适合于极高电压脉冲功率应用。

双极退化仍然是 pin 二极管中的一个大问题。众所周知，这是由 SSF 的成核和扩展引起的，其完全消除至关重要。最近，为了防止在 n^- 外延层中 SSF 从 BPD 复制扩展，提出了新的外延生长技术，以实现从 BPD 向 TED 的增强转换。另一方面，提出了在 n^- 漂移和 n^+ 衬底之间采用 N + B 缓冲层的方法，很明显，该方法非常有效地解决了这个问题。然而，该 N + B 缓冲层是外延生长的，因此其额外的制造成本是不可忽略的。

4.3　SiC MOSFET

4.3.1　引言 ★★★

垂直功率 MOSFET 结构是 20 世纪 70 年代中期在 Si 技术中开发的，与现有的 Si 功率双极晶体管相比，获得了更好的性能。功率双极晶体管结构的主要问题之一是设计用于支撑高电压时低的电流增益。此外，功率双极晶体管不能在高频下工作，因为其漂移区中注入的少数载流子而导致较长的存储时间。从应用的角度来看，将这些电流控制器件替换为电压控制器件是具有吸引力的。在 Si 功率 MOSFET 中，当击穿电压超过约 200V 时，导通态电阻由漂移区的电阻主导。在高击穿电压下，这些器件的比导通电阻大于 $10m\Omega \cdot cm^2$，导致导通态电压降超过 1V。因此，在 20 世纪 80 年代开发了 IGBT，用于中大功率系统。IGBT 在高压应用中的优异性能使 Si MOSFET 适用于工作电压低于约 200V 的应用。利用电荷耦合概念的超结 MOSFET 结构允许将功率 MOSFET 的击穿电压扩展到 600V 范围[54,55]。然而，它们的比导通电阻仍然很大，限制了它们在开关损耗占主导地位的高频使用。

如第 4.2 节所述，SiC 半导体器件的主要优点是漂移区的电阻非常低，即使它设计的用于支撑更高的电压。这有利于开发具有比双极器件高得多的开关速度的高压单极器件。因此，SiC 中漂移区更低的电阻应该能够开发具有高击穿电压的功率 MOSFET。与 Si IGBT 相比，这些器件不仅开关速度快，而且导通态电阻更低。图 4.17 显示了平面 DMOSFET 和沟槽 UMOSFET 两种基本结构的功率 MOSFET 的横截面示意图。DMOSFET 的名称来源于同名的 Si 器件，其中 n^+ 源区和 p^- 基区通过相同的光掩模开孔扩散 n^- 和 p^- 杂质而形成。在 SiC 中，通过双注入形成相同的结构。UMOSFET 的名称来源于 U 形栅极结构，但也使用术语“沟槽 MOSFET”。如图 4.17 所示，DMOSFET 和 UMOSFET 均由形成在厚 n^- 漂移区上方的 MOSFET 组成，n^+ 衬底用作漏端。截止状态下的阻断电压由 p^- 基区和 n^- 漂移区之间的反向偏置的结支撑，但它也由栅极和漂移区形成的 MOS 电容支撑。功率 MOSFET 的导通态电阻是 MOSFET 沟道导通电阻加上漏区和衬底导通电阻之和。图 4.18 显示了 DMOSFET 结构及其内部电阻组成部分[16]。当器件处于导通态时，必须分析 8 个电阻以获得源极和漏极之间的总导通电阻。功率 DMOSFET 结构的总导通电阻是通过将所有电阻相加获得的，因为它们被认为是源极和漏极之间的电流路径串联：

$$R_{ON} = R_{CS} + R_{n^+} + R_{ch} + R_{acc} + R_{JFET} + R_D + R_{SUB} + R_{CD} \tag{4.13}$$

目标是最小化给定阻断电压下的总导通电阻。这涉及调整器件参数（掺杂

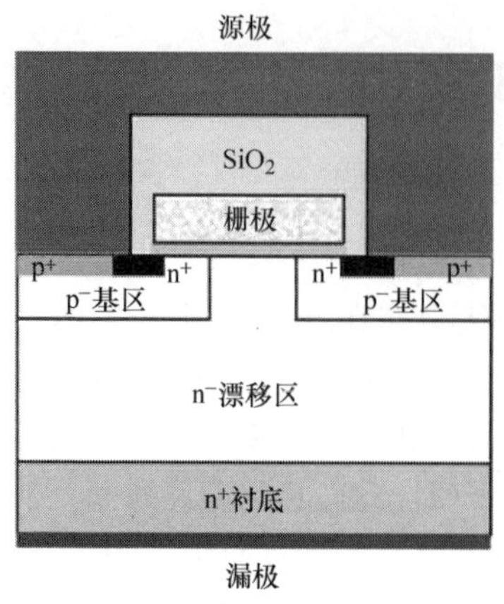

a) 平面DMOSFET

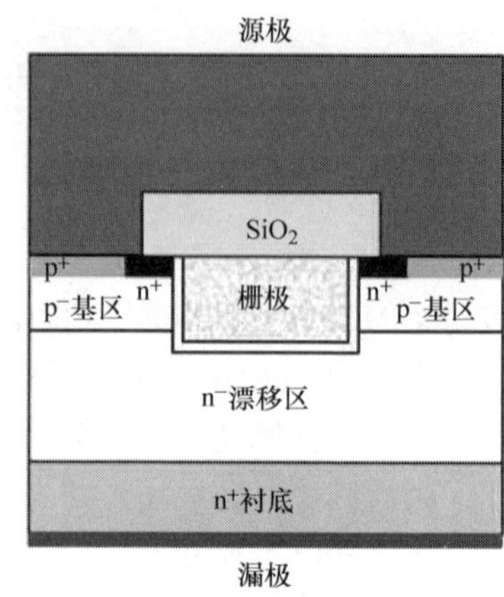

b) 沟槽UMOSFET

图 4.17　平面 DMOSFET 和沟槽 UMOSFET 的基本结构

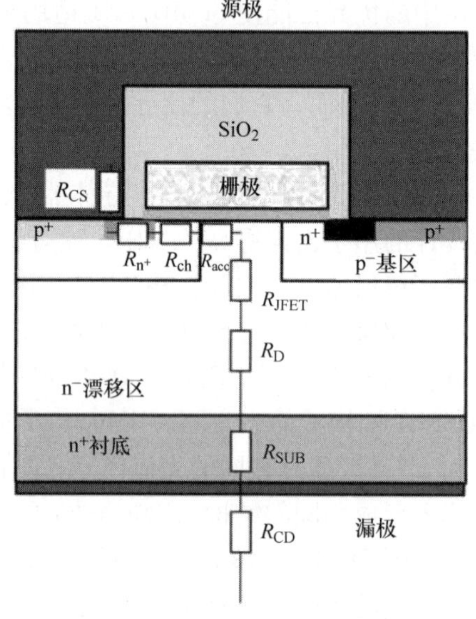

图 4.18　DMOSFET 结构及其内阻

浓度、厚度和每层/区域的横向尺寸)，以最小化总电阻。一个全面的分析还必须包括由电流拥挤和电场拥挤引起的二维效应。当电流扩展到 JFET 区时，电流拥挤发生在 MOS 沟道的末端，当电流扩展至更宽的漂移区时，电流拥挤再次发生在 JFET 区域的底部。在阻断状态下，电场拥挤发生在单元内 p$^-$基区的拐角和 DMOSFET 的外围。这些效应通常通过器件仿真进行分析。最小化电阻、最小化面积和保持阻断电压的目标带来了多项创新。例如，开发了多种技术，如自对准亚微米 MOS 沟道、一个更重掺杂的 JFET 区、沿指状长度分段的 p$^-$基区接触以及沟槽栅极结构，并将其应用于现代硅功率 MOSFET。然而，不幸的是，前面提到的在 Si 中开发的功率 MOSFET 结构不能直接用于形成高性能 SiC MOSFET 器件。首先，SiC 材料中缺乏明显的掺杂剂扩散，阻碍了 Si DMOSFET 工艺的使用；第二，SiC MOSFET 的栅极氧化层中出现超过其击穿强度的高电场，导致在高电压下处于阻断模式的器件发生灾难性失效；第三，必须改善 SiO_2/SiC 的质量，以便更好地控制阈值电压和沟道迁移率。这些因素对 SiC 器件的制造提出了挑战，并限制了可在材料中实现的器件结构的类型。

参考文献［56］和［57］首次报道了 SiC MOSFET，第一个 SiC 功率 MOSFET 是垂直沟槽 MOSFET 结构[58]。Si 沟槽栅极功率 MOSFET 是在 20 世纪 90 年代通过应用最初为动态随机存取存储器（DRAM）开发的沟槽技术开发的。沟槽栅极或 UMOSFET 结构能够显著增加沟道密度并消除 JFET 电阻，从而显著提高低电压（$<100V$）Si MOSFET 性能。这推动了 SiC 沟槽栅极器件的发展。此外，应注意的是，SiC UMOSFET 结构是具有吸引力的，因为基区和源区可以外延形成，而不需离子注入和相关的高温退火。因此，第一个 SiC 功率 MOSFET 是采用前面所述的 UMOSFET 结构。当考虑器件中的峰值电场时，UMOSFET 结构有一个明显的缺点。在雪崩击穿开始时，SiC 中 p－n 结的电场几乎比 Si 中高 10 倍，这是由于 SiC 具有更高的临界电场。在 MOS 界面，氧化层中的电场超过半导体电场 2.5 倍，这个常数是半导体与氧化层的介电常数之比。这使得氧化层中的电场达到大约 4MV/cm，该值接近氧化层击穿的危险值。由于电场拥挤，沟槽拐角结构进一步增加了氧化层电场，导致局部氧化层失效。1995 年，在 SiC 的碳面上制造的 SiC UMOSFET 实现了约 260V 的阻断电压[59]，这受到沟槽拐角处氧化层击穿的限制。避免沟槽拐角处氧化层击穿问题的一个明显方法是消除沟槽结构。这是通过引入平面双注入 DMOSFET 实现的[60]。

4.3.2　器件结构及其制造工艺 ★★★

4.3.2.1　平面 MOSFET 结构

平面功率 MOSFET 的基本结构如图 4.17 所示，与 Si 功率 MOSFET 相同。然而，考虑到制造工艺的一些困难，如高温离子注入和 SiC 中掺杂剂的低扩散系数，SiC 功率 MOSFET 的设计必须与 Si MOSFET 完全不同，因此，制造的 DMOSFET[60] 显示出 $125m\Omega \cdot cm^2$ 的高比导通电阻，而该器件可以承受 760V 的阻断电压。

制造工艺

图 4.19 显示了平面 SiC MOSFET 的制造工艺流程示意图。制造工艺包括的 16 个主要步骤如下：

1）n^- 外延/n^+ 衬底 SiC 晶圆的制备。

2）在 SiC 晶圆顶部沉积 SiO_2，以保护晶圆表面免受离子注入造成的损伤。

3）p 型基底区的光刻和铝（Al^+）离子注入。边缘终端区域中的 p^+ 保护环也同时进行注入。

4）n^+ 源区的光刻和磷（P^-）或氮（N^-）离子注入。

5）p^+ 区域的光刻和铝（Al^+）离子注入。

6）晶圆清洗后，在 1600～1800℃ 下激活掺杂剂。

7）栅氧化工艺。采用 CVD 法热生长或沉积 50～100nm 的 SiO_2，并进行后氧化退火，例如在湿氧和 NO/N_2O 中。

8）沉积厚度为 500～800nm 的掺杂多晶硅（poly－Si）栅电极。随后进行多晶硅的退火。

9）栅极多晶硅层的干法刻蚀。

10）沉积厚度为大约 1μm 的磷硅酸盐玻璃（PSG）/硼磷硅酸盐玻璃（BPSG）的顶部钝化层。

11）干法刻蚀顶部钝化层和栅极氧化层，形成源极接触孔。

12）沉积由 Ni 构成的源极和漏极的欧姆接触。

13）源极和漏极接触的硅化（大约 1000℃）。通常使用快速热退火（RTA）方法。

14）沉积具有退火欧姆接触的源极焊盘金属铝。

15）源极焊盘金属的刻蚀。在晶圆的底部，通常沉积 Ti/Ni/Au 层。

16）沉积聚酰亚胺层作为钝化膜。

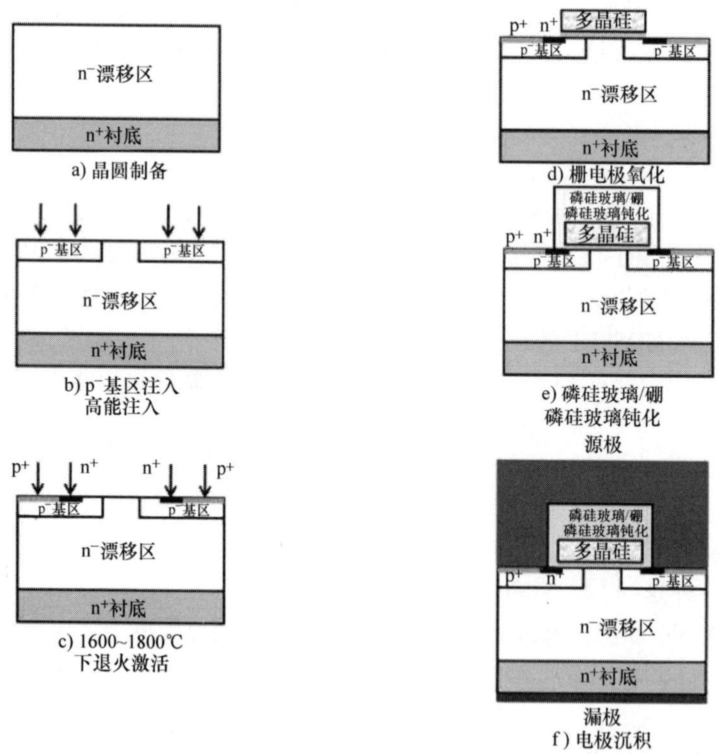

图 4.19　平面 SiC MOSFET 的制造工艺流程示意图

这种器件被称为 DIMOSFET，因为制造过程中使用了双注入工艺。由于离子注入可以实现 n⁻和 p⁻区域的宽范围和精确掺杂控制，因此该工艺是 SiC MOS-

FET 和 Si MOSFET 制造中的关键工艺。然而，SiC 和 Si 的离子注入技术之间存在如下主要差异[51]：

- 由于 SiC 中掺杂剂的扩散常数极低，通过扩散工艺进行选择性掺杂是不现实的。大多数注入杂质在注入后退火期间的扩散很小，可以忽略不计。
- 如果未注入晶格损伤接近非晶水平，则晶格恢复（即修复该损伤）非常困难。因此，通常采用高温注入，特别是当注入剂量非常高时；另一方面，当注入剂量不是很高时，只要进行适当的退火，在室温下的注入就足够了。
- 无论注入剂量和注入温度如何，都需要在非常高的温度（1500 ~ 1600℃）下进行注入后退火，以实现晶格恢复和高的电激活率。这种高温退火可能导致硅的不一致蒸发和表面粗糙化。

即使在如 1600 ~ 1800℃ 这样高的温度下，掺杂剂在 SiC 中的扩散速率也非常小，因此制备像 Si MOSFET 那样的功率 MOSFET 结构是不可行的。例如，有人提出，p^- 基区和 n^- 源区离子注入可以通过使用光掩模单独操作[51]。在 Si MOSFET 制造中，通常采用所谓的自对准工艺，即使用由栅极边缘定义的光掩模对 p^- 基区和 n^+ 源区进行离子注入，然后对注入区域进行热扩散。然而，对于 SiC MOSFET，通过离子注入和热退火工艺制成的 p^- 基区和 n^+ 源区必须在栅极氧化/栅极多晶硅电极工艺之前制造，因为栅极氧化层会由于 1600 ~ 1800℃ 的极高退火温度而退化和失效。因此，对 p^- 基区和 n^+ 源层的自对准注入工艺不能应用于 SiC MOSFET，并且必须允许 p^- 基区、n^+ 源区和栅极之间重新对准公差。为实现短沟道长度这可能会导致一些牺牲。此外，在 Si 功率 MOSFET 中，光刻胶掩模通常用于通过离子注入选择性地形成 n^- 和 p^- 区域。光刻胶易于在硅片表面涂覆，是一种简单而经济的方法。然而，在 SiC MOSFET 的情况下，这种光刻胶方法不能采用，因为通常需要大约 500℃ 的高温离子注入，这可能导致涂覆的光刻胶层的严重损坏。因此，需要沉积二氧化硅层（SiO_2），作为通过离子注入制作选择性 n^- 和 p^- 区域的光掩模，这与涂覆光刻胶方法相比是一个相对耗时的工艺。然而，最近公布的新光刻胶材料具有 300℃ 以上的更高耐热性，从而降低了 SiC 离子注入工艺的复杂性[61]。

阻断特性

如果两侧掺杂均匀，则施加的漏极电压由具有三角形电场分布的 n^- 漂移区和 p^- 基区支撑，如图 4.20 所示。最大电场出现在 p^- 基区/n^- 漂移结处。p^- 基区侧的耗尽宽度与最大电场的关系为

$$W_p = \frac{\varepsilon_s E_m}{qN_A} \tag{4.14}$$

其中，N_A 是 p^- 基区中的掺杂浓度。假设 p^- 基区完全耗尽时，p^- 基区/n^- 漂移结处的最大电场达到击穿的临界电场，可以得到防止穿通所需的最小 p^- 基区厚

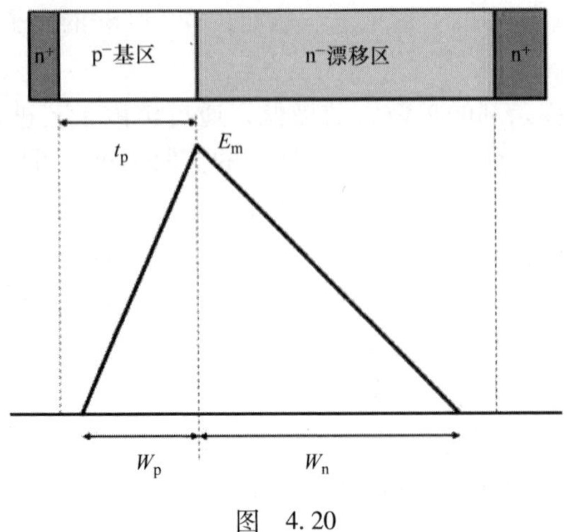

图 4.20

度（t_p）：

$$t_p = \frac{\varepsilon_s E_c}{qN_A} \tag{4.15}$$

其中，E_c是 SiC 中击穿的临界电场。在参考文献［16］中，计算出的4H－SiC功率 MOSFET 的最小 p⁻基区厚度与图 4.21 所示的 Si 的最小 p⁻基区厚度进行了比较。根据该计算结果，4H－SiC 的厚度比 Si 厚约 6 倍。这意味着 SiC 器件所需的最小沟道长度比硅器件大得多，导致导通电阻大幅增加。如图 4.21 所示，防止穿通击穿所需的 p⁻基区的最小厚度随着掺杂浓度的增加而减小。对于一个 50～100nm 的栅氧厚度，Si 功率 MOSFET 的 p⁻基区在 $1.0\times10^{17}\text{cm}^{-3}$的典型掺杂浓

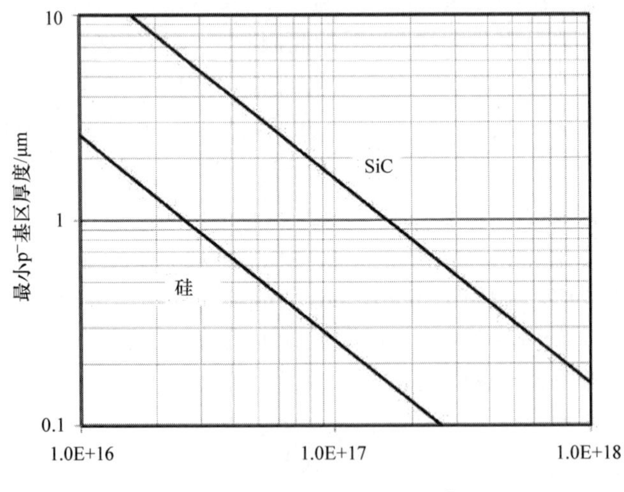

图 4.21　防止 SiC 和 Si 穿通击穿的最小 p⁻基区厚度的比较

度下的阈值在 1 ~ 3V。对于该掺杂水平下，在没有达到穿通限制的击穿电压条件下，p^-基区厚度可以减小到 0.3μm。相反，对于 SiC，有必要将 p^-基区掺杂浓度提高到 $4.0 \times 10^{17}cm^{-3}$以上，以防止厚度为 0.4μm 的 p^-基区穿通。这个较高的掺杂浓度增加了栅极阈值电压。

阻断状态下平面 DMOSFET 的电场分布如图 4.22 所示。根据高斯定律，氧化层中的电场（E_{ox}）比 SiC 中的峰值电场 E_s高，等于它们的介电常数比：

$$E_{ox} = \frac{\varepsilon_s}{\varepsilon_{ox}} E_s \tag{4.16}$$

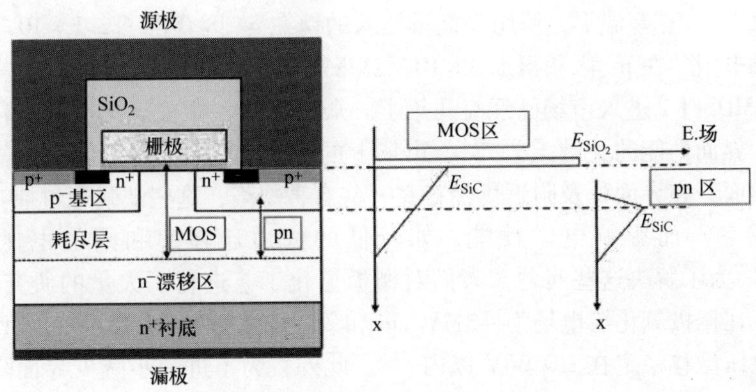

图 4.22　DMOSFET 阻断状态下的电场分布

对于 SiO_2/SiC 界面，$\varepsilon_s/\varepsilon_{ox}$变为大约 2.5，这意味着氧化层的电场比 SiC 中的峰值电场高约 2.5 倍。由于大约 3.0MV/cm 高的临界电场，SiC 的峰值电场可以达到大约 1.5MV/cm，因此相应的 SiO_2 电场变为 3.8MV/cm。该值比 Si MOSFET中的值高 5.5 倍，接近 SiO_2层的最大允许电场[51]。因此，为了实现栅极氧化层优秀的长期可靠性，有必要设计低于大约 4mV/cm 的氧化层电场。

SiC MOSFET 专用工艺技术

平面 MOSFET 的比导通电阻（$R_{on} \cdot A$）仍然高于 SiC 的理论极限，这是由于低沟道迁移率源于较差的 SiO_2/SiC 界面质量。

在这种器件结构中，通过离子注入和随后在 1600 ~ 1800℃下的激活退火形成与栅极氧化层接触的 p^-基区。该工艺使 SiC 的平坦表面变得粗糙，降低了沟道迁移率[62]。在高温退火期间，至少有两种机制导致表面退化。一个是 Si 从 SiC 表面的脱附；另一个是表面原子的迁移。根据参考文献［63，64］，研究了几种帽封材料，结果是，碳帽获得了最成功的结果[51]，该技术已获得专利[65]，目前已应用于工业 SiC 功率器件的生产。

为了制造低导通电阻和高可靠性的 SiC MOSFET，n^-和 p^-离子注入的 SiC 层上的欧姆接触是关键工艺之一。镍硅化物是一种常见的接触金属，因为它可以

在 n^- 和 p^- SiC 上以相同的工艺形成。在 SiC MOSFET 中，需要在 1000℃左右进行高温退火才能形成低接触电阻的欧姆接触[51]；另一方面，也有报道称高温退火由于石墨的析出而降低了硅化物/金属界面的附着力和热稳定性，并且由于界面钝化的分解而增加了氧化层/半导体界面的态密度[66]。由于石墨的析出和界面钝化的分解都发生在高于 800℃的温度上，因此欧姆接触的金属化工艺需要在更低的温度下进行。由于硅化物/金属阻挡层界面的厚度不均匀性和较大的粗糙度，镍硅化物工艺的可控性和稳定性不好。因此，为了获得性能良好、可靠性高的 SiC MOSFET，尝试了一种低温（低于 750℃）金属化工艺，以形成无镍硅化物的欧姆接触[67]。在室温下，使用高剂量注入的钛在 n^- 区获得了 $2.1\times10^{-6}\Omega\cdot cm^2$ 的低接触电阻，在 p^- 区获得 $1.3\times10^{-3}\Omega\cdot cm^2$ 的低接触电阻。

SiC MOSFET 进入市场已经有几年了。众所周知，栅极氧化层的氮化是改善 SiO_2/SiC 界面性能的关键工艺[68]，市场上的许多 SiC MOSFET 似乎都采用这种工艺。然而，在界面处及附近仍然存在一些有害缺陷，这些缺陷通过捕获沟道中的电子或空穴而影响电学性能，如较低的沟道迁移率和阈值电压不稳定性[69,70]。为了解决这些问题，人们对栅极氮化工艺进行了大量的研究和改进。据报道，在栅极氧化层电场为 −3MV/cm 和 200℃的条件下，13kV MOSFET 的栅极阈值电压漂移稳定在 ±0.06V 以内[71]。此外，为了进一步减少界面陷阱，除了氮化工艺，还提出了将磷和硼掺入界面的其他技术[72-74]。人们对栅氧化工艺的改进进行了积极的研究，在不久的将来，SiO_2/SiC 界面性能将有很大的改善。

单元设计

2007 年，Saha 和 Cooper 报道了 1kV SiC DMOSFET 结构的测量结果，其低导通电阻为 $6.95m\Omega\cdot cm^2$[75]。图 4.23 显示了 DMOSFET 单元的横截面和具有 p^+

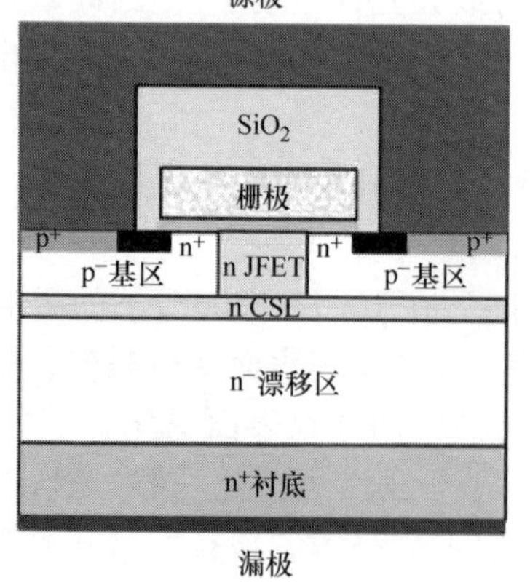

a) DMOSFET

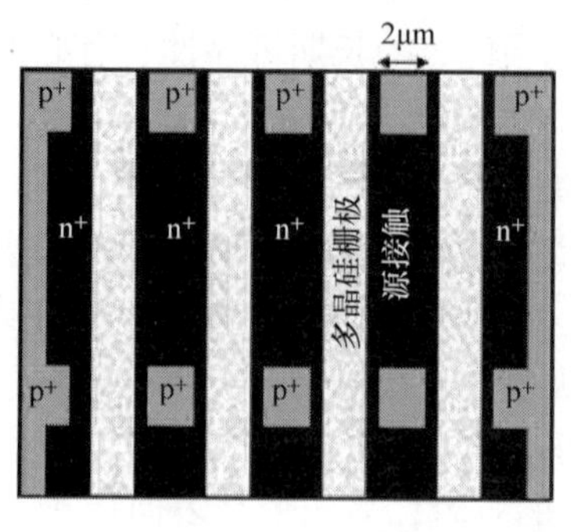

b) p+接触和n+源版图

图 4.23　DMOSFET 的截面图和具有较小的 p^+ 接触的版图

接触的器件版图。该器件结构包括一个小于或等于 0.5μm 的极短沟道、与多晶硅栅极自对准的源区欧姆接触、p⁻基区下方的电流扩展层以及沿指状长度分段的 p⁻基区接触等。除了这些技术外，该器件还结合了其他制造工艺/设计技术，例如碳帽和 1μm 的短 JFET 宽度，以将栅氧化层电场降低到 4MV/cm 以下。因此，该 DMOSFET 在阻断电压为 1050V 时成功地表现出低至 6.95mΩ·cm^2的比导通电阻。研究发现阻断电压受到雪崩击穿的限制，栅极氧化层电场小于如前所述的 4MV/cm。此外，值得注意的是，测量的反型沟道迁移率峰值高达 15cm^2/Vs。

在 Si DMOSFET 中，从降低导通电阻的角度提出并研究了许多 MOSFET 结构顶部表面的单元设计拓扑[76]。无疑，这些技术可以用于设计 SiC MOSFET 的单元结构。如前所述，Saha 和 Cooper 采用了具有短沟道长度、良好的源极欧姆接触和 p⁻基区接触的线性单元结构，以实现低的导通电阻。然而，在参考文献［76］中，当采用较小的 p⁻基区宽度时，蜂窝状结构如方形单元中的方阱和六角单元中的六角或方形阱有助于降低导通电阻；因此，具有小 p⁻基区宽度的蜂窝型结构的 SiC MOSFET 可以实现优异的导通电阻。2014 年，Palmour 等人展示了先进 SiC DMOSFET 器件的优异特性，阻断电压范围为 900V ~ 15kV[77]。该论文报告了 900V ~ 15kV 额定电压的新性能突破，对 900V 额定击穿电压的比导通电阻低至 2.3mΩ·cm^2，15kV 额定击穿电压的比导通电阻为 208mΩ·cm^2。这些特性不仅通过提高衬底和外延材料质量，而且通过进一步优化和改进前面描述的器件设计和制造工艺而成功实现。因此，简单的平面 SiC DMOSFET 结构显示出极低的比导通电阻，具有改善的阻断性能。

IEMOSFET 器件

提出并制造的另一种平面 SiC MOSFET 结构如图 4.24 所示。该 SiC MOSFET 被命名为注入和外延 MOSFET（IEMOSFET）[36,78]。在这种结构中，p⁻基区的上半部分是通过外延生长而非激活退火形成的。光滑表面防止了由于双注入方法引起的沟道迁移率的退化。此外，该器件利用薄 n⁻掩埋沟道层以增加沟道迁移率。

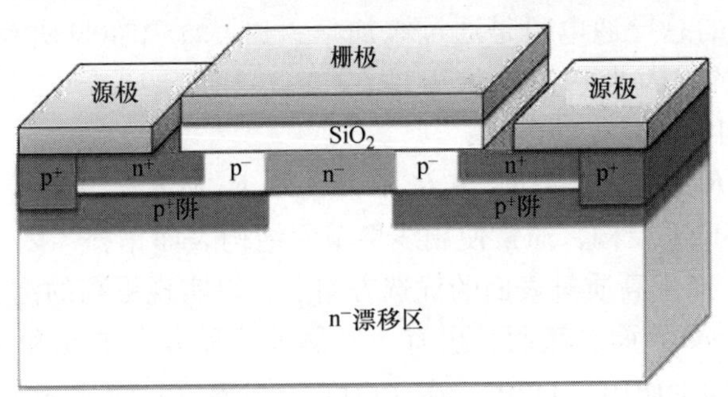

图 4.24　注入和外延 MOSFET（IEMOSFET）的表面结构

在 IEMOSFET 的边缘结构中，不能使用前面描述的 p^+ 保护环工艺，因为 p^- 外延层已经在 SiC 晶圆表面形成。为了制备边缘结构，通过干法刻蚀工艺部分刻蚀 p^- 外延层（p^- 基区），然后通过光刻和铝（Al^+）离子注入制作 JTE 或保护环结构。例如，制造的 600V 和 1200V IEMOSFET。对于 600V 器件，n^- 外延层掺杂为 $2.1\times10^{16}cm^{-3}$，厚度为 6μm；而对于 1200V 器件，n^- 外延层掺杂为 $1.0\times10^{16}cm^{-3}$，厚度为 10μm。选择性注入浓度高达 $3.0\times10^{18}cm^{-3}$ 的铝离子（Al^+）以形成作为 p^+ 阱区的 p^- 基区。该区域的这种高受主浓度屏蔽了沟道（p^- 基区区域）免受高电场的影响，并防止 n^+ 源和 n^- 漂移层之间的穿通[29]。然后生长出低至 $5.0\times10^{15}cm^{-3}$、厚度为 0.5μm 的 p^- 外延层以形成顶部 p^- 层。平滑的表面和低掺杂 p^- 外延层提高了沟道迁移率和栅氧化层的可靠性。JFET 区是通过选择性氮离子（N^+）注入 p^- 层而形成的。由于独立于漂移层优化了 JFET 区域的浓度和宽度，因此成功地降低了其电阻。采用 SiC IEMOSFET 的六边形单元结构来最大化封装密度，成功实现了 600V 器件的 $1.8m\Omega\cdot cm^2$ 和 1200V 器件 $5.0m\Omega\cdot cm^2$ 的优良 $R_{on}\cdot A$ 特性。

4.3.2.2 UMOSFET 结构

图 4.25 显示了 UMOSFET 结构及其内部电阻组成部分[16]。除了 JFET 区域电阻之外，在 DMOSFET 结构中遇到的内阻在 UMOSFET 中同样存在。消除 JFET 区域可以显著降低 UMOSFET 结构的整体比导通电阻，这不仅是因为不包括其电阻，还因为单元间距可以比 DMOSFET 的小得多。较小的单元间距减少了沟道、积累和漂移区对比导通电阻的贡献。UMOSFET 结构的总导通电阻是通过添加所有电阻得到的，因为它们被认为是在源极和漏极之间电流路径的串联：

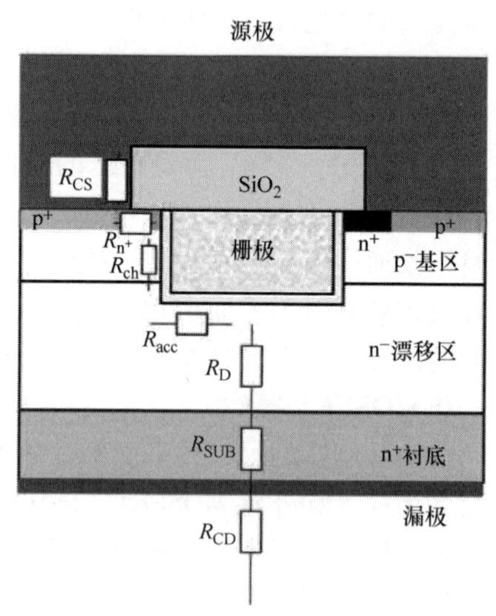

图 4.25 UMOSFET 结构及其内阻

$$R_{ON} = R_{CS} + R_{n^+} + R_{ch} + R_{acc} + R_D + R_{SUB} + R_{CD} \tag{4.17}$$

对于 UMOSFET 结构，通常使用线性单元结构表面拓扑，因为沟槽表面可以定向在最有利于产生高质量表面的优选方向上，以实现更高的沟道迁移率和更高可靠性的 SiO_2/SiC 界面。然而，也有一些例外，如方形单元和六边形单元的应用。UMOSFET 通常使用 $\{11\bar{2}0\}$ 或 $\{1\bar{1}00\}$ 平面（a 面或 m 面）作为沟槽侧壁，因为这些面比平面栅极结构的 Si 面和 C 面具有更高的沟道迁移率[79-81]；因此，导通电阻有望进一步降低。

制造工艺

SiC UMOSFET 需要其独特的工艺步骤。虽然已经提出了不同的工艺方案，但这里简要介绍了一个典型的例子。制造工艺包括 17 个主要步骤，如下所示：

1）用 n^- 外延/n^+ 衬底制备 SiC 晶圆。

2）在 SiC 晶圆顶部沉积 SiO_2，以保护晶圆表面免受离子注入损伤。

3）对 p^- 基区进行光刻和铝（Al^+）离子注入。边缘终端区域的 p^+ 保护环也同时注入。

4）光刻和对 n^+ 源区进行磷（P^-）或氮（N^-）的离子注入。

5）光刻和对 p^+ 区进行铝（Al^+）离子注入。

6）清洁晶圆后，在 1600 ~ 1800℃下激活掺杂剂。

7）形成 SiO_2 掩模和干法蚀刻 SiC 以制造沟槽栅极。

8）栅极氧化工艺。通过 CVD 热生长或沉积 50 ~ 100nm SiO_2，并进行氧化后退火，例如在湿氧、NO/N_2O 等环境中。为了使栅极氧化层厚度均匀，通常采用 CVD 方法。

9）沉积掺杂多晶硅（poly - Si）的栅电极以填充沟槽。随后进行多晶硅的退火。

10）栅极多晶硅层的干法刻蚀。

11）顶部钝化层沉积厚度为大约 1μm 的 PSG/BPSG。

12）干法刻蚀顶部钝化层和栅极氧化层以形成源极接触孔。

13）沉积由 Ni 构成的源极和漏极欧姆接触。

14）源极和漏极接触的硅化物形成（略低于 1000℃）。通常使用 RTA 方法。

15）沉积源极焊盘金属铝并对欧姆接触进行退火。

16）源极焊盘金属的刻蚀。在晶圆底部沉积 Ti/Ni/Au 层。

17）沉积聚酰亚胺层作为钝化膜。

阻断特性

如第 4.3.1 节所讨论的，可以注意到早期 UMOSFET 的阻断电压受到沟槽拐角处氧化层击穿的限制。图 4.26 给出了阻断状态下 UMOSFET 中的电场分布示意图，以及沿 2 个垂直切面的电场分布。与 DMOSFET 一样，氧化层电场比半导体峰值电场高 2.5 倍，但沟槽拐角处存在明显的电场拥挤，在这些点产生更高的局部电场。为了缓解这一问题，研究了许多 UMOSFET 结构，通过优化 p^- 基区层、使用专有处理技术使侧壁变细或拐角变圆。1997 年，Hara 提出了一种名为外延层沟道 FET 的 UMOSFET 结构[82]。这是积累型沟道 UMOSFET 结构，并且在沟槽刻蚀之后生长 n^- 外延层。该器件设计的一个关键点是通过调整 p^- 基区层的杂质浓度来实现沟槽拐角附近的电场弛豫。该积累型 UMOSFET 的阻断电压为 450V，比导通电阻为 $10.9m\Omega \cdot cm^2$。此外，Tan 等人报告了另一种类型的 SiC 积累型沟道 UMOSFET，其具有新的结构特征，在阻断状态下屏蔽沟槽氧化物免受高电场的影响[83]。该器件的横截面如图 4.27 所示。新特征包括通过自对准离子注入在沟槽底部形成一个 p 区，以及在 n^- 漂移区和 p^- 基区之间形成一个薄 n^- 外延层。在沟槽底部形成的 p 区连接到地，并在阻断状态下成功地屏蔽沟槽氧化物免受高电场的影响。薄的 n^- 外延层防止了沟槽底部的 p 区和 p^- 基区之间的

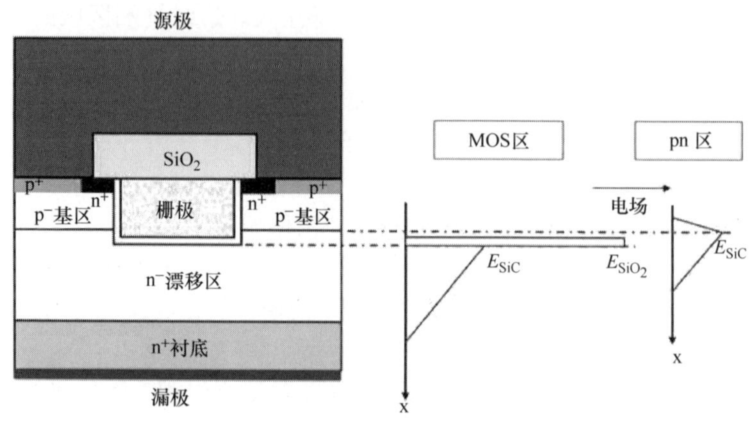

图 4.26　阻断状态下 UMOSFET 中的电场分布

JFET 夹断，并促进了导通状态下的横向电流扩展，消除了沟槽拐角处的电流拥挤。新型 UMOSFET 的关键设计参数是在沟槽底部形成的 p 区的注入掺杂和厚度、p^- 基区下方的沟槽深度以及用于电流扩展的薄 n^- 外延层的掺杂和厚度。该薄 n^- 外延层的掺杂比 n^- 漂移层的掺杂高约 100 倍。该器件还包括在沟槽刻蚀和注入步骤之后生长的 n^- 外延层，如 Hara 所提出的 UMOSFET 结构。该 SiC 积累型沟道 UMOSFET 的 n^- 漂移层掺杂浓度为 $2.5\times10^{15}\ cm^{-3}$，而厚度为 10μm，在 40V 的栅极电压（3.1MV/cm 的氧化层电场）下阻断电压为 1400V、比导通电阻为 $15.7m\Omega\cdot cm^2$。

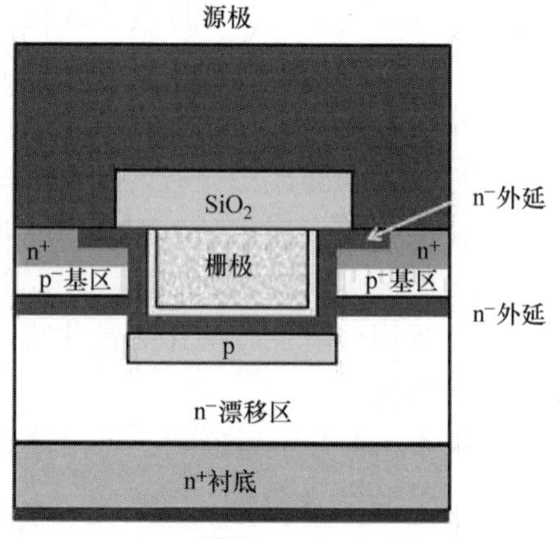

图 4.27　积累型沟道 UMOSFET 的横截面

具有栅极屏蔽结构的 UMOSFET

2011 年，Nakamura 等人提出了一种新型双沟槽 MOSFET 结构，如图 4.28 所示[27]。这是一种反型 UMOSFET，该结构具有沟槽源极和沟槽栅极。在阻断态下为了屏蔽高电场对沟槽氧化层的影响，制造了在源极沟槽底部具有 p 区的双沟槽

结构，其比栅极沟槽的底部更深。通过使用 $4\times4\mu m^2$ 的小单元尺寸和 100μm 更薄的 n^+ 衬底来增加总的沟道宽度，分别实现了低至 $0.79m\Omega\cdot cm^2$（阻断电压：630V）和 $1.41m\Omega\cdot cm^2$（阻断电压：1260V）的理想导通电阻。图 4.29 给出了当栅极 - 源极电压为 0V 时，在 600V 阻断模式下，双沟槽和标准单沟槽结构之间的电场计算示例。该计算结果是基于参考文献［27］中所示的器件参数推导出来的。在双沟槽结构中，沟槽栅极底部的最高电场成功地降低到 1.35MV/cm。与 1.90MV/cm 的标准单沟槽结构相比降低了 29%，并且双沟槽结构可以防止栅极氧化层的失效，同时显示出理想的导通电阻。

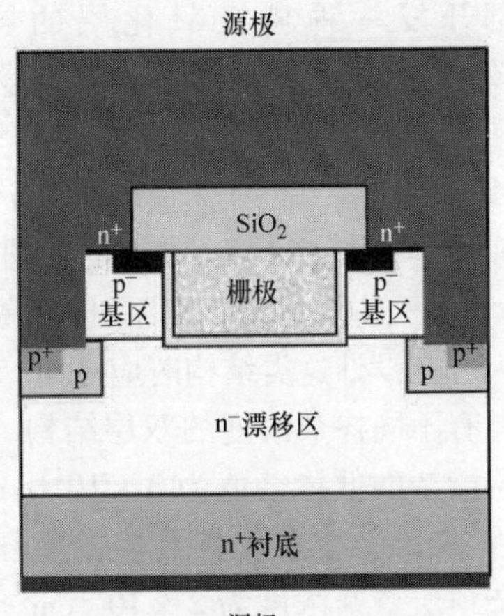

图 4.28　双沟槽 MOSFET 结构的横截面

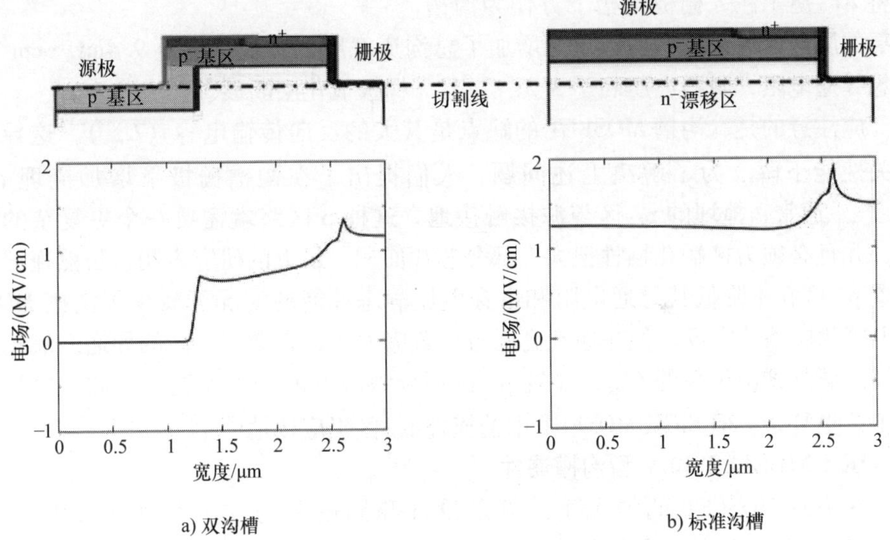

图 4.29　a）双沟槽和 b）标准 UMOSFET（DC 总线电压 = 600V，$V_g=0V$）中计算的电场的比较。沿图中所示的“切割线”计算电场。该结果是本章作者在参考文献［27］中描述的器件结构计算得到的

例如，当阻断电压增加到 1.7kV 和 3.3kV 时，JFET 电阻的贡献变得更大，这对具有深 p 区的 SiC UMOSFET 来说可能是一个严重的问题，因为附加的 pn 结导致具有较低掺杂浓度的 n^- 漂移层的寄生 JFET 电阻。因此，对于具有更高阻断电压的 SiC UMOSFET 来说，关键问题是在不增加 JFET 电阻的情况下，在沟槽底

部开发一种栅极氧化层的屏蔽结构。图4.30显示了一种具有3.3kV阻断能力的新型SiC UMOSFET结构[84]。使用高能MeV铝（Al^+）注入，在栅极沟槽旁边形成了作为栅极屏蔽结构的掩埋p区。对p^-基区进行注入，然后进行高温激活退火。在设计这类结构时应注意，n^-外延层具有不同掺杂浓度的双层结构。底部漂移层掺杂的低掺杂值为$3\times10^{15}cm^{-3}$而厚度为29μm，主要支撑高阻断电压，而高掺杂顶层掺杂浓度为$2\times10^{16}cm^{-3}$而厚度为2.5μm，这抑制了掩埋p和p^-基区之间产生的JFET电阻。因此，为了进一步增强由于高掺杂顶部n层而产生的屏蔽效果，还将Al^+离子注入栅极沟槽下方作为沟槽底部的屏蔽区。采用六边形单元增加了总沟道宽度，实现了低至9.4mΩ·cm²的理想导通电阻，阻断电压高于3.3kV，且无栅极氧化层断裂。

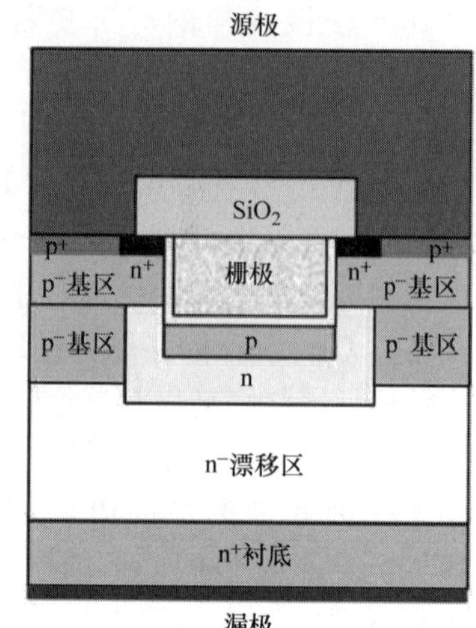

图4.30　另一种UMOSFET结构的横截面。实现了沟槽底部屏蔽区和深p^-基区

应注意的是，沟槽MOSFET的缺点是其大的反向传输电容（C_{rss}），这导致开关性能下降。为了解决上述问题，人们提出了在沟槽栅极下增加掩埋p^-区[83]。通常，掩埋的p^-区与源接触接地。这种p区终端需要一个更复杂的工艺，并且必须为接触孔牺牲很大一部分芯片面积。最近的研究表明，虽然掩埋和浮置p^-区在不降低其导通电阻和击穿电压静态性能的情况下减少了沟槽MOSFET氧化层中的电场，但在遇到高漏极偏置应力后，它会产生高的导通态氧化层电场。此外，由于高的C_{rss}，浮置p^-区还导致较慢的开关速度。因此，尽管制造工艺更复杂，但SiC UMOSFET中的掩埋p^-区仍应接地[85,86]。

IE UMOSFET和V型沟槽器件

在平面MOSFET的情况下，可以设计和制造名为注入和外延UMOSFET（IE－UMOSFET）的SiC UMOSFET[87]。使用外延生长形成p^-基区。因此，导通电阻和阈值电压等导通态特性不受注入损伤的影响。使用高剂量铝离子（Al^+）注入形成用作栅极屏蔽结构的p^-基区和沟槽底部下的掩埋p区。通过采用5μm间距和｛$1\bar{1}00$｝沟槽平面的SiC IE－UMOSFET条形单元结构，成功实现了$V_{th}=3.1V$时2.8MΩ·cm²和$V_{th}=5.9V$时4.4MΩ·cm²的优异$R_{on}\cdot A$特性。

2002年，Yano等人报道4H－SiC（$03\bar{3}8$）面比4H－SiC（0001）面具有更低的界面态密度[88]。4H－SiC（$03\bar{3}8$）面半等效于立方体（100），从（0001）向（$01\bar{1}0$）倾斜54.7°。众所周知，Si中MOS结构的界面特性强烈依赖于表面

取向，即 Si(001) 具有最小的界面态密度。因此，4H - SiC（$03\bar{3}8$）面被认为具有较低的界面态密度。基于这些结果，Hiyoshi 等人报道了使用 4H - SiC（$0\bar{3}3\bar{8}$）面获得了 $80cm^2 V^{-1} s^{-1}$ 的高沟道迁移率[89]。随后，提出并制造了采用 {$0\bar{3}3\bar{8}$} 面作为沟道区域沟槽侧壁的 1200V 的 V 型沟槽 MOSFET 结构[90,91]。4H - SiC（$0\bar{3}3\bar{8}$）面从（0001）向〈$1\bar{1}00$〉倾斜 54.7°，因此 V 型槽 MOSFET 的名称源自图 4.31 所示的 V 形栅极几何形状。采用深掩埋的 p^+ 区域作为栅极屏蔽结构，沟槽底部氧化层厚度为 200nm 而栅极氧化层厚度为 50nm。该 V 型沟道 MOSFET 还表现出 $2.0 M\Omega \cdot cm^2$ 的低 $R_{on} \cdot A$ 特性，并具有较高的栅氧化层可靠性。

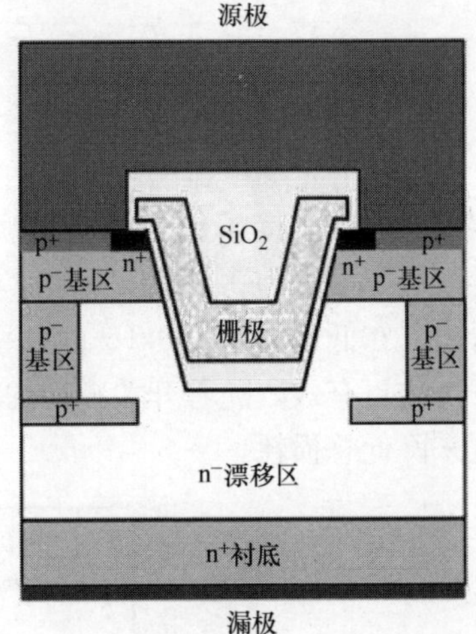

图 4.31 V 型槽 MOSFET 结构的横截面。深 p^+ 埋层用于沟槽底部屏蔽

4.3.2.3 SiC MOSFET 中高漏源电容引起的损耗估计

SiC 半导体器件的主要优点是由于其具有较高的临界电场，通过增加掺杂浓度和减小 n^- 漂移层的厚度来阻断相同的反向电压，使漂移区电阻极低。然而，这种较低的导通电阻会导致漏 - 源电容和漏区存储电荷的增加。在硬开关的情况下，MOSFET 的输出电容在其导通期间产生损耗[92]。当考虑作为深度函数的具有恒定掺杂的一维单侧结时，p^+n 结中的存储能量 E_{ds} 如下所示：

$$E_{ds} = \frac{q^2 N_D^2 x_n^3}{6\varepsilon_s} \tag{4.18}$$

式中，N_D 是 n^- 漂移层中的掺杂浓度；而 x_n 是耗尽层的长度。由于 SiC MOSFET 中 n^- 漂移层的掺杂比 Si 器件的掺杂高 100 倍（例如，对于 1200V 器件，SiC 中的掺杂约为 $1.0 \times 10^{16} cm^{-3}$，而 Si 中的掺杂为 $1.0 \times 10^{14} cm^{-3}$），而耗尽长度为它的 1/10（例如，对于 1200V 器件，SiC 约为 10μm，Si 约为 100μm），因此 SiC 输出电容的存储能量比 Si 大 10 倍。

对于硬开关转换器，效率基本上受到传导损耗和开关损耗的限制。传导损耗 P_{on} 为

$$P_{on} = J^2 \times (R_{on} \cdot A) \tag{4.19}$$

式中，$R_{on} \cdot A$ 是比导通电阻；而 J 是电流密度。

开关损耗 $P_{switching}$ 是通过在频率 f 下每个开关周期对输出电容充电而引起的，由下式给出：

$$P_{\text{switching}} = E_{\text{ds}} \times f = \frac{q^2 N_{\text{D}}^2 x_{\text{n}}^3}{6\varepsilon_{\text{s}}} \times f \tag{4.20}$$

在设计转换器时，通过选择合适的器件尺寸来估计导通和开关损耗非常重要，这意味着定义电流密度。将两个损耗分量归一化为电流密度时，计算作为开关频率和电流密度函数的总功率损耗。图 4.32 显示了当 1200V SiC MOSFET 的比导通电阻设置为 $3.5\text{m}\Omega \cdot \text{cm}^2$时功率损耗的计算结果。例如，从该图可以清楚地看出，在低于大约 200kHz 的频率下，传导损耗占主导地位，因此在低电流密度下工作更有效。随着开关频率的增加，开关损耗也变得占据主导，需要高电流密度来降低总损耗。

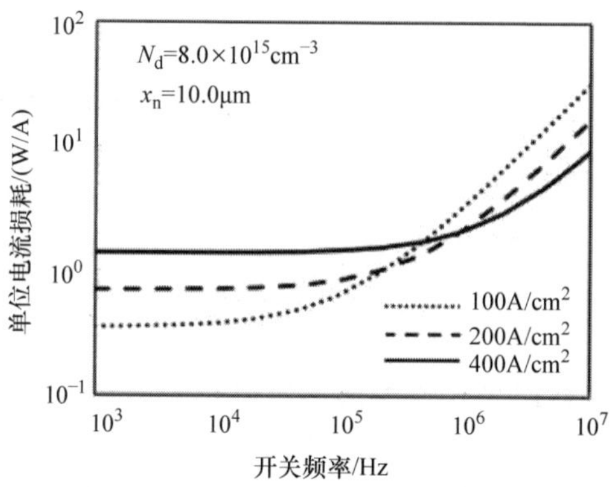

图 4.32　1200V SiC MOSFET 的功率损耗随开关频率和电流密度的变化

4.3.2.4　短路安全工作区

SiC MOSFET 用于各种电力电子电路，如电动机控制和电源，以调节输送到各种类型负载的能量。短路状态可能会意外地发生在电力电子电路中，与 SiC MOSFET相关的一个严重问题是在这种短路状态下的破坏性失效。图 4.33 显示了 SiC MOSFET 短路运行时的逆变器电路。高压 DC 电源直接连接到 SiC MOSFET的漏极，同时其栅极偏置仍处于开启状态。在器件发生损坏失效之前，最好检测短路情况，并使用对 SiC MOSFET 控制电路的反馈，安全地关断 SiC MOSFET。该反馈时间为大约 10μs，因此，强烈要求 SiC MOSFET 在短路状态下承受大电流，同时在该反馈持续时间内支撑施加到漏极的高电压。在这种同时施加大电流和高电压的情况下，短路持续时间的承受能力称为短路安全工作区（SCSOA）。众所周知，对于 Si IGBT 和 SiC MOSFET，SCSOA 和导通态电压降之间存在着折中关系。因此，Si IGBT 的 SCSOA 必须设置在 10μs 以上，设计和制造的最先进 IGBT 就是为了满足这一要求，同时其导通态电压降保持尽可能低。作为 Si IGBT 的优秀替代方案，SiC MOSFET 必须获得较低的导通态电压降，同时将保持与Si IGBT一致的 SCSOA。

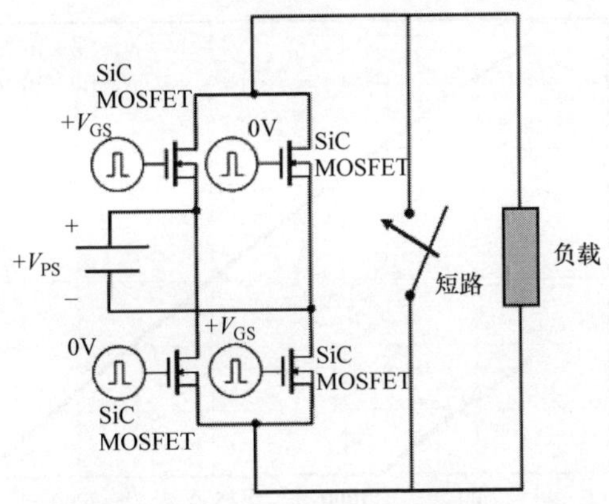

图 4.33　SiC MOSFET 短路运行时的逆变器电路

由于在短路操作期间没有负载电感，SiC MOSFET 中的电流仅受到其饱和电流的限制。SiC MOSFET 消耗的功率由下式给出：

$$P_D = J_{D,SAT} \times V_{PS} \times \frac{1}{2} \tag{4.21}$$

式中，$J_{D,SAT}$是由栅极偏置 V_{GS}确定的饱和电流密度；V_{PS}是 DC 电源电压。根据图 4.33，每个 MOSFET 漏极电压为 V_{PS}的一半。这种耗散功率导致 SiC MOSFET 的温度上升。SiC MOSFET 可以承受温度的升高，直到 pn 结的内建电势变为 0 时达到临界温度[93]。图 4.34 给出了计算得到的 SiC 和 4H－SiC 中 pn 结内建电势与温度的关系。在 Si IGBT 中，临界温度约为 800K。因此，当内部温度达到 800K 的临界温度时，IGBT 由于寄生晶闸管结构而发生闩锁。在 SiC MOSFET 中，它高达大约 2300K。这意味着 SiC MOSFET 的外围部分，如源极金属和薄栅氧化层，在 SiC MOSFET 中的 pn 结达到临界温度之前，可能会经受如此高的温度。在这种情况下，源极金属有熔化的可能，而栅极氧化层泄漏电流也会增加，随后栅极氧化层发生断裂[94]。图 4.35 显示了栅极氧化层厚度约为 40nm 的 1200V SiC DMOSFET 中测量的漏极电流/电压和栅极电压波形的一个示例。该测量在室温下用 600V 的 DC 总线进行的。很明显，漏极电流 I_d迅速增加，器件从线性区进入有源区，直到在初始栅极脉冲时间达到其饱和电流。之后，由于受晶格温度升高限制的载流子迁移率的退化，漏极电流减小。当短路耐受时间设置为 9μs 时，漏极电流不再受栅极驱动器控制并最终发生击穿。短路测试后，该器件严重损坏，如图 4.36 所示，栅极、漏极和源极之间的 3 个端子的阻抗小于 0.7Ω。这些结果表明 SiC DMOSFET 完全损坏。图 4.37 显示了短路试验过程中 SiC 和氧化层（$y=0\mu m$）界面处栅极氧化层中的电场和晶格温度分布的仿真结果，晶格温度升得非常高。然而，温度达到 1500K 左右，低于图 4.34 所示的 pn 结内建电势的临界温度。应该指出的是，铝的临界熔化温度约为 933K[95]。因此，在短路

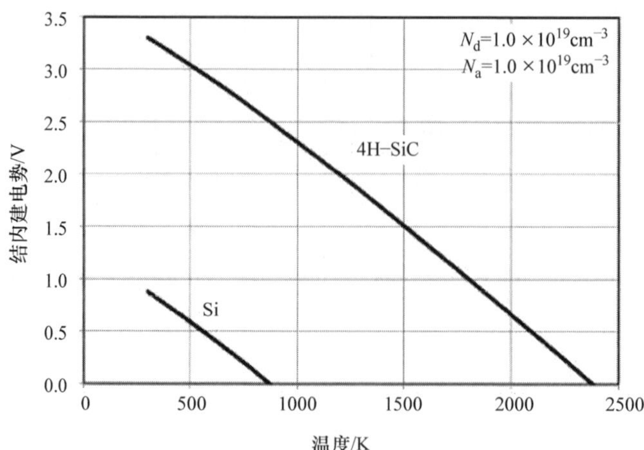

图 4.34　SiC 和 4H－SiC 中 pn 结的内建电势与温度的关系

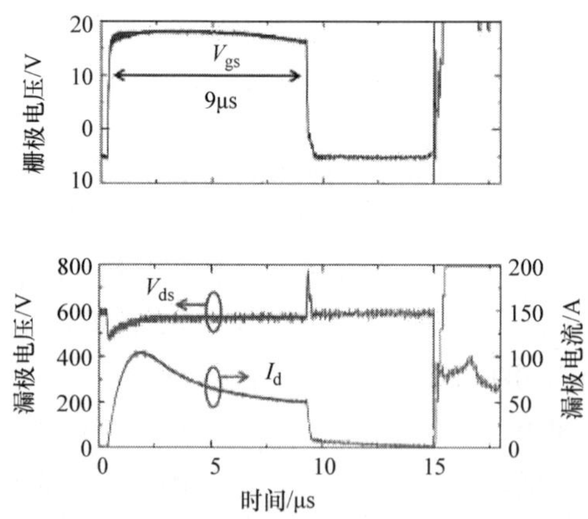

图 4.35　短路试验中测量的 1200V SiC DMOSFET 的波形例子（DC 总线电压 = 600V，室温下）

图 4.36　在图 4.35 所示短路测试后的 SiC DMOSFET 器件俯视图。
可以看到器件上的源极金属严重受损

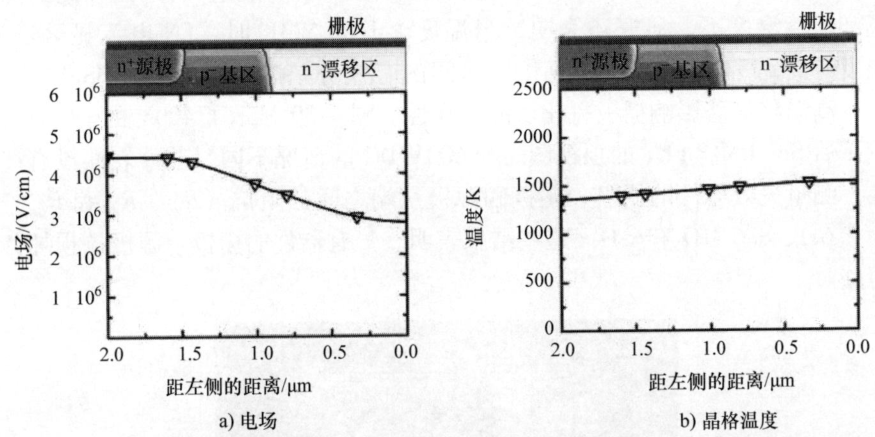

图 4.37 短路耐受时间为 9μs（DC 总线电压 V_{cc} = 600V，室温下）时，SiO_2/SiC 界面处 SiC DMOSFET 的电场和晶格温度分布的模拟结果。该结果是本章作者在参考文献［88］中描述的器件结构计算得到的

工作[96]期间，栅极和/或源极金属层可能会损坏，随后触发器件的失效。从图 4.35 还可以看出，当短路瞬态增加时，栅极电压逐渐呈现出反转趋势。在图 4.38 所示的 400V 的 DC 总线电压较低的情况下，也可以识别出这一特性。由于在 EV/PHEV 逆变器应用中，DC 输入电压可能会频繁变化来控制输出 AC 电动机速度，因此有必要研究短路性能与漏极电压的依赖关系。根据栅极氧化层中的电场以及 SiC 和氧化层界面处的晶格温度分布的仿真结果，可以看到 4.3MV/cm 的高电场和 844K 的高晶格温度[94]。SiC DMOSFET 中最突出的氧化物退化机制是 Fowler – Nordheim（FN）

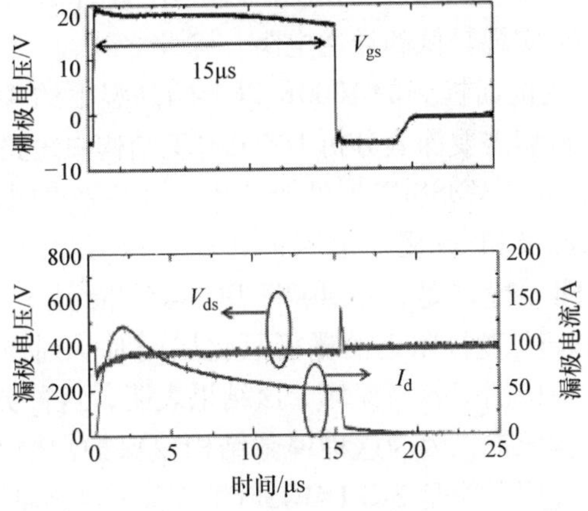

图 4.38 短路试验中测量的 1200V SiC DMOSFET 的波形例子（DC 总线电压 = 400V，室温下）

隧穿和 Poole - Frenkel（PF）发射效应[97]导致的泄漏电流，特别是在高的栅极电场和环境温度下。研究还表明，当温度上升到 523K 时，FN 电流显著增加，当温度升高到 573K 时 SiC 和氧化层之间的有效势垒高度降低到 2.38eV[98,99]。因此，高温将显著影响栅极氧化层的可靠性。图 4.39 显示了 400V 的 DC 总线短路测试后 SiC DMOSFET 的顶视图。与 600V DC 的情况不同，芯片表面没有严重损坏。测量失效器件的栅极、漏极和源极三端之间的阻抗（R_{gs}、R_{gd} 和 R_{ds}）分别为 2.6Ω、8.6 MΩ 和∞ Ω。这些结果表明，只有器件的栅极 - 源极端损坏并最终短路。

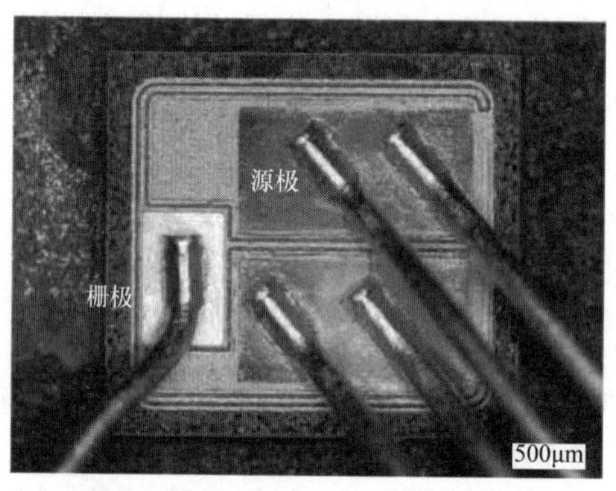

图 4.39　图 4.36 所示 SiC DMOSFET 器件短路测试后的俯视图。器件上看不到有任何损坏

4.3.2.5　SiC UMOSFET 结构的导通电阻和 SCSOA 之间特性折中的改善

由于较小的单元间距和 JFET 电阻的消除，SiC UMOSFET 结构与 DMOSFET 相比可能表现出较差的 SCSOA 特性。这是因为其漏极饱和电流 $J_{D,SAT}$ 变得更大，导致更高的功耗 P_D，见式（4.21）。SiC UMOSFET 设计的关键点是在适度限制漏极饱和电流的情况下实现较低的导通电阻。除此之外，其他关键点是栅极氧化层的高可靠性，以承受前面提到的 1000K 以上的高温下约 4MV/cm 的栅极电场的苛刻条件。因此，迫切需要深入分析 DMOSFET 结构中短路失效机制。图 4.40 显示了短路测试后的 SiC UMOSFET 器件俯视图。该结果表明，UMOSFET 中存在两种失效机制，导致源极和/或栅极金属损坏和栅极氧化层断裂[100]，这与 SiC DMOSFET 的情况相同。特别是，在 400V DC 总线情况下，数值仿真结果如图 4.41 所示，n^+ 源极/p^- 基极附近的栅极氧化层同时受到强电场和高温的双重影响，因此，栅极 - 源极端很容易损坏。该结果表明，这种类型的失效不能由前面提到的栅极屏蔽结构保护，因为这种屏蔽结构仅保护沟槽栅极的底部和拐角，而更厚的栅极氧化层应用可能是 SiC UMOSFET 在短路工作期间避免氧化层损坏的必要条件。在实践中，最近的 SiC UMOSFET 结构的栅极氧化层厚度被设置为 80nm 或更厚的值[84]，从而提高了短路测试中栅极氧化层断裂的承受能力。

a) DC总线电压:800V

b) DC总线电压: 400V

图 4.40　短路测试后的 SiC UMOSFET 器件俯视图 a）DC 总线电压 = 800V。器件的源极金属严重受损 b）DC 总线电压 = 400V。器件上看不到有任何损坏

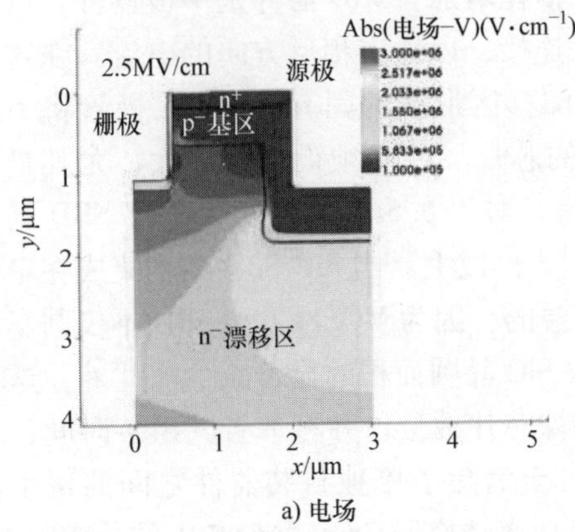

a) 电场

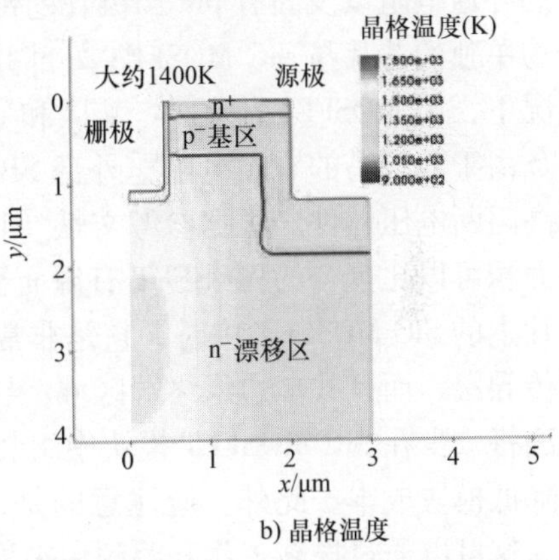

b) 晶格温度

图 4.41　20μs 短路耐受时间（DC 总线电压 = 400V，室温下）下 SiC UMOSFET 的电场和晶格温度分布的仿真结果。n^+ 源极/p^- 基极附近的栅极氧化层同时承受强电场和高温。该结果是本章作者在参考文献［94］中描述的器件结构计算得到的

应当注意的是，为了突破导通电阻和 SCSOA 之间的折中特性，提出了新型 UMOSFET 结构[101]。这是基于非对称概念的 1200V UMOSFET 结构，如图 4.42 所示。该器件的特点是仅使用沟槽侧壁的一侧用作 MOS 沟道，其与首选 <11$\bar{2}$0> 面完全对齐。利用这种最受欢迎的晶体平面是实现最小界面态的关键，从而实现更高的沟道迁移率和更稳定的阈值电压。并且，使用深 p 阱以限制沟槽底部和拐角处栅极氧化层中的电场。这些 p 阱区连接到源极，导致低的 C_{rss}。应当注意

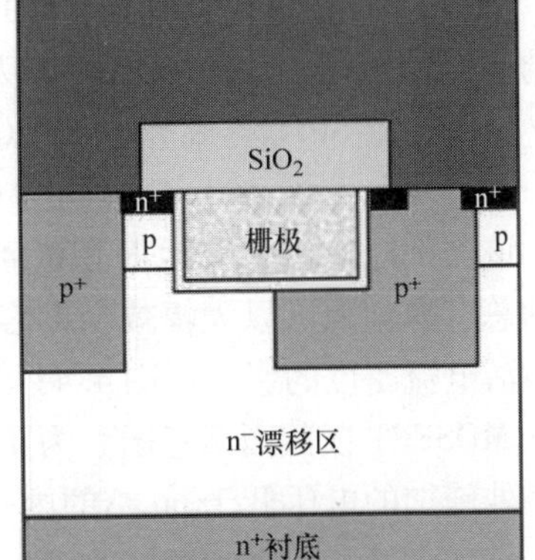

图 4.42　非对称概念的 UMOSFET 结构的横截面

的是，由相邻的深 p 阱形成的 JFET 区域不仅能够很好地限制沟槽拐角的氧化层电场，而且还能降低器件的漏极饱和电流。这个降低的漏极饱和电流导致短路性能的改善[102]。因此，该 1200V 器件在表现出超过 5μs（175℃）的良好 SCSOA 特性的同时，表现出极好的低导通电阻。

4.3.3 未来的 SiC MOSFET 结构 ★★★

4.3.3.1 单片集成的 SiC MOSFET 和 SBD 结构

在 SiC MOSFET 中，其固有的体 pin 二极管的双极工作是不希望出现的，因为 SFs 扩展后将发生双极退化，如第 4.2.7 节所述。这种退化导致 MOSFET 工作中的导通电阻以及固有 pin 二极管的传导损耗增加。SBD 器件是单极器件，可以作为单独的芯片与 SiC MOSFET 外部并联连接，以适应相反方向的电流。在这种情况下，由 MOSFET 中的 p^- 基区和 n^- 漂移区形成的固有体 pin 二极管将不工作。由于其较高的导通电阻，外部 SBD 的芯片尺寸必须设计得更大，尤其是对于高阻断电压器件。根据参考文献［103］，对于 6.5kV 的情况，外部 SBD 的有源面积可以比耦合的 MOSFET 有源面积大 3 倍以上。当 SiC SBD 结构集成在单个芯片上的 SiC MOSFET 中时，它是非常有益的，因为 MOSFET 和 SBD 不仅共享正向传导层，而且共享边缘终端区域，导致 SiC 晶圆面积的显著减少。此外，这种方法将减少在 SiC MOSFET 模块中组装的裸芯片数量，并将节省其组装时间，从而降低模块成本。此外，应注意的是，由于消除了单独封装器件之间的寄生电感，这可以通过提高工作开关频率来提高功率转换器/逆变器设备中的功率密度，因为设备中需要的寄生元件数量较少，尺寸较小。2011 年，Uchida 等人提出了具有单极内部二极管的 SiC MOSFET 结构，命名为“MOS 沟道二极管”[104]。此后，人们发表了许多论文，展示了带有嵌入式 SBD/JBS 二极管的 SiC MOSFET 结构[105-107]。因此，单片集成 SiC MOSFET 和 SBD/JBS 结构成为未来 SiC MOSFET 结构的候选结构之一。Kawahara 等人提出了 6.5kV SBD 嵌入式 SiC MOSFET 结构[103]。通过将 SBD 集成到 SiC MOSFET 的每个单元中，其比导通电阻达到 $37\mathrm{m\Omega\cdot cm^2}$（R. T）、$113\mathrm{m\Omega\cdot cm^2}$（175℃），同时显示 7650V 的高击穿电压。此外，该器件还实现了有源面积的扩展限制在 10% 或以下。因此，MOSFET 和 SBD 的总有源面积可以大幅减少 4 倍以上。本文还解释了 SBD 集成对内部 pin 二极管激活电流密度的影响。图 4.43 显示了具有外部 SBD 和 SBD 嵌入式 MOSFET 的传统 MOSFET 横截面示意图。为了避免激活内部 pin 二极管，必须保持 pn 结（V_{pn}）处施加的电压低于 pn 结的内建电势。在嵌入 SBD 的 MOSFET 中，由于在串联连接到 pn 结的 n^- 漂移区和 n^+ 衬底处的扩展的 SBD 电流而引起的电压降，源极－漏极电压（V_{SDb}）可以高于 V_{pn}，而与传统 MOSFET（V_{SDa}）耦合的外部 SBD 中的阳极－阴极电压应低于 V_{pn}，因为 MOSFET 上的整个电压施加到 pn 结。

因此，在不激活体二极管的情况下，SBD 嵌入式 MOSFET 中可以实现更高的 SBD 电流。嵌入式 SBD 无体二极管激活的最大电流密度 J_{Db} 和外部 SBD 中的 J_{Da} 可计算如下：

$$J_{Da}=\frac{V_{pn}-V_{SBD}}{R_{drift}+R_{sub}} \tag{4.22}$$

$$J_{Db}=\frac{V_{pn}-V_{SBD}}{R_s} \tag{4.23}$$

式中，V_{SBD} 表示肖特基结处的电压降；R_{drift}、R_{sub} 和 R_s 分别表示肖特基接触下方的漂移区、衬底和 JFET 区的电阻。因此，即使在 175℃的高温下，双极电流传导也在 120A/cm^2 的电流密度下开始，这与 6.5kV 器件的额定电流密度相比已经足够高了。同时测量了嵌入 SiC MOSFET 中的 SBD 的开关特性，其恢复电流非常小，与由 SiO_2/SiC 界面和 p$^-$ 基区/n$^-$ 漂移层界面扩展的耗尽区产生的输出电容的计算结果相同。这表明在二极管导通态期间不会发生固有的体 pin 二极管导通和随后的载流子存储。

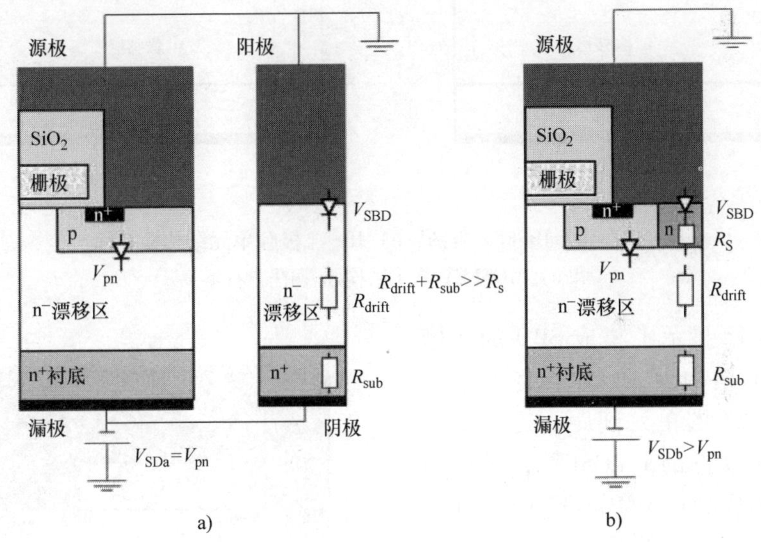

图 4.43　a）带有外部 SBD 的传统 MOSFET 和 b）嵌入 SBD 的 MOSFET 的截面示意图

对于制造 SBD 集成 MOSFET 结构而言，实现简单的顶部金属工艺以同时在 n$^+$ 源极、p$^+$ 接触区和 n$^-$ 漂移层上形成欧姆接触非常重要。Sung 和 Baliga 提出并报告了他们使用单欧姆/肖特基工艺的原始结构，称为 JBSFET，如图 4.44[107] 所示。镍（Ni）是在 n$^+$ 区形成欧姆接触最常用的金属，同时也能够在 p$^+$ 区形成欧姆接触。因此，在本文献中，选择并应用了 Ni，并对其 RTA 条件进行了精心的优化。在 JBSFET 器件中，JBS 二极管区域被 MOSFET 单元包围，因为栅极焊盘不会中断源极焊盘，这使得引线键合更容易，并且到栅极焊盘的引线更短。900℃/2min 的 RTA 条件是满足较低比导通电阻和阻断特性要求的最佳条件。

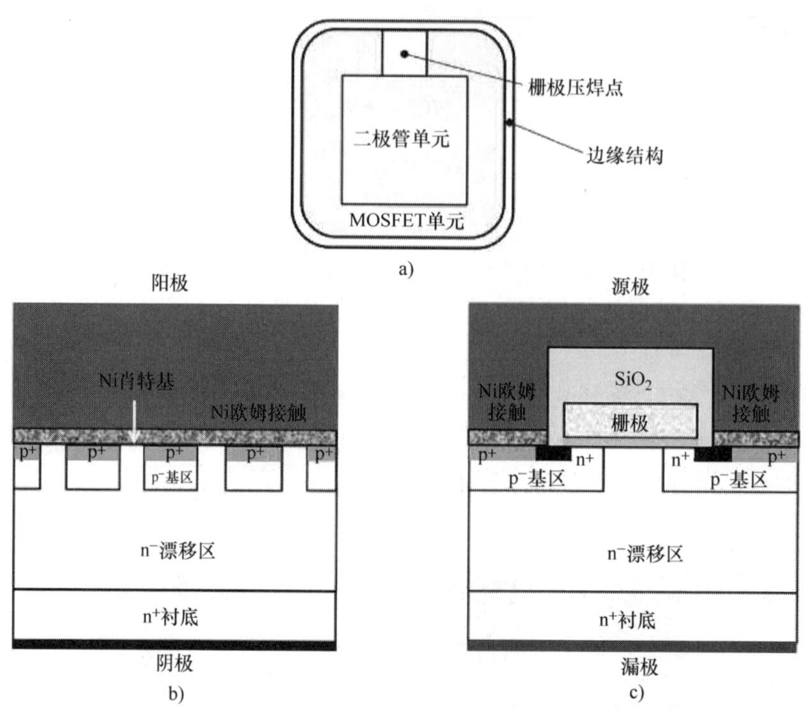

图 4.44　a）JBSFET 版图，b）JBS 二极管单元结构横截面和 c）MOSFET 单元结构示意图（右下）

图 4.45 显示了集成 SBD 的沟槽 UMOSFET 结构[108]。为了缩小集成 SBDMOSFET 的单元间距，提出了一种集成 SBD 壁的 UMOSFET，其中沟槽 SBD 集成到IE UMOSFET中（称为开关 - MOS）。与平面 SBD 不同，沟槽 SBD 有效地缩小了单元间距。然而，在阻断状态期间，高电场被施加到集成的沟槽 SBD 的沟槽底部和拐角，而这导致泄漏电流的增大和击穿电压退化。为了避免此类问题，SBD 沟槽底部和底部拐角被一个宽屏蔽 p^+ 区域覆盖，如在 IE UMOSFET 的沟

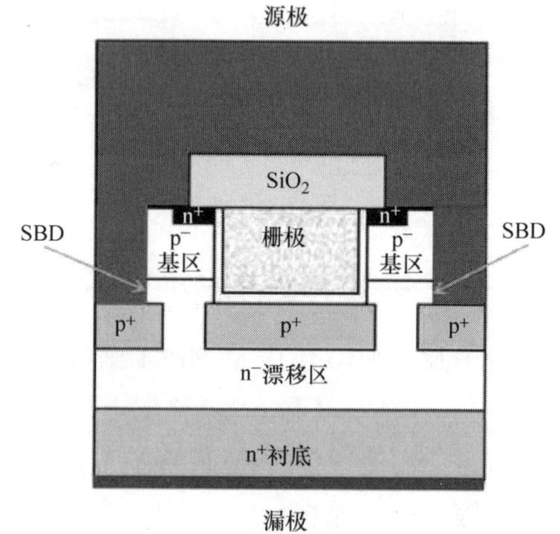

图 4.45　集成 SBD 的沟槽 UMOSFET 结构

槽栅极底部那样使用。这些屏蔽 p^+ 区相互保护栅极和 SBD 沟槽底部和拐角，栅极和肖特基可靠性可以大大提高，同时显示出较低的导通电阻。制造工艺与 IE UMOSFET几乎相同；然而，必须在 SBD 区域的沟槽刻蚀之后沉积肖特基金属层。镍或钛是候选的肖特基金属。

4.3.3.2　超结 MOSFET 器件

硅超结（SJ）MOSFET 结构是在 20 世纪 90 年代末提出并开发出来的，目的是突破击穿电压和比导通电阻之间的折中特性[54,55]。这种折中特性已得到改善，其比导通电阻大约为 $10\text{m}\Omega\cdot\text{cm}^2$，击穿电压高达 650V。电荷耦合概念可以扩展 Si 功率 MOSFET 的击穿电压，并且可以应用于 SiC 功率 MOSFET。在 SJ 结构中，设置 n^- 漂移区和 p^- 区的掺杂浓度和厚度是非常重要的。根据参考文献[16]，优化掺杂 Q_{opt} 和宽度在式（4.24）中给出：

$$Q_{opt} = 2qN_d d = \varepsilon_s E_c \tag{4.24}$$

式中，q 是电子电荷（$q=1.6\times10^{-19}$ C）；N_d 是 n^- 漂移区的掺杂浓度；而 d 是 n^- 漂移层的半宽度，如图 4.46 所示；ε_s 是半导体的介电常数；E_c 是半导体击穿的临界电场。对于 SiC，在 E_c 为 3.0×10^6 V/cm 而 ε_s 为 10.32 的情况下，发现最佳电荷值为 $1.71\times10^{13}\text{cm}^{-2}$。该最佳电荷值是 Si 的 8.7 倍。

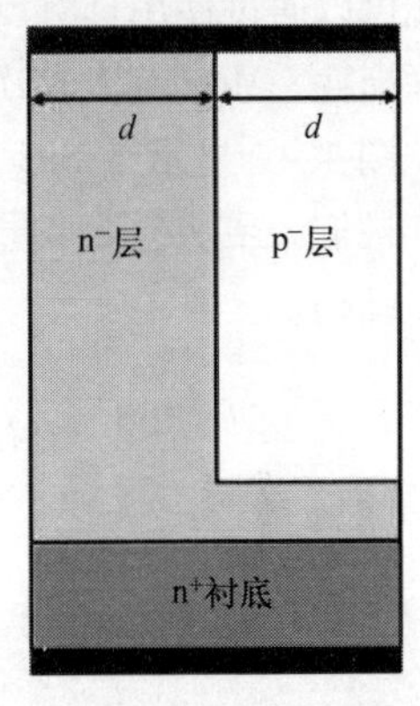

图 4.46　基本 SJ 结构的横截面示意图

SJ 结构的制备工艺有 2 种：多外延生长[109]和沟槽填充外延生长方法[110,111]。Kosugi 等人介绍了使用多外延生长方法制造 pn 柱结构的工艺以及测量的电学特性[112]。如第 4.3.2 节所述，SiC 和 Si 的离子注入技术存在很大差异；因此，采用了一些特殊的离子注入技术来形成 pn 柱结构。利用带串联加速器的 MeV 级注入机进行 Al^+ 注入。这种加速能量为 0 ~ 7MeV 的多次 Al^+ 注入用于形成 3μm 深的 Al 箱体结构，作为具有 n^- 外延/n^+ 衬底的 SiC 晶圆的第一次注入，其中 pn 柱宽度为 2.5μm，间隔相等。用于该器件制造的 SiC 晶圆与（0001）4H – SiC n^+ 衬底偏离 4°，而 n^- 外延层的掺杂浓度和厚度分别为大约 $3.0\times10^{16}\text{cm}^{-3}$ 和 6 ~ 10μm。注入后，在部分注入的表面上生长第二外延层。在第二外延层生长之后，在 0 ~ 5.5MeV 下进行多次 Al 注入以形成 2.5μm 深的 Al 箱体结构。结果，pn 柱结构的总深度变为 5.5μm 厚。应注意的是，在该制造工艺中，需要一些独特的工艺技术，例如在注入层上外延生长，形成 MeV 级注入的 SiO_2 掩模，以及一个在多外延生长期间沿垂直方向对准 pn 柱的新对准方法，如下所示：

1）为了防止注入层变薄导致注入步骤增加，在外延生长开始时跳过在氢气环境中的有意预处理刻蚀。此外，外延生长在相对较低的温度下进行。

2）需要6.4μm SiO_2层作为厚注入掩模来制备3.5μm深的Al^+层。

3）在晶圆背面上需要对准标记以通过多外延生长形成直线pn柱。根据该方法，估计对准精度为0.3~0.5μm。

5.5μm厚的pn柱结构的击穿电压和比导通电阻分别为1545V和1.06mΩ·cm^2，与SiC理论极限几乎相同。这些结果清楚地表明，SiC SJ MOSFET结构可以极大地改善折中特性，并且，当设计为6.5kV及以上的超高压器件时，SiC SJ MOSFET可以表现出优异的特性，具有更低的导通电阻，同时显示出其快速的开关速度。

4.3.3.3 具有反向阻断性能的SiC MOSFET

高压双向开关被广泛应用于矩阵变换器和多级逆变器等领域。传统的双向开关由2个Si IGBT和两个Si pin二极管配置，以实现反向阻断性能。由于电流在导通状态期间流过1个IGBT和1个pin二极管，因此总导通态功率损耗由这2个器件的导通状态电压降之和确定。为了减少双向开关的导通态功率损耗，已经开发出了反向阻断IGBT（RB IGBT）[113-115]。最近，提出了SiC矩阵转换器结构[116]。在这些电路中，2个SiC MOSFET反向串联连接，构成1个双向开关。由于双向开关的导通功率损耗几乎是Si IGBT情况下单个SiC MOSFET的2倍，因此可以通过使用具有反向阻断性能的2个SiC MOSFET的反并联连接来降低传导功率损耗。Mori等人首次报道了通过将SBD嵌入晶圆背面的SiC RB MOSFET[117]。

图4.47显示了SiC RB MOSFET的横截面示意图。为了具有反向阻断性能，SBD被嵌入到n^-漂移层的背面。另外，需要注意的是，还必须在背面形成边缘终止结构。

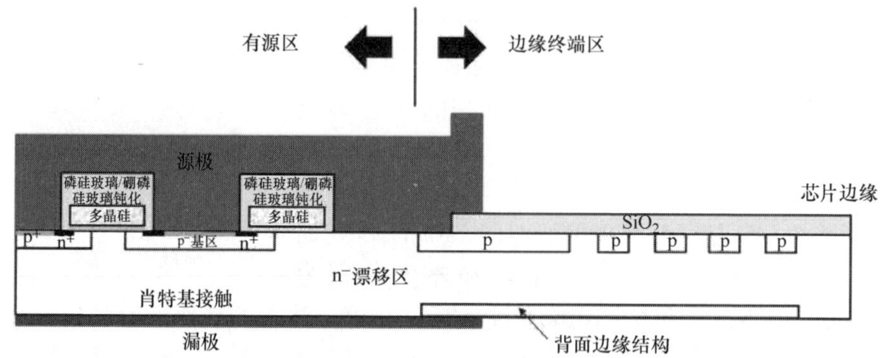

图4.47 SiC RB MOSFET的横截面示意图

制造工艺与采用薄晶圆技术的Si IGBT有点类似[1]。使用在n^+衬底上生长的n^-漂移外延层作为起始材料。首先，制造了一个没有任何背面结构的标准MOSFET。n^-漂移层的厚度设置为50μm，而该层的掺杂浓度为$2\times10^{15}cm^{-3}$。然后，完全去除n^+衬底并进行化学机械抛光（CMP）。之后，通过离子注入制

备边缘终端结构，然后沉积钛作为背面漏极的肖特基金属。应注意的是，SiC RB MOSFET 的薄晶圆技术（在这种情况下：50μm 或更小）不仅需要使晶圆变薄，而且还需要通过离子注入和肖特基金属在薄晶圆背面形成边缘终端结构，且绝对没有晶圆断裂。正向阻断电压和反向阻断电压的实验结果均超过 3kV，而微分比导通电阻为 $20\mathrm{m\Omega\cdot cm^2}$。虽然背面肖特基的反向泄漏电流非常高，但通过引入第 4.2 节中所述的 JBS 结构可以降低该反向泄漏电流。在导通态特性中，由于背面的肖特基势垒，观察到约 1.0V 的内建电势。值得注意的是，RB MOSFET 的导通态电压降比电流密度为 70 $\mathrm{A/cm^2}$ 时反串联连接的标准 SiC MOSFET 更低。RB MOSFET的开关特性与标准 SiC MOSFET 几乎相同；因此，RB MOSFET 适用于高压双向开关。

4.3.3.4　互补 p 沟道 MOSFET 器件

由于 n 沟道功率 MOSFET（n⁻MOSFET）在应用中的优势，本章中的大多数分析和讨论都集中在 n 沟道 MOSFET 结构上。n⁻MOSFET 结构优于 p 沟道功率 MOSFET（p⁻MOSFET）结构，因为电子的迁移率大于空穴，导致 n 沟道器件的导通电阻更小。然而，p⁻MOSFET 器件在许多电力电子电路及其应用中是优选的，特别是在中功率和大功率范围。在此类应用中，提高开关频率是包括逆变器和 DC－DC 斩波器在内的功率变换器的一个重要挑战，该功率变换器由一个或多个“支路”、一对连接到 DC 电压源的半导体开关组成，并在中间有一个输出端。更高的开关频率导致电感和/或电容的尺寸减小，以及输出电压和电流的谐波减小。然而，必须为使用支路的转换器设置一个死区时间，以避免支路的上侧臂和下侧臂同时传导的短路。SiC MOSFET 在其开关工作中没有尾电流，因此，它允许在保持低功率损耗的情况下增加开关频率。然而，仍然需要与通过栅极驱动 IC 的信号延迟周期相对应的死区时间，而在最先进的技术中，死区时间通常超过 0.1μs。对死区时间的需求使得开关频率难以进一步提高。互补拓扑可以减少死区时间，因此死区时间带来的问题可以直接得到改善[118]。如图 4.48 所示的具有互补拓扑结构的支路，由互补排列的 n⁻MOSFET 和 p⁻MOSFET 组成，可以最小化死区时间，并允许在不存在短路可能性的情况下提高开关频率。与 n⁻MOSFET 器件相比，Si p⁻MOSFET 器件存在更高导通电阻的缺点。此外，Si p⁻IGBT 由于其工作容限较差而没有出现在市场上，如 SCSOA[119]。文献［120］中首次报道了一个成功制备的阻断电压为－730V、栅极阈值电压为 25.32V 的垂直 SiC p⁻MOSFET 的 SCSOA 特性。该器件是基于 n 沟道 IE MOSFET 的设计制造的[78]。用于 p⁻MOSFET 的衬底为 Si 面 p⁻4H－SiC，厚度为 350μm，电阻率为 $2.0\Omega\cdot\mathrm{cm}$。所制造的器件击穿电压为－730V，可承受的短路能量为 $16.1\mathrm{J/cm^2}$，比 SiC n⁻MOSFET 器件高 15%。此外，所制造的器件在短路测试期间表现出更高的栅极氧化层可靠性和抗雪崩性能。然而，由于空穴较低的迁移率（沟道和体）以及制造工艺技术如欧姆金属工艺降低了 p^+ 接触电阻，该器件显示出 $218m\Omega \cdot cm^2$ 的较高比导通电阻，比 n^- MOSFET 高约 50 倍[121]。这些结果旨在评估未来 SiC p^- MOSFET 在互补逆变器电路的实际安全范围。同时，也为今后 SiC p^- MOSFET 器件技术的改进提供了一个基准。

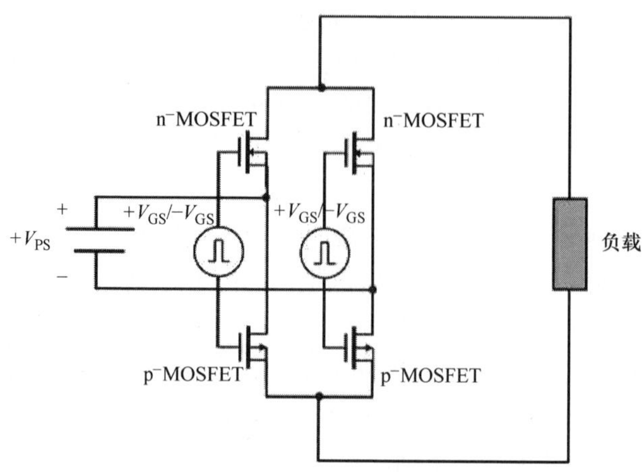

图 4.48　互补逆变电路

4.3.4　小结　★★★

目前，市场上已经开始出现 SiC 和 GaN 功率开关器件。从结构上看，“SiC 基 SiC”是 SiC 器件的主流，而 GaN 器件采用“Si 基 GaN”结构。这背后的原因是很难在 Si 上直接形成 GaN，而需要在“Si 基 GaN”结构之间增加一个较大电阻的缓冲层。因此，GaN 器件必须采用横向器件结构。相比之下，SiC 器件可以实现垂直结构器件，如 Si 功率 MOSFET 和 Si IGBT，它们构成了目前功率器件市场的大部分。因此，SiC 器件可用于阻断电压为 1000V 及以上、电流为 50A 及以上的高电压和大电流应用。这样，SiC MOSFET 可以控制 50～100kW 的大容量电动机，例如，这些电动机被集成到下一代车辆中。因此，SiC MOSFET 用于功率控制单元（PCU）中的升压转换器和逆变器中。正如本节所讨论的，SiC MOSFET 具有较低导通电阻、低开关损耗特性，并进一步支持高温下工作。它们有望实现 PCU 中冷却元件和无源元件的进一步小型化。众所周知，空气阻力（CD 值）是决定车辆行驶燃油经济性提高的最大因素。换言之，车辆结构的改进对行驶燃油经济性的提高有很大的贡献。因此，通过使用 SiC 功率器件实现 PCU 的小型化有利于提高设计自由度，以改善车辆结构，并通过改进车辆结构实现相对较小的空气阻力（CD）。

本节主要讨论 SiC MOSFET 器件技术，然而，强烈要求 SiC MOSFET 模块采用高可靠性封装技术，以确保在高频和高温下运行。为此，有一些关于新提出的封装技术的论文[122]。例如，在新封装中采用了铜引脚，以确保模块的大电流。新结构的封装减小了内部电感，约为传统结构模块的 1/4，并且由于封装中的寄生电感，SiC MOSFET 模块的开关速度加快伴随着高浪涌电压，因此，这种小的内部电感非常有效地降低了浪涌电压。此外，陶瓷绝缘衬底与厚铜板的键合降低了热电阻。高耐热环氧树脂也可以抑制芯片和铜引脚键合部分的变形。通过采用这些改进，新开发的封装实现了 ΔTj 功率循环能力的更高可靠性，比常规产品高出 10 倍。利用 SiC MOSFET 的性能扩展 SiC MOSFET 器件应用，不仅对 SiC MOS 场效应管技术非常重要，对封装技术也非常重要。毫不夸张地说，封装和 SiC 半导体器件的技术改进都控制着未来高效率和高附加值电力电子器件的发展。

4.4 SiC IGBT

4.4.1 引言 ★★★

IGBT 是 20 世纪 80 年代在 Si 技术中开发出来的，为双极型功率晶体管提供了一种更好的替代方案。IGBT 代表了功率 MOSFET - 双极型晶体管集成，其意义是将 MOSFET 工作的物理特性与双极型晶体管的物理特性相结合。集成器件配置的栅极驱动信号应用于功率 MOSFET 结构，提供了紧凑、低成本栅极驱动电路的优势，使高输入阻抗、电压控制操作成为可能。在 IGBT 中，功率 MOSFET 结构为固有的 p - n - p 双极型功率晶体管提供基极电流，双极型晶体管用于调制 MOSFET 结构漂移区域的电导率；因此，可以实现低的正向电压降。近年来，Si IGBT 应用于大多数电力电子应用，尤其是中大功率设备，如 AC 驱动运动控制、UPS、可再生能源（风能和太阳能）等。在过去的 25 年中，通过改进 IGBT 芯片和封装技术，IGBT 仍然在电力电子控制设备方面发挥着主导作用。通过开发低集电极注入效率的薄晶圆技术优化 IGBT 结构，并引入沟槽栅极设计，使该器件在更高的电压下具有竞争力。IGBT 结构具有晶闸管所不具备的出色的电流饱和性能，目前被认为是许多电力电子应用的基本特性，因此 IGBT 额定电压已提高到 6.5kV，并已在一些应用中取代了栅极关断（GTO）晶闸管。

由于 SiC 中的高击穿电场，SiC 器件中的漂移层厚度约为 Si 器件的 1/10，因此 SiC IGBT 在漂移层中的存储电荷比 Si IGBT 小一个数量级，从而改善了开关行为。然而，如第 4.2.5 节所述，由于 SiC pn 结的内建电势在室温下高达大约 2.5V 甚至更高，使得 SiC IGBT 结构的导通态电压降变高。因此，对于 Si IGBT 不具备竞争力的 10kV 以上的超高压范围，超高压 SiC IGBT 的开发受到了极大关注。例如，在未来的智能电网和高压电源中，这种超高压、低损耗电源器件是关键的元件。在本节中，对 SiC IGBT 器件和工艺技术的一些最新进展进行了介绍。

4.4.2 器件结构及其制造工艺 ★★★

4.4.2.1 p 沟道 IGBT 或 n 沟道 IGBT

平面栅极 IGBT 结构的横截面如图 4.49 所示，与硅 IGBT 相同。然而，对于第 4.3 节所示制造工艺面临的一些困难，目前最先进的 Si IGBT 的设计概念和工艺流程无法使用，必须与 Si IGBT 完全不同。2005 年，10kV p 沟道 SiC IGBT 的实验研究被报道过[123]。与 MOSFET 的情况一样，这种早期开发的 SiC IGBT 是沟槽结构（UIGBT），因为基区可以外延形成，而未经离子注入和相关的高温退火。此外，SiC UIGBT 结构的一个缺点是氧化层中的电场超过半导体电场的 2.5 倍，即介电常数之比。这将氧化层中的电场设置大约为 4mV/cm，一个接近氧化层击穿的危险值。由于电场拥挤，沟槽拐角的几何形状进一步增加了氧化物电场，导致局部氧化物失效。避免沟槽拐角处氧化层击穿问题的一个明显方法是利用平面栅极结构。图 4.50 显示了 UIGBT 结构及其内阻组成部分。UIGBT 结构的总导通电阻是通过添加所有电阻得到的，因为它们被认为是串联在发射极和集电极之间的电流路径。由于 SiC IGBT 主要用于 10kV 以上的超高压应用，因此即使厚漂移层处于电导率调制状态，其总导通电阻将主要由厚漂移层的电阻构成。

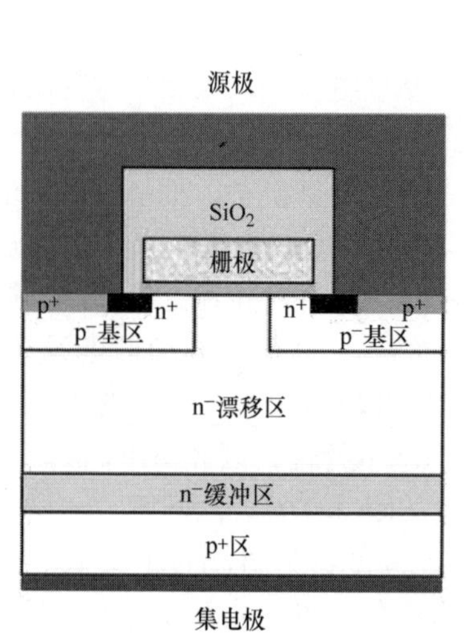

图 4.49 平面栅极 IGBT 结构的横截面

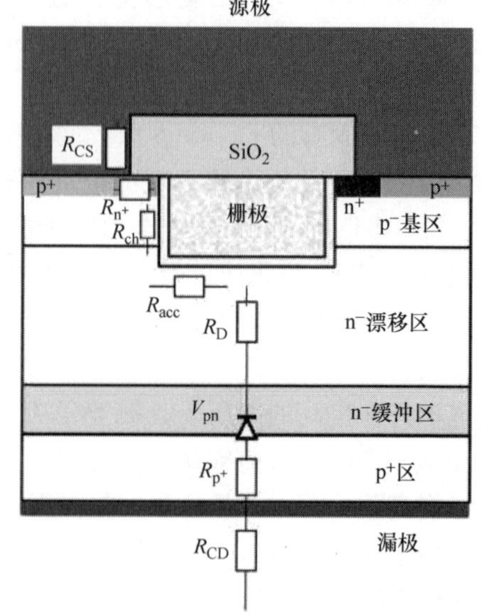

图 4.50 UIGBT 结构及其内阻

可以很容易地制造 p 沟道的 SiC IGBT（SiC p⁻IGBT），而未经背面研磨和背

面离子注入所涉及的复杂器件加工以消除 n 沟道 IGBT 的高电阻率 p^- 衬底的有害影响[124,125]。然而，p^- MOSFET 的峰值场效应迁移率小至 $13.5cm^2/Vs$，而 n^- MOSFET 此时的峰值场效应迁移率约为 $25cm^2/Vs$ 甚至更高。因此，p^- MOSFET 沟道提供的电流远小于 n^- MOSFET 沟道，这限制了 SiC p^- IGBT 的导通态性能。也有质疑接触电阻大约为 $1\times10^{-3}\Omega\cdot cm^2$ 的 p^- 接触是造成 p^- 和 n^- IGBT 之间差异的原因。对于 SiC n^- IGBT，p^- 接触在背面形成大面积的接触，这有助于最大限度减小不良欧姆接触的影响。然而，在 p^- IGBT 上，p^- 接触位于 p^- MOSFET 沟道的源区。这使得不良 p^- 接触的影响更糟糕，因为较小的接触面积导致更大的电阻值。此外，MOS 沟道源区中的电阻产生了一个负反馈回路，进一步降低了 p^- MOSFET 沟道的增益。此外，它清楚地表明，n^- IGBT 结构具有优于 p^- IGBT 的关断特性，而它们的导通态电压降非常相似。这是因为 n^- IGBT 中的宽基区 pnp 晶体管增益的降低，以及 SiC 中较大的电子空穴迁移率各向异性[125]。这导致 n^- IGBT 结构中的导通态电压降和开关损耗之间的更有利的折中。晶体管增益越小，n^- IGBT 的动态雪崩电压越高，因此反向偏置安全工作区（RBSOA）越大。这些结果表明，尽管 SiC n^- IGBT 的制备目前由于缺乏 p^- 衬底及其极高的电阻率而更加困难，但较低的开关损耗和较好的耐用性使其成为超高压应用中更具吸引力的选择。由于上述原因，一些文献［126－131］中报道了许多平面栅极 SiC n^- IGBT 结构。Brunt 等人报道了阻断电压为 27kV 的超高压 SiC n^- IGBT 器件[129]。垂直设计穿通结构基于 210μm 厚的低掺杂浓度 $1.0\times10^{14}cm^{-3}$ 的 n^- 漂移区，而约为 1～2μm 的 n^- 电场阻止缓冲层生长在距离轴 4°的4H－SiC衬底上。使用由浮置保护环组成的一个 1.5mm 宽的边缘终端来缓解有源区边缘处的高电场。在器件制造之前，在 1300℃下进行 15 小时热氧化的寿命增强步骤将寿命提高到 10μs 以上。通过应用寿命增强工艺，导通态电压降提高了 1.0V 以上[128]。除了这些静态特性外，还测量了电感负载关断开关特性。测量了关断 dV/dt，其峰值为 120kV/μs，低于设计为 230μm 厚、掺杂为 $2.5\times10^{14}cm^{-3}$ 的另一个 n^- IGBT 器件（峰值 dV/dt：170kV/μs）。高的 dV/dt 值导致电磁兼容性（EMC）的提高，因此在设计超高压 IGBT 时，同时满足较小的关断损耗和 EMC 是非常重要的。

4.4.2.2 翻转式 IEIGBT 结构

为了制造 n 沟道 IGBT，使用 p^+ SiC 衬底作为集电区与使用 n^+ 衬底相比，p^+ SiC 衬底的缺陷密度和电阻率较高，晶体质量非常差。为了解决与 SiC n^- IGBT相关的这些问题，提出了一种新型 IGBT 结构，称为翻转型 IEIGBT[130]。图 4.51显示了 IEIGBT 的横截面示意图。在 MOSFET 区域，IEIGBT 采用了 IEMOSFET的概念，即 IEMOSFET p 阱的底部和顶部分别通过离子注入和外延生长形成。与传统的双注入方法相比，p 阱光滑的顶部表面提供了更高的沟道迁移

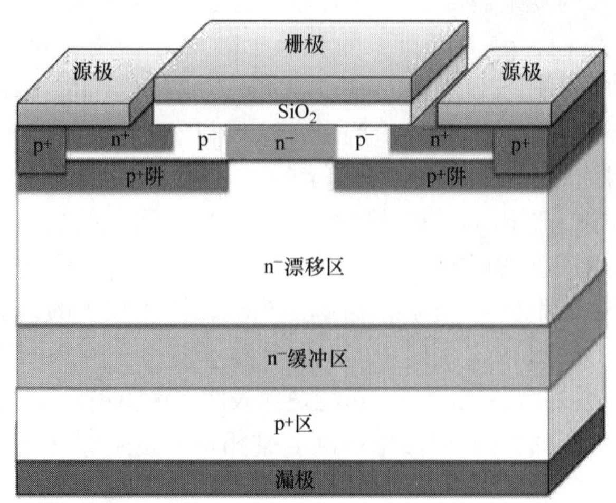

图 4.51　IEIGBT 的横截面示意图

率。图 4.52 显示了翻转型（$000\bar{1}$）碳面晶圆的工艺流程。首先，在形成用于将 BPD 转换为 TED 的缓冲层之后，在 n^+ 衬底的硅表面上生长了厚度大于 150μm 的氮掺杂 n^- 漂移层（$4\times10^{14}cm^{-3}$）。然后，生长 1～2μm 厚的缓冲层。在形成铝掺杂层的 p^- 集电区后，生长的 p^+ 衬底层（$2\times10^{19}cm^{-3}$）超过 100μm 的厚度。此时，翻转衬底（翻转），去除 n^+ 衬底并使用 CMP 工艺抛光表面。根据这

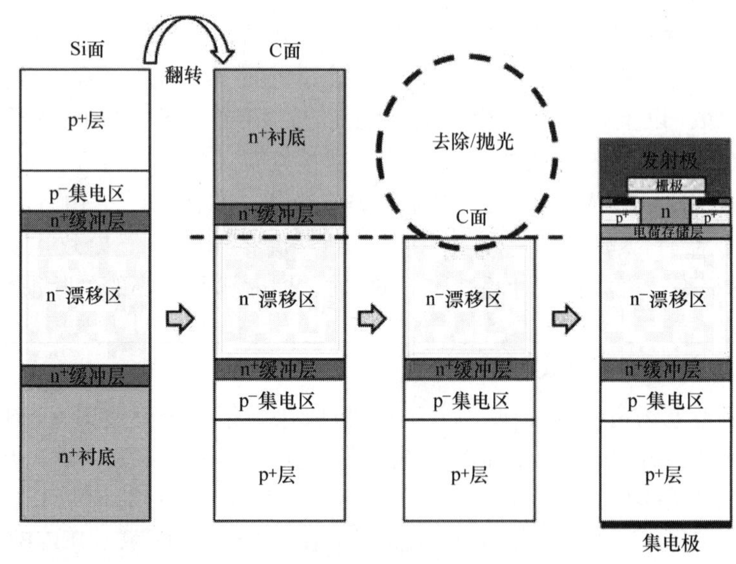

图 4.52　翻转型 IEIGBT 的工艺流程

种翻转型方法，在 p^+ 衬底层上得到了高质量 n^- 漂移层。对于器件制造，选择性注入铝离子（Al^+）以形成 p 阱的底部，然后生长 0.5μm 厚的 p^- 外延层作为顶部 p^- 层。之后，采用与 IEMOSFET 几乎相同的工艺制备 SiC IEIGBT 表面结构。应注意的是，在 IEIGBT 中采用条形单元结构以增强抗闩锁能力，而 SiC IEMOSFET 采用六边形单元结构。IGBT 表面上的单元结构的版图会影响闩锁电流密度，并且由于其较大的闩锁电流密度，大多数 Si IGBT 采用条形单元结构。因此，SiC IEIGBT 应用于条形单元结构。相反，许多 MOSFET 器件采用方形或六边形单元结构以最大化单元的封装密度，因为在器件中不存在触发闩锁的空穴电流。制造了一个 $8\times8mm^2$ 的 IEIGBT（有源面积：$0.37cm^2$），其阻断电压超过 16kV[131]。其导通态电压降低至 4.8V（$54A/cm^2$），并在 250℃（$V_{ce}=6.5kV$）的高温下实现了 60A（$J=162A/cm^2$）的高关断能力。

4.4.3　小结 ★★★

在 Si IGBT 不具备竞争力的 10kV 以上超高压电压范围内，超高压 SiC IGBT 的发展受到了广泛关注。由于 p^- IGBT 可以很容易在 n^+ 衬底上制造，所以早期开发的 SiC IGBT 结构为 p 沟道结构。然而，p^- MOSFET 沟道提供的电流远小于 n^- MOSFET 沟道，导通性能非常差。此外，由于电子 - 空穴迁移率各向异性大，宽基区 pnp 晶体管的增益降低，n^- IGBT 比 p^- IGBT 具有更好的关断特性和更大的 RBSOA。因此，报道的许多 n^- IGBT 结构为超高压器件。由于缺乏良好的 p^+ 衬底，n^- IGBT 的制造目前更加困难，因此开发了如翻转型 IEIGBT 的新型制造工艺。不仅需要对器件结构/制造工艺进行研究，而且需要对新的稳定晶体生长方法进行研究，例如使用铝和氮共掺杂的 p^- 衬底[132]，这些研究的成果可能会导致实现超高性能的超高压 SiC n^- IGBT 器件。

参 考 文 献

[1] T. Matsudai, K. Kinoshita, A. Nakagawa, New 600 V trench gate punch-through IGBT concept with very thin wafer and low efficiency p-emitter, having an on-state voltage drop lower than diodes, Proceeding of IPEC Tokyo 2000 April, 2000, pp. 292–296.

[2] A. Nakagawa, Theoretical investigation of silicon limit characteristics of IGBT, in Proc. Int. Symp. Power Semiconductors and ICs, June 2006, pp. 5–8, https://doi.org/10.1109/ISPSD.2006.1666057.

[3] M. Sumitomo, J. Asai, H. Sakane, K. Arakawa, Y. Higuchi, M. Matsui, Low loss IGBT with partially narrow mesa structure (PNM-IGBT), in Proc. Int. Symp. Power Semiconductors and ICs, June 2012, pp. 17–20, https://doi.org/10.1109/ISPSD.2012.6229012.

[4] H. Feng, W. Yang, Y. Onozawa, T. Yoshimura, A. Tamenori, J.K.O. Sin, A 1200 V-class fin P-body IGBT with ultra-narrow-mesas for low conduction loss, in Proc. Int. Symp. Power Semiconductors and ICs, June 2016, pp. 203–206, https://doi.org/10.1109/ISPSD.2016.7520813.

[5] K. Eikyu, A. Sakai, H. Matsuura, Y. Nakazawa, Y. Akiyama, Y. Yamaguchi, et al., On the scaling limit of the Si-IGBTs with very narrow mesa structure, in Proc. Int. Symp. Power Semiconductors and ICs, June 2016, pp. 211–214, https://doi.org/10.1109/ISPSD.2016.7520815.

[6] H. Takahashi, A. Yamamoto, S. Aono, T. Minato, 1200 V reverse conducting IGBT, in Proc. Int. Symp. Power Semiconductors and ICs, May 2004, pp. 133–136, https://doi.org/10.1109/WCT.2004.239844.

[7] O. Hellmund, L. Lorenz, H. Rüthing, 1200 V reverse conducting IGBTs for soft-switching applications, China Power Electron. J. 5 (2005) 20–22.

[8] K. Satoh, T. Iwagami, H. Kawafuji, S. Shirakawa, M. Honsberg, E. Thal, A new 3A/600 V transfer mold IPM with RC (reverse conducting)-IGBT, in Proc. PCIM Europe., May 2006, pp. 73–78.

[9] H. Rüthing, F. Hille, F.J. Niedernostheide, H.J. Schulze, B. Brunner, 600 V reverse conducting (RC-) IGBT for drives applications in ultra-thin wafer technology, in Proc. Int. Symp. Power Semiconductors and ICs, May 2007, pp. 89–92, https://doi.org/10.1109/ISPSD.2007.4294939.

[10] M. Rahimo, U. Schlapbach, A. Kopta, J. Vobecky, D. Schneider, A. Baschnagel, A high current 3300 V module employing reverse conducting IGBTs setting a new benchmark in output power capability, in Proc. Int. Symp. Power Semiconductors and ICs, May 2008, pp. 68–71, https://doi.org/10.1109/ISPSD.2008.4538899.

[11] K. Takahashi, S. Yoshida, S. Noguchi, H. Kuribayashi, N. Nashida, Y. Kobayashi, et al., New reverse-conducting IGBT (1200 V) with revolutionary compact package, in Proc. Int. Symp. Power Semiconductors and ICs, June 2014, pp. 131–134, https://doi.org/10.1109/ISPSD.2014.6855993.

[12] M. Rahimo, M. Andenna, L. Storasta, C. Corvasce, and A. Kopta, Demonstration of an enhanced trench Bimode Insulated Gate Transistor ET-BIGT, in Proc. Int. Symp. Power Semiconductors and ICs, June 2016, pp. 151–154, https://doi.org/10.1109/ISPSD.2016.7520800.

[13] R. Gejo, T. Ogura, S. Misu, Y. Maeda, Y. Matsuoka, N. Yasuhara, and et al., High switching speed trench diode for 1200 V RC-IGBT based on the concept of Schottky controlled injection (SC), in Proc. Int. Symp. Power Semiconductors and ICs, June 2016, pp. 155–158, https://doi.org/10.1109/ISPSD.2016.7520801.

[14] T. Yoshida, T. Takahashi, K. Suzuki, and M. Tarutani, The Second-generation 600 V RC-IGBT with Optimized FWD, in Proc. Int. Symp. Power Semiconductors and ICs, June 2016, pp. 159–162, https://doi.org/10.1109/ISPSD.2016.7520802.

[15] B.J. Baliga, Power semiconductor device figure of merit for high-frequency applications, IEEE Electron Device Lett. 10 (10) (1989) 455–458. Available from: https://doi.org/10.1109/55.43098.

[16] B.J. Baliga, Fundamentals of Power Semiconductor Devices, Springer, 2008.

[17] M. Bhatnager, P.K. McLarty, B.J. Baliga, Silicon-carbide high-voltage (400 V) Schottky barrier diodes, IEEE Electron Device Lett. 13 (10) (1992) 501–503. Available from: https://doi.org/10.1109/55.192814.

[18] F. Dahlquist, A 2.8 kV, forward drop JBS diode with low leakage, Mater. Sci. Forum 338–342 (2000) 1179–1182. Available from: https://doi.org/10.4028/www.scientific.net/MSF.338-342.1179.

[19] Y. Sugawara, K. Asano, R. Saito, 3.6 kV 4H-SiC JBS diode with low Ron, Mater. Sci. Forum 338–342 (2000) 1183–1186. Available from: https://doi.org/10.4028/www.scientific.net/MSF.338-342.1183.

[20] T. Hatakeyama, T. Shinohe, Reverse characteristics of a 4H-SiC Schottky barrier diode, Mater. Sci. Forum 389–393 (2002) 1169–1172. Available from: https://doi.org/10.4028/www.scientific.net/MSF.389-393.1169.

[21] B.J. Baliga, The pinch rectifier: A low-forward-drop high-speed power diode, IEEE Electron Device Lett. 5 (6) (1984) 194–196. Available from: https://doi.org/10.1109/EDL.1984.25884.

[22] T. Kimoto, Material science and device physics in SiC technology for high-voltage power devicesJpn J. Appl. Phys. 54 (4) (2015) 0401031–27 . Available from: https://doi.org/10.7567/JJAP.54.040103.

[23] B.J. Baliga, Analysis of junction-barrier-controlled Schottky (JBS) rectifier characteristics, Solid-State Electron. 28 (11) (1985) 1089–1093. Available from: https://doi.org/10.1016/0038-1101(85)90188-1.

[24] F. Dahlquist, H. Lendenmann, M. Östling, A high performance JBS rectifier-design consideration, Mater. Sci. Forum 353–356 (2001) 683–686. Available from: https://doi.org/10.4028/www.scientific.net/MSF.353-356.683.

[25] X. Jordά, D. Tournier, J. Rebolla, J. Millάn, P. Godignon, Temperature impact on high-current 1.2 kV SiC Schottky rectifiers, Mater. Sci. Forum 483–485 (2005) 929–932. Available from: https://doi.org/10.4028/www.scientific.net/MSF.483-485.929.

[26] H. Linchao, S. Huajun, L. Kean, W. Yiyu, T. Yidan, B. Yun, et al., Improved adhesion and interface ohmic contact on n-type 4H-SiC substrate by using Ni/Ti/Ni, J. Semicond. 35 (7) (2014) 072003. Available from: https://doi.org/10.1088/1674-4926/35/7/072003. 1–4.

[27] T. Nakamura, Y. Nakano, M. Aketa, R. Nakamura, S. Mitani, H. Sakairi, et al., High performance SiC trench devices with ultra-low Ron, in IEEE IEDM Tech. Dig., Dec. 2011, pp. 599–601, https://doi.org/10.1109/IEDM.2011.613619.

[28] B.J. Baliga, Closed form analytical solutions for the breakdown voltage of planar junctions terminated with single floating field ring, Solid-State Electron. 33 (5) (1990) 485–488. Available from: https://doi.org/10.1016/0038-1101(90)90231-3.

[29] B.J. Baliga, Silicon Carbide Power Device, World Scientific, 2005.

[30] V. Veliadis, M. McCoy, T. McNutt, H. Hearne, L.-S. Chen, G. deSalvo, et al., Fabrication of a robust high-performance floating guard ring edge termination for power silicon carbide vertical junction field effect transistors, CS MANTECH 2007 Conference, pp. 217–220.

[31] C.-F. Huang, H.-C. Hsu, K.-W. Chu, L.-H. Lee, M.-J. Tsai, K.-Y. Lee, et al., Counter-doped JTE, an edge termination for HV SiC devices with increased tolerance to the surface charge, IEEE Trans. Electron Devices 62 (2) (2015) 354–358. Available from: https://doi.org/10.1109/TED.2014.2361535.

[32] B.J. Baliga, Analysis of a high-voltage merged P-i-N Schottky (MPS) rectifier, IEEE Electron Device Lett. 8 (9) (1987) 407–409. Available from: https://doi.org/10.1109/EDL.1987.26676.

[33] R. Rupp, M. Treu, S. Voss, F. Björk, T. Reimann, 2nd generation SiC Schottky diode: a new benchmark in SiC device ruggedness, in Proc. Int. Symp. Power Semiconductors and ICs, June 2006, pp. 269–272, https://doi.org/10.1109/ISPSD.2006.1666123.

[34] T. Tsuji, A. Kinoshita, N. Iwamuro, K. Fukuda, K. Tezuka, T. Tsuyuki, et al., Experimental demonstration of 1200 V SiC-SBDs with low forward voltage drop at

high temperature, Mater. Sci. Forum 717–720 (2012) 917–920. Available from: https://doi.org/10.4028/www.scientific.net/MSF.717-720.917.

[35] R. Rupp, R. Gerlach, A. Kabakow, R. Schorner, Ch. Hecht, R. Elpelt, et al., Avalanche behavior and its temperature dependence of commercial SiC MPS diode: influence of design and voltage class, in Proc. Int. Symp. Power Semiconductors and ICs, June 2014, pp. 67–70, https://doi.org/10.1109/ISPSD.2014.6855977.

[36] S. Harada, Y. Hoshi, Y. Harada, T. Tsuji, A. Kinoshita, M. Okamoto, et al., High performance SiC IEMOSFET/SBD module, Mater. Sci. Forum 717–720 (2012) 1053–1058. Available from: https://doi.org/10.4028/www.scientific.net/MSF.717-720.1053.

[37] A. Salemi, H. Elahipanah, A. Hallèn, G. Malm, C.-M. Zetterling, M. Östling, Conductivity modulated On-Axis 4H-SiC 10 + kV PiN Diodes, in Proc. Int. Symp. Power Semiconductors and ICs, June 2015, pp. 269–272, https://doi.org/10.1109/ISPSD.2015.7123441.

[38] J. Wang, A.Q. Huang, W. Sung, Y. Liu, B.J. Baliga, Development of 15-kV SiC IGBTs and their impact on utility applications, IEEE Ind. Electron. Mag. 3 (2) (2009) 16–23. Available from: https://doi.org/10.1109/MIE.2009.932583.

[39] Y. Sugawara, D. Takayama, K. Asano, R. Singh, J. Palmour, T. Hayashi, 12–19 kV 4H-SiC PiN diodes with low power loss, in Proc. Int. Symp. Power Semiconductors and ICs, June 2001, pp. 27–30, https://doi.org/10.1109/ISPSD.2001.934552.

[40] R. Singh, J.A. Cooper, M.R. Melloch, T.P. Chow, J.W. Palmour, Large area, ultra-high voltage 4H-SiC p-i-n rectifiers, IEEE Trans. Electron Devices 49 (12) (2002) 2308–2316. Available from: https://doi.org/10.1109/TED.2002.805576.

[41] T. Kimoto, J. Suda, Y. Yonezawa, K. Asano, K. Fukuda, H. Okumura, Progress in ultrahigh-voltage SiC devices for future power infrastructure, in IEEE IEDM Tech., Dig., December 2014, pp. 36–39, https://doi.org/10.1109/IEDM.2014.7046967.

[42] G. Feng, J. Suda, T. Kimoto, Space-modulated junction termination extension for ultrahigh-voltage pin diodes in 4H-SiC, IEEE Trans. Electron Devices 59 (2) (2012) 414–418. Available from: https://doi.org/10.1109/TED.2011.2175486.

[43] T. Kimoto, K. Danno, J. Suda, Lifetime-killing defects in 4H-SiC epilayers and lifetime control by low-energy electron irradiation, Phys.Status Solidi B 245 (7) (2008) 1327–1336. Available from: https://doi.org/10.1002/pssb.200844076.

[44] T. Hiyoshi, T. Kimoto, Reduction of deep levels and improvement of carrier lifetime in n-type 4H-SiC by thermal oxidation, Appl. Phys. Exp 2 (4) (2009) 041101. Available from: https://doi.org/10.1143/APEX.2.041101. 1–3.

[45] T.P. Chow, N. Ramangul, M. Ghezzo, Wide bandgap semiconductor power devices, MRS Symposium Proceedings, Vol. 483, 1998, pp. 89–102.

[46] I.V. Grekhov, V.M. Efanov, A.F. Kardo-Sysoev, S.V. Shenderey, Power drift setp recovery diodes (DSRD), Solid-State Electron. 28 (6) (1985) 597–599. Available from: https://doi.org/10.1016/0038-1101(85)90130-3.

[47] I.V. Grekhov, S.V. Korotkov, A.L. Stepaniants, D.V. Khristyuk, V.B. Voronkov, Y.V. Aristov, High-power semiconductor-based nano and subnanosecond pulse generator with a low delay time, IEEE Trans. Plasma Sci. 33 (4) (2005) 1240–1244. Available from: https://doi.org/10.1109/TPS.2005.852349.

[48] I.V. Grekhov, P.A. Ivanov, D.V. Khrisyuk, A.O. Konstantinov, S.V. Korotkov, T.P. Samsonova, Sub-nanosecond semiconductor opening switches based on 4H-SiC p^+p_o n^+-diodes, Solid-State Electron 47 (10) (2003) 1769–1774. Available from: https://doi.org/10.1016/S0038-1101(03)00157-6.

[49] T. Goto, T. Shirai, A. Tokuchi, N. Naito, K. Fukuda, N. Iwamuro, Experimental demonstration on ultra-high voltage and high speed 4H-SiC DSRD with smaller numbers of

die stacks for pulse power applications, in Abstract of the International Conference on Silicon Carbide and Related Materials, Washington DC, USA, Sept. 2017, MO.D1.2.

[50] J.P. Bergman, H. Lendenmann, P.A. Nilsson, U. Lindefelt, P. Skytt, Crystal defects as source of anomalous forward voltage increase of 4H-SiC diodes, Mater. Sci. Forum 353−356 (2001) 299−302. Available from: https://doi.org/10.4028/www.scientific.net/MSF.353-356.299.

[51] T. Kimoto, J.A. Cooper, Fundamentals of Silicon Carbide Technology: Growth, Characterization, Devices, and Applications, Wiley, Singapore, 2014.

[52] T. Kimoto, A. Iijima, H. Tsuchida, T. Tawara, A. Otsuki, T. Kato, et al., Understanding and reduction of degradation phenomena in SiC power devices, IEEE Reliability Physics Symposium, April 2017, pp. 2A-1.1−1.7, https://doi.org/10.1109/IRPS.2017.7936253.

[53] T. Tawara, T. Miyazawa, M. Ryo, M. Miyazato, T. Fujimoto, K. Takenaka, et al., Suppression of the forward degradation in 4H-SiC PiN diodes by employing a recombination-enhanced buffer layer, Mater. Sci. Forum 897 (2017) 419−422. Available from: https://doi.org/10.4028/www.scientific.net/MSF.897.419.

[54] T. Fujihira, Theory of semiconductor superjunction devices, Jpn J. Appl. Phys. 36 (Part 1 no. 10) (1997) 6254−6262.

[55] G. Deboy, M. März, J.-P. Stengl, H. Strack, J. Tihanyi, H. Weber, A new generation of high voltage MOSFETs breaks the limit line of silicon, in IEEE IEDM Tech. Dig., Dec. 1998, pp. 683−685, https://doi.org/10.1109/IEDM.1998.746448.

[56] J.W. Palmour, H.S. Kong, R.F. Davis, High-temperature depletion-mode metal-oxide semiconductor field-effect transistors in beta-SiC thin films, Appl. Phys. Lett. 51 (24) (1987) 2028−2030. Available from: https://doi.org/10.1063/1.98282.

[57] J.W. Palmour, H.S. Kong, R.F. Davis, Characterization of device parameters in high-temperature metal-oxide-semiconductor field-effect transistors inβ-SiC thin films, J. Appl. Phys. 64 (4) (1988) 2168. Available from: https://doi.org/10.1063/1.341731.

[58] J.W. Palmour, J.A. Edmond, H.S. Kong, C.H. Carter, Jr., Vertical power devices in silicon carbide, in Proc. Silicon Carbide and Related Materials, 1994, pp. 499.

[59] J.W. Palmour, S.T. Allen, R. Singh, L.A. Lipkin, D.F. Waltz, 4H-silicon carbide power switching devices, in Silicon Carbide and Related Materials 1995, ser. Inst. Phys. Conf. Series no. 142, 1996, pp. 813.

[60] J.N. Shenoy, J.A. Cooper, M.R. Melloch, High voltage double-implanted power MOSFETs in 6H-SiC, IEEE Electron Device Lett. 18 (3) (1997) 93−95. Available from: https://doi.org/10.1109/55.556091.

[61] T. Fujiwara, Y. Tanigaki, Y. Furukawa, K. Tonari, A. Otsuki, T. Imai, et al., Low cost ion implantation process with high heat resistant photoresist in silicon carbide device fabrication, Mater. Sci. Forum 778−780 (2014) 677−680. Available from: https://doi.org/10.4028/www.scientific.net/MSF.778-780.677.

[62] M.K. Das, G.Y. Chung, J.R. Williams, N.S. Saks, L.A. Lipkin, J.W. Palmour, High-current NO-annealed Lateral 4H-SiC MOSFETs, Mater. Sci. Forum 389−393 (2002) 981−984.

[63] E.M. Handy, M.V. Rao, K.A. Jones, M.A. Derenge, P.H. Chi, R.D. Vispute, et al., Effectiveness of AlN encapsulant in annealing ion-implanted SiC, J. Appl. Phys. 86 (2) (1999) 746−751. Available from: https://doi.org/10.1063/1.370798.

[64] Y. Negoro, K. Katsumoto, T. Kimoto, H. Matsunami, Electronic behaviors of high-dose phosphorus-ion implanted 4H−SiC (0001), J. Appl. Phys. 96 (1) (2004) 224−228. Available from: https://doi.org/10.1063/1.1756213.

[65] T. Tsuji, Japanese patent #JP 3760688 B, January 20, 2006.

[66] E. Okuno, T. Endo, J. Kawai, T. Sakakibara, S. Onda, (11-20) face channel MOSFET with low on-resistance, Mater. Sci. Forum 600–603 (2008) 1119–1122.

[67] H. Shimizu, A. Shima, Y. Shimamoto, N. Iwamuro, Ohmic contact on n- and p-type ion-implanted 4H-SiC with low-temperature metallization process for SiC MOSFETs, Jpn J. Appl. Phys. 66 (4S) (2017) 04CR15. Available from: https://doi.org/10.7567/JJAP.56.04CR15. 1–4.

[68] G.Y. Chung, C.C. Tin, J.R. Williams, K. McDonald, R.K. Chanana, R.A. Weller, et al., Improved inversion channel mobility for 4H-SiC MOSFETs following high temperature anneals in nitric oxide, IEEE Electron Device Lett 22 (4) (2001) 176–178. Available from: https://doi.org/10.1109/55.915604.

[69] J. Rozen, S. Dhar, M.E. Zvanut, J.R. Williams, L.C. Feldman, Density of interface state, electron traps, and hole traps as a function of the nitrogen density in SiO_2 on SiC, J. Appl. Phys. 105 (12) (2009) 124506. Available from: https://doi.org/10.1063/1.313845. 1–11.

[70] A.J. Lelis, R. Green, D.B. Habersat, M. Le, Basic mechanisms of threshold-voltage instability and implications for reliability testing of SiC MOSFETs, IEEE Trans. Electron Devices 62 (2) (2015) 316–323. Available from: https://doi.org/10.1109/TED.2014.2356172.

[71] H. Kitai, Y. Hozumi, H. Shiomi, K. Fukuda, M. Furumai, Low on-resistance and fast switching of 13-kV SiC MOSFETs with optimized junction field-effect transistor region, in Proc. Int. Symp. Power Semiconductors and ICs, May 2017, pp. 343–346, https://doi.org/10.23919/ISPSD.2017.7988982.

[72] D. Okamoto, H. Yano, K. Hirata, T. Hatayama, T. Fuyuki, Improved inversion channel mobility in 4H-SiC MOSFETs on Si face utilizing phosphorus-doped gate oxide, IEEE Electron Device Lett. 31 (7) (2010) 710–712. Available from: https://doi.org/10.1109/LED.2010.2047239.

[73] D. Okamoto, H. Yano, T. Hatayama, T. Fuyuki, Removal of near-interface traps at SiO_2/4H-SiC (0001) interfaces by phosphorus incorporation, Appl. Phys. Lett. 96 (20) (2010) 203508. Available from: https://doi.org/10.1063/1.3432404. 1–3.

[74] D. Okamoto, M. Sometani, S. Harada, R. Kosugi, Y. Yonezawa, H. Yano, Effect of boron incorporation on slow interface traps in SiO_2/4H-SiC structures, Appl. Phys. A 123 (2) (2017) 133. Available from: https://doi.org/10.1007/s00339-016-0724-1. 1–6.

[75] A. Saha, J.A. Cooper, 1-kV 4H-SiC power DMOSFET optimized for low on-resistance, IEEE Trans. Electron Devices 54 (10) (2007) 2786–2791. Available from: https://doi.org/10.1109/TED.2007.904577.

[76] C. Hu, M.-H. Chi, V.M. Patel, Optimum design of power MOSFETs, IEEE Trans. Electron Devices 31 (12) (1984) 1693–1700. Available from: https://doi.org/10.1109/T-ED.1984.21773.

[77] J.W. Palmour, L. Cheng, V. Pala, E.V. Brunt, D.J. Lichtenwalner, G.-Y. Wang, et al., Silicon carbide power MOSFETs: breakthrough performance from 900 V up to 15 kV, in Proc. Int. Symp. Power Semiconductors and ICs, June 2014, pp. 79–82, https://doi.org/10.1109/ISPSD.2014.6855980.

[78] S. Harada, M. Kato, K. Suzuki, M. Okamoto, T. Yatsuo, K. Fukuda, et al., 1.8 $m\Omega\ cm^2$, 10A Power MOSFET in 4H-SiC, in IEEE IEDM Tech. Dig., Dec. 2006, pp. 1–4, https://doi.org/10.1109/IEDM.2006.346929.

[79] H. Yano, T. Hirao, T. Kimoto, H. Matsunami, K. Asano, Y. Sugawara, High channel mobility in inversion layers of 4H-SiC MOSFETs by utilizing (11-20) face, IEEE Electron Device Lett 20 (12) (1999) 611–613. Available from: https://doi.org/10.1109/55.806101.

[80] J. Senzaki, K. Kojima, S. Harada, R. Kosugi, S. Suzuki, T. Suzuki, et al., Excellent effects of hydrogen postoxidation annealing on inversion channel mobility of 4H-SiC MOSFET fabricated on (11-20) face, IEEE Electron Device Lett. 23 (1) (2002) 13–15. Available from: https://doi.org/10.1109/55.974797.

[81] Y. Nanen, M. Kato, J. Suda, T. Kimoto, Effects of nitridation on 4H-SiC MOSFETs fabricated on various crystal faces, IEEE Trans. Electron Devices 60 (3) (2013) 1260–1262. Available from: https://doi.org/10.1109/TED.2012.2236333.

[82] K. Hara, Vital issues for SiC power devices, Mater. Sci. Forum 264–268 (1998) 901–906.

[83] J. Tan, J.A. Cooper Jr., M.R. Melloch, High-voltage accumulation-layer UMOSFETs in 4H-SiC, IEEE Electron Device Lett. 19 (12) (1998) 487–489. Available from: https://doi.org/10.1109/55.735755.

[84] S. Harada, Y. Kobayashi, K. Ariyoshi, T. Kojima, J. Senzaki, Y. Tanaka, et al., 3.3-kV-class 4H-SiC MeV-implanted UMOSFET with reduced gate oxide field, IEEE Electron Device Lett 37 (3) (2016) 314–316. Available from: https://doi.org/10.1109/LED.2016.2520464.

[85] Y. Kagawa, N. Fujiwara, K. Sugawara, R. Tanaka, Y. Fukui, Y. Yamamoto, et al., 4H-SiC trench MOSFET with bottom oxide protection, Mater. Sci. Forum 778–780 (2014) 919–922. Available from: https://doi.org/10.1108/www.scientific.net/MSF.778-780.919.

[86] J. Wei, M. Zhang, H. Jiang, H. Wang, K.J. Chen, Dynamic degradation in SiC trench MOSFET with a floating p-shield revealed with numerical simulations, IEEE Trans. Electron Devices 64 (6) (2017) 2592–2598. Available from: https://doi.org/10.1109/TED.2017.2697763.

[87] S. Harada, Y. Kobayashi, K. Kinoshita, N. Ohse, T. Kojima, M. Iwaya, et al., 1200 V SiC IE-UMOSFET with low on-resistance and high threshold voltage, Mater. Sci. Forum 897 (2017) 497–500. Available from: https://doi.org/10.4028/www.scientific.net/MSF.897.497.

[88] H. Yano, T. Hirao, T. Kimoto, H. Matsunami, H. Shiomi, Interface properties in metal-oxide-semiconductor structures on n-type 4HSiC(03-38), Appl. Phys. Lett. 81 (25) (2002) 4772–4774. Available from: https://doi.org/10.1063/1.1529313.

[89] T. Hiyoshi, T. Masuda, K. Wada, S. Harada, Y. Namikawa, Improvement of interface state and channel mobility using 4H-SiC (0-33-8), Mater. Sci. Forum 740–742 (2013) 506–509. Available from: https://doi.org/10.4028/www.scientific.net/MSF.740-742.506.

[90] K. Uchida, Y. Saitoh, T. Hiyoshi, T. Masuda, K. Wada, H. Tamaso, et al., The optimized design and characterization of 1200 V/2.0 mΩ cm^2 4H-SiC V-groove trench MOSFETs, in Proc. Int. Symp. Power Semiconductors and ICs, May 2015, pp. 85–88, https://doi.org/10.23919/ISPSD.2015.7123395.

[91] Y. Saitoh, T. Masuda, H. Tamaso, H. Notsu, H. Michikoshi, K. Hiratsuka, et al., Switching performance of V-Groove trench gate SiC MOSFETs with grounded buried p+ regions, Mater. Sci. Forum 897 (2017) 505–508. Available from: https://doi.org/10.4028/www.scientific.net/MSF.897.505.

[92] K. Matocha, Challenges in SiC power MOSFET design, Solod-State Electron 52 (10) (2008) 1631–1635. Available from: https://doi.org/10.1016/j.sse.2008.06.034.

[93] H. Hagino, J. Yamashita, A. Uenishi, H. Haruguchi, An experimental and numerical study on the forward biased SOA of IGBTs, IEEE Trans. Electron Devices 43 (3) (1996) 490–500. Available from: https://doi.org/10.1109/16.485667.

[94] J. An, M. Namai, N. Iwamuro, Experimental and theoretical analyses of gate oxide and junction reliability for 4H-SiC MOSFET under short-circuit operation, Jpn. J. Appl. Phys 55 (12) (2016) 124102. Available from: https://doi.org/10.7567/JJAP.55.124102. 1–4.

[95] Chronological Science Tables, National Institute of Natural Sciences, National Astronomical Observatory of Japan, Maruzen Publishing Co., Ltd, 2015.

[96] A. Castellazzi, A. Fayyaz, Y. Li, Michele Riccio, A. Irace, Short-circuit robustness of SiC Power MOSFETs: experimental analysis, in Proc. Int. Symp. Power Semiconductors and ICs, June 2014, pp. 71–74, https://doi.org/10.1109/ISPSD.2014.6855978.

[97] M. Sometani, D. Okamoto, S. Harada, H. Ishimori, S. Takasu, T. Hatakeyama, et al., Temperature-dependent analysis of conduction mechanism of leakage current in thermally grown oxide on 4H-SiC, J. Appl. Phys 117 (1) (2015) 024505. Available from: https://doi.org/10.1063/1.4905916. 1–6.

[98] R. Singh, S.R. Hefner, Reliability of SiC MOS devices, Solid-State Electron. 48 (10–11) (2004) 1717–1720. Available from: https://doi.org/10.1016/j.sse.2004.05.005.

[99] A.K. Agarwal, S. Seshadri, L.B. Rowland, Temperature dependence of Fowler–Nordheim current in 6H- and 4H-SiC MOS capacitors, IEEE Electron Device Lett 18 (12) (1997) 592–594. Available from: https://doi.org/10.1109/55.644081.

[100] M. Namai, J. An, H. Yano, N. Iwamuro, Experimental and numerical demonstration and optimized methods for SiC trench MOSFET short-circuit capability, in Proc. Int. Symp. Power Semiconductors and ICs, May 2017, pp. 363–366, https://doi.org/10.23919/ISPSD.2017.7988993.

[101] D. Peters, R. Siemieniec, T. Aichinger, T. Basler, R. Esteve, W. Bergner, et al., Performance and ruggedness of 1200 V SiC-trench-MOSFET, in Proc. Int. Symp. Power Semiconductors and ICs, May 2017, pp. 239–242, https://doi.org/10.23919/ISPSD.2017.7988904.

[102] R. Tanaka, Y. Kagawa, N. Fujiwara, K. Sugawara, Y. Fukui, N. Miura, et al., Impact of grounding the bottom oxide protection layer on the short-circuit ruggedness of 4H-SiC trench MOSFETs, in Proc. Int. Symp. Power Semiconductors and ICs, June 2014, pp. 75–78, https://doi.org/10.1109/ISPSD.2014.6855979.

[103] K. Kawahara, S. Hino, K. Sadamatsu, Y. Nakao, Y. Yamashiro, Y. Yamamoto, et al., 6.5 kV Schottky-barrier diode-embedded SiC-MOSFET for compact full-unipolar mode, in Proc. Int. Symp. Power Semiconductors and ICs, May 2017, pp. 41–44, https://doi.org/10.23919/ISPSD.2017.7988888.

[104] M. Uchida, H. Horikawa, K. Taanaka, T. Takahashi, T. Kiyosawa, M. Hayashi, et al., Novel SiC power MOSFET with integrated unipolar internal inverse MOS-channel diode, in IEEE IEDM Tech. Dig., Dec. 2011, pp. 26.6.1–26.6.4, https://doi.org/10.1109/IEDM.2011.6131620.

[105] C.-T. Yen, C.-C. Hung, H.-T. Hung, L.-S. Lee, C.-Y. Lee, T.-M. Yang, et al., 1700 V/30A 4H-SiC MOSFET with low cut-in voltage embedded diode and room temperature boron implanted termination, in Proc. Int. Symp. Power Semiconductors and ICs, May 2015, pp. 265–268, https://doi.org/10.1109/ISPSD.2015.7123440.

[106] S. Hino, T. Hatta, S. Sadamatsu, Y. Nagashita, S. Yamamoto, T. Iwamatsu, et al., Demonstration of SiC-MOSFET embedding Schottky barrier diode for inactivation of parasitic body diode, in Proc. of 11th Eur. Conf., Silicon Carbide Related Materials., Sept. 2016, Tu3.01.

[107] W. Sung, B.J. Baliga, Monolithically integrated 4H-SiC MOSFET and JBS diode (JBSFET) using a single ohmic/Schottky process scheme, IEEE Electron Device Lett. 37 (12) (2016) 1605–1608. Available from: https://doi.org/10.1109/LED.2016.2618720.

[108] Y. Kobayashi, H. Ishimori, A. Kinoshita, T. Kojima, M. Takei, H. Kimura, et al., Evaluation of Schottky barrier height on 4H-SiC m-face {1$\bar{1}$00} for schottky barrier diode wall integrated trench MOSFET, Jpn J. Appl. Phys 56 (4S) (2017) 04CR08. Available from: https://doi.org/10.7567/JJAP.56.04CR08. 1–6.

[109] R. Kosugi, Y. Sakuma, K. Kojima, S. Itoh, A. Nagata, T. Yatsuo, et al., Development of SiC super-junction (SJ) devices by multi-epitaxial growth, Mater. Sci. Forum 740–742 (2013) 793–796.

[110] R. Kosugi, Y. Sakuma, K. Kojima, S. Itoh, A. Nagata, T. Yatsuo, et al., Development of SiC super-junction (SJ) device by deep trench-filling epitaxial growth, Materials Science Forum 740–742 (2013) 785–788. Available from: https://doi.org/10.4028/www.scientific.net/MSF.740-742.785.

[111] K. Kojima, A. Nagata, S. Ito, Y. Sakumad, R. Kosugi, Y. Tanaka, Filling of deep trench by epitaxial SiC growth, Mater. Sci. Forum 740–742 (2013) 793–796. Available from: https://doi.org/10.4028/www.scientific.net/MSF.740-742.793.

[112] R. Kosugi, Y. Sakuma, K. Kojima, S. Itoh, A. Nagata, T. Yatsuo, et al., First experimental demonstration of SiC super-junction (SJ) structure by multi-epitaxial growth method, in Proc. Int. Symp. Power Semiconductors and ICs, June 2014, pp. 346–349, https://doi.org/10.1109/ISPSD.2014.6856047.

[113] M. Takei, Y. Harada, K. Ueno, 600 V-IGBT with reverse blocking capability, in Proc. Int. Symp. Power Semiconductors and ICs, June 2001, pp. 413–416, https://doi.org/10.1109/ISPSD.2001.934641.

[114] N. Tokuda, M. Kaneda, T. Minato, An ultra-small isolation area for 600 V class reverse blocking IGBT with deep trench isolation process (TI-RB-IGBT), in Proc. Int. Symp. Power Semiconductors and ICs, May 2004, pp. 129–132, https://doi.org/10.1109/WCT.2004.239843.

[115] H. Nakazawa, M. Ogino, H. Wakimoto, T. Nakajima, Y. Takahashi, Hybrid isolation process with deep diffusion and V-groove for reverse blocking IGBTs, in Proc. Int. Symp. Power Semiconductors and ICs, May 2011, pp. 116–119, https://doi.org/10.1109/ISPSD.2011.5890804.

[116] S. Safari, A. Castellazzi, P. Wheeler, Experimental and analytical performance evaluation of SiC power devices in the matrix converter, IEEE Trans. Power Electron. 29 (5) (2014) 2584–2596. Available from: https://doi.org/10.1109/TPEL.2013.2289746.

[117] S. Mori, M. Aketa, T. Sakaguchi, T. Kimoto, Demonstration of 3 kV 4H-SiC reverse blocking MOSFET, in Proc. Int. Symp. Power Semiconductors and ICs, June 2016, pp. 271–274, https://doi.org/10.1109/ISPSD.2016.7520830.

[118] K. Okuda, T. Isobe, H. Tadano, N. Iwamuro, A dead-time minimized inverter by using complementary topology and its experimental evaluation of harmonics reduction, in Proc. of Power Electronics and Applications (EPE'16 ECCE Europe), Sept. 2016, pp. 1–10, https://doi.org/10.1109/EPE.2016.7695673.

[119] N. Iwamuro, A. Okamoto, S. Tagami, H. Motoyama, Numerical analysis of short-circuit safe operating area for p-channel and n-channel IGBTs, IEEE Trans. Electron Devices 38 (2) (1991) 303–309. Available from: https://doi.org/10.1109/16.69910.

[120] J. An, M. Namai, M. Tanabe, D. Okamoto, H. Yano, N. Iwamuro, Experimental demonstration of −730 V vertical SiC p-MOSFET with high short circuit withstand

capability for complementary inverter applications, in IEEE IEDM Tech., Dig., Dec. 2016, pp. 272–275, https://doi.org/10.1109/IEDM.2016.7838391.

[121] J. An, M. Namai, H. Yano, N. Iwamuro, Investigation of robustness capability of −730 V p channel vertical SiC power MOSFET for complementary inverter applications, IEEE Trans. Electron Devices 64 (10) (2017) 4219–4225. Available from: https://doi.org/10.1109/TED.2017.2742542.

[122] N. Nashida, Y. Hinata, M. Horio, R. Yamada, Y. Ikeda, All-SiC power module for photovoltaic power conditioner system, in Proc. Int. Symp. Power Semiconductors and ICs, June 2014, pp. 342–345, https://doi.org/10.1109/ISPSD.2014.6856046.

[123] O. Zhang, H.-R. Chang, M. Gomez, C. Bui, E. Hanna, J.A. Higgins, et al., 10 kV trench gate IGBTs on 4H-SiC, in Proc. Int. Symp. Power Semiconductors and ICs, May 2005, pp. 303–306, https://doi.org/10.1109/ISPSD.2005.1488011.

[124] S. Katakami, H. Fujisawa, K. Takenaka, H. Ishimori, S. Takasu, M. Okamoto, et al., Fabrication of a p-channel SiC-IGBT with high channel mobility, Mater. Sci. Forum 740–742 (2013) 938–961. Available from: https://doi.org/10.4028/www.scientific.net/MSF.740-742.958.

[125] S. Chowdhury, T.P. Chow, Performance tradeoffs for ultra-high voltage (15 kV to 25 kV) 4H-SiC n-channel and p-channel IGBTs), in Proc. Proc. Int. Symp. Power Semiconductors and ICs, June 2016, pp. 75–78, https://doi.org/10.1109/ISPSD.2016.7520781.

[126] S.-H. Ryu, L. Cheng, S. Dhar, C. Capell, C. Jonas, J. Clayton, et al., Development of 15 kV 4H-SiC IGBTs, Mater. Sci. Forum 717–720 (2012) 1135–1138. Available from: https://doi.org/10.4028/www.scientific.net/MSF.717-720.1135.

[127] S. Ryu, C. Capell, C. Jonas, M. O'Loughlin, J. Clayton, E.V. Brunt, et al., 20 kV 4H-SiC N-IGBTs, Mater. Sci. Forum 778–780 (2014) 1030–1033. Available from: https://doi.org/10.4028/www.scientific.net/MSF.778-780.1030.

[128] E.V. Brunt, L. Cheng, M. O'Loughlin, C. Capell, C. Jonas, K. Lam, et al., 22 kV, 1 cm^2, 4H-SiC n-IGBTs with improved conductivity modulation, in Proc. Proc. Int. Symp. Power Semiconductors and ICs, June 2014, pp. 358–361, https://doi.org/10.1109/ISPSD.2014.6856050.

[129] E.V. Brunt, L. Cheng, M. O'Loughlin, J. Richmond, V. Pala, J.W. Palmour, et al., 27 kV, 20A, 4H-SiC n-IGBTs, Mater. Sci. Forum 821–823 (2015) 847–850. Available from: https://doi.org/10.4028/www.scientific.net/MSF.821-823.847.

[130] Y. Yonezawa, T. Mizushima, K. Takenaka, H. Fujisawa, T. Kato, S. Harada, et al., Low Vf and highly reliable 16 kV ultrahigh voltage SiC flip-type n-channel implantation and epitaxial IGBT, in IEEE IEDM Tech. Dig., Dec. 2013, pp. 6.6.1–6.6.4, https://doi.org/10.1109/IEDM.2013.6724576.

[131] Y. Yonezawa, T. Mizushima, K. Takenaka, H. Fujisawa, T. Deguchi, T. Kato, et al., Device performance and switching characteristics of 16 kV ultrahigh-voltage SiC flip-type n-channel IE-IGBTs, Mater. Sci. Forum 821–823 (2015) 842–846. Available from: https://doi.org/10.4028/www.scientific.net/MSF.821-823.842.

[132] K. Eto, T. Kato, S. Takagi, T. Miura, Y. Urakami, H. Kondo, et al., Growth study of p-type 4H-SiC with using aluminum and nitrogen co-doping by 2-zone heating sublimation method, Mater. Sci. Forum 821–823 (2015) 47–50. Available from: https://doi.org/10.4028/www.scientific.net/MSF.821-823.47.

第5章 »

氮化镓智能功率器件和集成电路

5.1 引　　言

硅是高压电力电子应用中首选的半导体材料[1,2]。然而，由于 SiC 和 GaN 优异的材料特性，近年来正在积极地对其进行开发并有选择性地进行商业化以挑战硅材料[3-8]。对于 GaN，由于其光学和高频 RF 应用，已经建立了材料和加工基础设施，可用于在节能电力系统中实现经济高效的功率开关器件。

在本章中，我们将首先回顾 GaN 的材料特性、异质结和金属氧化物硅（MOS）技术，它们是功率半导体器件的组成部分。然后，介绍已经开发的横向和纵向功率器件结构，其中一些已经商业化。接下来，将重点介绍用于制造这些器件的集成工艺流程，并将其与商业 Si 和 GaAs 代工厂的工艺流程进行比较。此外，展示并讨论这些器件的静态和动态性能。我们还将介绍一些商用的器件产品及其性能。然后，介绍了一些将这些器件单片集成到电力电子和光电子集成电路（IC）中的突出示例。最后，讨论 GaN 功率器件大规模商业化的未来趋势和需要解决和克服的技术障碍。

5.1.1 材料特性 ★★★

SiC 和 GaN，以及 Si、GaAs、Ga_2O_3、金刚石和 AlN 的体材料特性见表 5.1[8]。可以看出，雪崩击穿电场随着禁带的增大而增加，并且 SiC 和 GaN 的击穿电场大约比硅的击穿电场高一个数量级。此外，SiC 和 GaN 的热导率分别是 Si 的 3 倍和 1.5 倍。这两个特性使得它们对于功率开关器件非常有吸引力。此外，GaN 是一种直接带隙半导体，可以与 AlN 和 InN 合金形成异质结。在这方面，GaN 及其 AlGaInN 合金与 GaAs 和 AlGaInAs 合金非常相似。然而，GaN 具有六方纤锌矿结构（见图 5.1[9]）和各向异性的电学性能，而 GaAs 具有立方闪锌矿晶体结构，因此其电学性能是各向同性的。然而，正如稍后在集成工艺一节中所看到的，许多 GaN 器件制造步骤均采用 GaAs 工艺。此外，其直接带隙意味着仅需考虑单极功率器件结构，如肖特基二极管、金属－氧化物半导体场效应晶体管（MOSFET）或高电子迁移率晶体管（HEMT），而不需要考虑 pin 二极管或绝缘栅双极型晶体管（IGBT），因为载流子复合寿命短，因此少数载流子扩散长度短。

表 5.1 各种常规（Si，GaAs）、宽（SiC、GaN、Ga_2O_3）和极端（金刚石、AlN）带隙半导体的物理和电学性能[8]

材料	E_g/eV	直接/间接	n_i/cm^{-3}	ε_r	μ_n/(cm^2/Vs)	E_c/(MV/cm)	v_{sat}/(10^7cm/s)	λ/(W/cm·K)
Si	1.12	间接	1.5×10^{10}	11.8	1350	0.25	1.0	1.5
GaAs	1.42	直接	1.8×10^{6}	13.1	8500	0.4	1.2	0.55
2H-GaN	3.39	直接	1.9×10^{-10}	9.9	1000[a] 2000**	3.3* 3.75[a]	2.5	2.5 4.1*
4H-SiC	3.26	间接	8.2×10^{-9}	10	720[a] 650[c]	2.0[a]	2.0	4.5
Ga_2O_3	4.5~4.9	直接	2.6×10^{-19}~ 1.2×10^{-22}	10	300	8	—	0.13~0.21
金刚石	5.45	间接	1.6×10^{-27}	5.5	2800	10	2.7	22
2H-AlN	6.2	直接	$\sim10^{-34}$	8.5	300	12*	1.7	2.85

a 沿 a 轴的迁移率。

c 沿 c 轴的迁移率。

* 估计值。

** 2DEG。

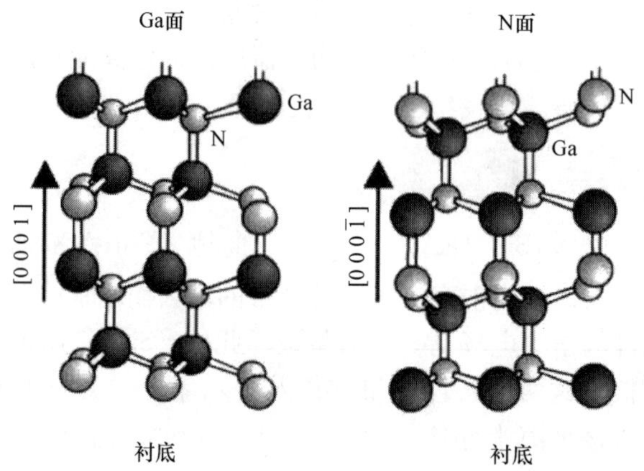

图 5.1 GaN 纤锌矿晶体结构的 Ga 或（0001）面和 N 或（000$\bar{1}$）面示意图[9]

5.1.2 外延和掺杂 ★★★

体 GaN 衬底近期的发展导致了 GaN 在许多异质衬底上的异质外延，特别是

蓝宝石、SiC 和硅衬底上的 GaN 异质外延的发展。光学和 RF 电子器件的商业化依赖于这种异质外延技术。使用硅衬底的经济激励是如此巨大，以至于在过去 10 年中，人们花费了大量精力使其也适用于功率器件的应用。

(111) Si 和 (0001) GaN 的晶格失配为 17%，而热膨胀系数相差超过 2 倍，这使得异质外延非常具有挑战性，需要缓冲层缓解这些失配，以最小化和定位界面层的扩展缺陷[10]。通常，有两种方法用于缓冲层。一种是在界面处使用由许多交替的薄 AlN 和 AlGaN 层组成的超晶格来适应应变；另一种是使用渐变的 $Al_xGa_{1-x}N$层，富 Al 区域靠近硅衬底，富 Ga 区域靠近 GaN 顶层。此外，深能级，如铁或碳通常添加到缓冲层中，以确保其高电阻率并抑制任何可能的电流泄漏路径。本章后面讨论的一些不希望出现的可靠性问题可以追溯到作为起源的缓冲层。

为了补偿 GaN 外延和 Si 衬底之间的热膨胀差异，在拉伸应力下生长 GaN 外延层，以便在其冷却至室温时，外延膜改变为处于合理的压缩应变下，从而产生可接受的晶圆弯曲并抑制膜开裂。随着晶圆直径的增加，这种应力/应变优化越来越具有挑战性。尽管如此，AlGaN/GaN 层已经成功地生长在直径 200mm (111) 的硅晶圆上，虽然起到刚性机械平衡器作用的衬底比通常的更厚。图 5.2 显示了硅衬底上 AlGaN/GaN 层的倒易空间映射（RSM），清楚地表明了每层中的拉伸或压缩应变水平[11]。

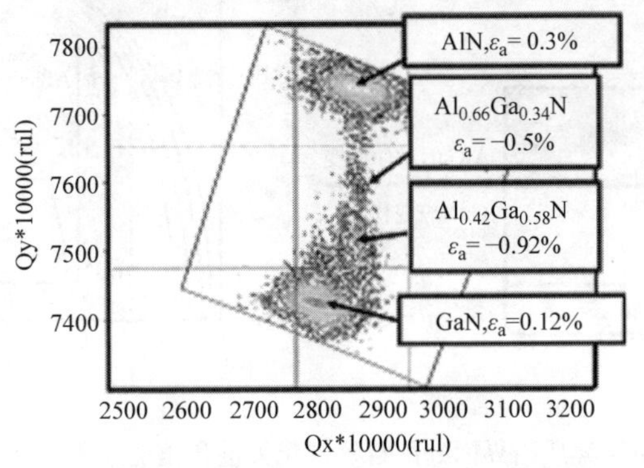

图 5.2　硅衬底上 AlGaN 和 GaN 外延膜的 RSM[11]

GaN 中最常用的浅施主和浅受主分别是硅和镁。即使镁的使用导致生长反应器中不良的掺杂剂记忆效应，在外延生长期间的原位掺杂仍按常规进行。离子注入掺杂仅适用于硅和其他施主掺杂剂，但对于受主掺杂剂还不太成功。受主激活的困难归因于离子注入缺陷的产生，这些缺陷往往类似于施主并补偿激活的受主原子。在高温下使用脉冲退火技术证明了注入镁的有限电激活可以防止 GaN 分解，但激活百分比仍然很低（最高仅为 8%）[12,13]。

铁和碳是引入缓冲层以控制其电阻率的最常用的深能级元素。铁的能级在导带边缘下方 0.6 ~ 0.7eV，而碳实际上是 GaN 中的深层受主，能级在价带边缘上方 0.84eV[14,15]。碳曾被用来克服缓冲层的缺陷问题，但目前，研究人员越来越清楚地认识到，解决缓冲层外延问题比掺杂碳来补偿电活性缺陷更好。

5.1.3 极化和 2DEG ★★★

Ⅲ－Ⅴ族氮化物是唯一表现出自发极化 P_{SP} 的Ⅲ－Ⅴ族材料，因为纤锌矿晶体结构的键合存在固有的不对称性。这种不对称性是由于小于理想的 c/a 比，其中 AlN 的偏差最大，因此极化也最大。对于（0001）取向情况，该 P_{SP} 为负且极化矢量指向衬底（见图 5.3a[9]）。此外，机械应变引入了压电极化 P_{PZ}，对于压缩应变层为负，对于拉伸应变层为正。因此，压电极化和自发极化在前者中相互叠加，但在后者中相互抵消。结果，由于 GaN 异质结上伪晶态生长的AlGaN层始终存在拉伸应变，因此两个极化方向相同，总极化是这两个极化的总和。AlGaN/GaN界面处的自发极化通常根据 GaN 和 AlN 极化值的摩尔分数的线性插值之和来估计[16]。

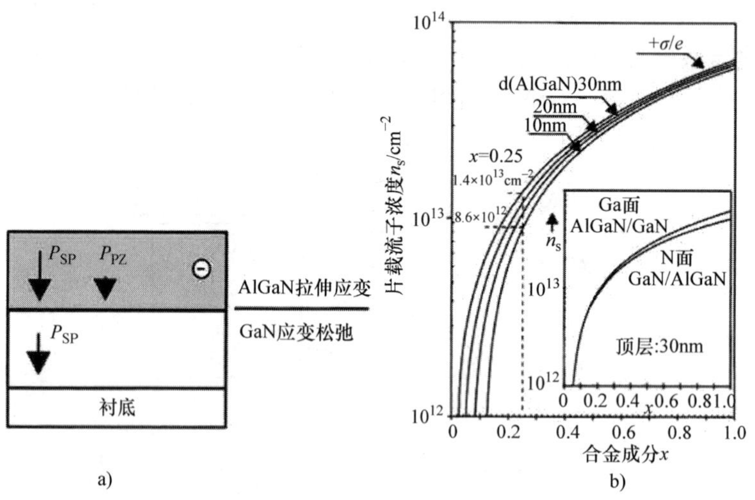

图 5.3 a）AlGaN/GaN 异质结界面处的自发极化矢量和压电极化矢量的方向以及极化电荷；b）片 2DEG 载流子浓度随 AlGaN 合金成分的变化而变化[9]

图 5.3b 显示了不同伪晶态 AlGaN 膜厚度下由 AlGaN/GaN 异质结界面处存在的极化电荷引起的片载流子浓度随 AlGaN 合金中铝摩尔分数的函数变化关系[9]。在 Al 摩尔分数为 0.2 而 AlGaN 厚度为 20nm 时，极化电荷密度和 2DEG 浓度为 $8\times10^{12}/\mathrm{cm}^2$。值得指出的是，该电荷密度接近于在横向高压 RESURF 器件中设计的均匀表面电场的最佳值，稍后将对此进行解释。对 AlGaN/GaN 异质结界面处的 2DEG 层的电子迁移率进行了建模，并与室温和高温下的实验数据进行了比较（见图 5.4）[17]。电子迁移率的典型值为 $1500\mathrm{cm}^2/\mathrm{Vs}$。

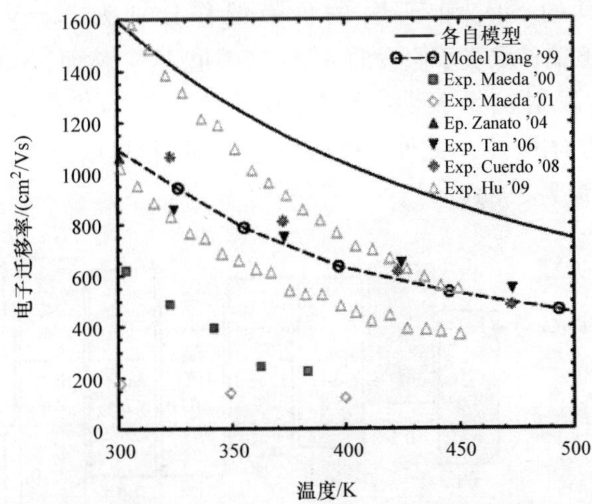

图 5.4　AlGaN/GaN 异质结界面处 2DEG 层迁移率的仿真和实验结果

5.1.4　MOS ★★★

由于表面电位钉扎，很难在 GaAs 上形成高质量的 MOS 界面，但在 GaN 上制备 MOS 器件相对容易。GaN 的表面电势似乎部分被钉扎，但已经证明，使用几种沉积的氧化物（SiO_2、Al_2O_3、ZrO_2、HfO_2 等）或氮化物（Si_3N_4）作为栅极介质可以制备出良好的 n 沟道 MOS 器件。除了用作 MOS 栅极绝缘材料之外，这些介质还经常用作 GaN 表面的钝化层。然而，常见的 GaAs 表面钝化层，如等离子体增强化学气相沉积（PECVD）氮化硅，已被证明不适用于 GaN。值得指出的是，栅极介质的精确条件（预清洗步骤、使用的前驱体、沉积方法、温度以及沉积后环境和温度）对于确定 MOS 器件的界面特性非常重要。此外，没有天然热生长氧化层可用作栅极绝缘材料。

可接受栅极介质的要求包括：较高的体击穿电场、较低的界面态密度、良好的反型载流子迁移率和足够的可靠性［在正偏置温度不稳定性（PBTI）和负偏置温度不稳定（NBTI）应力条件下］。评估栅极介质的一种方法是检查其带隙大小，以及 GaN 中导带和价带的偏移，如图 5.5[18] 所示。带隙大小决定了体介质击穿电场。实际上，该电场取决于介电常数（见图 5.6[19]），并随 $1/\sqrt{\varepsilon}$ 变化。例如，当介电常数从 3.9（SiO_2）增加到 200［钛酸锶氧化物（STO）］时，击穿电场从 10MV/cm 减小到 1MV/cm。由于 GaN 的带隙较大，GaN 上所有栅极介质的导带和价带偏移都小于 Si 上的。这提高了栅极介质的热载流子可靠性，特别是在高温下。最受欢迎和广泛研究的栅极绝缘材料是 Si_3N_4、SiO_2 和 Al_2O_3。其中，SiO_2/GaN 的 ΔE_c 最大，为 2.56eV，而 Si_3N_4 和 Al_2O_3 的相应值分别为 1.3eV

和 2.16eV。估算的 SiO_2 和 Si_3N_4 的价带偏移分别为 3.2eV 和 0.81eV[18]。Al_2O_3/GaN的带隙偏移取决于假设的 Al_2O_3 带隙值[18]。然而，GaN（0001）表面上 Si_3N_4 的光电发射测量表明，Si_3N_4/GaN 具有负的价带偏移，或等效为，-0.4eV的Ⅱ型带对准[20]。此外，根据光电发射测量提取的 Al_2O_3/GaN（0001）界面的导带偏移量为 2.2eV[21]。

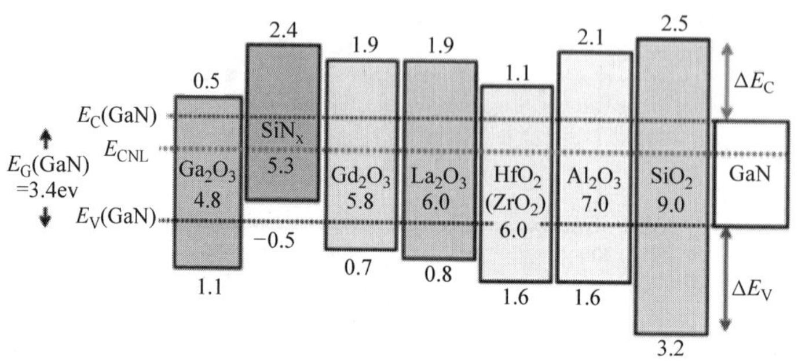

图 5.5　含 GaN 的各种电介质的导带和价带偏移，源自文献［22］

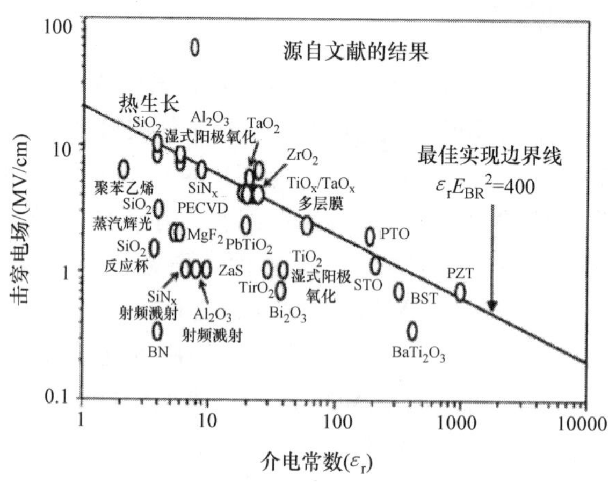

图 5.6　各种电介质的击穿电场与介电常数的关系[19]，源自文献［22］

研究并优化了（0001）GaN 表面上 Si_3N_4、SiO_2 和 Al_2O_3 的界面电荷密度 Q_f 和 Q_{it}，并根据薄膜沉积和沉积后退火条件进行了优化。一般来说，可以获得相当低且控制良好的电荷密度。对于 PECVD 或原子层沉积（ALD）SiO_2，已测量到相当低的界面态密度，但固定氧化物电荷密度（大约 10^{12} q/cm^2）仍然相对较高[22-28]。SiO_2/（0001）GaN 界面的横截面透射电子显微镜（TEM）图像如图 5.7所示，清楚地显示出一个尖锐和突变的界面，粗糙度很小且不存在无关的层。反应离子刻蚀的 GaN 表面性能更差，可能是由于等离子体损伤，无法通过后续处理完全恢复[25]。非极性 m 面或（$1\bar{1}00$）GaN 上的氧化层电荷密度高于

(0001) GaN 上的氧化层电荷密度[29]，但有趣的是，从热电效应来看，其 MOS 特性的温度依赖性没有在（0001）GaN 电容上观察到异常特征[28-30]。此外，GaN 外延薄膜的质量对 MOS 性能有很大影响，蓝宝石上的薄膜优于硅衬底上的薄膜，这归因于较低的扩展缺陷密度，如位错。

Al_2O_3是 GaN 器件中使用最广泛的材料，既可作为栅极介电层又可作为表面钝化层。ALD 是最常用的技术。得到的界面有相当高的固定氧化物电荷密度 $4.6\times10^{12}q/cm^2$[31]。通过沉积后和金属化后退火优化了界面电荷密度[32]。氧化铝电容的电学性能的衬底效应已通过在独立衬底上的同质外延 GaN 层上实现超低界面态密度的最新结果得到了明确的证明[33]。Al_2O_3/GaN 电容也存在取向效应（*c* 面与 *m* 面），类似于 SiO_2/GaN 电容[34]。

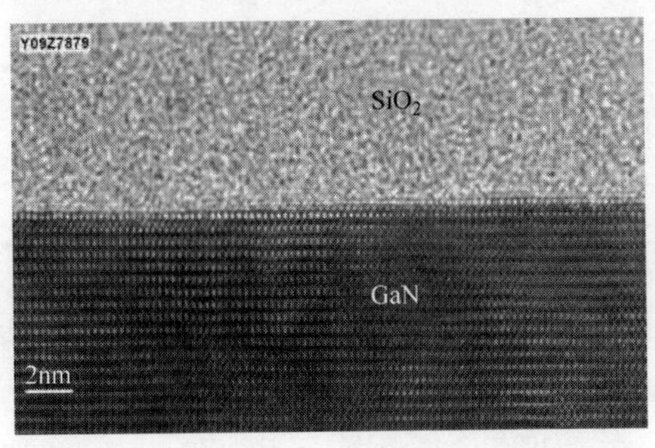

图 5.7 SiO_2/GaN 界面的横截面 TEM 照片

氮化硅薄膜是第一个作为 GaN 金属 - 绝缘 - 半导体（MIS）器件栅极绝缘材料的介质薄膜。然而，那些 PECVD SiN_x薄膜通常具有较差的体电性能，并且得到的 MIS 结构相当差。最近，发现热生长或 LPCVD 氮化硅薄膜作为栅极介质层和钝化层的质量要好得多[35-37]。迄今为止，报道的使用这些氮化硅薄膜的最佳 MIS 沟道 - 高电子迁移率晶体管（HEMT）和金属 - 绝缘体半导体场效应晶体管（MISFET）是具有双层 PECVD SiN_x/LPCVD SiN_x栅极堆叠的晶体管[37]。在 GaN 沟道和 LPCVD SiN_x薄膜之间插入薄的 PECVD SiN_x层会得到平滑的界面，从而获得更好的电学特性。

5.1.5 功率器件应用 ★★★

电力电子应用涵盖的功率和开关频率（从 mW 到 GW，60Hz 到 100MHz）很广，从便携式消费电子到大型基础设施和公用电网电子设备。目前的硅功率器件是针对每个功率范围专门设计和优化的。对于低功率和高频应用，硅功率 MOSFET是首选。在中等功率领域，IGBT（MOS 栅极控料双极电导调制晶体管）占主导地位。对于非常大的电力牵引和电网应用，晶闸管仍然是首选的主要器件。这些选择是硅材料特性的直接结果。如果要用禁带更宽的半导体比如 GaN 取代 Si，它可以提供一种不同的器件选择。例如，如果用 GaN 功率 HEMT 或 MOSFET 代替 Si IGBT，则 GaN 晶体管能够在更高的开关频率下工作，从而降低开关能量损耗，同时减小无源元件的尺寸，例如电感以及散热器的尺寸和重量。此外，单极 FET 比双极晶体管具有更好的鲁棒性和坚固性，提供了更好的性能优势。这种情况如图 5.8 所示，其中显示出功率水平与开关频率的关系，并且显示硅器件的约束可以通过 GaN 单极或 SiC 单极/双极功率器件得到消除。

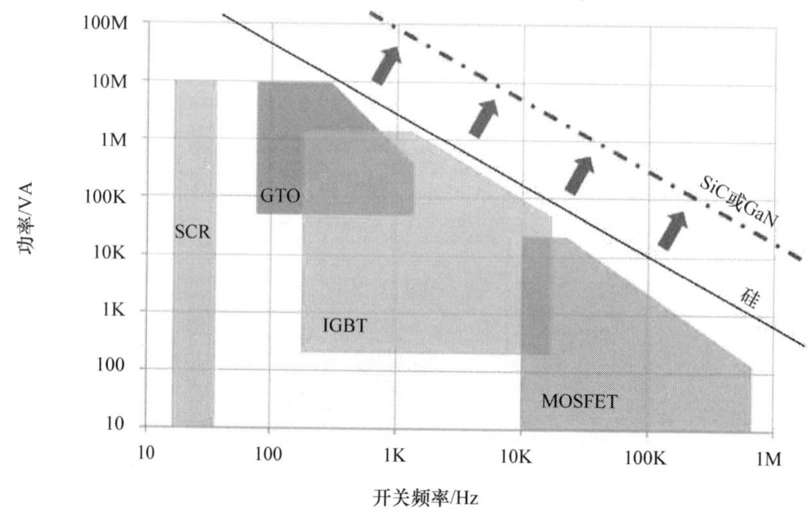

图 5.8　各种电力电子应用的功率与开关频率的关系，根据 Powerex 的应用说明修改

5.2　器件结构和设计

一般来说，高压功率器件结构可分为垂直型和横向型。垂直器件结构往往是分立的，横向器件结构是可集成的，可以在功率 IC 中实现。因为 GaN 晶体管的优势在于高频（RF）放大应用，所以迄今为止商业化的所有功率器件都是横向的，即使它们是作为分立功率晶体管出售时也是如此。

5.2.1　横向结构　★★★

图 5.9a ~ d 显示了几种高压横向 GaN 晶体管结构的横截面示意图。功率 GaN 晶体管的有趣之处在于，因为高质量的 MOS 和异质结界面，它们既可以类似于横向硅功率 MOSFET，也可以类似于 AlGaAs/GaAs 肖特基栅极 HEMT。除了 MOS 沟道外，横向高压 GaN MOSFET 还具有支撑高的漏极电压的轻掺杂漏极区和离子注入的源/漏极区。相比之下，功率 AlGaN/GaN HEMT 具有肖特基栅极控

制的异质结 2DEG 沟道、异质结漂移区和合金源极/漏极接触。在任何一种晶体管中，必须抑制表面电场，以使阻断电压最大。在 MOSHC – HEMT（图 5.9b）中，肖特基金属和 AlGaN 层之间的栅绝缘层显著降低了栅极泄漏电流，特别是在高温下。图 5.9d 所示的 MOS 沟道 HEMT（MOSC – HEMT，以前称为混合 MOS – HEMT[38 – 40]）结合了 MOSFET 和 HEMT 的最佳特性，它有一个用于增强型工作的 MOS 沟道和最小电阻率的异质结漂移区。

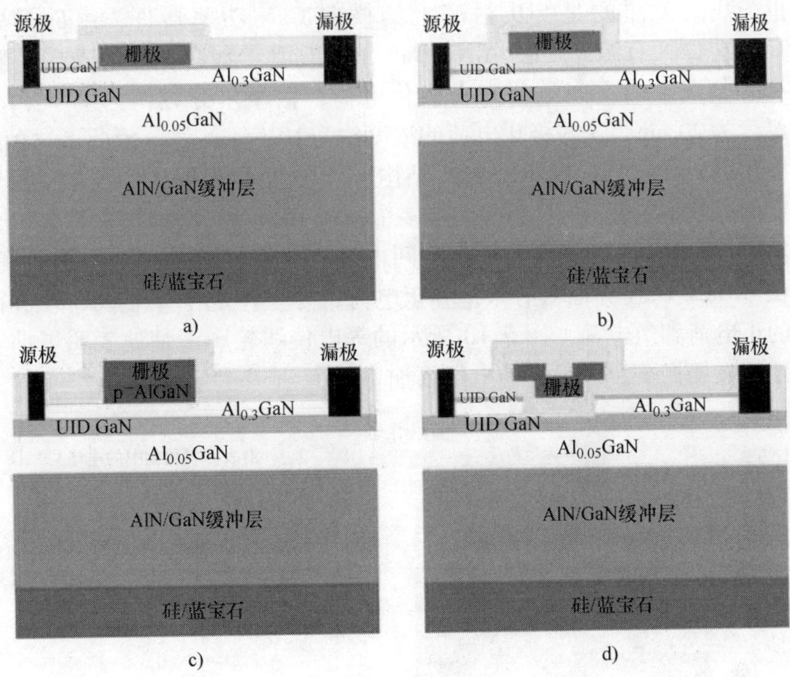

图 5.9　各种高压横向 GaN 功率晶体管结构的截面示意图[5]

减小表面电场（RESURF）原理[41]用于最大化横向高压功率器件的击穿电压，因为它可以重塑和抑制表面电场，并迫使雪崩过程在体结区域中启动。关键的设计参数是漂移区的单位面积空间电荷（N_{RESURF}）$\left(=\int N_{epi}\,dx\right)$。由于横向和垂直 pn 结或 MIS 结[42 – 44]以及 GaN 极化结[5]的相互作用产生的非平面、二维或三维耗尽作用，采用最佳 N_{RESURF} 会导致固有的横向和垂直电场的形成。

为了确定最佳 RESURF 电荷密度（N_{RESURF}），使用高斯定律得到

$$\int \xi \cdot dA \approx \xi \cdot A = -\int \rho \cdot dV/\varepsilon_s = -Q/\varepsilon_s = -qN/\varepsilon_s \tag{5.1}$$

式中，ξ 是耗尽的漂移区中的电场；A 是面积；Q 是封闭的空间电荷总量；ε_s 是半导体介电常数。因为在硅中 $N_{RESURF} = Q_{RESURF}/qA \approx \xi_s/q$ 而 $\xi \approx 1.5 \times 10^5$ V/cm，最佳 N_{RESURF} 约为 $10^{12}/cm^2$，但对于雪崩电场高出 10 倍的 GaN 和 SiC，它约为

$10^{13}/cm^2$。需要额外的功能，如场板，以进一步减少器件的栅/源极或漏极侧附近的表面电场拥挤。此外，RESURF 作用可以通过多种方式实现：①空间电荷可以通过原位外延掺杂、离子注入或极化电荷引入；②衬底可以是半导体（如 Si 或 GaN）、绝缘体（如蓝宝石）或绝缘体/半导体（SOI）结构（如硅/氧化物/硅或 GaN/AlN/硅）上的半导体。实验设计并证明了使用注入或原位掺杂外延 RESURF层的横向高压 GaN MOSFET[45-48]。

这里，我们关注的是 SOI 衬底上的横向 GaN 功率器件，由硅衬底上的 AlGaN/GaN或 GaN 有源外延层/AlN、GaN 或 AlGaN 绝缘缓冲层组成。有趣的是，AlGaN/GaN 情况下的空间电荷来自极化电荷，铝摩尔分数约为 22%，AlGaN/GaN 层厚度为 20 nm，这些极化电荷的浓度约为 $10^{13}/cm^2$[9]。因此，这种结构可以称为极化结或“自然”的 RESURF 结构[49,50]，可以根据 AlGaN 层的厚度以及 GaN 帽层的厚度进行优化[51]。在无限多个平行 RESURF 层的情况下是一个自然超结结构[52]。为了说明漂移区平衡空间电荷的影响，对两种结构进行了仿真，一种是在 AlGaN/GaN 界面具有未饱和正电荷；另一种是在 2 个 AlGaN 界面上具有平衡的正电荷和负电荷。图 5.10 所示的等电位线轮廓清楚地表明了前者的栅极拐角处的电场拥挤，而后者的电场更加均匀[5]。

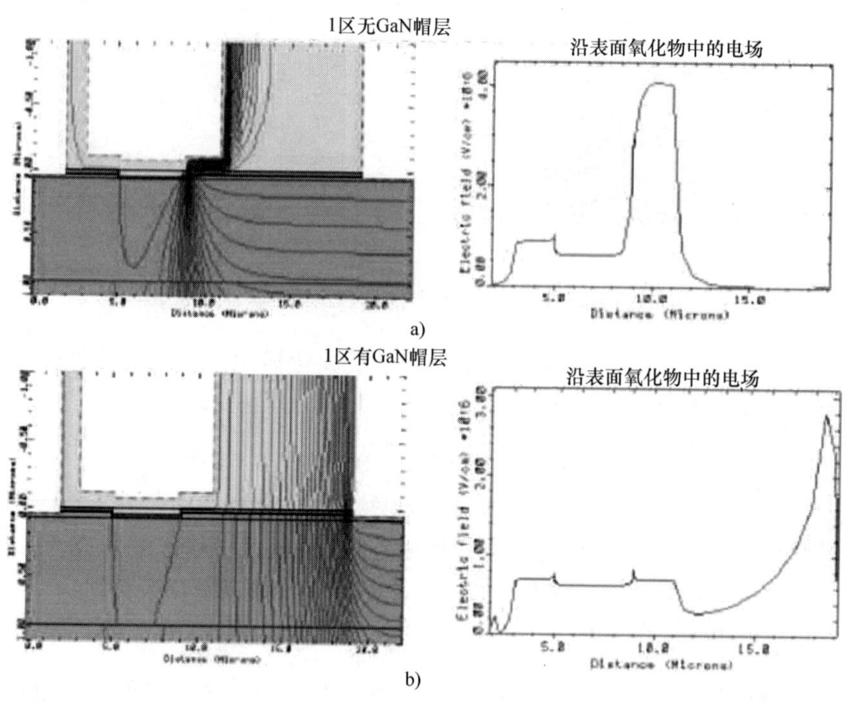

图 5.10 仿真的 a）在 V_{DS}为 40V 电压下无 GaN 帽层，b）在 V_{DS}为 646V 电压下有 GaN 帽层的 1 区 RESURF AlGaN/GaN MOSC－HEMT 的等效电位线分布[39]

除了漂移区电阻外，沟道电阻是下一个主要分量。与传统 HEMT 或 MOSHC－HEMT 相比，MOSC－HEMT 具有更高的沟道电阻，这是因为与 HEMT 或 MOHC－HEMT 中的 2DEG 沟道电子迁移率相比（大约 150 与大约 $1500\mathrm{cm}^2/\mathrm{Vs}$），反型沟道的电子迁移率更低（约 10 倍）。因此，按比例缩小沟道长度可以显著改善导通电阻和导通态性能，特别是对于 MOSC－HEMT[40,53]。此外，对所有高压 AlGaN/GaN HEMT 结构进行了系统的沟道按比例缩小，并评估了其对晶体管性能的影响[53]。这项研究可以定量地确定按比例缩小沟道长度的优势和局限性。此外，为了增强沟道宽度和其他三维沟道效应，已将 FinFET 或三栅极沟道结构应用于 HEMT[54] 和 MOSC－HEMT[55,56]，从而降低了比导通电阻和关断态泄漏电流。

与垂直功率晶体管不同，横向功率晶体管实际上是自隔离的，因为高压漏极区始终是被低压或接地的源区包围。因此，晶体管版图要求最小化电场拥挤，这是由晶体管指状结构的端部区域曲率决定的（单指状结构情况见图 5.11）。大电流器件所需的多指状结构会导致漏结和源结的凸曲率和凹曲率（见图 5.12）。

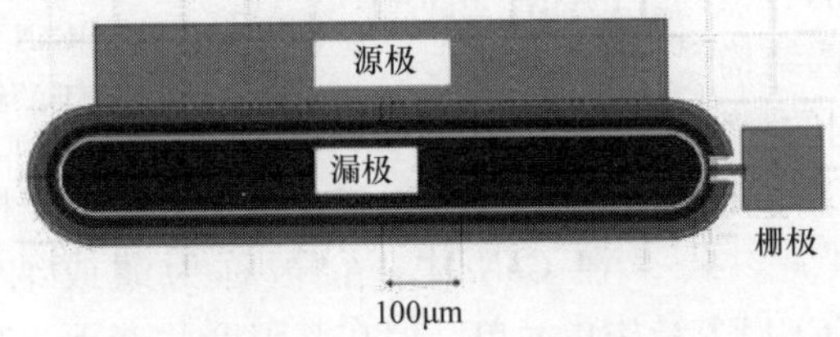

图 5.11 横向 AlGaN/GaN MOSC－HEMT 的单指状结构版图

漏/源极区指状结构的长度和宽度由互连金属方块电阻和由于更细尖端处的三维结曲率引起的击穿电压的退化以及引线键合要求确定的。

由于导电沟道中的部分表面电势钉扎，横向 AlGaN/GaN HEMT 倾向于耗尽型或常开型晶体管。然而，对于功率开关，需要常关型晶体管以防控制信号丢失。为了实现常关型晶体管，提出并演示了低压常关型 Si MOSFET 和高压常开型 AlGaN/GaN HEMT 的混合共封装组合级联对（见图 5.12）[57,58]。这样的一对器件将满足功率晶体管开关的大多数要求。然而，除了额外的芯片和封装成本外，还存在需要解决

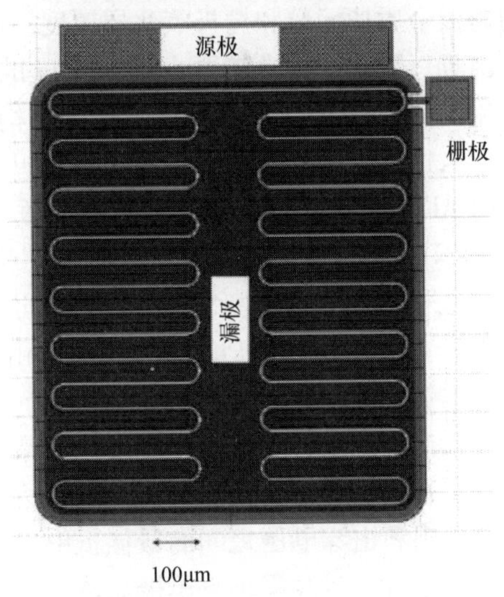

图 5.12 横向 AlGaN/GaN MOSC－HEMT 的多指状结构版图

的寄生互连和鲁棒性问题[59]。

5.2.2 垂直结构 ★★★

垂直功率器件在导通态下传导电流，并在顶端和底端之间以基本一维的方式支撑阻断电压。此外，采用端接结构来抑制器件外围的电场拥挤，以及通过扩展显著降低表面的峰值电场。而且，钝化层用于最小化半导体表面上的固定电荷，以及防止外部电荷穿透到有源半导体区域，并提高长期的可靠性。

图 5.13 显示了迄今为止已通过实验证明的两个垂直功率 GaN FET 的横截面示意图。由于在 GaN 中通过注入和高温退火进行选择性 p⁻掺杂非常困难，因此不使用传统的平面 Si 和 SiC 功率耗尽型 MOSFET（DMOSFET）结构。相反，对于垂直功率 MOSFET，p⁻体区是外延生长的，U 形沟槽 MOSFET（UMOSFET）是首选结构[60-68]。

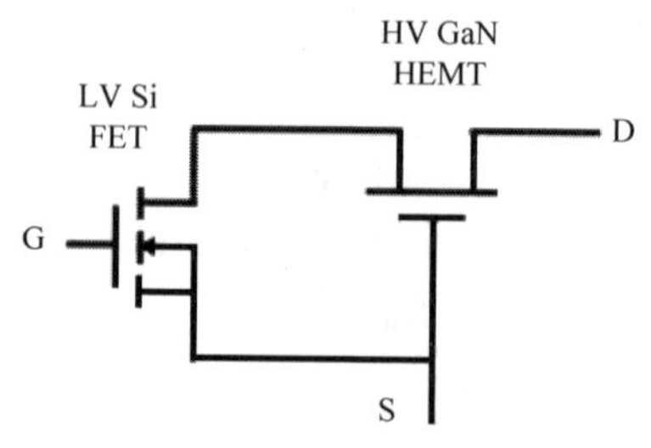

图 5.13　高压 GaN HEMT 和低压 Si 功率 MOSFET 的级联对示意图

UMOSFET 结构的一种变化是完全消除了 p⁻体区。这种 UMOSFET 结构先前已在 Si 和 SiC 中研究过，称为积累型场效应晶体管（ACCUFET）[69-71]。在 GaN 中，它被称为鳍或纳米线场效应晶体管[72-75]。这种 ACCUFET 结构更简单，但在其阻断状态下，其台面区域需要完全耗尽，以防止高的漏极区电势到达源区，并且这种耗尽主要取决于台面侧壁上的栅极金属功函数和栅极氧化层厚度。此外，随着温度的升高，台面夹断变得更加困难。因此，通常需要小于 500nm 的台面宽度，以获得可接受的关断态泄漏电流。由于 GaN 的六方纤锌矿晶体结构，与传统的条形或方形单元几何结构相比，六边形沟槽单元几何结构更为理想。已经研究的另一种功率晶体管结构是将横向 AlGaN/GaN HEMT 调整/修改为垂直晶体管，称为电流孔径垂直电子晶体管（CAVET）（图 5.14b）[76-85]。整体结构类似于垂直 ACCUFET[69]。此外，沟道区域是横向的，通过利用异质结沟道来实现低沟道导通电阻，与横向 GaN HEMTs 中的沟道区类似。高阻断电压由垂直 JFET 区域支撑，该区域实现沟道与漏区电势的电隔离。

无论哪种垂直单极晶体管结构，漂移区都采用三角形电场分布设计，以便当整个漂移区刚刚完全耗尽时，结电场达到雪崩量级。这种电场分布的选择接近于导通电阻和击穿电压之间的最佳折中[2]。

为了进一步改善垂直单极晶体管的 $R_{on,sp}$ 和 BV 的折中，需要使用超结器件，该器件利用二维和三维电场整形来实现阻断时的近似矩形电场分布[86]。垂直 GaN 超结 HEMT 和 MOSFET 的横截面示意图如图 5.15 所示。使用交替的 N⁻和

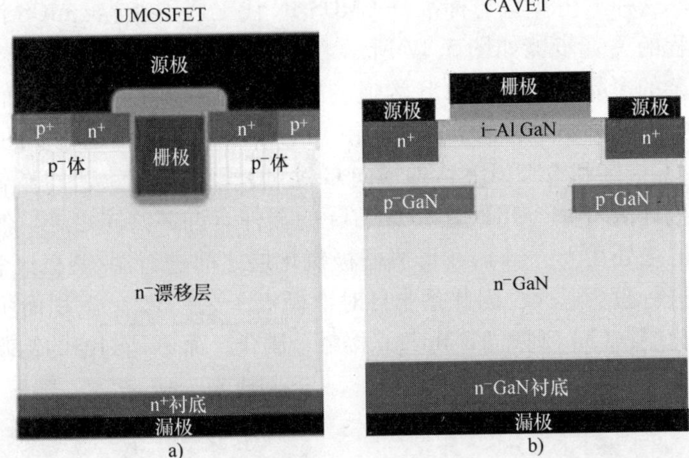

图 5.14　垂直 GaN 功率场效应晶体管结构的横截面示意图：a）UMOSFET，b）CAVET

P^- 掺杂柱作为漂移区，随着漏极偏置的增加，横向和垂直耗尽同时发生，导致比均匀掺杂的漂移区的传统三角形电场分布更均匀的电场。实际上，垂直超结器件可以看作是前面描述的横向多 RESURF 型器件的垂直形式。垂直 GaN 超结晶体管的性能已经预测过[87]，并将在后面进行讨论。

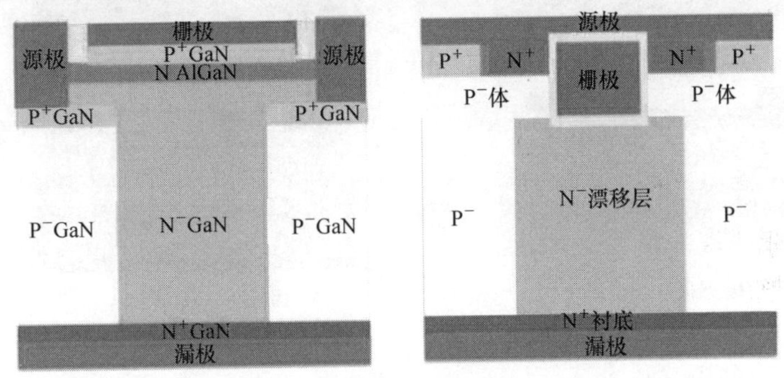

图 5.15　垂直 GaN 超结 HEMT 和 MOSFET 的横截面示意图

5.3　器件的集成工艺

5.3.1　横向集成工艺 ★★★

图 5.16[88]总结了横向功率 AlGaN/GaN HEMT 的典型集成工艺流程的突出特点。该工艺结构与 rf AlGaAs/GaAs HEMT 工艺非常相似，因为它使用剥离金属栅、PECVD 氮化硅钝化、合金接触和金基金属化，有时还使用未钝化的 GaN 或

AlGaN 表面。这种工艺步骤与标准硅 CMOS IC 代工厂不兼容。MOS 沟道 HEMT 集成工艺流程的关键步骤如图 5.17 所示[89]。它采用了硅 CMOS 工艺的一些特点，采用掺杂的多晶硅栅极、MOS 沟道、高温致密的 SiO_2 钝化。然而，栅极和场氧化退火的温度必须足够低，以便不使 AlGaN/GaN 异质结退化。图 5.18 显示了带注入源/漏极区和 RESURF 区的横向 GaN MOSFET 集成工艺的显著特征[46]。它与用于制造硅横向 RESURF 型 MOSFETs 的器件有许多共同之处。然而，它与硅工艺的不同之处在于：(1) 在形成栅极氧化层之前进行源/漏极区和 RESURF 注入，然后进行激活退火，因此是非自对准栅极工艺；(2) 沉积而不是热生长栅极和场氧化层；(3) 剥离 Ti/Mo/Au 接触金属化，而不是刻蚀的铝基金属化。

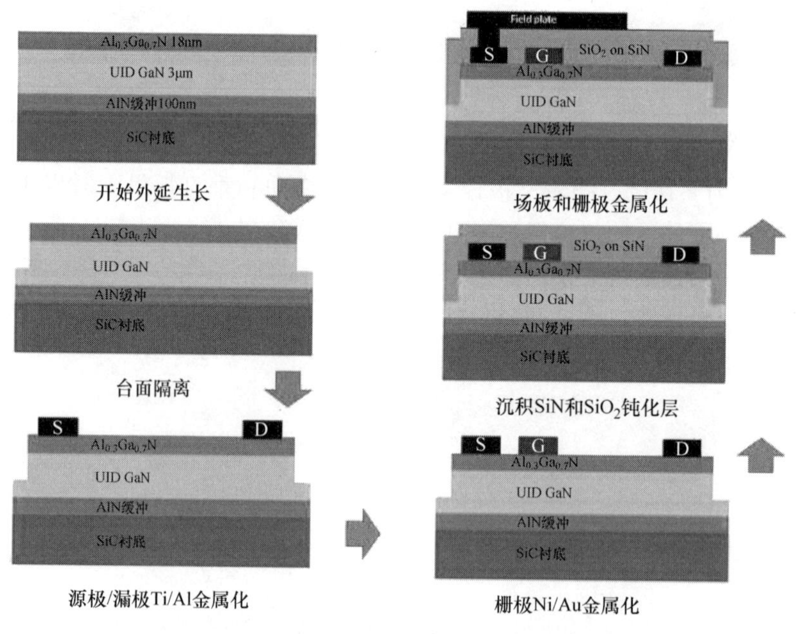

图 5.16 横向 AlGaN/GaN HEMT 的集成工艺流程

为了使横向 AlGaN/GaN HEMT 工艺与硅代工厂工艺更兼容，已经进行了一些尝试，例如铝基金属化[90]。此外，与碳化硅不同的是，最高工艺温度在标准硅 CMOS 代工厂的范围内，不用购买额外的高温退火或氧化设备。

5.3.2 垂直集成工艺 ★★★

如前所述，迄今为止通过注入和退火进行选择性控制的 p^- 掺杂是非常困难的。此外，GaN 中唯一可行的受主掺杂剂是镁。因此，垂直 GaN 功率晶体管的工艺结构涉及原位掺杂 Mg 的 p^- 层；另外，简并掺杂的 n^- 区域可以通过高剂量硅注入完成，然后用 SiO_2 帽层进行短时间的 1100℃ 氩气退火，从而基本上实现

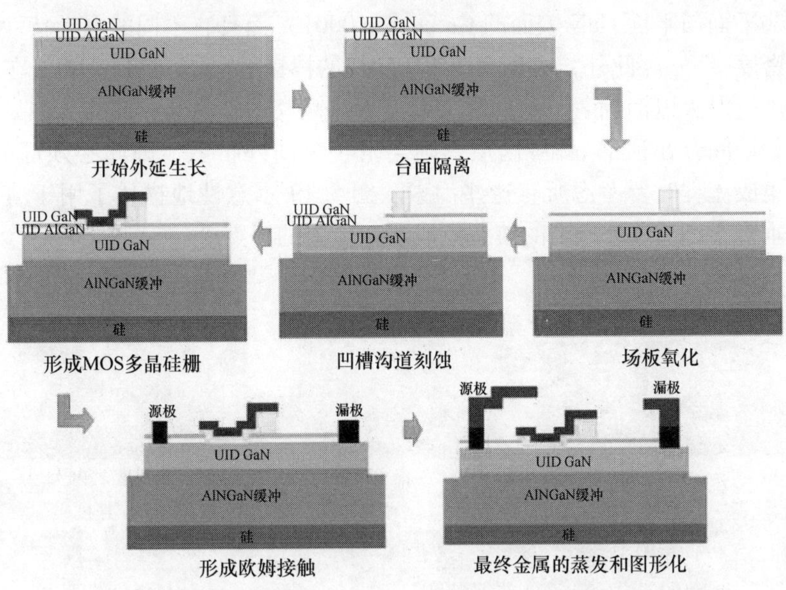

图 5.17　横向 AlGaN/GaN MOS 沟道 HEMT 的集成工艺流程[89]

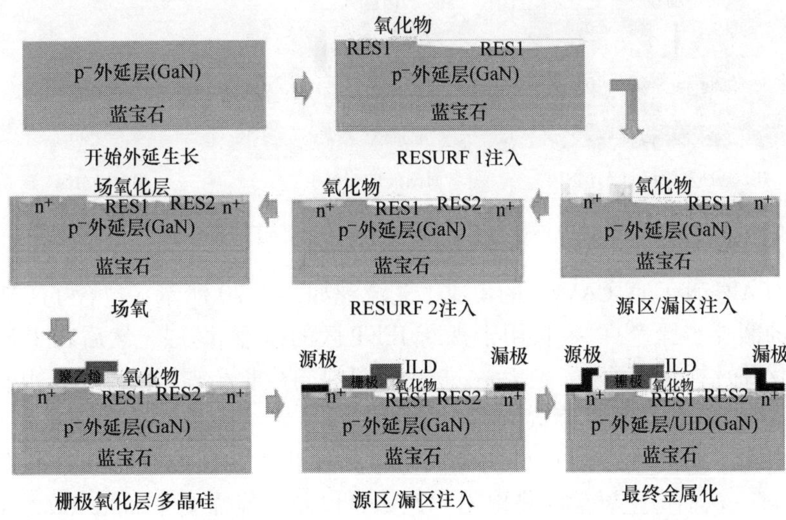

图 5.18　带注入源/漏极区和 RESURF 区的横向 GaN MOSFET 的集成工艺流程

激活[66]。因此，n^+源区可以外延生长或注入形成。沟槽形成所需的各向异性刻蚀采用氯基等离子体，通常含有 BCl_3，然后使用 TMAH 进行湿法刻蚀，从而使得干法刻蚀留下的不均匀侧壁残留部分变得平滑。另一个复杂因素是 Ga 纤锌矿结构的六方性质。六边形沟槽可以形成在 m 或（$1\bar{1}00$）或 a（$11\bar{2}0$）平面上，并且这些平面与平面 GaN 表面的 Ga 面或（0001）面具有不同的电学特性，例如界面态密度[29,30]。此外，对于 MOCVD 生长的掺镁 p^- 层，650～700℃在氧气或空气中进行退火以消除氢，从而最大限度地提高镁的电激活。此外，如果在这一退火步骤期间存在顶部 n^+ 源区层，则会阻止氢向外扩散，因此必须部分去除。在设计集成流程时要考虑所有这些因素。图 5.19 示意性地描述了用于演示原型器件的垂直 GaN UMOSFET 的典型集成制造工艺的要点[65]。

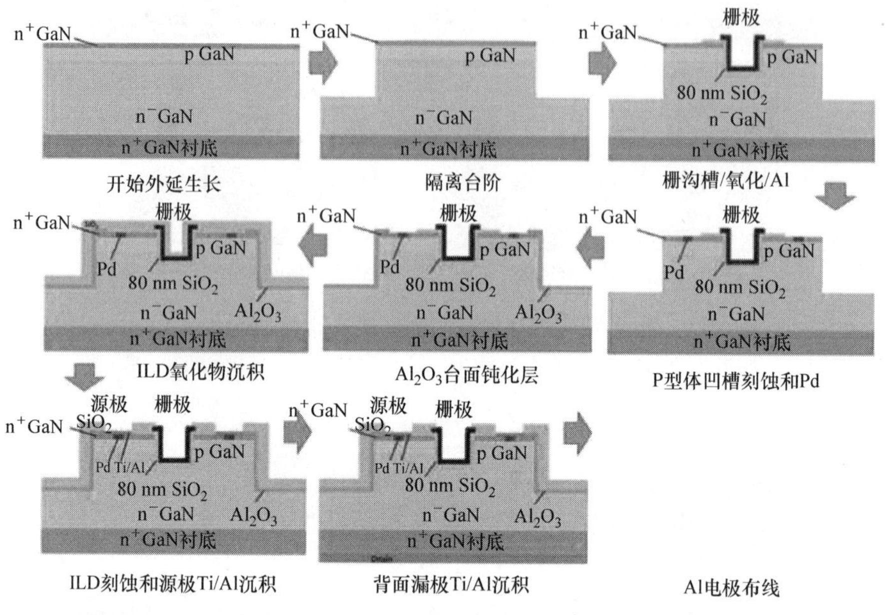

图 5.19　垂直 GaN UMOSFET 的集成工艺流程

平面 AlGaN/GaN CAVET 的集成工艺流程如图 5.20 所示，包含了 UMOSFET 中没有的额外步骤[60]。生长用于夹断 JFET 区的掩埋 p^- 层，然后在 JFET 区域中图形化并选择性刻蚀掉。然后，进行 n^- 外延再生长步骤以过度生长由 p^- 层和刻蚀的 n^- 区组成的非平面表面。AlGaN/GaN 异质结随后在该平面或平面化的 n^- 层上生长。该再生步骤中的主要问题包括从相邻的镁掺杂区域中自掺杂 n^- JFET 区域，从而产生补偿的高电阻率区域，以及可能需要平面化（如化学机械抛光）的再生长 n^- 层的表面。此外，如果需要沟槽 CAVET 结构，则需要一个额外的各向异性、可控的倾斜 GaN 刻蚀步骤。此外，AlGaN 在倾斜 GaN 区域上的伪晶生长与在平面区域上的生长不同，两者都需要同时优化。非平面 AlGaN/GaN CAVET 的集成工艺流程如图 5.21 所示[82]。与图 5.19 中所述的 UMOSFET 工艺相比，将该 CAVET 工艺细化和扩大到大批量器件制造将更加困难。

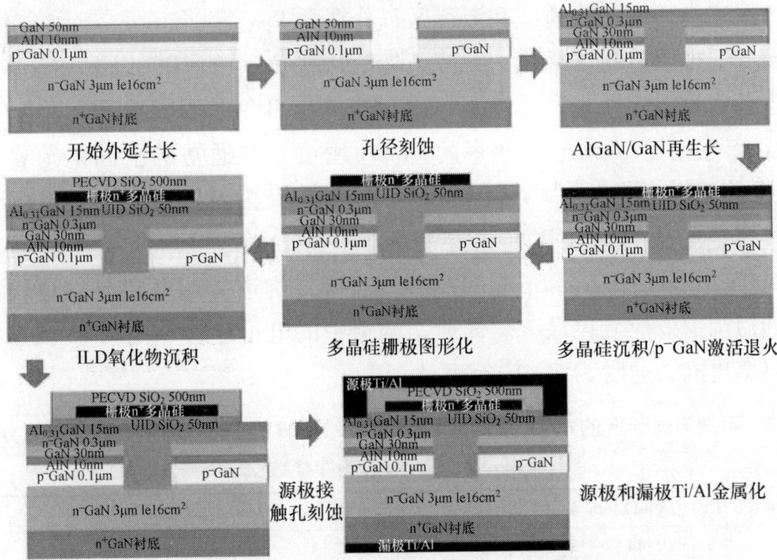

图 5.20　平面 AlGaN/GaN CAVET 的集成工艺流程

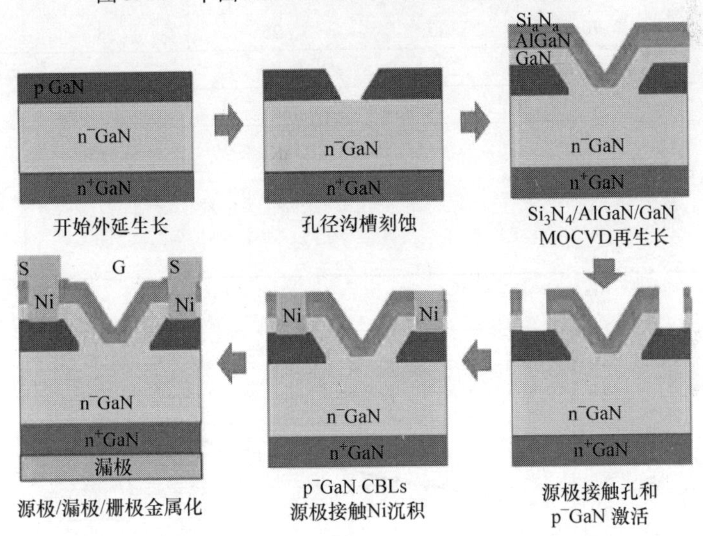

图 5.21　非平面 AlGaN/GaN CAVET 的集成工艺流程[82]

5.4 器件性能

5.4.1 静态特性 ★★★

表 5.2 估算了确定 600V 横向 AlGaN/GaN HEMT 总比导通电阻（$R_{on,sp}$）的各种主要导通电阻分量，图 5.22 显示了比导通电阻与沟道长度的关系。主要导

通电阻分量来自接触、沟道区和漂移区，分别由 R_C、R_{ch}和 R_{drift}表示。对源和漏接触的比导通电阻进行了优化，并使其降低到总 $R_{on,sp}$的 10% 以下。漂移区分量由极化电荷密度确定，也就是前面讨论过的产生 BV 的 RESURF 空间电荷密度，但它也会产生指定导通态电导率的 2DEG 密度。对通常的空间电荷密度 10^{13} cm^{-2}，迁移率为 1500cm^2/Vs，其比导通电阻仅为 0.2mΩ/cm^2。RESURF 规则[41-44]规定的漂移区长度与击穿呈线性关系。对于 1mV/cm 的表面击穿电场[7]，600V HEMT 只需要 6μm 的漂移区长度。沟道导通电阻与沟道长度成正比，直到短沟道效应变得显著。异质结沟道中的电子迁移率比 MOS 反型沟道中电子迁移率更高，通常为 5~10 倍。

表 5.2　不同沟道长度的 600V 横向 AlGaN/GaN HEMT 中的各种总比导通电阻分量，以及假定结构的器件参数

L_{ch}/μm	$R_{on,sp}$/(mΩ/cm^2)	R_S(%)	R_{ch}(%)	R_{drift}(%)	$f_{m,IG}$/MHz
0.3	0.44	22	3	75	552
1	0.50	20	10	70	469
3	0.70	17	25	58	313
设计参数					
拓扑结构					线性
2DEG 密度					1e13q/cm^2
2DEG 沟道迁移率					1500cm^2/Vs
设定的 E_C，横向					1MV/cm
击穿电压					700V

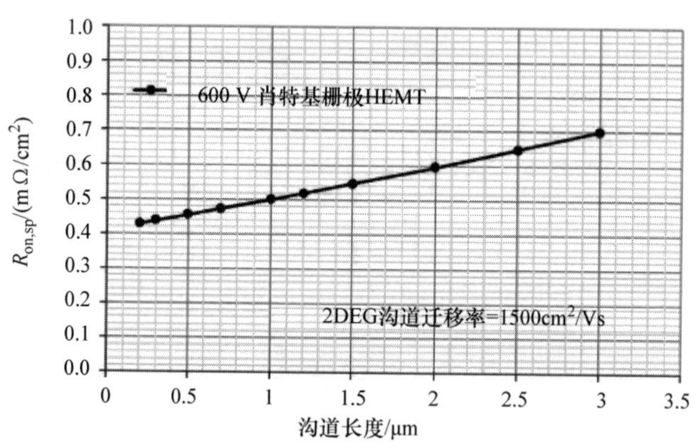

图 5.22　估算的 600V 横向 AlGaN/GaN HEMT 的比导通电阻与沟道长度的关系

然而，通过将沟道长度缩小到深亚微米尺寸（<0.5μm）[39,40,53]，可以使 MOS 沟道 HEMT 与异质结 HEMT 竞争。表 5.3 估算了 600V 横向 AlGaN/GaN

MOS 沟道 HEMT 的各个比导通电阻分量，图 5.23 说明了比导通电阻与沟道长度的关系。此外，可以利用三栅极或 FinFET 型结构的三维效应，进一步将沟道导通电阻降低约 3 倍，并抑制短沟道效应[55,56]。（三栅极概念首先在具有传统 AlGaN/GaN HEMT 的 GaN 中得到证明[54]。）此外，在蓝宝石衬底上实现了在漂移区具有多个 RESURF 层的横向 GaN 器件，其将漂移层比导通电阻降低的倍数等于 RESURF 层数[52]。

表 5.3　不同沟道长度的 600V 横向 AlGaN/GaN MOS 沟道 HEMT 中估算的各个比导通电阻分量，以及假设结构的器件参数

L_{ch}/μm	$R_{on,sp}$/(mΩ/cm²)	R_S(%)	R_{ch}(%)	R_{drift}(%)	$f_{m,IG}$/MHz
0.3	0.76	12	44	43	322
1	1.7	6	73	21	149
3	4.7	2	89	0	52
设计参数					
拓扑结构					线性
栅极氧化层厚度					50nm
MOS 沟道迁移率					100cm²/Vs
2DEG 密度					1e13q/cm²
2DEG 沟道迁移率					1500cm²/Vs
栅极电压					15V
阈值电压					0.5V
设定的 E_C，横向					1MV/cm
击穿电压					700V

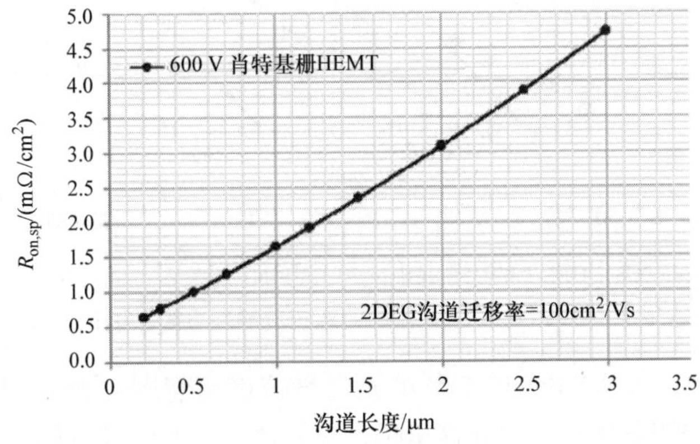

图 5.23　估算的 600V 横向 AlGaN/GaN MOS 沟道 HEMT 的比导通电阻与沟道长度的关系

级联 Si MOSFET/AlGaN/GaN HEMT 对的导通电阻是 2 个组成晶体管导通电阻的串联组合。由于 Si MOSFET 是低压器件（通常 BV 为 30V），其导通电阻仅为 GaN HEMT 的一小部分（< 10%）。此外，它的尺寸可以做得更大以减少 R_{on}，但代价是更大的输入电容。

有趣的是，与垂直功率器件相比，横向 RESURF 功率器件的比导通电阻与击穿电压的相关性不同。对于横向 RESURF 器件，可以证明，在理想情况下，当器件漂移层电阻占主导地位时，$R_{on,sp} \propto (BV)^n$，其中 n 的范围为 1～1.3 或更高，取决于硅[91,92]和 GaN[93]的掺杂分布、载流子迁移率、掺杂相关的临界电场和衬底特性（结与 SOI）。

这种相关性与一维垂直器件的 n 值为 2.4～2.6，以及横向 RESURF 器件根据 BV 和漂移长度的导通电阻相关性推导的常规值 2 有很大不同。然而，对于硅上的横向 GaN HEMT，可视为功能等同于 SOI RESURF 结构，2DEG 迁移率和击穿电场不取决于漂移层掺杂，当横向空间电荷（极化或掺杂电荷）浓度分布不均匀时，最终 n 值可以接近 1[92]。已经证明，可以通过改变 GaN 帽层厚度来改变 AlGaN/GaN 异质结处的极化电荷浓度[51]。实验上，横向 AlGaN/GaN HEMT 的比导通电阻与击穿电压的关系如图 5.24 所示。已从报告的 BV 范围为 30V～1kV 的数据中提取出 n 的经验值大约为 1.3。

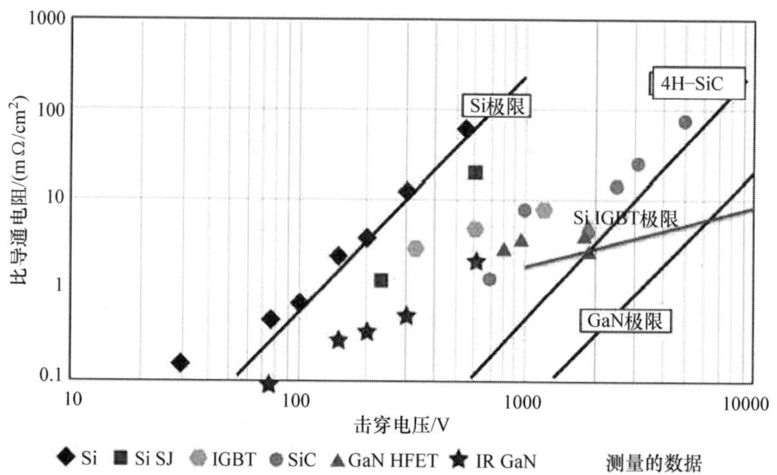

图 5.24　横向 AlGaN/GaN HEMT 的比导通电阻与击穿电压的关系。可以看出，实验数据得出的 n 值大约为 1.3。还显示了 Si 和 GaN 垂直器件的理想比导通电阻，以供比较，源自文献［94］

垂直的 600V GaN UMOSFET 半单元的横截面示意图和俯视图如图 5.25 所示。虽然沟道电阻和漂移电阻在这里仍占主导地位，但由台面和沟槽宽度确定的漂移层中的电流扩展与横向 HEMT 或 MOSFET 中的不同。此外，给出了使用或假设的典型器件设计参数。图 5.26 显示了 600V 垂直 GaN UMOSFET 的比导通电

阻随沟道长度和迁移率的变化曲线。在表 5.4 中，列出了 600V 垂直 GaN UMOSFET 中作为沟道长度函数的这些不同电阻分量以及最大开关频率。沟道导通电阻显然是最重要的组成部分之一，可以达到总电阻的 50% 或更多。表 5.5 总结了 1200V GaN UMOSFET 的导通电阻分量和最大开关频率。可以看出，漂移区变得更为主要，并且总比导通电阻对沟道电阻和沟道长度的依赖性更小（见图 5.28）。另一种类似的垂直 GaN UMOSFET 是 ACCUFET 或 FINFET。它还具有与传统 GaN UMOSFET 类似的导通电阻分量。然而，由于缺少阻断 pn 结，ACCUFET 的台面设计更加严格，而台面耗尽完全取决于 MOS 栅极参数以及台面宽度和掺杂。

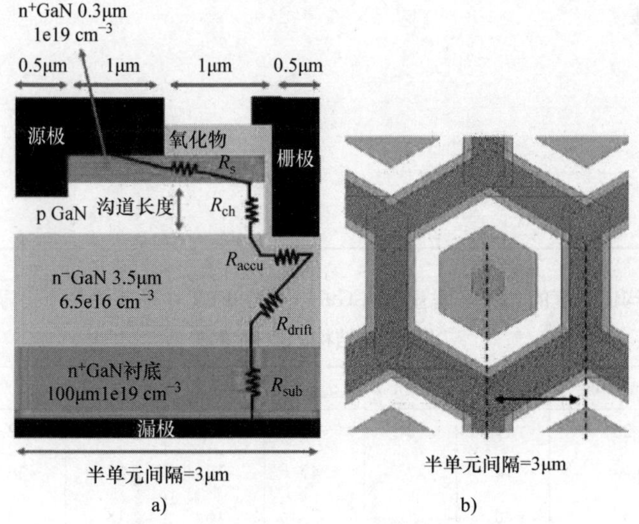

图 5.25　a）垂直的 600V GaN UMOSFET 半单元的横截面示意图和 b）六边形单元的俯视图

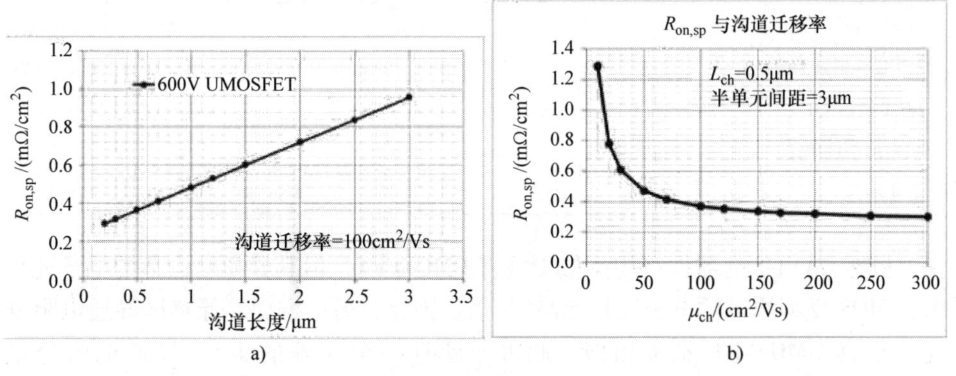

图 5.26　估算的 600V 垂直 GaN UMOSFET 的比导通电阻是 a）100cm²/Vs 沟道迁移率的沟道长度和 b）0.5μm 沟道长度的沟道迁移率的函数

表 5.4　不同沟道长度的 600V 垂直 GaN UMOSFET 中估算的各个比导通电阻分量，以及假定结构的器件参数

L_{ch}/μm	$R_{on,sp}$/(mΩ/cm²)	R_S(%)	R_{ch}(%)	R_{accu}(%)	R_{drift}(%)	R_{sub}(%)	$f_{m,IG}$/MHz
0.3	0.30	6	24	22	20	28	532
1	0.46	4	51	14	13	18	288
3	0.94	2	76	7	6	9	98

设计参数	
拓扑结构	六边形
栅极氧化层厚度	50nm
沟道迁移率	100cm²/Vs
栅极电压	15V
阈值电压	4V
积累层扩展因子	0.6
击穿电压	700V

表 5.5　不同沟道长度的 1200V 垂直平面 GaN UMOSFET 中估算的各个比导通电阻分量，以及假定结构的器件参数

L_{ch}/μm	$R_{on,sp}$/(mΩ/cm²)	R_S(%)	R_{ch}(%)	R_{accu}(%)	R_{JEFT}(%)	R_{drift}(%)	R_{sub}(%)	$f_{m,IG}$/MHz
0.3	0.20	11	2	4	18	23	42	321
1	0.4	14	7	4	18	21	36	294
3	0.37	20	20	3	16	18	23	217

设计参数	
拓扑结构	六边形
2DEG 沟道密度	1e13q/cm²
2DEG 沟道迁移率	1500cm²/Vs
JFET 区掺杂	1e16cm⁻³
积累层扩展因子	0.6
击穿电压	700V

虽然 CAVET 的器件结构类似于垂直 DMOSFET，但其异质结沟道的电子迁移率比 MOS 反型沟道的电子迁移率高 10 倍。因此，另一方面，漂移区导通电阻分量与垂直 UMOSFET 非常相似。此外，还有一个额外的 JFET 导通电阻分量 R_{JFET}，由相邻 p^- 区之间的间距决定。由于单元间距的按比例减小，该导通电阻分量随着 JFET 间距的减小而急剧上升。给出了 600V 和 1200V GaN CAVET 的典

型单元设计，并描述了导通电阻分量。在表 5.6 和表 5.7 中，给出了 600V 和 1200V GaN CAVET 的各种导通电阻分量和最大开关频率。600V GaN 与 1200V GaN UMOSFET 和 1200V GaN CAVET 晶体管的比导通电阻与沟道长度和迁移率的关系如图 5.27 ~ 图 5.29 所示。由于 JFET 分量，这种晶体管结构比传统的 UMOSFET 更难实现小的单元间距。

表 5.6　不同沟道长度的 600V 垂直 GaN CAVET 中估算的各个比导通电阻分量，以及假定结构的器件参数

L_{ch}/μm	$R_{on,sp}$/(mΩ/cm²)	R_S(%)	R_{ch}(%)	R_{accu}(%)	R_{drift}(%)	R_{sub}(%)	$f_{m,IG}$/MHz
0.3	0.54	3	13	12	56	16	321
1	0.71	3	34	9	43	12	204
3	1.2	2	60	5	26	7	82

设计参数	
拓扑结构	六边形
栅极氧化层厚度	50nm
沟道迁移率	100cm²/Vs
栅极电压	15V
阈值电压	4V
积累层扩展因子	0.6
击穿电压	1400V

表 5.7　不同沟道长度的 1200V 垂直平面 GaN CAVET 中估算的各个比导通电阻分量，以及假定结构的器件参数

L_{ch}/μm	$R_{on,sp}$/(mΩ/cm²)	R_S(%)	R_{ch}(%)	R_{accu}(%)	R_{JEFT}(%)	R_{drift}(%)	R_{sub}(%)	$f_{m,IG}$/MHz
0.3	0.42	5	1	2	9	63	20	167
1	0.46	7	4	2	9	60	18	162
3	0.62	12	12	2	10	50	14	139

设计参数	
拓扑结构	六边形
2DEG 沟道密度	1e13q/cm²
2DEG 沟道迁移率	1500cm²/Vs
JFET 区掺杂	1e16cm⁻³
积累层扩展因子	0.6
击穿电压	1400V

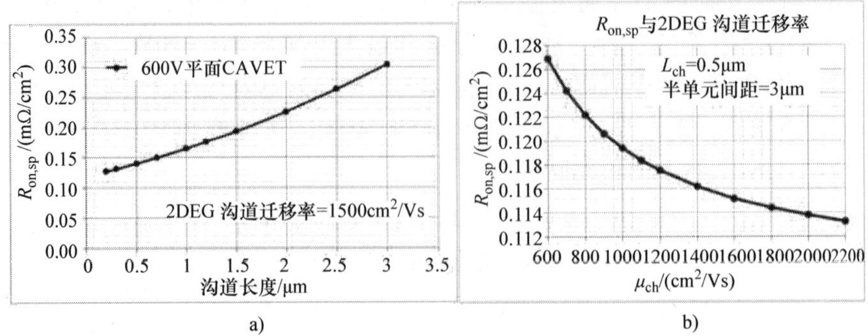

图 5.27 估算的 600V 垂直 GaN 腔的比导通电阻是 a) 1500cm²/Vs 沟道迁移率的沟道长度和 b) 0.5μm 沟道长度的沟道迁移率的函数

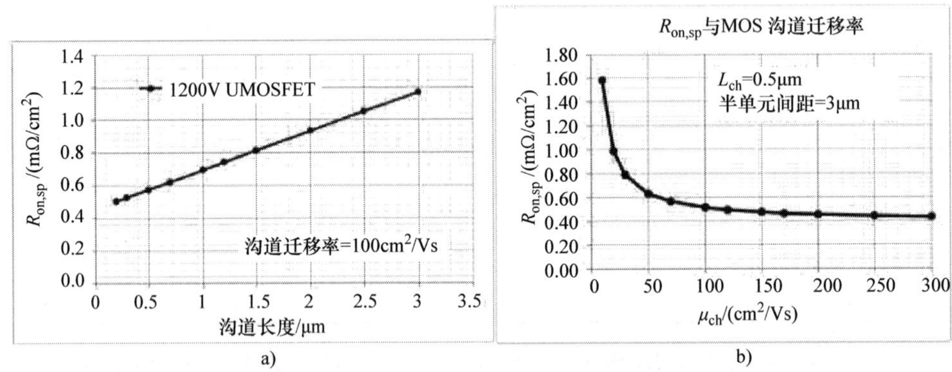

图 5.28 估算的 1200V 垂直 GaN UMOSFET 的比导通电阻是 a) 沟道迁移率为 100cm²/Vs 的沟道长度和 b) 沟道长度为 0.5μm 的沟道迁移率的函数

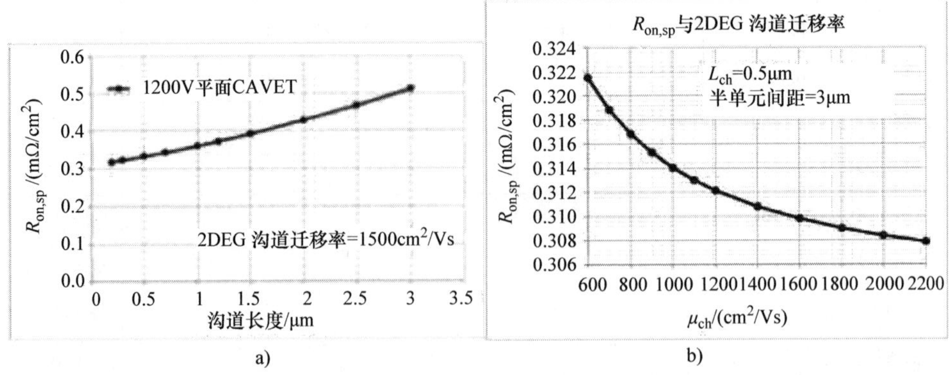

图 5.29 估算的 1200V 垂直 GaN CAVET 的比导通电阻是关于 a) 1500cm²/Vs 沟道迁移率的沟道长度和 b) 0.5μm 沟道长度的沟道迁移率的函数

已经对 5 ~20kV GaN 垂直超结 HEMT 进行过系统的设计和优化[87]。在漂移层厚度固定的情况下，通过改变 p^- 柱和 n^- 柱的掺杂和宽度，可以优化击穿电压和比导通电阻，如图 5. 30 所示[87]。柱内电荷平衡对击穿电压和漂移层比导通电阻的影响如图 5. 31所示[87]。可以看出，为了将 BV 退化控制在 10% 以内，只允许 10% 的掺杂偏差。图 5. 31显示了具有不同柱宽度的垂直 GaN 超结 HEMT 的漂移层和总比导通电阻。很明显，对于 5kV 以上的 BV，GaN 垂直超结 HEMT 优于 GaN 常规垂直 HEMT[87]。

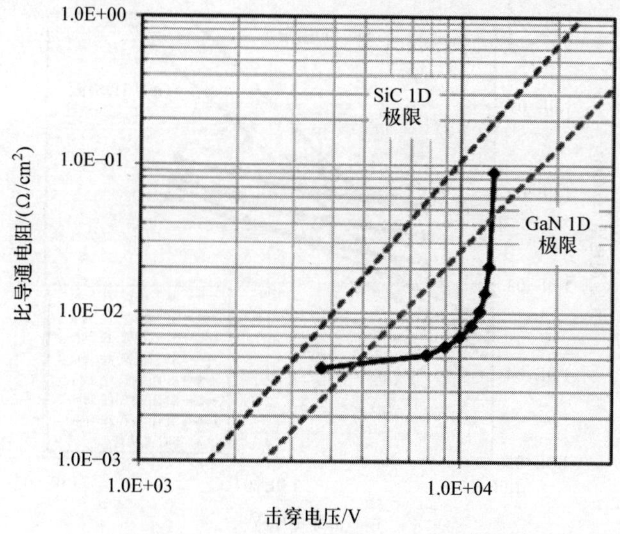

图 5. 30　60μm 漂移层厚度、8μm 半柱宽度和不同柱掺杂的 GaN 超结器件的漂移层比导通电阻与击穿电压的关系[87]

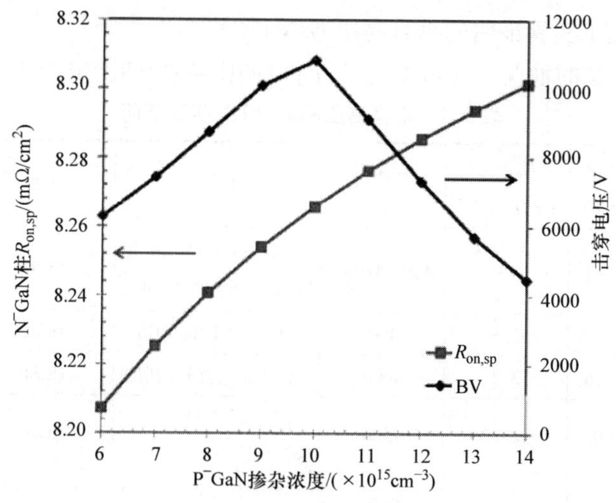

图 5. 31　GaN 超结器件中柱掺杂浓度对击穿电压和漂移层比导通电阻的影响[87]

虽然$R_{on,sp}$和BV关系的n指数通常为2.5左右，但它可能由于两个原因而偏离该值。首先，与硅相比，对于相同的击穿电压，GaN的漂移层掺杂大约高出2个数量级（例如，1kV GaN晶体管的掺杂大约为$10^{16}cm^{-3}$，而硅晶体管的掺杂则大约为$10^{14}cm^{-3}$）。由于杂质散射，随着掺杂浓度的增加，体载流子迁移率开始下降，导致n值减小。其次，如果采用超结结构，其中均匀掺杂的漂移区由掺杂浓度更高且相等的交替n区和p区代替，则比导通电阻与击穿电压线性相关（见图5.32）。

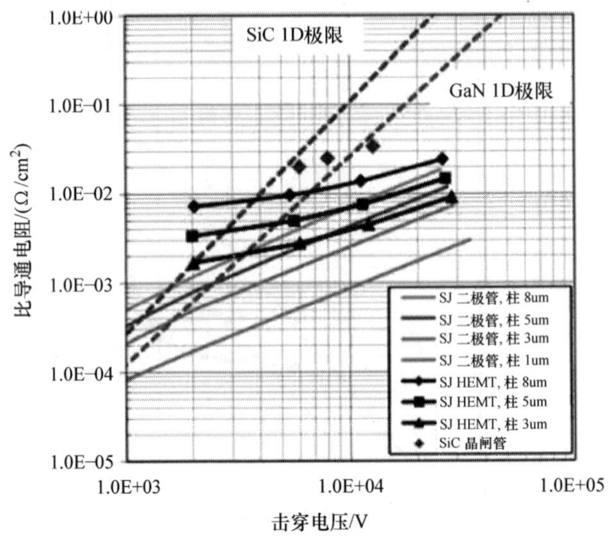

图5.32　具有不同的柱宽度和掺杂，对固定柱空间电荷剂量为$8\times10^{12}cm^{-2}$的不同的柱宽度和掺杂，垂直GaN超结HEMT的漂移层和总比导通电阻与BV的关系[87]

表5.8总结了实验证明的垂直高压GaN FET[60,62,64,65,67,68,73-76,81,84,85]。图5.33显示了常规和超结的垂直GaN FET功率晶体管的比导通电阻与击穿电压的关系。

表5.8　垂直高压GaN FET实验证明

器件	BV/(V)	V_T/(V)	$R_{on,sp}$/(mΩ/cm²)	$I_{DS,max}$/(A/cm²)	特点	机构	年份	参考文献
CAVET	—	−4	13	430mA/mm	AlGaN/GaN 沟道 $I_{DS,max}$=430mA/mm	UCSB	2002	[76]
CAVET	—	−16	2.6	400	MOS−HEMT沟道	Toyota	2007	[60]
CAVET	250	−6	2.2	4000	注Mg电流阻挡层	UCSB	2012	[79]
CAVET	1500	+0.5	2.2	1500	p^+ GaN栅极AlGaN/GaN沟道	Avogy	2014	[80]
VHFET	672	−1.1	7.6	267	再生长AlGaN/GaN沟道	Sumitomo Electric	2010	[83]

（续）

器件	BV/(V)	V_T/(V)	$R_{on,sp}$/(mΩ/cm²)	$I_{DS,max}$/(A/cm²)	特点	机构	年份	参考文献
VHFET	1700	+2.5	1.0	4000	p^- GaN 栅极截断的 V 形 AlGaN/GaN 沟道	Panasonic	2016	[84]
UMISFET	180	+10	—	0.5mA/mm	m 面沟道 SiN 栅介质	Tayota	2008	[62]
UMOSFET	1200 1300	+3.5 +3.5	18 3.4	2100 1000	SiO_2 栅极介质、反型 MOS 沟道、六边形单元	Toyoda Gosei	2015 2016	[64] [65]
UMISFET	600	+4.8	8.5	420	SiN 栅极介质、六边形单元	HRL	2016	[67]
UMOSFET	990	+3	2.6	700	Al_2O_3 栅极介质、反型 MOS 沟道	UCSB	2017	[68]
FinFET	800	+1.5	4.4(0.36)	1390(17000)	钼栅极、Al_2O_3 栅极介质、积累 MOS 沟道	MIT	2017	[73]
纳米线 FET	140	+1.2	2.2	314mA/mm	环栅极 PEALD、SiO_2 栅极介质	TU Braunsch－weig	2016	[74]
FinFET/纳米线 FET	513 在 V_{GS} = －15V 时	<0.5	0.4(用栅面积而不是器件面积进行归一化)	12000(用栅面积而不是器件面积进行归一化)	ALD Al_2O_3 栅极介质	Cornell	2017	[75]

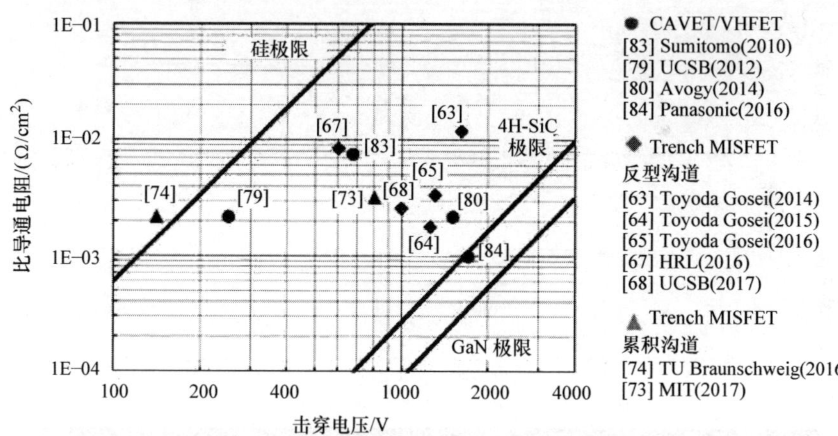

图 5.33　垂直 GaN UMOSFET 和 CAVET 的比导通电阻与击穿电压的关系

5.4.2　动态开关 ★★★

功率晶体管的开关取决于负载和栅极驱动电路，其开关特性由开关能量和时间决定。由于所有 GaN 功率晶体管都是单极性的，因此本征导通状态和栅极电阻以及非本征电感和电阻共同决定了它们的开关行为，这与硅功率 MOSFET 的开关行为类似[2,95-98]。

图5.34和图5.35显示了晶体管在600V和1200V、10 A典型负载条件下，横向HEMT和MOSC-HEMT，以及垂直UMOSFET和CAVET的开关性能的数值

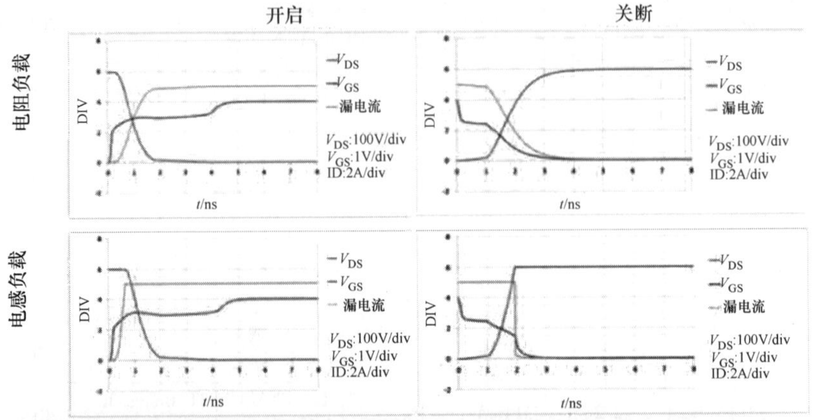

	负载	t_{on}/ns	t_{off}/ns	E_{on}/μJ	E_{off}/μJ	E_{total}/μJ
600V p^- GaN栅HEMT	电阻	1.5	2.8	1.5	2.4	3.9
	电感	0.6	2.0	4.6	2.5	7.1

a)

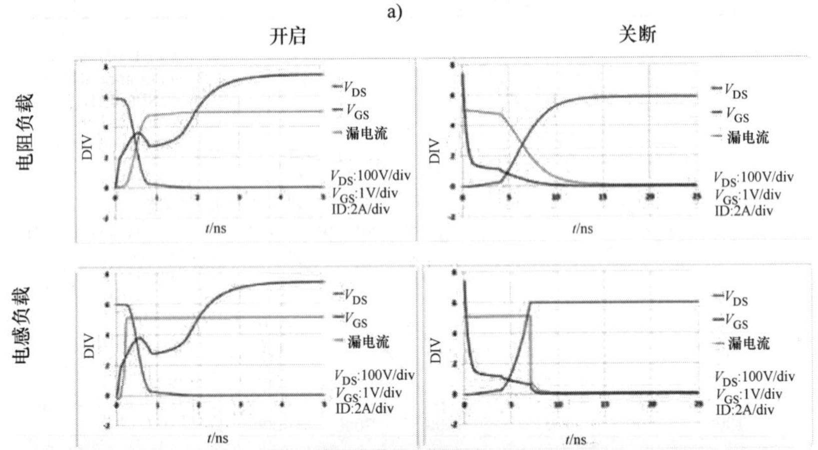

	负载	t_{on}/ns	t_{off}/ns	E_{on}/μJ	E_{off}/μJ	E_{total}/μJ
600V p^- GaN栅HEMT	电阻	0.7	10.5	0.7	8.5	9.2
	电感	0.2	7.5	2.2	9.5	11.7

b)

图5.34 在电阻和电感（$L=120\mu H$）负载条件下，栅极电阻为0.5Ω的600V、10A GaN a）横向HEMT和b）横向MOSC-HEMT

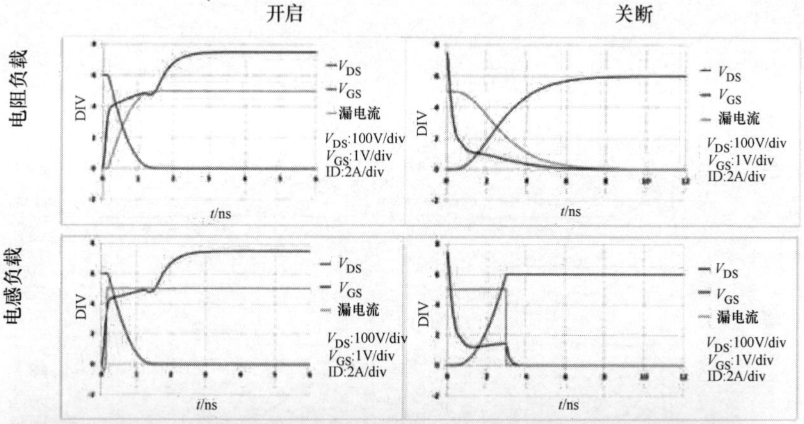

	负载	t_{on}/ns	t_{off}/ns	E_{on}/μJ	E_{off}/μJ	E_{total}/μJ
600V p⁻ GaN栅HEMT	电阻	1.5	2.8	1.5	2.4	3.9
	电感	0.6	2.0	4.6	2.5	7.1

c)

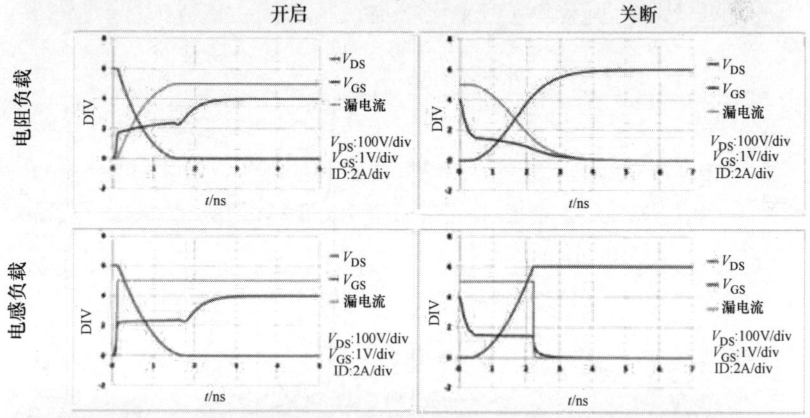

	负载	t_{on}/ns	t_{off}/ns	E_{on}/μJ	E_{off}/μJ	E_{total}/μJ
600V p⁻ GaN栅HEMT	电阻	0.7	10.5	0.7	8.5	9.2
	电感	0.2	7.5	2.2	9.5	11.7

d)

图 5.34　在电阻和电感（$L=120\mu H$）负载条件下，栅极电阻为 0.5Ω 的 600V、10A GaN c）垂直 UMOSFET 和 d）垂直 CAVET 的开关波形[98]（续）

仿真结果比较[98]。由于横向 HEMT 和垂直 CAVET 的高沟道迁移率和低栅极电容，它们具有比 MOS 沟道更低的开关能量。此外，由于有更好和更小的有源区面积，垂直 CAVET 优于横向 HEMT。这些趋势在 600V 和 1200V 情况下都成立。

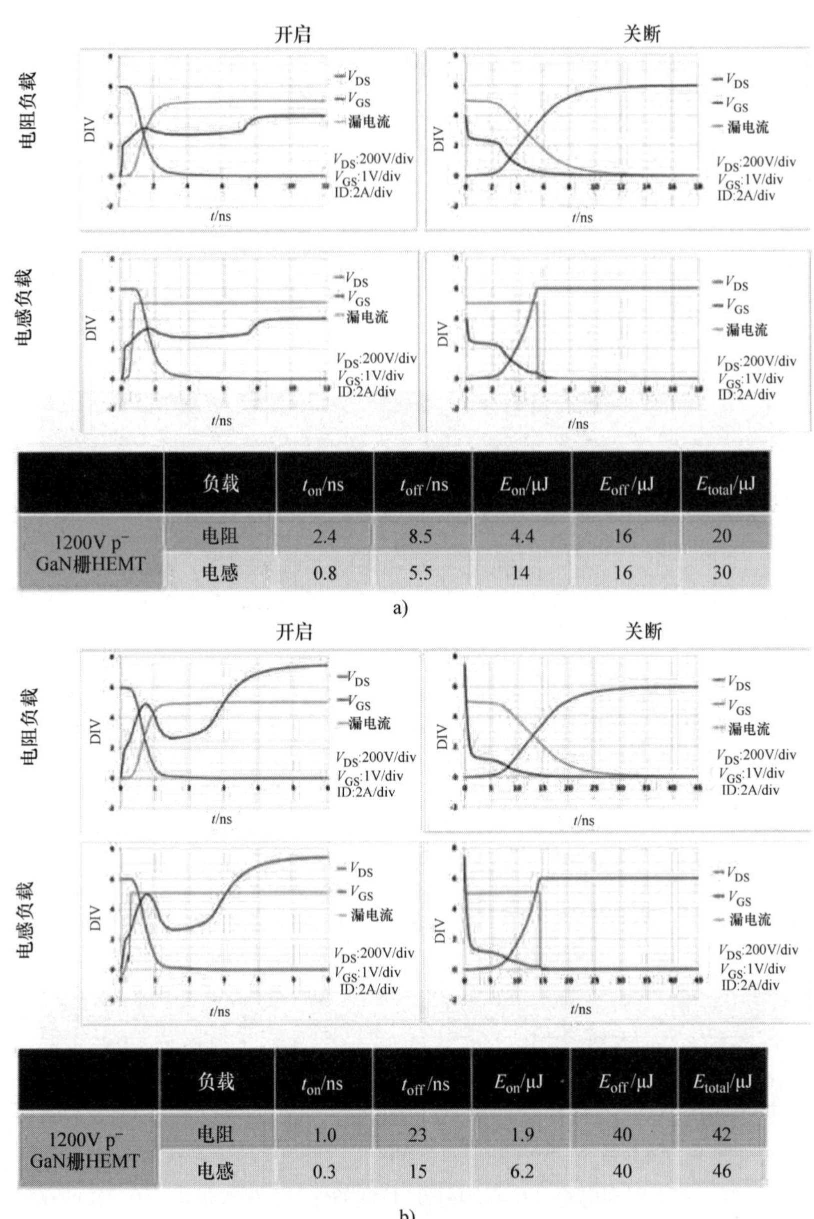

	负载	t_{on}/ns	t_{off}/ns	E_{on}/μJ	E_{off}/μJ	E_{total}/μJ
1200V p⁻ GaN栅HEMT	电阻	2.4	8.5	4.4	16	20
	电感	0.8	5.5	14	16	30

a)

	负载	t_{on}/ns	t_{off}/ns	E_{on}/μJ	E_{off}/μJ	E_{total}/μJ
1200V p⁻ GaN栅HEMT	电阻	1.0	23	1.9	40	42
	电感	0.3	15	6.2	40	46

b)

图 5.35 1200V、10A 的 GaN a）横向 HEMT 和 b）横向 MOSC－HEMT 负载条件下的开关波形，栅极电阻为 0.5Ω[98]

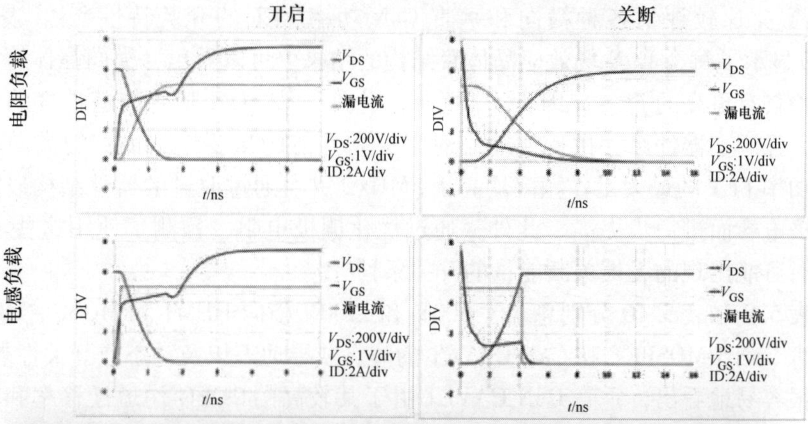

	负载	t_{on}/ns	t_{off}/ns	E_{on}/μJ	E_{off}/μJ	E_{total}/μJ
1200V p^- GaN栅HEMT	电阻	2.4	8.5	4.4	16	20
	电感	0.8	5.5	14	16	30

c)

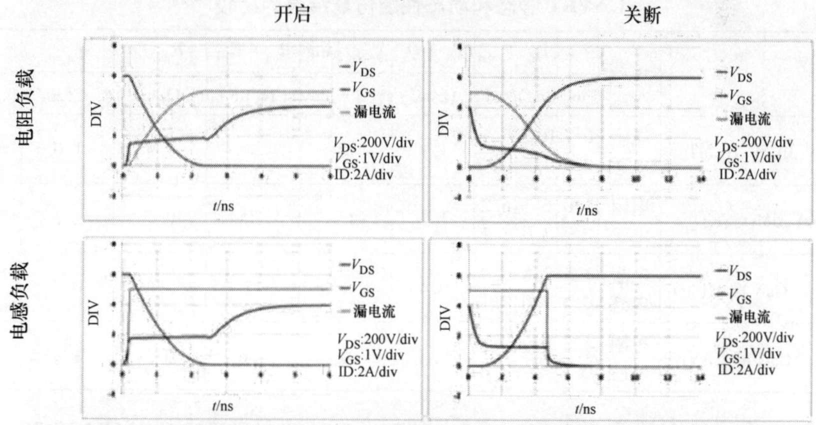

	负载	t_{on}/ns	t_{off}/ns	E_{on}/μJ	E_{off}/μJ	E_{total}/μJ
1200V p^- GaN栅HEMT	电阻	1.7	5.8	3.6	10	14
	电感	0.2	4.8	9.9	17	27

d)

图 5.35　1200V、10A 的 GaN c）垂直 UMOSFET 和 d）垂直 CAVET 在电阻和电感（$L=120\mu H$）负载条件下的开关波形，栅极电阻为 0.5Ω[98]（续）

或者，直观地说，可以通过使用栅极电荷（Q_g）和输出漏极电荷（Q_{oss}）来估计主开关能量[99]。栅极电荷通常大于输出漏极电荷。

在这里，使用栅极电荷（Q_g）和导出的品质因数（FOM）、最大工作频率

($f_{m,IG}$) 来比较评估各种横向和垂直 GaN 功率 FET 的开关特性[53]。表 5.2 ~ 表 5.7显示了每个 GaN 场效应晶体管结构的结果。可以看出，横向晶体管比垂直晶体管具有更高的$f_{m,IG}$，因为 C_{gd}更小。此外，该 FOM 随着沟道长度的减少而增加，强调了器件尺寸按比例缩小对于提高性能的重要性。预测的横向和垂直 GaN 功率 FET 的最大工作频率均高于 5MHz，并可通过改进的器件结构以降低栅极漏极电容而进一步提高。此外，通过优化栅极电阻，预测了使用这些 GaN 晶体管时可能出现的无损关断能量的开关条件[99]。

表 5.9 和表 5.10 分别总结了 600V 和 1200V 横向 HEMT 和 MOSC - HEMT 以及垂直 GaN UMOSFET 和 GaN CAVET 的静态或导通态以及动态或开关性能结果。可以很容易地看出，垂直 GaN CAVET 由于其较高的 2DEG 沟道迁移率和较低的结栅电容，以及垂直电压阻断的较小有源区面积，具有最佳的性能。然而，还必须考虑其他设计因素，如鲁棒性，以及与之竞争的硅和 SiC 功率晶体管。这些将在第 5.4.3 节和第 5.4.4 节中进行详细讨论。

表 5.9　600V 横向 GaN HEMT 和 MOSC - HEMT 以及垂直 GaN UMOSFET 和 CAVET 静态和动态性能仿真结果的比较[98]

	负载	t_{on}	t_{off}	E_{total}	$R_{on}*Q_g$	V_{GS} swing	$R_{on}*C_{gd}$	$R_{on,sp}$	$Q_{g,sp}$	$C_{gd,sp}$
		(ns)	(ns)	(μJ)	(Ω/nC)	(V)	(Ω/pF)	(mΩ/cm²)	(μC/cm²)	(nF/cm²)
600V MOSC HEMT	电阻	0.7	10.5	9.2	1.9	15	30	1.9	1.0	16
	电感	0.2	7.5	11.7						
600V UMOSFET	电阻	1.0	5.1	6.2	1.1	15	10	0.4	2.7	25
	电感	0.2	3.0	8.1						
600V p⁻ GaN 栅 HEMT	电阻	1.5	2.8	3.9	0.4	4	12	0.6	0.7	20
	电感	0.6	2.0	7.1						
600V p⁻ GaN 栅 CAVET	电阻	1.2	2.9	3.9	0.4	4	4.6	0.2	1.9	23
	电感	0.1	2.2	7.6						

表 5.10　1200V 横向 GaN HEMT 和 MOSC - HEMT 以及垂直 GaN UMOSFET 和 CAVET 静态和动态性能仿真结果的比较[98]

	负载	t_{on}	t_{off}	E_{total}	$R_{on}*Q_g$	V_{GS} swing	$R_{on}*C_{gd}$	$R_{on,sp}$	$Q_{g,sp}$	$C_{gd,sp}$
		(ns)	(ns)	(μJ)	(Ω/nC)	(V)	(Ω/pF)	(mΩ/cm²)	(μC/cm²)	(nF/cm²)
1200V MOSC HEMT	电阻	1.0	23	42	2.7	15	41	3.4	0.8	12
	电感	0.3	15	46						
1200V UMOSFET	电阻	1.2	7.0	16	1.5	15	14	0.6	2.5	24
	电感	0.2	4.2	21						
1200V p⁻ GaN 栅 HEMT	电阻	2.4	8.5	20	0.9	4	21	1.4	0.6	15
	电感	0.8	5.5	30						
1200V p⁻ GaN 栅 CAVET	电阻	1.7	5.8	14	0.7	4	6	0.4	1.8	15
	电感	0.2	4.8	27						

5.4.3　鲁棒性 ★★★

包含异质结 AlGaN/GaN 沟道的 GaN 晶体管的一个独特特征是电流崩塌现象。这种电流崩塌或动态 R_{on}退化可以定义为在施加高的漏极偏压脉冲后传导电流的减少，导致晶体管导通电阻的增加。电流崩塌现象的可能机制和陷阱位置如图 5.36 所示[100]。到目前为止，人们普遍认为这种退化是由一个瞬态的、可逆的沟道电子俘获引起的。可能的俘获区域包括漂移区的异质结界面，以及衬底和有源沟道之间的缓冲层。在 Si 上的 GaN 和蓝宝石衬底上都观察到了这种现象，但实际退化率在很大程度上取决于确切的缓冲结构、衬底类型、脉冲漏极电压持续时间和大小，以及所用的钝化层[101-106]，因此，不同供应商之间的退化率差异很大。图 5.37 说明了 2 个供应商的器件施加 100s 长脉冲漏极偏置时电流崩塌程度的变化[100]。

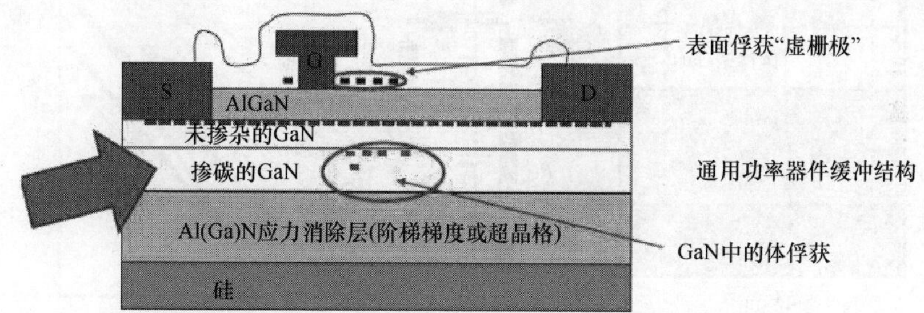

图 5.36　横向 AlGaN/GaN HEMT 中观察到的电流崩塌现象[100]

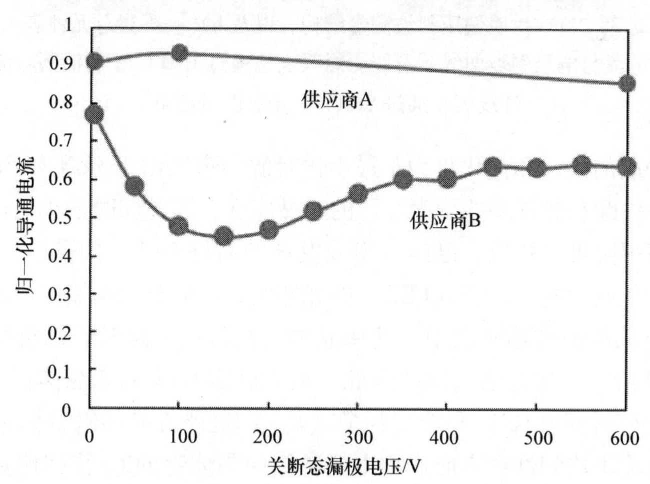

图 5.37　施加 100s 长脉冲漏极偏压后的归一化电流，显示了 2 个供应商器件的不同电流崩塌程度[100]

为了定量测量这种现象，发现一种衬底偏置扫描技术，对 Si 上的 GaN

HEMT 非常有用，该技术通过衬底电压的线性上升来监测漏极电流[100]。衬底偏压可直接影响缓冲器中载流子俘获中心的充电/放电。当与衬底偏压的扫描速率相比时，这些电子和/或空穴陷阱中心的这些充电/放电速率通常较慢。因此，漏极电流与衬底偏置曲线图中存在滞后。

该滞后可用于提取响应衬底偏置的俘获中心的极性类型（正或负）和浓度，并比较评估各种缓冲结构以进行优化。图 5.38 显示了缓冲层和有源沟道层开发的 RC 等效模型，以及归一化漏极电导率与衬底电压的关系曲线[100]。

虽然目前还没有完全从物理上理解这一现象[100]，但可以初步将其发生的根本原因归结为当漏极脉冲达到足够高的量级时，体正电荷（通常是缓冲层下方异质结中的空穴）吸引并随后俘获了沟道中的电子。

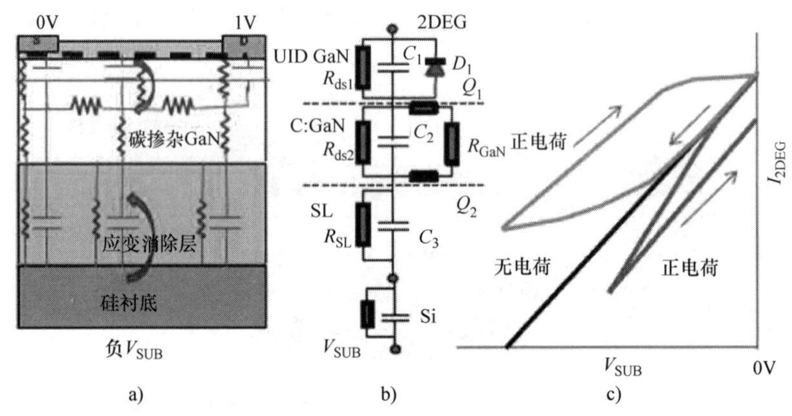

图 5.38　a）衬底偏压斜坡测量结构，以及 b）一维集总元件表示。c）电流与电压斜坡曲线示意图。绿线表示通过 UID GaN 的泄漏电流，红线表示通过 SRL[100]（彩图见插页）

由于缓冲层的设计和优化是为了最小化有源沟道层由于 GaN 和 Si 或蓝宝石衬底之间的晶格失配和热导率差异而经历的机械应变，因此同时最小化这些电荷中心的电效应可能很困难。相反，已经提出或发现的器件设计，如进行空穴注入、p^+ 掩埋层或来自集成发光二极管（LED）的光照明，可以有效抑制电流崩塌[105,106]。

通常在电动机逆变器驱动中，功率晶体管在负载短路时，以及在保护电路激活之前可以维持一段较短的时间。因此，需要确定 GaN 功率晶体管的鲁棒性和耐用性。短路维持时间（t_{SC}）和能量耗散（E_{SC}）是评价晶体管鲁棒性的关键性能参数。由于电流不均匀性和表面局部电场，横向晶体管的 t_{SC} 往往比垂直晶体管更短。实验测试了带有 p^- GaN 栅极和 MISHEMT 以及级联 GaN HEMT 的 600V AlGaN/GaN HEMT 的短路维持性能[107-112]。级联 GaN HEMT 在较低漏极偏置下具有最短的 t_{SC}，但即使是其他 GaN HEMT 在 400V 或更低漏极偏置时也具有小于

10μs 的 t_{SC}。在图 5.39[111] 中，比较了这些 GaN HEMT 的耗散能量和临界能量与 Si 和 SiC 功率晶体管漏极电压的函数关系。可以很容易地看出，横向混合和单片 GaN 功率 HEMT 在短路耐用性方面低于 Si IGBT 和 SiC 功率 MOSFET。

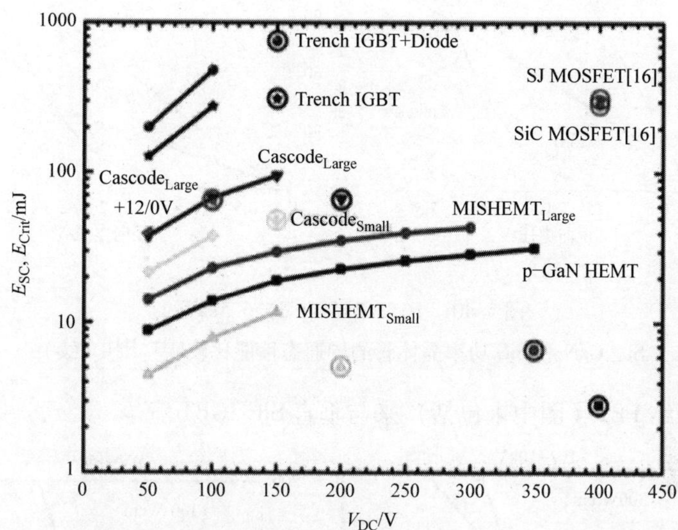

图 5.39　测量的各种横向混合和单片 GaN 功率 HEMT，以及 Si IGBT 和 SiC MOSFET 耗散能量和临界能量的比较[111]（彩图见插页）

5.4.4　应用中的器件选择 ★★★

为了比较评估应用中的横向和垂直 GaN 功率晶体管，比较了阻断电压为 600V～15kV 的电力电子应用中各种横向和垂直 GaN 和 SiC 功率晶体管的导通态性能[113,114]。图 5.40 和图 5.41 表明横向 GaN HEMT 在 600V 和 1.2kV 下具有竞争力，垂直 GaN UMOSFET 至少达到 6.5kV。在 10kV 或 15kV 以上，需要使用

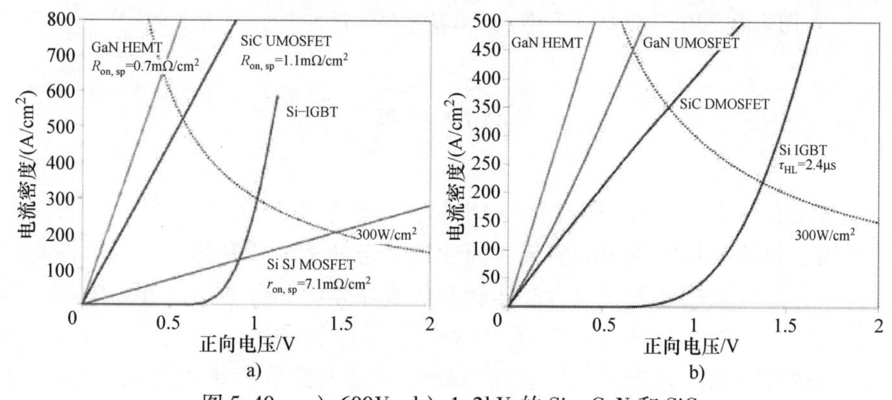

图 5.40　a）600V、b）1.2kV 的 Si、GaN 和 SiC 功率晶体管的导通态性能比较[113-114]

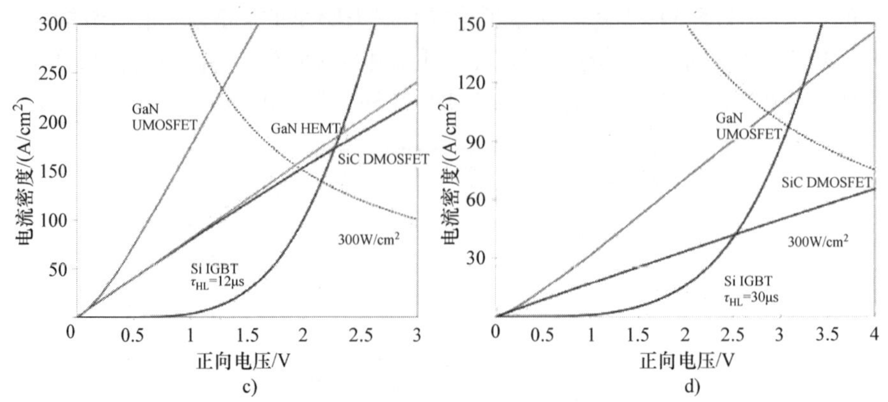

图 5.40 c) 3.3kV 和 d) 6.5kV 的 Si、GaN 和 SiC 功率晶体管的导通态性能比较[113-114]（续）

垂直 GaN 超结 FET（图中未包括）来与垂直 SiC IGBT 竞争。

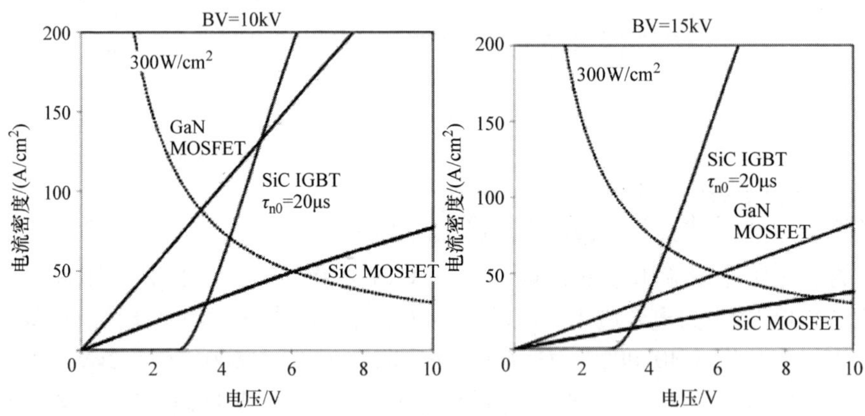

图 5.41 10kV 和 15kV GaN 和 SiC 功率晶体管的导通态性能比较[114]

5.5 商用器件示例

在过去几年中，一些商用 GaN 功率晶体管已经商业化[115-124]。然而，由于器件结构、封装和目标应用的差异，商业化状态处于不断变化中。可以将商用器件分为 3 类：分立晶体管、混合晶体管和集成晶体管。分立晶体管是单芯片 GaN 功率晶体管，而混合晶体管由高压 GaN 功率晶体管和低压硅功率晶体管组成，采用不同的级联结构。集成晶体管是与栅极驱动电路单片集成的高压 GaN 晶体管，以满足栅极驱动要求并为功率晶体管提供保护功能。

5.5.1　分立晶体管 ★★★

5.5.1.1　高效功率转换

高效功率转换（EPC 公司）一直在销售分立 GaN 功率晶体管，最初可达 200V，但最近高达 450V[115]。它利用 AlGaN/GaN 异质结沟道上的 p^- GaN 栅极层，以便将阈值电压调整到足够正的位置（通常为 1.6V），以提供增强型工作模式（此处称为 JHC - HEMT，见图 5.9c）。结栅极在 $V_{GS}=5V$ 下正向偏置不够充分，因此最大栅极电流仅为 0.1 mA[116]，晶体管基本上仅在场效应晶体管模式下工作。EPC 晶体管的最大缺点是缺乏传统的分立封装，因为它仅以正面有焊料凸点的芯片形式出售。通常，当它被组装到 PCB 上时，其运行期间的热管理是一个挑战。

5.5.1.2　松下/英飞凌

松下已在市场上销售一种常关型 GaN 功率晶体管，称为栅极注入晶体管（GIT），其 V_T 为 1.2V[117]。其结构与 EPC 器件非常相似，但带有一个 p^- AlGaN 栅极。然而，在其导通态下，少数载流子（空穴）从正向偏置的栅极注入沟道。虽然这种局部电导率调制[118]改善了沟道电导率，但它需要大的栅极电流。因此，严格来说，该晶体管不是场效应晶体管。然而，与漏极电流相比，栅极电流很小[117]。

5.5.1.3　GaN 系统

在许多方面，GaN 系统晶体管在结构和运行上类似于 EPC 器件。在 6V 的栅极电压下，其栅极泄漏电流仅为 80μA。然而，它具有比 EPC 晶体管更高的阻断电压（650V），并封装在其新颖的专有嵌入芯片的封装中（见图 5.42）[119,120]。互联采用电镀铜，以最小化寄生电感以及背面的散热器[119]。

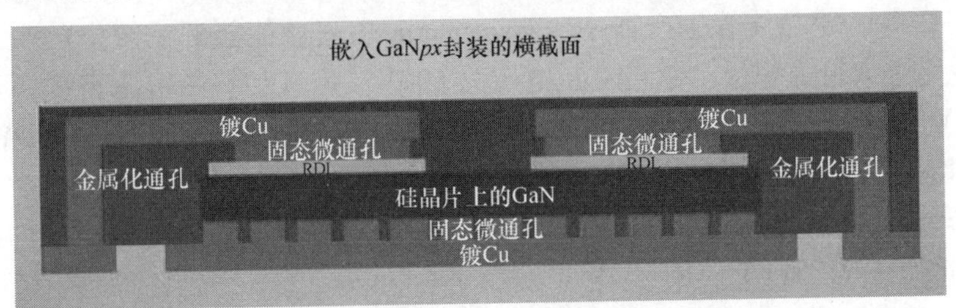

图 5.42　GaN 功率晶体管封装的横截面示意图[119]

5.5.2　混合晶体管 ★★★

一种非常流行的混合方法是实现由高压常开 GaN MOSHC - HEMT 和低压常关硅功率 MOSFET 组成的级联对，如图 5.14 或图 5.43a 所示[122,123]。Si 功率

MOSFET 的漏极连接到 GaN HEMT 的源极，GaN HEMT 的栅极连接到地；另一种级联方法是驱动 GaN HEMT 的栅极，与 Si 功率 MOSFET 的栅极无关（见图 5.43b）。

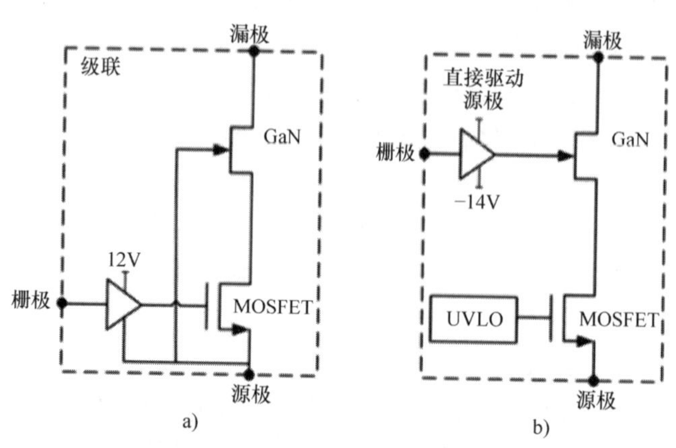

图 5.43　GaN 功率晶体管不同级联结构的比较[124]

尽管它需要一个更复杂的栅极驱动电路，但这种结构允许对 GaN 和 Si 晶体管进行独立控制，并可提供比先前级联结构更高的稳定性。这被一家制造商称为“直接驱动”结构[124,125]。

5.5.2.1　级联的［国际整流器（IR）/英飞凌］

IR 是第一家将 GaN 功率晶体管商业化的公司，器件额定值为 30～600V。GaN 功率晶体管是一个耗尽型 MOSHC－HEMT（见图 5.9b），与低压 Si MOSFET 串联连接（见图 5.14）[121]。英飞凌显然已经停止了该产品的高压版本的开发。

5.5.2.2　级联的（Transphorm）

在 GaN 功率晶体管生产商中，Transphorm 在高性能能源系统中的产品制造和商业化方面最为积极。额定阻断电压为 600V，但有足够的电压裕度（至少达到 750V）。为了加强两级之间的控制，在硅 MOSFET 的漏极和 GaN HEMT 的源极之间插入了一个电阻。此外，目前 Transphorm 显然是唯一一家提供 600V、70A、30mΩ GaN 功率晶体管半桥模块（TPD3215M[122]）的制造商，试图挑战低功率端的 SiC MOSFET 模块。

5.5.2.3　直接驱动晶体管（德州仪器）

德州仪器（Texas Instruments）最近开始销售一种直接驱动的混合 GaN 功率晶体管，该晶体管将高压 GaN HEMT 堆叠在低压 Si 功率 MOSFET 上，并使用 Si 栅极驱动 IC 直接单独驱动（见图 5.43[124]）。主栅极驱动用于 GaN 功率 HEMT，而 Si 功率 MOSFET 的辅助栅极驱动具有欠压锁定（UVLO）功能，可保持 Si 晶体管关断，直到其准备就绪。600V、70MΩ、12A GaN 电源级器件现已上市[125]。

5.5.3 集成晶体管

5.5.3.1 Navitas

由于难以优化阈值电压，Navitas 决定集成所有栅极控制电路，并在所有 GaN 技术中实现单片集成[126]。可以将该产品看作是一个集成的 GaN 功率晶体管，或者更准确地说，是一个带有单个高压输出晶体管的 GaN 功率 IC。已证明使用 Navitas 的 GaN 功率 IC 和空心电感器的高频（27MHz 和 40MHz）DC/AC 转换器具有 93% ~96% 的效率[126]。

5.6 单片集成

因为它们的所有端面都在上表面，所以横向功率器件，即横向 AlGaN/GaN 功率 HEMT 适合于低功率到中等功率应用的单片集成。此外，用于光电应用的 GaN 单片集成也很有吸引力，因为它通过在单个多功能芯片上组装光学和电子器件而具有成本效益。我们将讨论 GaN 功率和光电子 IC 的最新实验演示。

5.6.1 功率 IC

最近已经演示了几种单片功率转换器 IC[127-131]。6 个 700V 横向 GaN GIT 单片集成在 Si 衬底上，以驱动 100W 三相电动机逆变器电路，峰值效率为 93%[127]。这些常关、p^- AlGaN 栅极的 GaN 功率晶体管通过铁注入相互隔离，也在第三象限或反型模式下工作，因此不需要反并联、续流二极管。最近，还展示了一种新型三相 AC/AC 矩阵变换器 IC，其使用 GaN GIT 作为双向晶体管[128]。该功率变换器 IC 的显微照片如图 5.44 所示，双向 GaN - GIT 晶体管的横截面示意图如图 5.45 所示[128]。此外，还使用了由微波供电的遥控栅极电路，该 GaN 开关实验的双向、输出传导和阻断 $I-V$ 特性如图 5.46 所示[128]。此外，GaN 中 PWM 变换器的构建模块已经使用 HEMT 进行了演示[129]。在 SiC 衬底上还使用沟道长度为 0.15μm 和 0.25μm 的耗尽型 GaN HEMT 实现了超高频（50 ~ 100MHz）单片开关模式功率变换器[130]。使用 0.15μm 沟道器件演示了一个单相降压变换器，直流输入电压为 25V，在 100MHz 时效率超过 90%，输出功率为 7W。采用 0.25μm 工艺制造了一个两相降压变换器，输入电压为 25V，在 50MHz 时效率为 93%，输出功率 12.5W[130]。考虑了 3 种不同的栅极驱动器拓扑结构来构建 20V、5W、100MHz 同步降压变换器样品，其中改进的有源上拉驱动器性能是最好的[131]。

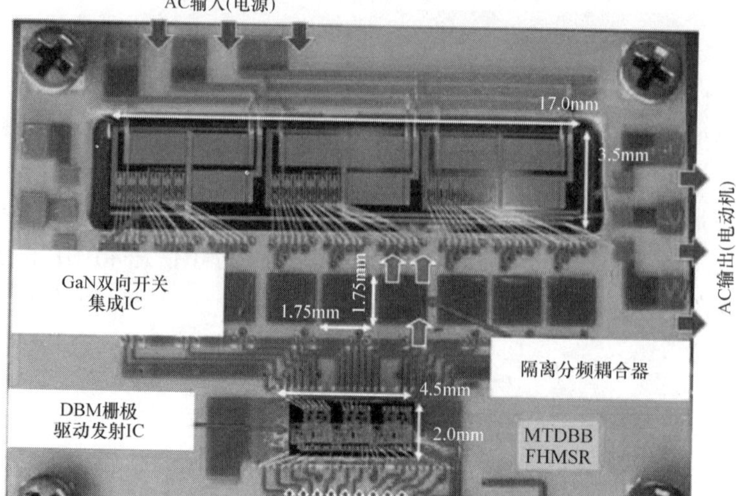

图 5.44　采用双向 GaN GIT 和微波技术驱动的 4kW 电动机驱动器的 3×3 矩阵变换器 IC 的显微照片[128]

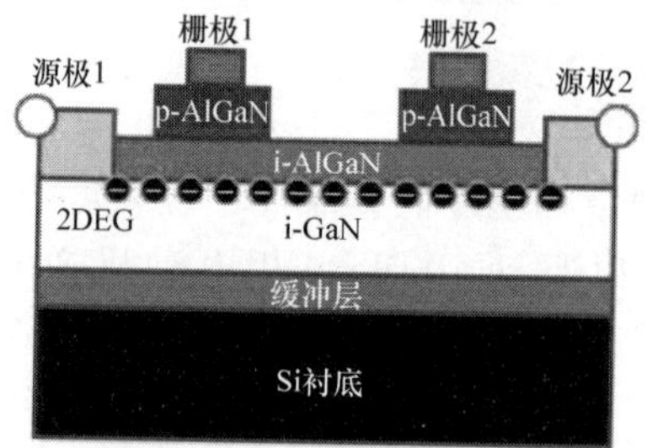

图 5.45　用 AlGaN/GaN GITs 实现的双栅极双向功率晶体管开关的横截面示意图[128]

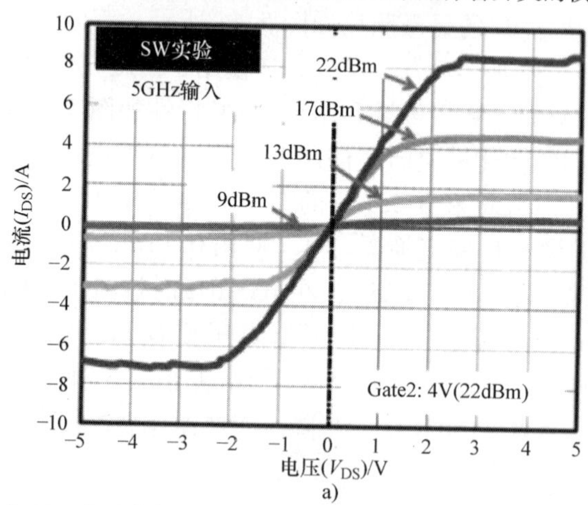

图 5.46　实验的射频触发双向 GaN－GIT 功率晶体管开关的

a）输出传导

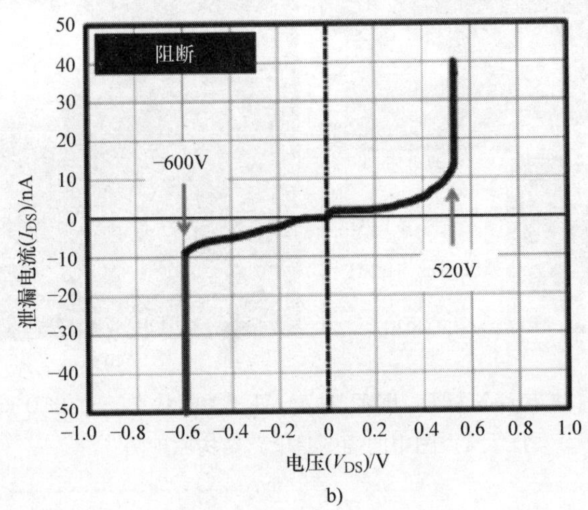

图 5.46　实验的射频触发双向 GaN - GIT 功率晶体管开关的 b）阻断 $I-V$ 特性[128]（续）

5.6.2　光电 IC ★★★

实现 GaN 光电子 IC 的方法至少有 3 种[132]。它们是：选择性外延去除、选择性外延生长和通过晶圆键合的 3D 集成。第一个 GaN 单片光电集成是通过使用选择性外延去除方法与横向、增强和耗尽型 AlGaN/GaN 功率 MOSC - HEMT 串联制造垂直 GaN LED/HEMT 而得到证明（见图 5.47）[133,134]。如图 5.48[134] 所示，还展示了可以在高达 225℃下工作，显示出集成的 GaN FET 在较高开关频率和较高温下比传统的硅 LED 驱动电路具有更好的潜力。GaN 光电子集成[135,136] 的第一次成功的选择性外延生长工作是使用 500nm ~ 1μm 厚的 SiO_2 掩膜层在 LED 外延上生长 HEMT。然而，LED 和 HEMT 之间没有实现片上互连金属化。后来，同一组研究人员通过将 LED 的阴极与相邻 HEMT 的 2DEG 层连接，证明了无金属互连的集成[137]。另一项 GaN 光电子集成工作[138] 是使用横向常开 GaN MOSFET 驱动 GaN LED 来实现的。将横向 MOSFET 直接制作在 LED 的 n^- GaN 外延层上。最近，还演示了垂直增强型 MOSFET 与垂直 LED 的单片集成[139,140]。垂直 GaN MOSFET 是在使用 SiO_2 作为掩模的 LED 外延上选择性生长的 p^- 和 n^- 外延上制备的。

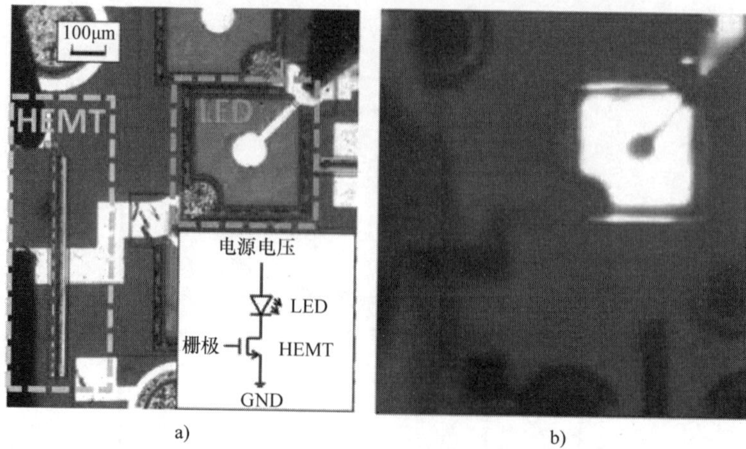

图 5.47　制造的单片集成 GaN LED/HEMT 对 a）处于关断状态，b）LED 点亮时的光学图像。插入 a）图中的插图是电路结构原理图[133]

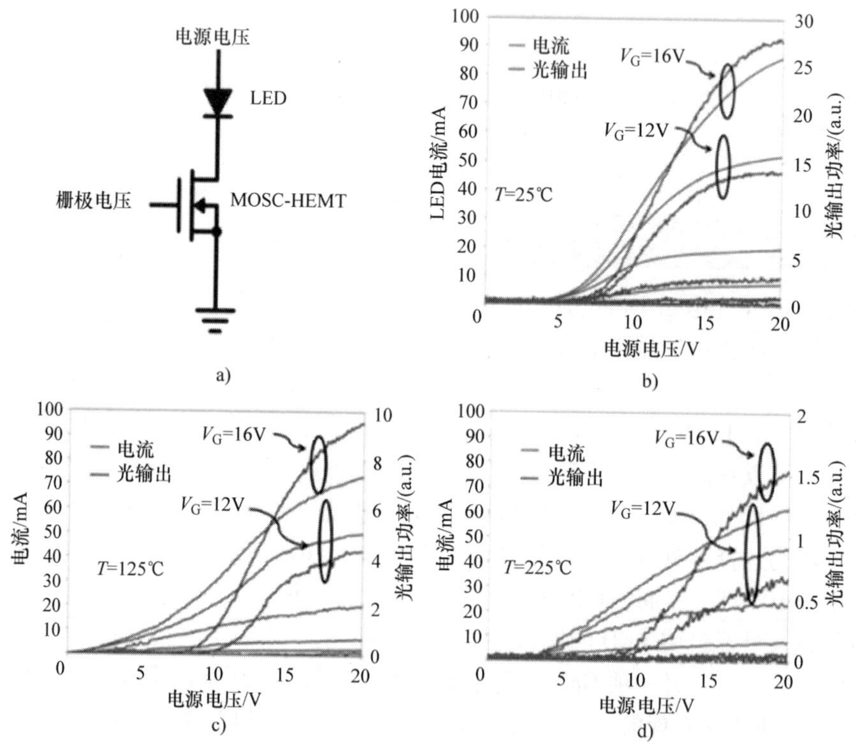

图 5.48　a）测试电路结构，以及集成 LED/MOSC－HEMT 的电流和光输出功率在 b）25℃、c）125℃和 d）225℃情况下与电源电压和栅极电压的关系。栅极电压以 4V 的步长从 0 变化到 16V[134]

5.7 未来趋势、可能性和挑战

目前，GaN 功率器件技术仍处于发展阶段。尽管横向 GaN 功率 HEMT 已经商业化，但由于担心苛刻条件下的长期可靠性和鲁棒性以及成本效益，尚未进行大规模部署或使用。此外，这些商用 GaN 功率 HEMT 的性能并不能直接取代现有的硅功率器件。例如，要取代 Si IGBT，单片 GaN HEMT 阈值电压 V_T需要大于 4V。级联 GaN 晶体管可以满足阈值电压要求，但其鲁棒性，如短路维持时间，此时不如 Si IGBT。此外，作为单极晶体管，GaN 功率 HEMT 比双极型 Si IGBT 具有更有限的浪涌电流能力。然而，横向 GaN 功率 HEMT 可以在更高的频率下转换，更容易集成，并且具有更小的互连寄生效应。这些优点倾向于将它们应用于低功率应用。

本征 GaN 或硅衬底上的垂直 GaN 功率晶体管正在积极开发中，以满足更高的功率水平的应用。然而，在这一领域，GaN 晶体管正在与新兴但迅速成熟的 SiC 功率器件竞争，特别是功率 MOSFET。目前 SiC 电源的外延和代工厂基础设施建设非常迅速。两家商业公司已展示了直径达到 200mm 的 4H - SiC 衬底，而 GaN 衬底的直径仍然最多为 100mm。从临界电场比较来看，垂直 GaN 功率器件的性能优势仅在阻断电压超过 3kV 时表现明显。由于这些原因，垂直 GaN 功率器件在不久的将来很难直接挑战 SiC 功率器件。氮化镓（GaN）的单片集成比 SiC 具有若干优点。其中包括横向 HEMT 结构、提供与硅衬底 DC 电学隔离的绝缘缓冲层以及集成高频电子和光学器件/元件的可能性。因此，预计电力电子和光电子集成电路将不断发展并可能商业化，以解决各种节能、低功率到中等功率的电子以及光学系统的问题。

致谢

这部分章节的工作得到了美国国家科学基金会工程研究中心项目（ERC）的支持，该项目根据 NSF 编号 EEC - 0812056 合作协议和纽约州编号 C160145 合同进行。

参考文献

[1] S.K. Ghandhi, Semiconductor Power Devices, Wiley, 1977.
[2] B.J. Baliga, Fundamentals of Power Semiconductor Devices, Springer-Verlag, 2008.
[3] T.P. Chow, R. Tyagi, Wide bandgap compound semiconductors for superior high-voltage unipolar power devices, IEEE Trans. Electron Devices 41 (8) (1994) 1481–1483.

[4] U.K. Mishra, P. Parikh, Y.-F. Wu, AlGaN/GaN HEMTs-an overview of device operation and applications, Proc. IEEE 90 (6) (2002) 1022–1031.
[5] T.P. Chow, Z. Li, Recent advances in high-voltage GaN MOS-gated transistors for power electronics applications. Chap. 8 in: S. Pearton (Ed.), GaN and ZnO-based Materials and Devices, Springer, 2012, pp. 239–250.
[6] B.J. Baliga, Gallium nitride devices for power electronic applications, Semicond. Sci. Technol. 28 (7) (2013) 074011.
[7] D. Ueda, Renovation of power devices by GaN-based materials, IEEE IEDM, Tech. Dig (2015) 422–425.
[8] T.P. Chow, I. Omura, M. Higashiwaki, H. Kawarada, V. Pala, Smart power devices and ICs using GaAs, wide and extreme bandgap semiconductors, IEEE Trans. Electron Devices 64 (3) (2017) 856–873.
[9] O. Ambacher, J. Smart, J.R. Shealy, N.G. Weimann, K. Chu, M. Murphy, et al., Two-dimensional electron gases induced by spontaneous and piezoelectric polarization charges in N- and Ga-face AlGaN heterostructures, J. Appl. Phys. 85 (6) (1999) 3222–3233.
[10] A. Dadger, F. Schulze, M. Wienecke, A. Gadanecz, J. Blasing, P. Veit, et al., Epitaxy of GaN on silicon – Impact of symmetry and surface reconstruction, New J. Phys. 9 (2007) 389–398.
[11] K.-L. Lin, E.Y. Chang, Y.-L. Hsiao, W.-C. Huang, Growth of GaN films on 150 mm Si (111) using multi-layer AlN/AlGaN buffer by metal-organic vapor phase epitaxy method, Appl. Phys. Lett. 91 (2007) 222111.
[12] B.N. Feigelson, T.J. Anderson, M. Abraham, J.A. Freitas, J.K. Hite, C.R. Eddy, et al., Multicycle rapid thermal annealing technique and its application for the electrical activation of Mg implanted in GaN, J. Crystal Growth 350 (2012) 21–26.
[13] T.J. Anderson, B.N. Feigelson, F.J. Kub, M.J. Tadjer, K.D. Hobart, M.A. Mastro, et al., Activation of Mg implanted in GaN by multicycle rapid thermal annealing, Electron. Lett. 50 (3) (2014) 197–198.
[14] M. Silvestri, M.J. Uren, D. Marcon, M. Kuball, GaN buffer design: Electrical characterization and prediction of the effect of deep level centers in GaN/AlGaN HEMTs, Proceedings of the CS Mantech Conference, pp. 195–197, 2013.
[15] M. Meneghini, D. Bisi, I. Rossetto, C. De Santi, A. Stocco, O. Hilt, et al., Trapping processes related to iron and carbon doping in AlGaN/GaN power HEMTs, in: J.-I. Chyi, H. Fujioka, H. Morkoç (Eds.) (Eds.), Proceedings of SPIE 9363, Gallium Nitride Materials and Devices X, 2015, p. 936314.
[16] http://www.iue.tuwien.ac.at/phd/vitanov/node65.html.
[17] S. Vitanov, V. Palankovski, S. Maroldt, R. Quay, High-temperature modeling of AlGaN/GaN HEMTs, Solid-State Electron. 54 (2010) 1105–1112.
[18] J. Robertson, B. Falabretti, Band offsets of high K gate oxides on III–V semiconductors, J. Appl. Phys. 100 (1) (2006) 014111.
[19] P. Jain, E.J. Rymazewski, Embedded thin film capacitors—Theoretical limits, IEEE Trans. Adv. Packag. 25 (3) (2002) 454–458.
[20] T.E. Cook, C.C. Fulton, W.J. Mecouch, R.F. Davis, G. Lucovsky, R.J. Nemanich, Band offset measurements of the Si_3N_4/GaN (0001) interface, J. Appl. Phys. 94 (2003) 3949–3954.
[21] Z. Zhang, C.M. Jackson, A.R. Arehart, B. McSkimming, J.S. Speck, S.A. Ringel, Direct determination of energy band alignments of Ni/Al_2O_3/GaN MOS structures using internal photoemission spectroscopy, J. Electron. Mater. 43 (4) (2014) 828–832.
[22] Z. Yatabe, J.T. Asubar, T. Hashizume, Insulated gate and surface passivation structures for GaN-based power transistors, J. Phys. D. Appl. Phys. 49 (2016) 393001.

[23] W. Huang, T. Khan, T.P. Chow, Comparison of MOS Capacitors on n- and p-type GaN, J. Electron. Mater 35 (4) (2006) 726−732.

[24] W. Huang, T. Khan, T.P. Chow, Enhancement-mode n-channel GaN MOSFETs on p and n-GaN/sapphire substrates, IEEE Electron Device Lett. 27 (10) (2006) 796−798.

[25] K. Tang, T.P. Chow, Performance of MOSFETs on reactive-ion-etched GaN surfaces, Int. J. High Speed Electron. Syst. 19 (1) (2009) 121−127.

[26] S. Takashima, Z. Li, T.P. Chow, Metal-oxide-semiconductor interface and dielectric property of atomic layer deposited SiO_2 on GaN, Jpn. J. Appl. Phys. 52 (8S) (2013).

[27] Z. Guo, K. Tang, T.P. Chow, Temperature dependence of GaN MOS capacitor characteristics, Phys. Status Solidi C 13 (2016) 336−340. 5−6.

[28] K. Matocha, T.P. Chow, R.J. Gutmann, Positive flatband voltage shift in MOS capacitors on n-type GaN, IEEE Electron Device Lett. 23 (2) (2002) 79−81.

[29] K. Matocha, V. Tilak, G. Dunne, Comparison of metal-oxide-semiconductor capacitors on c- and m-plane gallium nitride, Appl. Phys. Lett. 90 (12) (2007) 123511.

[30] V. Tilak, K. Matocha, G. Dunne, Fabrication and characterization of m-plane (1-100) GaN based metal-oxide-semiconductor capacitors, Phys. Status Solidi C 5 (6) (2008) 2019−2021.

[31] M. Esposto, S. Krishnamoorthy, D.N. Nath, S. Bajaj, T.-H. Hung, S. Rajan, Electrical properties of atomic layer deposited aluminum oxide on gallium nitride, Appl. Phys. Lett. 99 (2011) 133503.

[32] T.-H. Hung, S. Krishnamoorthy, M. Esposto, D.N. Nath, P.S. Park, S. Rajan, Interface charge engineering at atomic layer deposited dielectric/III-nitride interface, Appl. Phys. Lett. 102 (7) (2013) 072105.

[33] S. Kaneki, J. Ohira, S. Toiya, Z. Yatabe, J.T. Asubar, T. Hashizume, Highly-stable and low-state density Al_2O_3/GaN interfaces using epitaxial n-GaN layers on free-standing GaN substrates, Appl. Phys. Lett. 109 (2016) 162104.

[34] D. Wei, T. Hossain, N. Nepal, N.Y. Garces, J.K. Hite, H.K. Meyer III, et al., Comparison of the physical, chemical and electrical properties of ALD Al_2O_3 on *c*- and *m*-plane GaN, Phys. Status Solidi C 11 (2014) 898−901. 3−4.

[35] K. Cheng, M. Leys, J. Derluyn, S. Degroote, D.P. Xiao, A. Lorenz, et al., AlGaN/GaN HEMT grown on large size silicon substrates by MOVPE capped with in-situ deposited Si_3N_4, J. Cryst. Growth 298 (2007) 822−825.

[36] Z. Tang, Q. Jiang, Y. Lu, S. Huang, S. Yang, X. Tang, et al., 600-V normally off SiN_x/AlGaN/GaN MIS-HEMT with large gate swing and low current collapse, IEEE Electron Device Lett. 34 (11) (2013) 1373−1375.

[37] J. He, M. Hua, G. Tang, Z. Zhang, K.J. Chen, Comparison of E-mode fully-recessed GaN MIS-FETs and partially-recessed MIS-HEMTs with PECVD-SiNx/LPCVD-SiNx Gate Stack, Proceedimgs of the International Conference on Nitride Semiconductors (ICNS), July 2017.

[38] W. Huang, Z. Li, T.P. Chow, Y. Niiyama, T. Nomura, S. Yoshida, Enhancement-mode GaN hybrid MOS-HEMTs with $R_{on,\ sp}$ of 20 mΩ/cm^2, Proceedings of the International Symp. Power Semicond. and ICs, pp. 295−298, 2008.

[39] Z. Li, J. Waldron, R. Dayal, L. Parsa, M. Hella, T.P. Chow, High voltage normally-off GaN MOSC-HEMTs on silicon substrates for power switching applications, Proceedings of the International Symp. Power Semicond. and ICs, pp. 45−48, 2012.

[40] Z. Li, T.P. Chow, Channel scaling of hybrid GaN MOS-HEMTs, Solid-State Electron. 56 (1) (2011) 111−115.

[41] J.A. Appels, H.M.J. Vaes, High voltage thin layer devices (RESURF devices), IEEE IEDM, Tech. Dig. (1979) 238−241.

[42] H. Vaes, J. Appels, High voltage, high current lateral devices, IEEE IEDM, Tech. Dig (1980) 87–90.

[43] E.J. Wildi, P.V. Gray, T.P. Chow, H.R. Chang, M. Cornell, Modeling and process implementation of implanted RESURF type devices, IEEE IEDM, Tech. Dig (1982) 268–271.

[44] S. Merchant, E. Arnold, H. Baumgart, S. Mukherjee, H. Pein, R. Pinker, Dependence of breakdown voltage on drift length and buried oxide thickness in SOI RESURF LDMOS transistors, Proceedings of the International Symposium on Power Semiconductor Devices and ICs, pp. 31–35, 1991.

[45] K. Matocha, T.P. Chow, R.J. Gutmann, High-voltage normally off MOSFETs on sapphire substrates, IEEE Trans. Electron. Devices 52 (1) (2005) 1–6.

[46] W. Huang, T.P. Chow, Y. Niiyama, T. Nomura, S. Yoshida, Lateral implanted RESURF GaN MOSFETs with BV up to 2.5 kV, Proceedings of the International Symposium on Power Semiconductor Devices and ICs, pp. 291–294, 2008.

[47] W. Huang, T.P. Chow, Y. Niiyama, T. Nomura, S. Yoshida, Experimental demonstration of novel high-voltage epilayer RESURF GaN MOSFET, IEEE Electron Device Lett. 30 (10) (2009) 1018–1020.

[48] Y. Niiyama, S. Ootomo, J. Li, T. Nomura, S. Kato, T.P. Chow, Normally off operation GaN-based MOSFETs for power electronics applications, Semicond. Sci. Technol. 25 (12) (2010) 1125006.

[49] N.-Q. Zhang, B. Moran, S.P. DenBaars, U.K. Mishra, X.W. Wang, T.P. Ma, Effects of surface traps on breakdown voltage and switching speed of GaN power switching HEMTs, IEEE IEDM, Tech. Dig (2001) 589–592.

[50] A. Nakajima, K. Adachi, M. Shimizu, H. Okumura, Improvement of unipolar power device performance using a polarization junction, Appl. Phys. Lett. 89 (19) (2006) 193501.

[51] Z. Li, T.P. Chow, Drift region optimization in high-voltage GaN MOS-Gated HEMTs, Phys. Status Solidi C 8 (7–8) (2011) 2436–2438.

[52] H. Ishida, S. Shibata, H. Matsuo, M. Yanagihara, Y. Uemoto, T. Ueda, et al., GaN-based super junction diodes with multi-channel structure, IEEE IEDM, Tech. Dig (2009) 1–4.

[53] Z. Guo, T.P. Chow, Performance evaluation of channel length downscaling of various high voltage AlGaN/GaN HEMTs, Phys. Status Solidi A 212 (5) (2015) 1137–1144.

[54] K. Ohi, T. Hashizume, Drain current stability and controllability of threshold voltage and subthreshold current in multi-mesa-channel AlGaN/GaN high electron mobility transistor, Jpn. J. Appl. Phys. 48 (8) (2009) 081002.

[55] B. Lu, E. Matioli, T. Palacios, Tri-gate normally-off GaN MISFET, IEEE Electron Device Lett. 33 (3) (2012) 360–362.

[56] S. Takashima, Z. Li, T.P. Chow, Sidewall dominated characteristics on Fin-Gate AlGaN/GaN MOS-Channel-HEMTs, IEEE Trans. Electron Devices 60 (10) (2017) 3025–3031.

[57] Y. Wu, M. Jacob-Mitos, M.L. Moore, S. Heikman, A 97.8% efficient GaN HEMT boost converter with 300-W output power at 1 MHz, IEEE Electron Device Lett. 29 (8) (2008) 824–1826.

[58] P. Parikh, Cascode gallium nitride HEMTs on silicon: Structure, performance, manufacturing, and reliability, in: M. Meneghini, G. Meneghesso, E. Zanoni (Eds.), Power GaN Devices. Power Electronics and Power Systems, Springer, 2017.

[59] R. Siemieniec, G. Nobauer, D. Domes, Stability and performance analysis of a SiC-based cascode switch and an alternative solution, Microelectron. Reliab. 52 (2012) 509–518.

[60] M. Kanechika, M. Sugimoto, N. Soejima, H. Ueda, O. Ishiguro, A vertical insulated gate AlGaN/GaN heterojunction field-effect transistor, Jpn. J. Appl. Phys. 46 (2007) L503−L505. part 2, 20−24.

[61] H. Otake, K. Chimakatsu, A. Yamaguchi, T. Fujishima, H. Ohta, Vertical GaN-based trench gate metal oxide semiconductor field-effect transistors on GaN bulk substrates, Appl. Phys. Exp. 1 (1) (2008) 011105.

[62] M. Kodama, M. Sugimoto, E. Hayashi, N. Soejima, O. Ishiguro, M. Kanechika, et al., GaN-based trench gate metal oxide semiconductor field-effect transistor fabricated with novel wet etching, Appl. Phys. Express 1 (2008) 21104.

[63] T. Oka, Y. Ueno, T. Ina, K. Hasegawa, Vertical GaN-based trench metal oxide semiconductor field-effect transistors on a free-standing GaN substrate with blocking voltage of 1.6 kV, Appl. Phys. Exp. 7 (2014) 021002.

[64] T. Oka, T. Ina, Y. Ueno, J. Nishii, 1.8 $m\Omega/cm^2$ vertical GaN-based trench metal−oxide−semiconductor field-effect transistors on a free-standing GaN substrate for 1.2-kV-class operation, Appl. Phys. Exp 8 (5) (2015) 054101.

[65] T. Oka, T. Ina, Y. Ueno, J. Nishii, Over 10 A operation with switching characteristics of 1.2-kV-class vertical GaN MOSFETs on a bulk GaN substrate, Proceedings of the International Symposium on Power Semiconductor Devices and ICs, pp. 459−462, 2016.

[66] C. Gupta, S.H. Chan, C. Lund, A. Agarwal, O.S. Koksaldi, J. Liu, et al., Comparing electrical performance of GaN trench-gate MOSFETs with a-plane (11-20) and m-plane (1100) sidewall channels, Appl. Phys. Exp 9 (2016) 121001.

[67] R. Li, Y. Cao, M. Chen, R. Chu, 600V/1.7 Ω normally-off GaN vertical trench metal-oxide-semiconductor field-effect transistor, IEEE Electron Device Lett. 37 (11) (2016) 1466−1469.

[68] C. Gupta, C. Lund, S.H. Chan, A. Agarwal, J. Liu, Y. Enatsu, et al., In situ oxide, GaN interlayer-based vertical trench MOSFET (OG-FET) on bulk GaN substrates, IEEE Electron Device Lett. 38 (3) (2017) 353−355.

[69] T. Syau, P. Venkatraman, B.J. Baliga, Comparison of ultralow specific on-resistance UMOSFET structures: The ACCUFET, EXTFET, INVFET, and conventional UMOSFETs, IEEE Trans. Electron Devices 41 (5) (1994) 800−808.

[70] R. Singh, D.C. Capell, M.K. Das, L.A. Lipkin, J.W. Palmour, Development of high-current 4H−SiC ACCUFET, IEEE Trans. Electron Devices 50 (2) (2003) 471−478.

[71] J.-S. Lee, D.-H. Chun, J.-H. Park, Y.-K. Jung, E.G. Kang, M.Y. Sung, Design of a novel SiC MOSFET structure for EV inverter efficiency improvement, Proceedings of the International Symposium on Power Semiconductor and ICs, pp. 281−284, 2014.

[72] M. Sun, M. Pan, X. Gao, T. Palacios, Vertical GaN power FET on bulk GaN substrate, Proceedings of the 74th Annual Device Research Conference—Conference Digest, pp. 1−2, 2006.

[73] M. Sun, Y. Zhang, X. Gao, T. Palacios, High-performance GaN vertical fin power transistors on bulk GaN substrates, IEEE Electron Device Lett. 38 (4) (2017) 509−512.

[74] F. Yu, D. Rümmler, J. Hartmann, L. Caccamo, T. Schimpke, M. Strassburg, et al., Vertical architecture for enhancement mode power transistors based on GaN nanowires, Appl. Phys. Lett. 108 (2016) 213503.

[75] Z. Hu, W. Li, K. Nomoto, M. Zhu, X. Gao, M. Pilla, et al., GaN vertical nanowire and fin power MISFETs, Device Research Conference—Conference Digest DRC, vol. 35, no. 2014, pp. 2016−2017, 2017.

[76] I. Ben-Yaacov, Y.K. Seck, S. Heikman, S.P. DenBaars, U.K. Mishra, AlGaN/GaN current aperture vertical electron transistors, Device Research Conference, Conference

Digest, pp. 31–32, 2002.

[77] I. Ben-Yaacov, Y.-K. Seck, U.K. Mishra, S.P. DenBaars, AlGaN/GaN current aperture vertical electron transistors with regrown channels, J. Appl. Phys. 95 (4) (2004) 2073–2078.

[78] S. Chowdhury, B.L. Swenson, U.K. Mishra, Enhancement and depletion mode AlGaN/GaN CAVET with Mg-ion-implanted GaN as current blocking layer, IEEE Electron Device Lett. 29 (6) (2008) 543–545.

[79] S. Chowdhury, M.H. Wong, B.L. Swenson, U.K. Mishra, CAVET on bulk GaN substrates achieved with MBE-regrown AlGaN/GaN layers to suppress dispersion, IEEE Electron Device Lett. 33 (1) (2012) 41–43.

[80] S. Chowdhury, U.K. Mishra, Lateral and vertical transistors using AlGaN/GaN heterostructure, IEEE Trans. Electron Devices 60 (10) (2013) 3060–3066.

[81] H. Nie, Q. Diduck, B. Alvarez, A.P. Edwards, B.M. Kayes, M. Zhang, et al., 1.5-kV and 2.2-mΩ/cm^2 vertical GaN transistors on bulk-GaN substrates, IEEE Electron Device Lett. 35 (9) (2014) 939–941.

[82] D. Ji, M.A. Laurent, A. Agarwal, W. Li, S. Mandal, S. Keller, et al., Normally-off trench CAVET with active Mg-doped GaN as current blocking layer, IEEE Trans. Electron Devices 64 (3) (2017) 805–808.

[83] Z. Li, K. Tang, T.P. Chow, M. Sugimoto, T. Uesugi, T. Kachi, Design and simulations of novel enhancement-mode high-voltage GaN vertical hybrid MOS-HEMTs, Phys. Status Solidi C 7 (7–8) (2010) 1944–1948.

[84] M. Okada, Y. Saitoh, M. Yokoyama, K. Nakata, S. Yaegassi, K. Katayama, et al., Novel vertical heterojunction field- effect transistors with re-grown AlGaN/GaN two-dimensional electron gas channels on GaN substrates, Appl. Phys. Exp 3 (5) (2010) 054201.

[85] D. Shibata, R. Kajitani, M. Ogawa, K. Tanaka, S. Tamura, T. Hatsuda, et al., 1.7kV/1.0 mΩ/cm^2 normally-off vertical GaN transistor on GaN substrate with regrown p-GaN/AlGaN/GaN semipolar gate structure, IEEE IEDM, Tech. Dig (2016) 248–251.

[86] T. Fujihira, Theory of semiconductor superjunction devices, Jpn. J. Appl. Phys. 36 (10) (1997) 6254–6262. part 1.

[87] Z. Li, T.P. Chow, Design and simulation of 5–20 kV GaN enhancement-mode vertical superjunction HEMT, IEEE Trans. Electron Devices 60 (10) (2013) 3230–3237.

[88] W. Saito, Y. Takada, M. Kuraguchi, K. Tsuda, I. Omura, T. Ogura, Design and demonstration of high breakdown voltage GaN high electron mobility transistor (HEMT) using field plate structure for power electronics applications, Jpn. J. Appl. Phys. 43 (4B) (2004) 2239–2242.

[89] Z. Li, High-Voltage Gallium Nitride MOS-Channel HEMTs, PhD Thesis, Rensselaer Polytechnic Institute, 2013.

[90] M. Van Hove, X. Kang, S. Stoffels, D. Wellekens, N. Ronchi, R. Venegas, et al., Fabrication and performance of Au-free AlGaN/GaN-on-silicon power devices with Al_2O_3 and Si_3N_4/Al_2O_3 gate dielectrics, IEEE Trans. Electron Devices 60, 10, pp. 3071–3078.

[91] R. Zingg, On the specific on-resistance of high-voltage and power devices, IEEE Trans. Electron Devices 51 (3) (2004) 492–499.

[92] P. Wessels, Smart power technology on SOI, 6th International Electrostatic Discharge Workshop (IEW), Oud-Turnhout, Belgium, 2012.

[93] W. Saito, I. Omura, T. Ogura, H. Ohashi, Theoretical limit estimation of lateral wide band-gap semiconductor power-switching device, Solid-State Electron. 48 (2004) 1555–1562.

[94] N. Ikeda, S. Kaya, J. Li, Y. Sato, S. Kato, S. Yoshida, High power AlGaN/GaN HFET with a high breakdown voltage of over 1.8 kV on 4 inch Si substrates and the suppression of current collapse, Proceedings on the 20th International Symposium on Power Semiconductor Devices and Ics, pp. 287−290, 2008.

[95] D.A. Grant, J. Gowar, Power MOSFETs: Theory and Applications, Wiley-Interscience, 1989.

[96] G. Lakkas, MOSFET power losses and how they affect power supply efficiency, Analog Appl. J. 1Q (2016) 22−26.

[97] https://toshiba.semicon-storage.com/info/docget.jsp?did = 13415.

[98] Z. Guo and T.P. Chow, International Workshop on Nitride Semiconductors (IWN2018), 2018.

[99] Z. Guo, C. Hitchcock, T.P. Chow, Lossless switching projection of GaN power field-effect transistors, Phys. Status Solidi A 13 (8) (2017) 1600820.

[100] M.J. Uren, S. Karboyan, I. Chatterjee, A. Pooth, P. Moens, A. Banerjee, et al., Leaky dielectric model for the suppression of dynamic R_{ON} in AlGaN/GaN HEMTs, IEEE Trans. Electron Devices 64 (7) (2017) 2826−2834.

[101] Y. Uemoto, D. Shibata, M. Yanagihara, H. Ishida, H. Matsuo, S. Nagai, et al., 8300V blocking voltage AlGaN/GaN power HFET with thick poly-AlN passivation, IEEE IEDM, Tech. Dig. (2007) 861−864.

[102] N. Tsurumi, H. Ueno, T. Murata, H. Ishida, Y. Uemoto, T. Ueda, et al., AlN passivation over AlGaN/GaN HFETs for surface heat spreading, IEEE Trans. Electron Devices 57 (5) (2010) 980−984.

[103] S. Huang, Q. Jiang, S. Yang, C. Zhou, K.J. Chen, Effective passivation of AlGaN/GaN HEMTs with ALD-grown AlN thin film, IEEE Electron Device Lett. 33 (4) (2012) 516−518.

[104] Z. Li, T. Marron, H. Naik, W. Huang, T.P. Chow, Experimental study on current collapse of GaN MOSFETs, HEMTs and MOS-HEMTs, Proceedings on the International Symposium on Power Semiconductor Devices and ICs, pp. 225−228, 2010.

[105] S. Kaneko, M. Kuroda, M. Yanagihara, A. Ikoshi, H. Okita, T. Morita, et al., Current-collapse-free operations up to 850V by GaN-GIT utilizing hole injection from drain, Proceedings on the International Symposium on Power Semiconductor Devices and ICs, pp. 41−44, 2015.

[106] X. Tang, B. Li, H. Wang, J. Wei, G. Tang, Z. Zhang, et al., Impact of integrated photonic-Ohmic drain on static and dynamic characteristics of GaN-on-Si heterojunction power transistors, Proceedings of the International Symposium on Power Semiconductor Devices and ICs, pp. 31−34, 2016.

[107] X. Huang, D.Y. Lee, V. Bondarenko, A. Baker, D.C. Sheridan, A.Q. Huang, et al., Experimental study of 650V AlGaN/GaN HEMT short-circuit safe operating area (SCSOA), Proceedings of the International Symposium on Power Semiconductor Devices and ICs, pp. 273−276, 2014.

[108] T. Nagahisa, H. Ichijoh, T. Suzuki, A. Yudin, A.O. Adan, M. Kubo, Robust 600 V GaN high electron mobility transistor technology on GaN-on-Si with 400 V, 5 μs load-short-circuit withstand capability, Jpn. J. Appl. Phys. 55 (4) (2016), pp. 04EG01-1−04EG01-11.

[109] M. Fernandez, X. Perpina, J. Roig, M. Vellvehi, F. Bauwens, X. Jorda, et al., P-GaN HEMTs drain and gate current analysis under short circuit, IEEE Electron Device Lett 38 (4) (2017) 505−508.

[110] M. Fernandez, X. Perpina, M. Vellvehi, X. Jorda, J. Roig, F. Bauwens, et al., Short-circuit capability in p-GaN HEMTs and GaN MISHEMTs, Proceedings of the

International Symposium on Power Semiconductor Devices and ICs, pp. 455–458, 2017.
[111] M. Fernandez, X. Perpina, J. Roig, M. Vellvehi, F. Bauwens, M. Tack, X. Jorda, Short-circuit study in medium voltage GaN cascodes, p-GaN HEMTs and MISHEMTs, IEEE Trans. Industrial Electronics 64 (11) (2017) 9012–9022.
[112] Z. Guo, C. Hitchcock, T.P. Chow, Second breakdown and robustness of vertical and lateral GaN power field-effect transistors, Phys. Status Solidi A 13 (8) (2017). 1600822-1-7.
[113] S. Chowdhury, Z. Stum, Z. Li, K. Ueno, T.P. Chow, Comparison of 600V Si, SiC and GaN power devices, Mater. Sci. Forum 778 (2014) 771–774.
[114] S. Chowdhury, Z. Guo, X. Liu, T.P. Chow, Comparison of silicon, SiC and GaN power transistor technologies with breakdown voltage rating from 1.2 kV to 15 kV, Phys. Status Solidi C 13 (2016) 354–359. 5–6.
[115] https://www.pntpower.com/epc-corp-450v-gan-fet-is-now-available-normally-off/.
[116] http://epc-co.com/epc/Portals/0/epc/documents/datasheets/EPC2046_preliminary.pdf.
[117] https://www.mouser.jp/pdfdocs/PreliminaryTO220GANDatasheetPGA26C09DV.pdf.
[118] https://b2bsol.panasonic.biz/semi-spt/apl/cn/news/contents/2013/apec/panel/APEC2013_GaN_FPD_WEB.pdf.
[119] http://www.apec-conf.org/Portals/0/Industry%20Session%20Presentations/2015/APEC_2015%5B1%5D.pdf.
[120] http://www.gansystems.com/datasheets/GS66504B%20DS%20Rev%20170321.pdf.
[121] https://www.infineon.com/cms/en/product/promopages/gallium-nitride/.
[122] http://www.transphormusa.com/document/600v-cascode-gan-fet-tph3206ps/.
[123] http://www.transphormusa.com/product/product-profile-tpd3215m/.
[124] http://www.ti.com/lit/wp/slpy008/slpy008.pdf.
[125] http://www.ti.com/lit/ds/symlink/lmg3410.pdf.
[126] http://www.apec-conf.org/Portals/0/APEC%202016%20Plenary%20-%203rd%20Speaker%20-%20Dan%20Kinzer.pdf.
[127] Y. Uemoto, T. Morita, A. Ikoshi, H. Umeda, H. Matsuo, J. Shimizu, et al., GaN monolithic inverter IC using normally-off gate injection transistors with planar isolation on Si substrate, IEEE IEDM, Tech. Dig (2009) 165–168.
[128] S. Nagai, Y. Yamada, N. Negoro, H. Handa, M. Hiraiwa, N. Otsuka, et al., A 3-phase ac–ac matrix converter GaN chipset with drive-by-microwave technology, J. Electron Devices Soc. 3 (1) (2015) 7–14.
[129] H. Wang, A.M.K. Ho, Q. Jiang, K.J. Chen, A GaN power width modulation integrated circuit, Proceedings of the International Symposium on Power Semiconductor and ICs, pp. 430–433, 2014.
[130] D. Maksimovic, Y. Zhang, M. Rodriguez, Monolithic very high frequency GaN swich-mode power converters, IEEE Custom Integrated Circuits Conference, 2015.
[131] Y. Zhang, M. Rodriguez, D. Maksimovic, Very high frequency PWM buck converters using monolithic GaN half-bridge power stages with integrated gate drivers, IEEE Trans. Power Electron 31 (11) (2016) 7926–7942.
[132] J. Waldron, R. Karlicek, T.P. Chow, Monolithic optolectronic integration of GaN high-voltage power FETs and LEDs, IEEE Lester Eastman Conference, August 7–9, 2012.
[133] Z. Li, J. Waldron, T. Detchprohm, C. Wetzel, R.F. Karlicek, T.P. Chow, Monolithic integration of light-emitting diodes and power metal-oxide-semiconductor channel high-electron-mobility transistors for light-emitting power integrated circuits in GaN on sapphire substrate, Appl. Phys. Lett. 102 (1–3) (2013) 192107.

[134] Z. Li, J. Waldron, S. Chowdhury, L. Zhao, T. Detchprohm, C. Wetzel, et al., High temperature characteristics of monolithically Integrated LED and MOS-channel HEMT in GaN using selective epi removal, Phys. Status Solidi A 212 (5) (2015) 1110−1115.

[135] Z.J. Liu, T. Huang, J. Ma, C. Liu, K.M. Lau, Monolithic integration of AlGaN/GaN HEMT on LED by MOCVD, IEEE Electron Device Lett. 35 (3) (2014) 330−332.

[136] Z. Liu, J. Ma, T. Huang, C. Liu, K.M. Lau, Selective epitaxial growth of monolithically integrated GaN-based light emitting diodes with AlGaN/GaN driving transistors, Appl. Phys. Lett. 104 (2014), pp. 091103-1-3.

[137] C. Liu, Y. Cai, Z. Liu, J. Ma, K.M. Lau, Metal-interconnection-free integration of InGaN/GaN light emitting diodes with AlGaN/GaN high electron mobility transistors, Appl. Phys. Lett. 105 (2015), pp. 181110-1-3.

[138] Y.-J. Lee, et al., Monolithic integration of GaN-based light-emitting diodes with metal-oxide-semiconductor field-effect transistors, Opt. Express 22 (S6) (2014) A1589−A1595.

[139] X. Lu, C. Liu, H. Jiang, X. Zou, A. Zhang, K.M. Lau, Monolithic integration of enhancement-mode vertical driving transistors on a standard InGaN/GaN light emitting diode structure, Appl. Phys. Lett. 109 (2016), pp. 053504-1-3.

[140] X. Lu, C. Liu, H. Jiang, X. Zou, A. Zhang, K.M. Lau, High performance monolithically integrated GaN driving VMOSFET on LED, IEEE Electron Device Lett. 38 (6) (2017) 752−755.

第6章 »

氮化镓基氮化镓功率器件设计和制造

6.1 引　　言

GaN 技术是一个研究和开发不断扩展的主题，其证明了在解决功率变换方面的一些 Si 技术无法解决的挑战方面的潜力。例如，使用高电子迁移率晶体管（HEMT）结构的中压（650～900V）器件[1,2]能够通过以更高频率（100kHz～1MHz）[3]驱动电路并消除散热器或降低冷却要求，以减小系统的外形尺寸。仅这一点就激发了人们对 GaN 在节省空间、能源并最终降低功率变换成本方面研究的兴趣。然而，在功率变换中，单芯片对额定电压的大电流需求是一种标准需求。特别是，当市场对汽车和其他交通工具的电气化有利时，GaN 必须扩大其范围，以提供比 Si 甚至 SiC 更高功率密度的高功率解决方案。垂直器件一直是功率器件工程师的选择，经济地使用该材料并最大限度地利用其物理特性（允许更均匀的电场分布和尽可能高的阻断电场、电场迁移率等）。GaN 垂直器件承载了垂直几何结构所提供的所有这些优点，对它的探索正日益受到重视，其重点是放在材料和器件的需求上。图 6.1 显示了功率范围从瓦级到千兆瓦级的潜在电

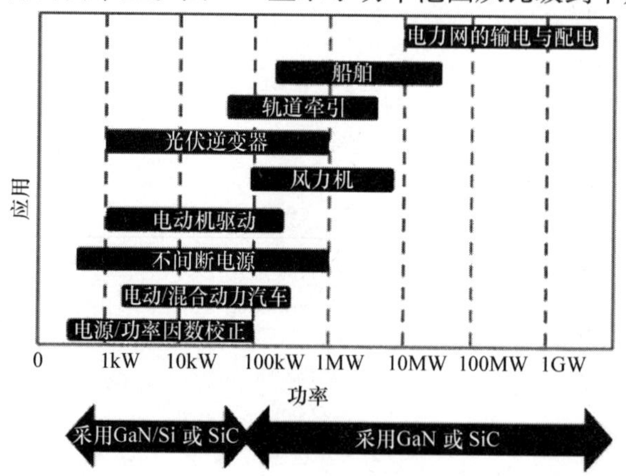

图 6.1　不同应用的功率要求。GaN 垂直器件将在 30kW 以上的功率转换中发挥重要作用（图表基于 2012 年在 CS－Europe 上发表的 Yole 开发报告）。来源于文献［1］

力电子应用。随着时间的推移，以 SiC 和 GaN 为主导的宽禁带半导体将在所有这些应用中发挥非常关键的作用。

本章的目的是让读者了解过去 10 年来奠定垂直 GaN 器件技术基础的不同进展情况。

在本章中，简要介绍了高压功率开关的要求、材料要求，然后介绍了两种垂直 GaN 器件的设计和制造技术：电流孔径垂直电子晶体管（CAVET）和垂直金属 - 氧化物半导体场效应晶体管（v - MOSFET 或简称 MOSFET）。讨论了每种类型晶体管的相关变体。最后，专门给出 1 节来讨论二极管。

6.2　功率开关的要求

为了实现下一代电力电子开关，需要具备以下性能。

6.2.1　常关工作 ★★★

大多数关于 GaN 基器件的研究都是针对常开器件，到目前为止，只有少数可靠的常关器件的报道。在常关器件中，在 0V 的栅极电压下不会有漏极电流流动。目前功率变换器中使用的 Si - IGBT 是常关器件[4]。同样，汽车（电动和混合电动汽车）需要一个常关器件，以简化逆变器电路并有效利用逆变器的设计技术和安装技术。GaN 器件要进入传统的功率变换体系结构，常关工作是至关重要的。AlGaN/GaN HEMT 本质上是常开器件，因此需要在电路或器件级采用某些技术使其常关以适应电力电子（PE）应用。在 HEMT 中实践的一些方法也适用于垂直 GaN 器件，以在器件级实现常关工作。

（1）EPC 和 Panasonic 实现了结 - 栅极器件，用于夹断高功函数栅极下的沟道，同时保持在不具有 p 区的通道区中的沟道，后者为 GIT 或栅极注入晶体管[5]。

（2）东芝、富士通、NTT 和 Transphorm 开发了一种具有 2 个 AlGaN/GaN 界面的多沟道晶体管[6]。这里，传导通道区由在上层 AlGaN/GaN 界面处形成的 2DEG 定义（如在普通 HEMT 中一样）。下面的第 2 个沟道通过栅极凹槽刻蚀和凹槽内的 MIS 栅极形成凹槽。第 2 个沟道形成在薄 AlGaN 层和 GaN 之间，这样在零偏压下沟道中没有电荷，而在正向偏置下（正常关断）感应出电荷。

（3）HKUST 开发了一种通过在栅极结构下引入 F 来将栅极的阈值电压变为正，同时在通道区域中保持导电沟道的常关工作[7]。

（4）最后，RPI[8] 开发了沟道刻蚀（CET）结构的 MOSFET，其中 2DEG 刻蚀并沉积 MOS 栅极。

上面列出的所有这些结构都是为确保单芯片解决方案而设计的。然而，在

MIS 栅极控制的器件中，GaN 和 AlGaN 上的栅极绝缘层尚不可靠，需要显著改善界面特性的重复性和工作稳定性。由于 p－n 结栅极的开启，结－栅极器件具有较低的阈值电压和有限的栅极偏置驱动范围。

在电路层面，迄今为止，体现常关 GaN 晶体管的最简单体现级联的方法是常关低压 Si FET 与常开高压 GaN HEMT 串联，而 GaN HEMT 的栅极连接到 Si FET 的源极，如图 6.2[1] 所示。这种混合结构提供了与现有 Si 驱动器兼容的常关解决方案，以及在无复杂特殊栅极驱动电路的情况下优化 GaN HEMT 的自由度。虽然单芯片解决方案对设计的简化很有吸引力，但它对于减少键合线电感和 PCB 走线造成的损耗是必要的。

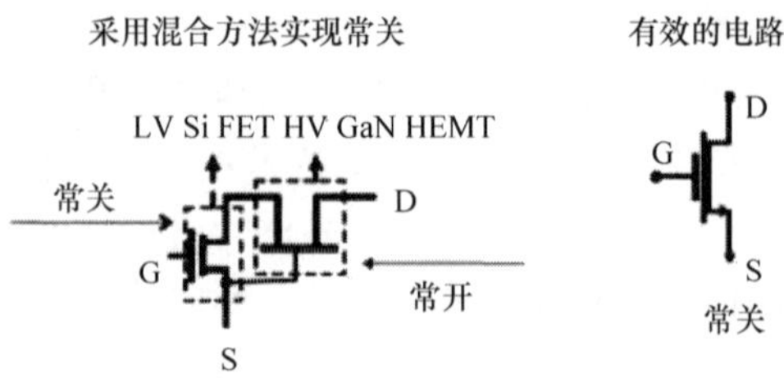

图 6.2　工业上使用的级联常关低压 Si FET 与常开高压 GaN HEMT 的示意图，用于实现标准硅基驱动电路，同时提供 GaN 器件的高电压性能。来源于文献［1］

6.2.2　高击穿电压 ★★★

更高的功率密度是所有功率变换应用的首要需求，它决定了对高功率密度开关的需求。作为最佳示例的丰田 HV 和 EV 描绘了一个全面的图景，可以定性地扩展到许多其他高功率应用。

图 6.3 显示了丰田 HV 的电动机功率与这些系统的电源电压之间的关系。在一个 HV 系统中，电池电压一旦通过升压电路提高到电源电压，然后通过逆变器提供给电动机。电压值可从电池的 202V 升高到最大 500V。如图 6.3 所示，新 HV 需要高电源电压下的高功率电动机。这些逆变器中使用的器件击穿电压约为

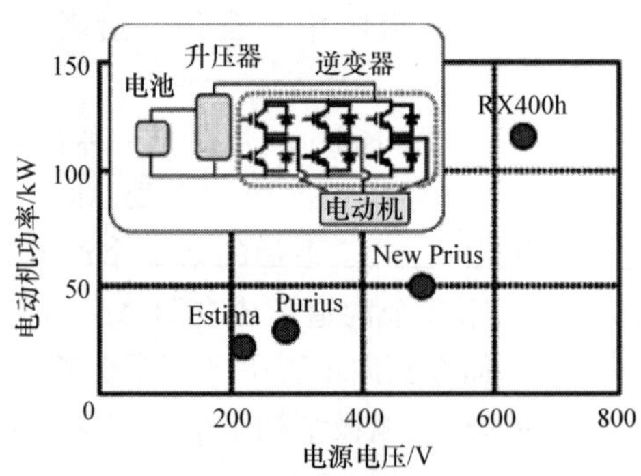

图 6.3　丰田 HV 中电源电压与电动机功率的关系。插图中显示了简化的逆变器，其中晶体管是关键元件。来源于文献［40］

1.2kV。由于对浪涌电压的保护，以及由于布线损耗等原因需要更高的效率，逆变器中使用的器件的击穿电压将来可能会变得更高。

6.2.3　低导通电阻和高电流密度 ★★★

为了提高变换器系统的能量变换效率，有必要降低器件的导通电阻。此外，转换器/逆变器的小型化需要将电流容量提高到几百 A/cm^2。

6.2.4　高温工作 ★★★

Si 功率器件的使用温度不超过 150℃，因为在高温环境下，由于关断态下泄漏电流的增加，功率损耗会增加，从而降低了它们的可靠性。GaN 器件由于其更宽的禁带，预计工作温度将超过 200℃，甚至更高。目前一个很好的例子是混合动力汽车有 2 个冷却系统，1 个是用于发动机的，另 1 个是用于逆变器的，逆变器的冷却水温度比发动机的低。如果 GaN 器件工作温度超过 200℃，混合动力汽车的冷却系统将会简化，其成本将会降低。同样的例子也可以扩展到其他应用，如 PV 逆变器，其中散热器占据了大部分的体积。更高的温度运行将减少冷却需求和冷却成本，能够有效地缩小尺寸和整体系统成本。

GaN 垂直器件有潜力满足 6.2.1 ~ 6.2.4 中所述的全部要求。此外，为 Si IGBT 开发的封装技术可以在模块变化最小的情况下被有效利用。

6.3　衬底和外延层

如通常在 HEMT 中所做的一样，在外来衬底上生长 GaN 时，允许在成核过程中形成高密度的位错。位错密度可以在 $10^9 cm^{-2}$（在晶格失配为 16% 的蓝宝石上）和 $10^7 cm^{-2}$（在晶格失配为 3.5% 的 SiC 上）之间变化。表 6.1 给出了影响 GaN 外延生长的衬底参数。

表 6.1　GaN 外延生长的各种衬底的优缺点概述

衬底	α/(Å)	热导率/(W/cm/K)	热膨胀系数/($10^{-6}K^{-1}$)	晶格失配(%)	热失配(%)	优　点	缺　点
GaN	3.189	1.3	5.59	—	—	- 同质外延	- 成本高 - 缺乏可扩展 - 最大 2 英寸
蓝宝石	4.758	0.5	7.5	16	-34	- 成本低 - 生长工艺简单	- 极端晶圆弯曲 - 大压膜应力
6H-SiC	3.080	3.0 ~ 3.8	4.2	3.5	25	- 高热导率 - 更好的 CTE 匹配	- 成本高 - 有限的晶圆尺寸可扩展性

（续）

衬底	α/(Å)	热导率/(W/cm/K)	热膨胀系数/($10^{-6}K^{-1}$)	晶格失配(%)	热失配(%)	优　点	缺　点
Si (111)	3.840	1 ~ 1.5	2.59	-16.9	54	- 成本低 - 高度可扩展 - 支持 Si 产业	- 生长过程中的高拉伸应变和弯曲 - 生长工艺复杂

外延层和衬底之间的热膨胀系数之间的失配导致晶片弯曲，这是一个可能阻碍制造工艺的缺陷。

图 6.4 所示的蓝宝石上 GaN 的透射电子显微镜（TEM）横截面图说明了扩展位错的示例，扩展位错可以贯穿衬底上生长的材料的整个厚度。

a)

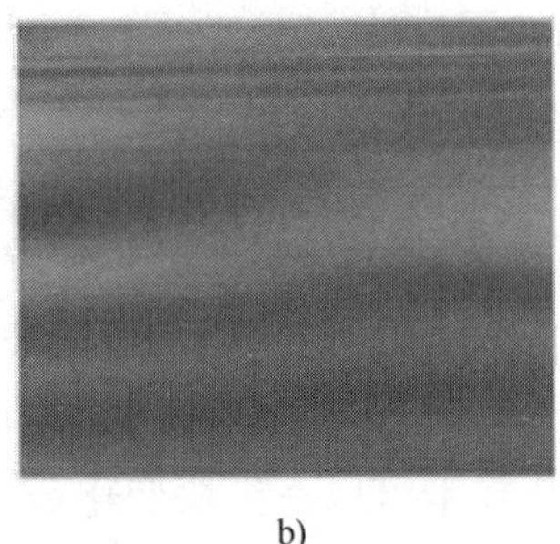

b)

图 6.4　a）蓝宝石上 GaN 成核层和部分缓冲层截面的 TEM。位错湮灭发生在缓冲层中，该缓冲层掺杂有 C 或 Fe 以获得高的电阻率。b）GaN 衬底上 GaN 横截面的 TEM，显示出明显较低的位错密度（在 GaN 上可能低 10^3 ~ 10^5 倍）。

资料来源：S. -Y. Huang and J. -R. Yang, "A Transmission Electron Microscopy Observation of Dislocations in GaN Grown on (0001) Sapphire by Metal Organic Chemical Vapor Deposition," Jpn. J. Appl. Phys., vol. 47, no. 10R, p. 7998, 2008

6.4　氮化镓衬底的可用性

体 GaN 衬底的开发也许是垂直 GaN 器件技术的里程碑式的成就之一。GaN 衬底的可用性为 GaN 的同质外延生长提供了可能，这也扩展到了其他Ⅲ族氮化物，如 AlN 和 $Al_xGa_yN_{1-x-y}$。在 GaN 衬底上生长 GaN 时不会出现晶格失配或热膨胀失配，从而使衬底上生长的材料中的缺陷密度最小（在 10^6cm^{-2} 和 10^4cm^{-2} 之间，甚至低至 10^2cm^{-2}）。

目前正通过各种生长方法，如氢化物蒸气压外延（HVPE）、氨热生长、钠通量法及其各种组合，解决体衬底在成本和可扩展性方面的挑战。

6.5　垂直器件：电流孔径垂直电子晶体管

CAVET 是横向和垂直拓扑结构的有效组合，旨在实现两者的最佳结合。CAVET 在许多设计方面类似于 DMOSFET，但与 DMOSFET 不同的是，它是一种常开器件。在 AlGaN/GaN 界面源电子（单极）处形成横向的沟道，然后通过垂直孔径流至漏极，如图 6.5 所示。电流阻挡层（CBL）放置在孔径周围，以迫使电流通过孔径。由于 CAVET 中的 2D 电子气沟道区域与 HEMT 中的类似，因此可以预期常开行为，以及许多其他类似 HEMT 的特性。例如，如图 6.5 中尺寸为 L_{go} 的阴影区域所示，在金属栅极的源极侧边缘和孔径区域的源极边缘之间的栅极金属下发生的栅控行为导致横向沟道耗尽，从而决定器件的阈值电压。

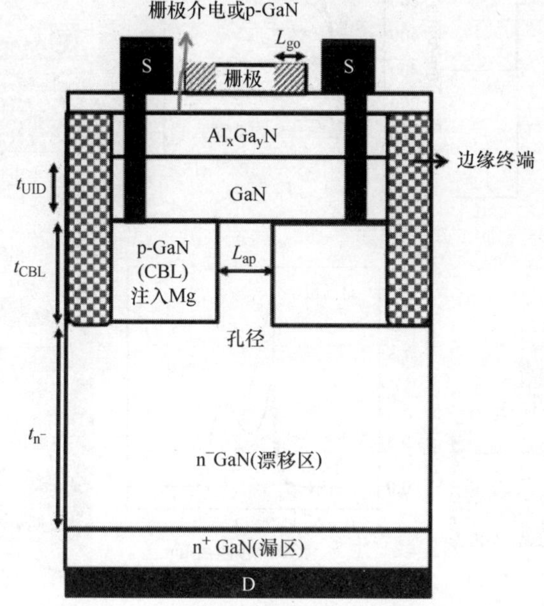

图 6.5　CAVET 的横截面图。CBL 是注入 Mg 的 GaN。器件的有效栅极由阴影区域指示。源极连接到 CBL，以向 CBL 中的陷阱提供放电路径

CAVET 和其他垂直晶体管等垂直器件的主要优点是栅极下方掩埋到体材料的高电场区域。在横向 HEMT 中，栅极的漏极侧边缘是承载高电场区域，该区域峰值达到一个非常高的值，并可能导致表面电弧、介质击穿，沟道击穿和封装击穿，从而导致器件过早失效。此外，HEMT 中的这种高电场有利于表面状态充电，从而导致 HEMT 特性波动。具有表面钝化的场板（FP）技术有助于减少特性波动，从而导致更高的击穿电压。与电场在金属栅极和 FP 边缘达到峰值的 HEMT（横向器件）相比，电场在由 p^+/n^- 结构成的垂直器件中分布更均匀，

这在大多数高功率垂直器件结构中都是不可或缺的一部分。与横向 HEMT 相比，垂直器件中峰值电场的掩埋特性允许更高的击穿电场（更接近 GaN 中的临界电场），如果设计得当的话。

因此，CAVET 利用源电极之间的整个区域来阻断电压，使其在相同额定电压下比 HEMT 更经济。或者换句话说，由于掩埋层电场和适当的边缘终端方案，CAVET 应提供更高的“每微米电压”。图 6.6 概述了 CAVET 如何在没有 FP 要求的情况下提供电场管理的论点。CBL 在缓解关断态下产生的电场方面起着至关重要的作用。对于更高的电压设计，需要适当的边缘和电场终端，以便在漂移区 CBL 和孔径中电场均匀地分布。

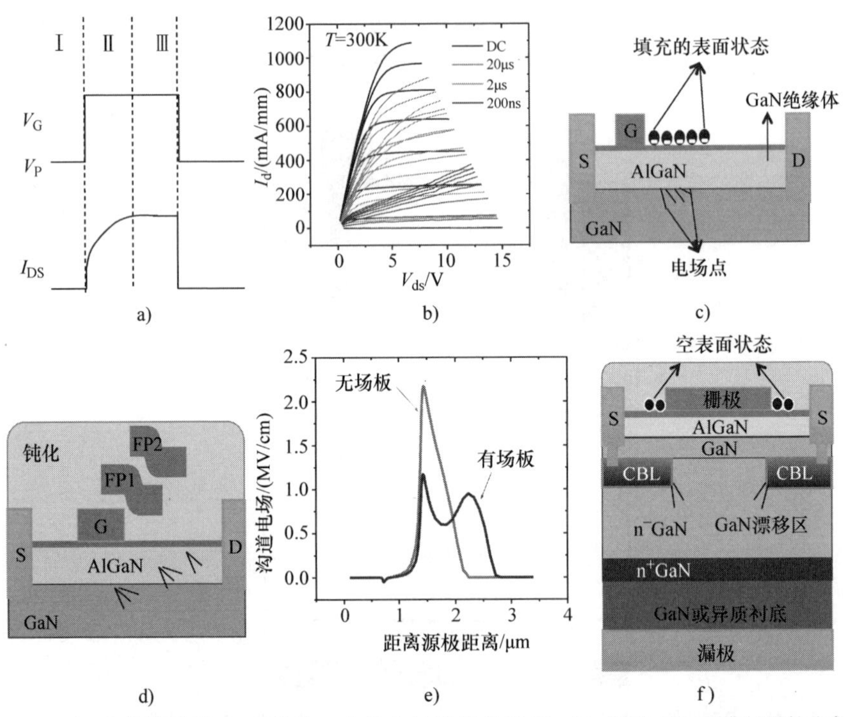

图 6.6　a）色散器件的 $I-V$ 特性。色散会导致开关损耗。b）没有 FP 的横向器件在栅极的漏极边缘产生高电场，栅极的漏极边缘产生高电场，导致表面状态被占据而引起色散。c）FP 用于减小和管理峰值电场，以最小化色散并提高击穿电压。d）两个 FP 将在没有任何 FP 的情况下出现在栅极漏极边缘的单个峰值，平滑为具有较低峰值的两个峰值。e）垂直晶体管的峰值电场区域位于体材料内部。这使得表面状态未占据，不会导致色散

6.6　氮化镓垂直器件简史

Ben - Yaacov 等人设计了第一代具有 RF 功率性能的 CAVET，并在 2000 年[9]进行了成功地演示，其结构生长在蓝宝石上，漂移区生长厚度不超过

0.5μm。通过在 GaN 层中掺杂 Mg 来实现 CBL。任何 CAVET 制造都需要重新生长 AlGaN/GaN 层，从而产生 2DEG。在这种设计中，掺杂 Mg 的 GaN 形成 CBL，孔径区域需要与沟道和 AlGaN 帽层一起重新生长。由于该设计旨在实现 RF 功率，因此栅极和孔径保持尽可能小，以使电容最小化。这些器件成功地显示了 CAVET 工作特性，验证了概念和设计，但存在高的泄漏电流。造成泄漏电流的一个主要原因是再生孔径技术。Gao 等人报告的下一个设计[10]采用光电化学（PEC）刻蚀技术来刻蚀 InGaN 孔径层，以形成空气间隙作为电流阻断层。该方法不需要任何再生长，整个结构用 InGaN 孔径层生长，然后使用带隙选择性刻蚀以形成 CBL。由于 InGaN 和 GaN 之间的极化电荷对电子流形成了障碍，因此通过该技术制造的器件会出现开启电压降。通过使用 Si δ 掺杂对设计进行大量修改，可以降低势垒，但仍保持 0.7V 的电压降。虽然这是一个显著的改进，并且该方法避免了再生长问题，但由于空气是一种较差的介质，空气间隙作为电流阻挡层在较高电压下并不合适。

2004 年后期，通过离子注入形成的 CBL 加入到 CAVET 中，结果得到了很大的改善。该技术涉及 AlGaN/GaN 层的再生长，但不涉及孔径。由于孔径没有再生，第一代 CAVET 中存在的许多早期问题都得到了缓解。

2006 年，对 CAVET 进行了重新审视，预见了一个不同的最终应用。以 CAVET 表示的类 DMOSFET 结构的最终优势将在电源开关应用中得到最好的实现。以实现低损耗功率开关为目标，Chowdhury 等人在 2006 ~ 2010 年期间开展了第一个关于高压 CAVET 的研究工作[11,12]。

日本丰田汽车公司将注意力集中在 GaN CAVET 和类 CAVET 的器件上。Kanechika 等人在 2007 年关于垂直绝缘栅 AlGaN/GaN HFET 的报告中报道了体 GaN 衬底上的垂直绝缘栅 HFET[13]，其 R_{on} 为 2.6mΩ/cm^2。该器件结构类似于 CAVET，采用掺杂 Mg 的 GaN 作为包围 n 型 GaN 孔径的 CBL 来实现。日本丰田汽车公司资助并支持 UCSB 电力电子 CAVET 的开发，从而开发了针对 60kW 及以上功率开关应用的 CAVET 和类似 CAVET 垂直器件。

2007 年 Otake 等人[14]也报道了在体 GaN 上成功演示的“垂直 GaN 基沟槽栅极金属 - 氧化物半导体 FET”，阈值电压为 3.7V，R_{on} 为 9.3mΩ/cm^2。

2014 年，Avogy 公司的 Nei 等人报道了垂直 GaN 晶体管的饱和电流大于 2.3A，击穿电压为 1.5kV，面微分比电阻 R_{on} 为 2.2 mΩ/cm^2[15]。

2015 年，丰田 Gosei 报告了基于 MOSFET 的垂直 GaN 器件，其 MOS 栅极结构阻断电压超过 1.2kV，R_{on} 为 2mΩ/cm^2[16]。图 6.7 显示了过去 10 年中 CAVET 和其他垂直器件的发展情况。

图 6.7 所示的时间线可分为 3 个时期，标志着器件的历史发展。前 6 年展示了 GaN 中各种类型的垂直器件的演示，这是由晶体衬底的可用性实现的。在这

一阶段之后，出现了 1kV 以上阻断电压的高压器件。在过去的 5 年中，高压器件伴随着常规开关性能，成功显示出所提供大电流的变化。

通过大量的仿真，分析了器件的各个组成部分，开发出了能够保持高电压同时提供低 R_{on} 的合适的 CAVET 设计。第 6.7 节讨论了 CAVET 工作所需的一些关键组成部分。

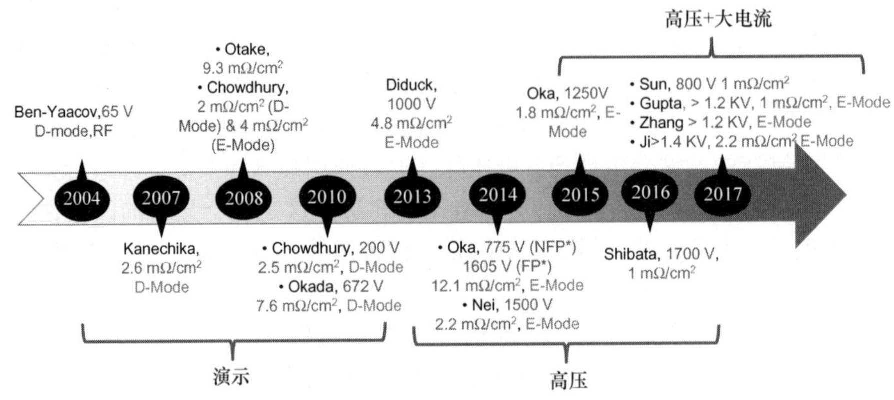

图 6.7　垂直 GaN 技术的主要发展轨迹

6.7　电流孔径垂直电子晶体管及其关键组成部分的设计

CAVET 不同于传统的垂直器件，如垂直 JFET 或 MOSFET，它将类似 HEMT 的沟道融合到厚漂移区。CAVET 可以简单地用 n^- GaN 沟道代替 AlGaN/GaN 形成，就像 MESFET 一样。如图 6.8 所示，在注入 Mg 的 CBL 的体 GaN[11,17] 衬底上制造的第一个 CAVET 在施加到栅极的 80μs 脉冲下显示出无波动的漏极特性。受栅极介质击穿的限制，这些 CAVET 中的击穿电压约为 200V。这些 CAVET 是在 3μm 厚的漂移区上制造的。从这些早期器件中，通过实验确定了导通电阻（R_{on}）与孔径长度（L_{ap}）的关系，随后将通过其基于漂移扩散的模型进行验证。

在本节中，首先讨论与 CAVET 相关的设计空间，并将与设计参数相关的其他器件平台纳入讨论[17-20]。

在 CAVET 中（图 6.5），内部的电流以二维形式出现；电子首先水平流动通过 2DEG，然后垂直移动通过孔径区域。这与 HEMT 或双极晶体管截然不同，后者的电流仅限于一维。因此，开发一个准确的模型以确定哪些参数主要决定器件特性是至关重要的。

电子（电流与电子流方向相反）首先水平通过 2DEG，直到它到达栅极。栅

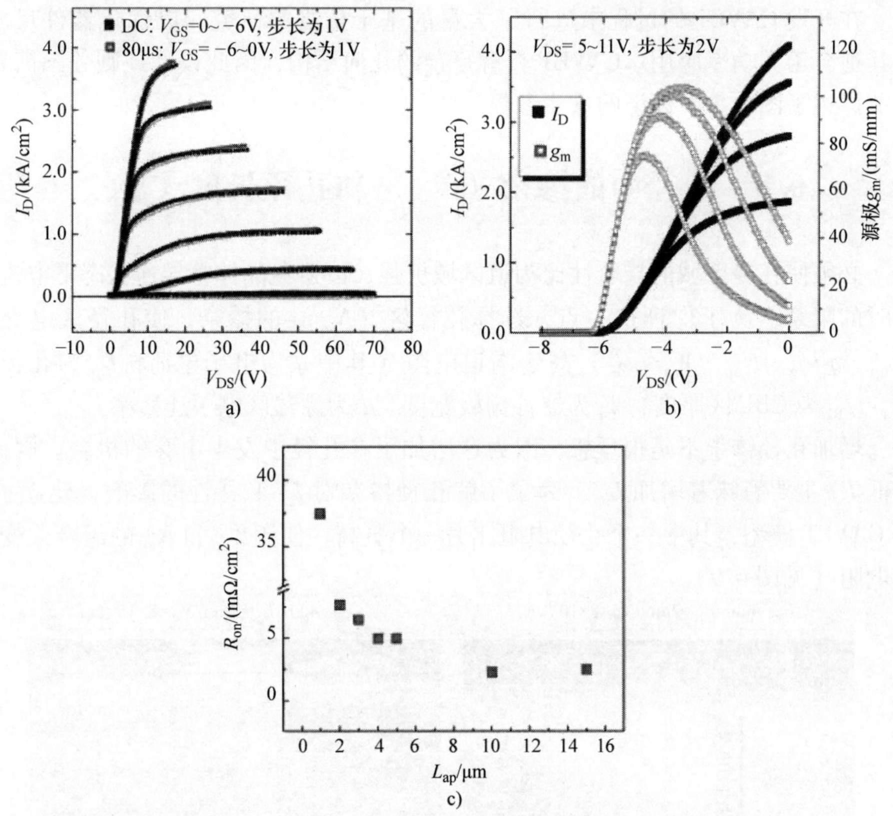

图 6.8　a）$L_{ap}=10\mu m$、$L_{go}=3\mu m$、有源面积为 22Å ~ 75μm^2 的耗尽型 CAVET 的 DC 和脉冲 I_D-V_{DS} 测量结果。b）在 a）中器件的传输特性。在这些早期 CAVET 中，通过实验验证了 R 与孔径长度的相关性，并绘制在 c）中。来源于文献［12］

极只调制 2DEG 中的电子，因此夹断发生在栅极下方的 2DEG 内部的水平方向上，就像在标准 FET 中一样。

通过沟道中夹断点的电子继续以饱和速度 v_{sat} 水平移动，直到它们到达孔径，向下穿过孔径，并在漏极处被收集。至关重要的是，孔内以及漏极区材料的电导率远大于 2DEG 的电导率，因此源极和漏极之间的整个电压降都位于 2DEG 中。这种条件确保通过器件的总电流完全由 2DEG 的电导率决定。如果不满足这一条件，那么施加的源极 - 漏极电压有相当大的一部分位于孔径两端。在这种情况下，直到 V_{DS} 非常大，2DEG 不会夹断，电流也不会达到其饱和值。这类似于双极型晶体管中的准饱和，当集电区的漂移区上的欧姆电压降 $I_c \times R_c$ 与总基极 - 集电极电压 V_{CB} 相当时，就会在大注入电流下发生准饱和。此外，2DEG 的电导率必须远高于 2DEG 正下方的相邻体 GaN 的电导率，以确保电流流过 2DEG 而不是通过体 GaN。

在开发 CAVET 的过程中进行了大量的基于仿真的研究，以优化器件尺寸，使其适合于大功率应用。CAVET 具有复杂的几何结构，因此设计规则并不简单。本节详述了图 6.5 中标记的重要参数。

6.8 孔径中的掺杂（N_{ap}）和孔径长度（L_{ap}）

必须使孔径区域的导电性比沟道区域更强，以避免晶体管导通状态下电流下行时的阻塞。为了保证这一点，选择孔径区（N_{ap}）的掺杂，使孔径区电导率（$L_{ap} \cdot q \cdot \mu \cdot N_{ap} \cdot W_g/t_{CBL}$）高于沟道电阻（其中 q 为电子电荷，L_{ap}为孔径长度，t_{CBL}为 CBL 区厚度，W_g为器件栅极宽度，μ 为漂移区电子迁移率）。

增加孔径掺杂不是很理想，因为这增加了在孔径中发生击穿的机会。因此，降低 R_{on}主要意味着增加 L_{ap}。为了了解孔径掺杂对 $I-V$ 特性的影响，建立了 2 个 CAVET 模型，其中一个孔径电阻比另一个更高。使用 L_{ap}和 N_{ap}的组合改变孔径电阻（见图 6.9）。

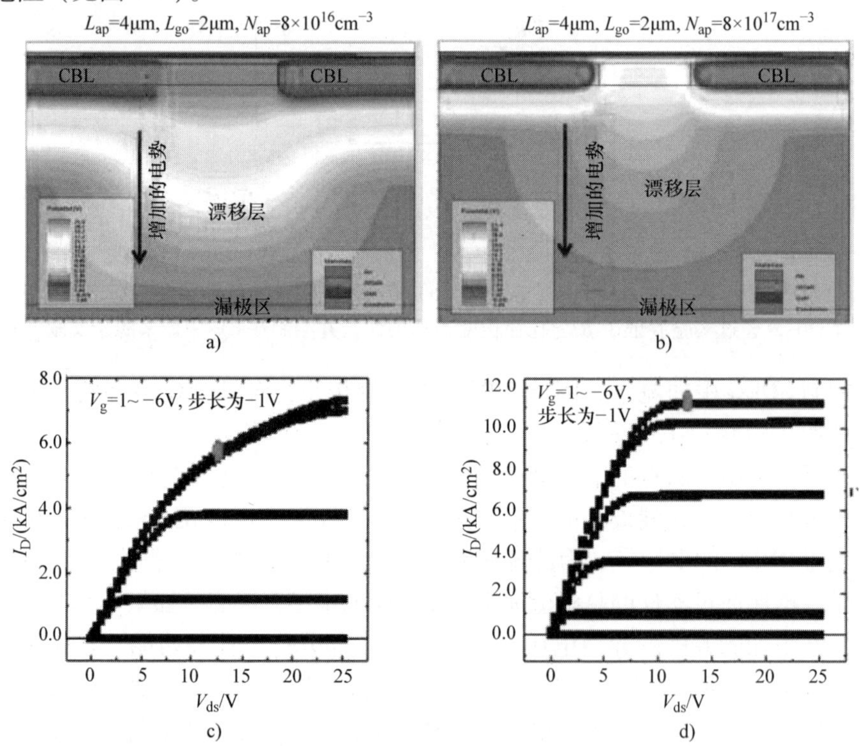

图 6.9　a）用 Silvaco ATLAS 仿真的带有电阻孔径的 CAVET。b）a）中的 CAVET 随着孔径的电导率增加。从 c）中的 $I-V$ 曲线可以看出，带电阻孔径的 CAVET 会导致缓慢饱和。随着孔径区域的电阻减小，电流的饱和如 d）所示。电压分布如上述仿真的等电位线所示。图中的红点表示拍摄上述照片时的偏置条件。来源于文献［17］（彩图见插页）

从图 6.9a 和 b 所示的仿真（Silvaco ATLAS）结果可以看出，具有较高孔径电阻的器件没有出现电流饱和。或者换句话说，由于施加的 V_{DS} 的主要部分位于孔径上，因此需要施加更高的电压以达到饱和。图 6.9b 所示孔径电阻较低的器件容易饱和。

结果表明，对于高击穿电压设计所必需的孔径低掺杂，需要更长的孔径（更宽的开口）。仿真是在 4μm 孔径下进行的，孔径中需要高达 $8\times10^{17}\,\mathrm{cm}^{-3}$ 的掺杂才能使电流饱和，而不存在准饱和区。这表明对于较低的 N_{ap}，孔径需要大于 4μm。为了对该器件进行定性的理解，进行了仿真。随后的实验结果证明了该模型的有效性。孔径中的掺杂保持与漂移区一样低，以避免孔径区过早击穿，这需要孔径区的长度大于 4μm，这一点得到了实验验证。

6.9　漂移区厚度（t_{n^-}）

设计的 CAVET 的漂移或轻掺杂（n^-）层支撑大部分外加电压。这正是垂直器件工作的基本原理。虽然变化的沟道结构可以形成不同类型的垂直晶体管，即 JFET 或 MOSFET，但漂移区的预期特性及其设计都是通用的。关断态工作下的电压降大部分位于漂移区。理想情况下，包括 CAVET 在内的大多数垂直器件都使用由 p^- GaN 基区和 n^- GaN 漂移区形成的 p－n 结来阻断高的电压。

在关断态下，在阴极施加一个正电压，得到沿耗尽区的三角形电场分布，如图 6.10 所示。根据泊松方程，最大电场 E_{max} 可表示成：

$$E_{max} = \frac{qN_D}{\varepsilon_r\varepsilon_0}W_D \tag{6.1}$$

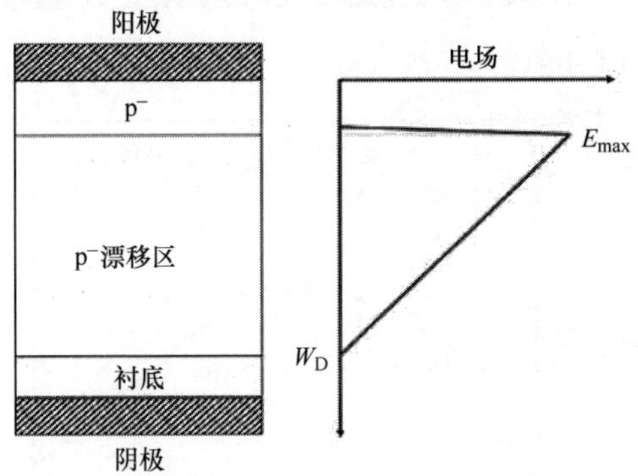

图 6.10　在理想漂移区域设计中，三角形电场分布几乎一直延伸到阴极（这里的衬底是 n^+ GaN）。来源于文献［19］

式中，N_D 是 n^- 漂移区的掺杂浓度；W_D 是漂移区的耗尽宽度；q 是电子电荷；ε_r

是相对介电常数；ε_0是自由空间的介电常数。如果E_{max}达到临界电场E_C的值，理想情况下，假如器件具有高质量的p-n结，则该器件应发生雪崩。击穿电压V_{BR}可以表示为：

$$V_{BR} = \frac{1}{2}W_D E_C \tag{6.2}$$

因此，漂移区必须轻掺杂才能在关断态漏极偏置下耗尽。然而，增加漂移区域的厚度和降低漂移区域的掺杂会增加导通态下的R_{on}。这种效应在更高电压的垂直器件中更为明显，其中漂移区做得更厚以维持高电压开关。从等电位线可以看出，施加的大部分电压由漂移区支撑。随着施加电压的增加，耗尽区延伸，等电位线推进到孔径中，如图6.11中的仿真的等电位线所示。峰值电场区域掩埋在体材料中，并出现在CBL或p-n结的下边缘（见图6.10）。图6.12显示了不同研究机构报告的击穿电压与漂移区掺杂浓度的函数关系。

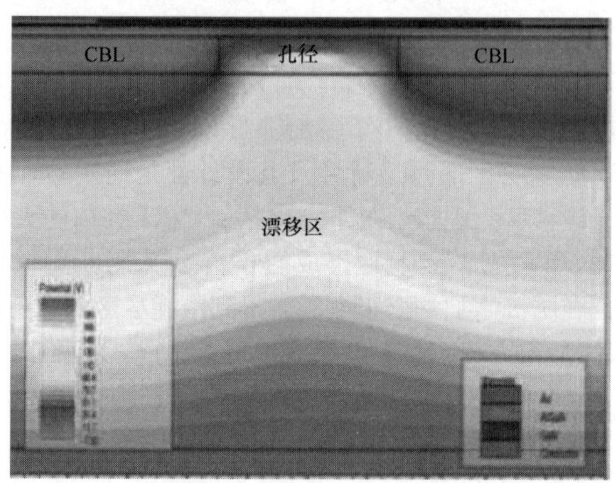

图6.11　关断态下CAVET中的等电位线，显示了在漂移区上的大部分电压降（彩图见插页）

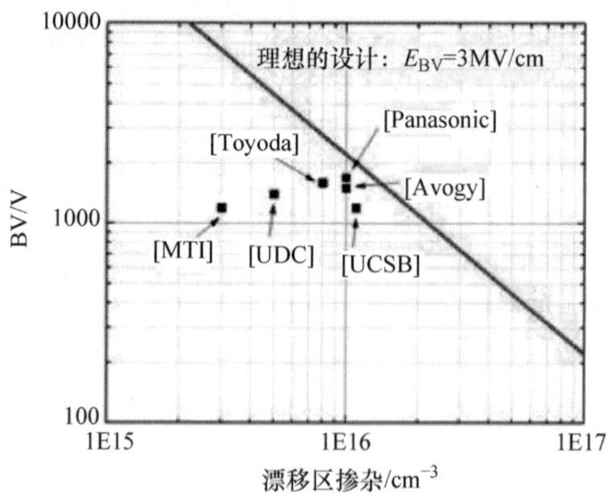

图6.12　垂直GaN晶体管的击穿电压与漂移区掺杂浓度的函数关系。来源于文献［19］

漂移区的电子迁移率对垂直晶体管的性能起着重要的作用。从过去 10 年中，体 GaN 材料质量的提高可以断言，GaN 技术与 SiC 等其他竞争技术（由于其可比的带隙能量和临界电场提供了类似的优势）的区别确实在于材料的迁移率。形成漂移区的体 GaN 的迁移率的增加将降低 R_{on}，而不需要付出任何显著的代价。因此，漂移区迁移率是一个关键的组成部分，与临界电场一样影响性能和路线图。GaN CAVET 的理想 $R_{on,sp}$ 可以表示为

$$R_{on,sp} = \rho_{2DEG}L_{G}p + \frac{W_D}{q\mu_n N_D} \tag{6.3}$$

从图 6.13 可以看出，对于低击穿电压器件设计（BV < 2000V），导通态电阻受到沟道电子迁移率的限制；而对于 BV > 2000V，导通态电阻受到体 GaN 迁移率的限制。图 6.14 显示了 Silvaco ATLAS 中仿真的器件简化模型，以证明漂移区体迁移率对 R_{on} 的影响，该模型显示了总导通态电阻（$R_{ON,TOT}$）、漂移区电阻（R_{DR}）和沟道电阻（R_{CH}）与孔径长度 L_{ap} 的关系。在 4μm 和 10μm 之间的 L_{ap} 获得最小的 $R_{ON,TOT}$ 为大约 1.4mΩ/cm^2[19,21]。

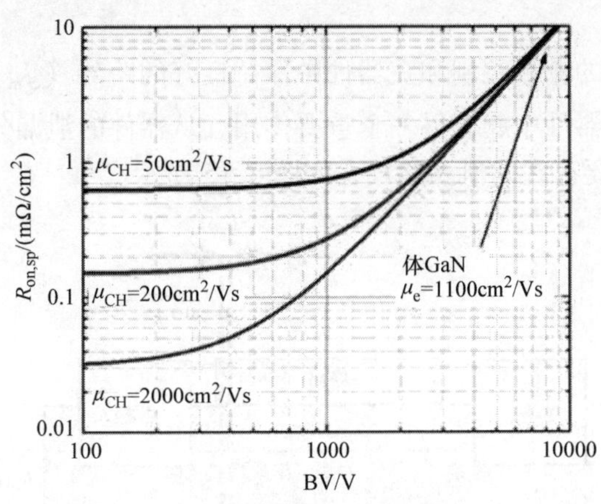

图 6.13　垂直 GaN 晶体管的器件品质因数。来源于文献［19］

对于相同的掺杂浓度和相同的孔径 - 栅极交叠（L_{go}）情况下，R_{on} 对 L_{ap} 的依赖关系也在图 6.10 中得到了说明，优化后的寄生泄漏最小。因为孔径中的电导与 L_{ap} 成比例增加，所以 R_{on} 随 L_{ap} 的增加而减小。当沟道和漂移区成为电阻的主要部分时，可以观察到 R_{on} 的饱和。

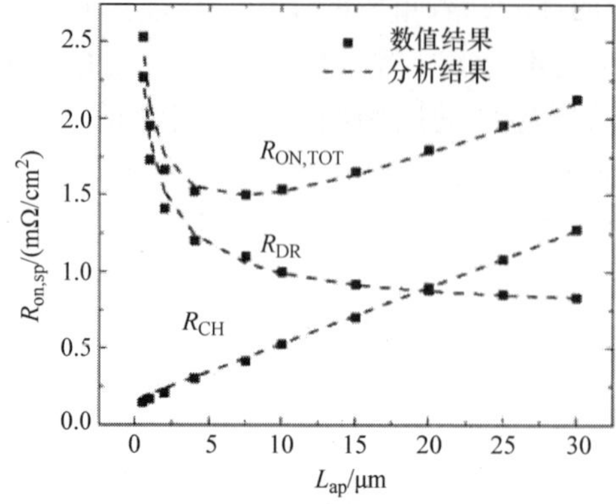

迁移率(漂移区)/(cm^2/Vs)	V_{br}/V	$R_{on}/(m\Omega/cm^2)$ 横向沟道
1100	1240	1.4
900	1260	1.7
700	1280	2.2
500	1300	3.1

图 6.14　$R_{ON,TOT}$、R_{DR}和R_{CH}随L_{ap}的变化。实心正方形表示数值计算的结果，而虚线表示分析结果（沟道电子迁移率：1500cm^2/Vs；体 GaN 电子迁移率：900cm^2/Vs）。列出了作为漂移区电子迁移率函数的总R_{on}。体 GaN 迁移率将在区分 GaN 垂直器件和 SiC 器件方面发挥关键作用。来源于文献［41］

6.10　沟道厚度（t_{UID}）和有效栅极长度（L_{go}）

除了确保适当的栅极控制和在器件中保持良好的跨导（g_m），沟道厚度和有效栅极长度在这些器件中起着另一个重要作用，从器件的泄漏分析中可以得到很好的理解。3 条主要存在的泄漏路径，如图 6.15 所示。

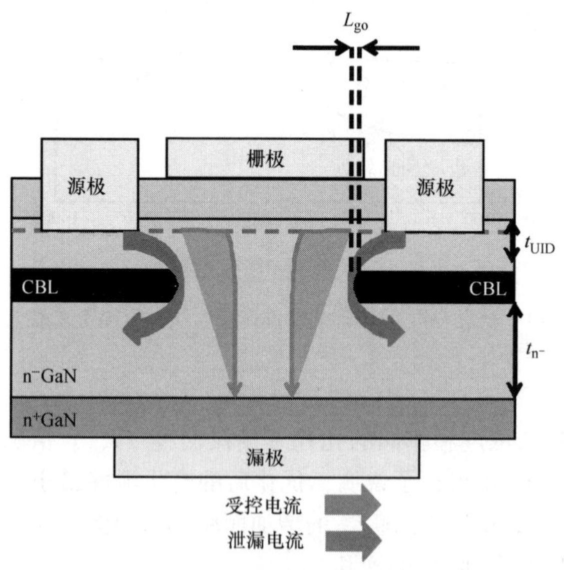

图 6.15　CAVET 中的 3 条关键泄漏路径：（1）通过 CBL，（2）未调制电子，（3）栅极泄漏。来源于文献［17］（彩图见插页）

6.10.1　通过 CBL ★★★

如果 CBL 没有给电流提供足够高的势垒，电流可以通过 CBL 从源极流向漏极。这是不希望出现的电流路径，并且对器件性能有很大的影响。

6.10.2　未调制的电子 ★★★

在正常工作情况下，所有来自源极的电子应当水平通过 2DEG 流向栅极，然后垂直通过孔径流向漏极。

然而，如果对沟道中电子的限制不够充分，那么一些电子可以通过导电孔径找到一条绕过栅极，从源极到漏极的简单路径。这些电子增加了泄漏电流，应该切断其流动。与孔径交叠的栅极长度 L_{go}（类似于标准 HEMT 栅极长度）和 t_{UID} 是控制这个路径的 2 个变量。

如果 L_{go} 较小，或 t_{UID} 较大，则从源极到孔径的有效距离会减小，并且电子在不受栅极调制的情况下流向漏极的可能性会增加。所以 L_{go} 必须足够大，以增强源极注入的栅极控制；另一方面，t_{UID} 的厚度必须最小。

然而，如果 t_{UID} 太小，2DEG 中的电子将接近 CBL。这增加了电子被俘获的可能性（特别是如果 CBL 有陷阱），从而在栅极信号被脉冲化时导致色散。

这设置了由器件特性波动标准确定的 t_{UID} 下限。

6.10.3　通过栅极 ★★★

另一个泄漏通过栅极发生，并且可以通过栅极下方的适当栅极介质或 p^- GaN 层来解决。

6.11　电流阻断层

6.11.1　关于掺杂与注入电流阻断层的讨论 ★★★

CAVET 的设计包括设计一个具有鲁棒性的 CBL，一个导电性足以不阻塞电流同时不足以限制器件击穿电压的孔径，以及一个保持阻断电压的低掺杂漂移区域。CBL 设计目的是为电子通过除孔径之外的任何从源极到漏极的其他路径提供一个势垒。因此，p^- GaN 层将是提供超过 3eV 势垒的非常有效的电流阻断层。虽然从能带图来看，通过掺杂（Mg）水平为 $10^{19}/cm^3$（室温下活性为 1%）可以实现高达 3eV 的势垒，但还有其他与制造相关的问题使其不那么具有吸引力。为了完成器件制造，需要在 CBL 顶部再生长 AlGaN/GaN（25nm/140nm）层。这意味着下面的 p 掺杂层必须被激活。虽然难以实现 p^- 掩埋层的激活，但这种方案还需要在刻蚀的沟槽上再生长。在以前的研究中可以看出，对暴露于非 c 平面的孔径区域进行刻蚀，并在此倾斜面上再生长，会导致凹槽扩展到表面。其他研究[18,22]发现，生长在〈0001〉平面以外的平面上的 GaN 往往含有大量 n^- 杂质。由于 CAVET 中的峰值电场位于栅极正下方，该区域中的高 n 型掺杂导致峰值电场增加，从而限制了器件的击穿。这种高掺杂区域如果在栅极金属下方，将增加栅极泄漏。可以证明使用良好的栅极绝缘材料对栅极泄漏是有益的，但仍然不能排除由于无意中的高 n 型杂质导致的峰值电场增加而过早击穿的可能性。避免这些问题的最佳替代途径之一是实现电流阻断功能的离子注入技术。使用离子注入的 CBL 的优点在于孔径层不需要再生长。图 6.16 显示了用离子注入的 CBL 制造

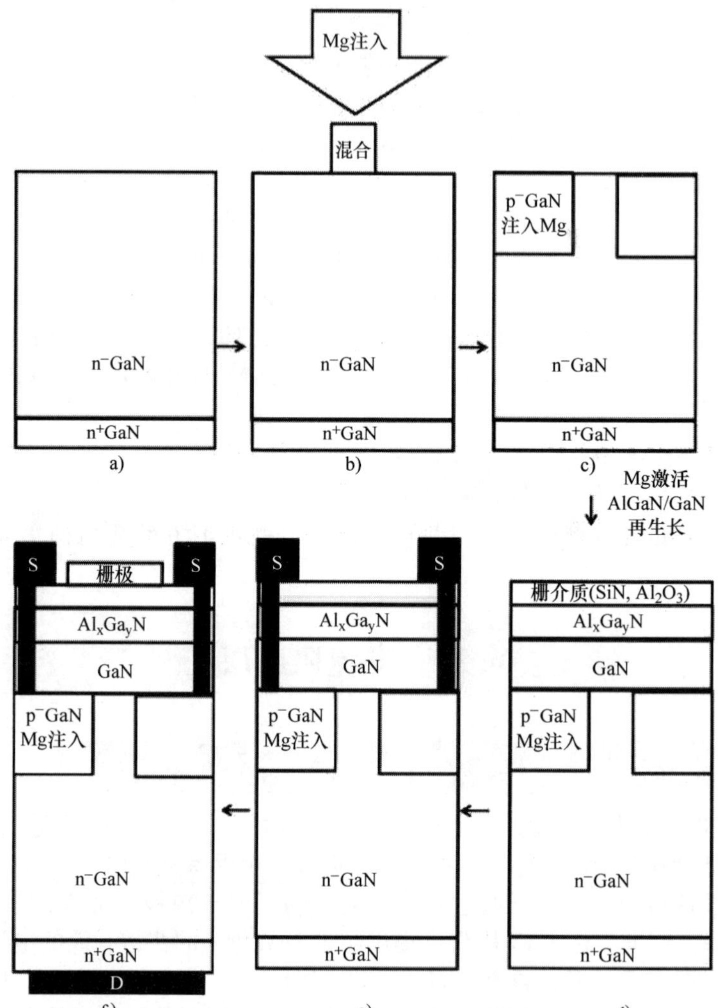

图 6.16 CAVET 的制造步骤。a）在漏极区（n^+ GaN）上生长厚的漂移区（n^- GaN）。b）进行 Mg 注入以保护器件的孔径区域。c）p^- GaN 注入应使用高温多循环快速热退火（RTA）方法激活（未示出）Mg 离子。d）在 MBE 或 MOCVD 反应器中再生 AlGaN 和 GaN 形成沟道。如果使用 MOCVD 再生长技术，通常会生长原位栅介质。e）制造通过通孔连接到 p^- GaN 区的源极。f）栅极和漏极金属在单独的步骤中沉积以完成器件制造

CAVET 的工艺流程。在这种方法中，孔径层与基区结构一起生长。然后对孔径掩膜并注入形成 CBL。由于这种方法不涉及对孔径层的刻蚀，因此 AlGaN/GaN 层的再生长发生在 *c* 平面上并保持平整。注入和掺杂的 p^-GaN CBL 都有其独特的优缺点。通过［Mg］离子注入技术获得的 CBL 已证明优于部分激活的掺杂 Mg 的 CBL，特别是如果注入的 Mg 使用非常高的工艺温度激活时。尽管这种高温激活工艺在 SiC 中是常见的，但它需要大量的改进和开发才能适应 GaN。最近的报道表明，当在高于 1400℃的温度下激活时，注入 Mg 的 GaN 具有优异的 p^- 性能[23]。

致力于 GaN 垂直器件商业化的 Avogy 报道了他们基于掺杂 CBL 的器件[15]。掺杂的 p^-GaN CBL 垂直 FET 的最关键部分是实现掩埋入体 GaN 材料中优良的 p-n结。与非平面表面再生等相关的其他挑战已通过大量的刻蚀和再生长研究得到很好的解决。p-n 结控制开关工作下的击穿电场（或者更恰当地说是设计的阻断电压下的电场）以及波动特性。预测的 GaN 中的电场约为 3MV/cm，接近预测的工作极限依赖于接近理想的 p-n 结。下一节将讨论掺 Mg 的 CBL 方法。

6.12　沟槽电流孔径垂直电子晶体管

如图 6.17[24,25] 所示，使用掺杂 Mg 的 p^-GaN 作为 CBL，成功演示了一个在沟槽侧壁上制作栅极的 CAVET。侧壁栅极几何结构与掺杂 Mg 方案配合良好。沟槽 CAVET 依赖于沟槽侧壁上的再生长 AlGaN/GaN 层作为沟道。沟槽侧壁角度决定了沟道的极化尺度，其中 90°表示非极性平面，45°表示半极性平面。沟槽 CAVET 中的阈值电压强烈依赖于沟槽侧壁角度，可以用作常关器件的设计参数。

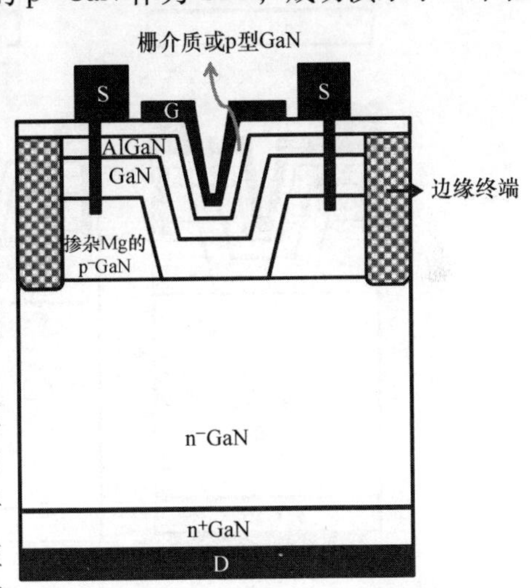

图 6.17　含有掺杂 Mg 的 CBL 的沟槽 CAVET 的示意图。带有 SiN_x 或 Al_2O_3 的 MIS 栅极或带有优化的 p^-GaN 的结栅极是允许器件常关行为的可用选项

除了 AlGaN/GaN 沟道与侧壁间存在的一定角度，沟槽 CAVET 的功能与 CAVET 类似。因此，高迁移率 2D 电子气确定了沟道的电子迁移率，但必须注意的是，AlGaN/GaN 沟道在刻蚀的沟槽上再生长。然而，据报道，沟槽 CAVET 中的沟道迁移率高达 $1690cm^2/Vs$[8]。

在 GaN 器件技术中，氧化技术的鲁棒性仍然是一个挑战，在 AlGaN/GaN 结

构上原位生长的 Si_3N_4 已被证明是一种具有低界面陷阱的优秀介质，可在 HEMT 中实现 JEDEC 标准的可靠性。在研究中，利用原位生长的 Si_3N_4 来覆盖 AlGaN/GaN 以抑制栅极泄漏电流。

Ji 等人于 2016 年[24]在体 GaN 衬底上报道了第一个 MIS 栅极沟槽 CAVET。从图 6.18 可以看出沟槽 CAVET 的工艺流程。p^- GaN 层的激活分为 2 个阶段。首先，在基区结构生长到约 400nm（对于 1.2kV 的设计）的 p^- GaN 后，在 700℃下对 p^- GaN 进行激活，以打破 Mg－H 络合物并从晶体中释放氢。然而，当 AlGaN/GaN 层再生长时，氢可以再次进入晶格，从而使 CBL 中的 Mg 失活。因此，在制造源区之前，再进行 700℃加热，使晶体中捕获的氢通过通孔扩散出去。图 6.19 显示了沟槽 CAVET 中 p－n 结的扫描电子显微镜（SEM）横截面，其中 p^- GaN 通过脱氢加热成功激活。

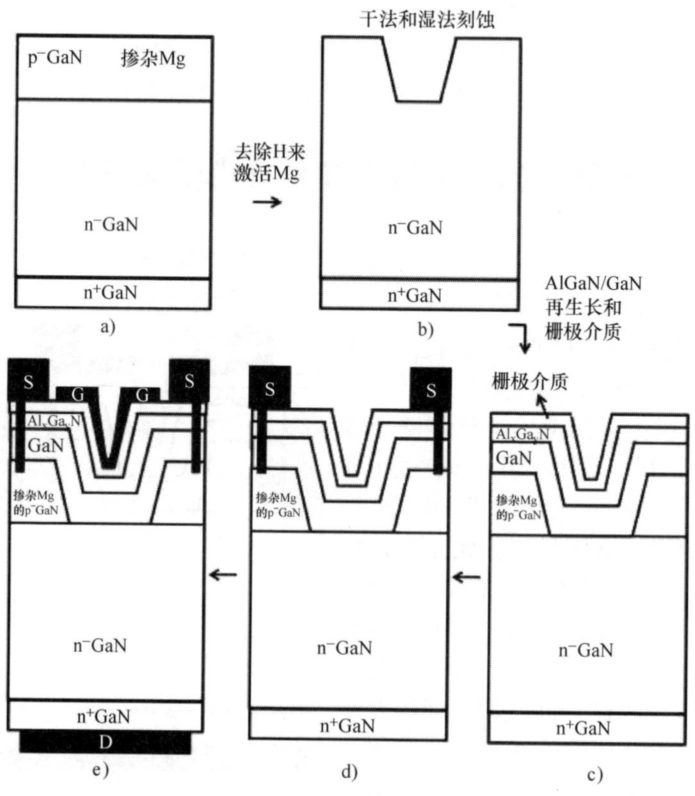

图 6.18　沟槽 CAVET 的制造步骤。a）在漏极区（n^+ GaN）上生长电流阻挡层（p^- GaN）和厚的漂移区（n^- GaN）；p^- GaN 在 700℃下退火 15min 来激活，b）然后用干法刻蚀法刻蚀 p^- GaN，并且通过湿 TMAH 刻蚀来平滑侧壁。c）在 MOCVD 反应器中再生 AlGaN 和 GaN 形成沟道。通常在同一 MOCVD 中生长原位栅极介质，或者沉积 ALD 氧化物。d）制造通过通孔连接到 p^- GaN 区的源极。e）栅极和漏极金属在单独的步骤中沉积以完成器件制造

尽管 Ji 等人报告的第一代器件的击穿电压受到栅极电介质击穿的限制为 225V[24]，但随后的改进导致实现了耐压 880V 以上的器件，R_{on} 小于 2.7mΩ/cm^2，如图 6.20[25] 所示。必须注意的是，在这些器件中控制阈值电压可能是困难的，因为这意味着对斜率的精确控制和重复性很好的再生长技术。在耐压 880V 器件中，再生长的 GaN 层明显为 n$^-$，使得器件的阈值电压为负，而耐压 225V 器件的阈值电压显示出很大的正值。p$^-$GaN 层作为栅极控制层可以替代上述电介质方法。p$^-$GaN 栅极结构广泛用于常关的横向 GaN HEMT 中。由于极化电荷诱导的 2DEG 的高电子密度，p$^-$GaN 栅极控制 HEMT 的阈值电压通常小于 2V。然而，正如 Shibata 等人在 2016 年所证明的，在 p$^-$GaN 栅极控制沟槽 CAVET 中，沟道形成在半极性平面，可以实现更正的阈值电压[26]。在体 GaN 衬底上生长的 p－n 外延结构上，使用感应耦合等离子体刻蚀形成“V”形沟槽，通过 MOCVD 在沟槽上再生长 p$^-$GaN/AlGaN/GaN 三层结构。由于沟道位于半极性平面而不是 c 平面，阈值电压向正的方向偏移了 1.5V。采用 13μm 的漂移区厚度，获得了 2.5V 的正阈值电压和高达 1700V 的阻断电压。据报道，该器件的比导通电阻非常低，为 1mΩ/cm^2。Shibata 等人[26] 报道的垂直 GaN 晶体管的一个重要特征是在 GaN 衬底上的 p$^-$GaN 阱/n$^-$GaN 漂移外延层顶部插入碳掺杂层。这里，碳掺杂的 GaN 层用作半绝缘层，因为碳引入了深受主能级。高电压无疑强调了掺杂 C 的 GaN 和掺杂 Mg 的 GaN 层组合提供的强大阻断层的作用。

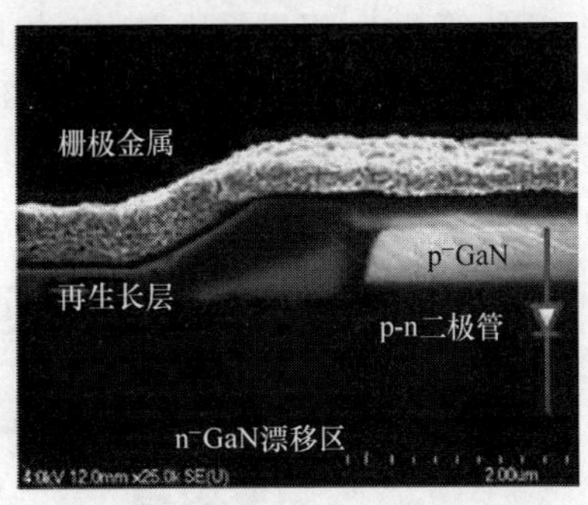

图 6.19　释放氢激活 Mg 后的沟槽 CAVET 截面 SEM 图。来源于文献［24］

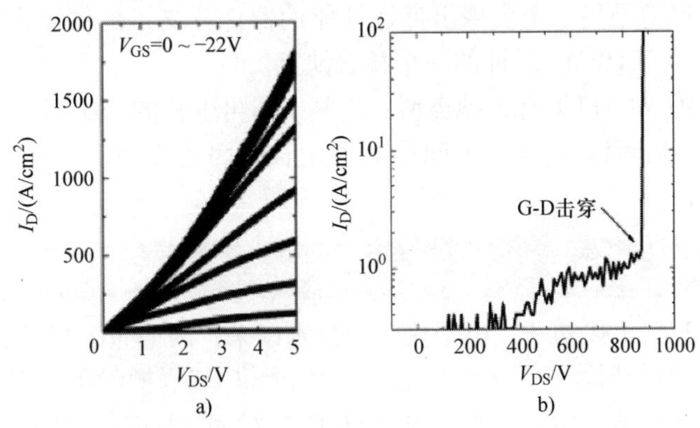

图 6.20　a）沟槽 CAVET 的漏极特性和 b）击穿特性。来源于文献［25］

Nie 等人[15]报告的研究中，提出了一种带有 p⁻GaN 栅极控制的沟槽 CAVET 变体，因此称为垂直 JFET（V-JFET），其中设计的 AlGaN/GaN 层的再生长用来完全填充沟槽。这些器件具有出色的 DC 特性，阻断电压超过 1.5kV 而比导通电阻为 2.2mΩ/cm^2。图 6.21 显示了 Avogy 从他们的报告工作中采用的器件示意图[15]。

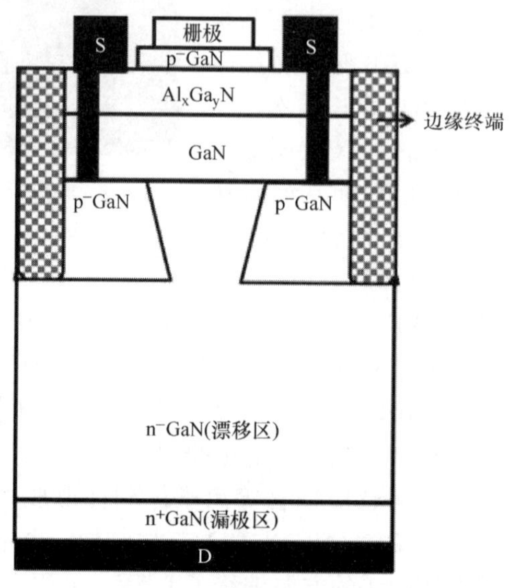

图 6.21　使用掺杂 Mg 的 CBL 和再生孔径和沟道区的 V-JFET 的示意图。在这种类型的器件中，在 AlGaN/GaN 层重新生长之前，沟槽被填充并平坦化。来源于文献［15］

6.13　金属-氧化物半导体场效应晶体管

GaN MOSFET 是另一个表现出良好性能的器件分支，提供了常关解决方案，这是任何基于 GaN HEMT 设计的一个显著缺点。

目前报道的 MOSFET 有 2 种类型：①基于非再生长的 MOSFET；②基于再生长的 MOSFET。后者涉及 GaN 中间层的再生长，因此称为氧化物，GaN 中间层 FET（OGFET）。

6.13.1　基于非再生长金属-氧化物半导体场效应晶体管★★★

自 20 世纪 90 年代初开发出干法刻蚀技术以来，沟槽 MOSFET 已成为电力电子领域的主要器件结构[4]。迄今为止，Si 基和 SiC 基沟槽 MOSFET 均已商业化，并显示出优异的性能。然而，由于缺乏体 GaN 衬底，GaN 基 MOSFET 的开发都是断断续续的。2007 年 Otake 等人[27]报道了第一个 GaN MOSFET；该器件具有 5.1V 的极高阈值电压。7 年后，Oka 等人在 2014 年报道了 1.6kV 的器件[28]。

图 6.22 显示了垂直 GaN MOSFET 的结构。p^- 基区和 n^- 漂移区形成源极和漏极之间的主要 p－n 结。器件击穿电压由这个 p－n 结的反向特性确定。在 p^- 基区的顶部形成 n^+ 源区，n^+ 源区和 p^- 基区之间的结通过源极接触短路，以通过消除 n－p－n 基极开路效应来提高击穿电压。作为 MOS 结构的反型层的沟道在刻蚀的侧壁形成。

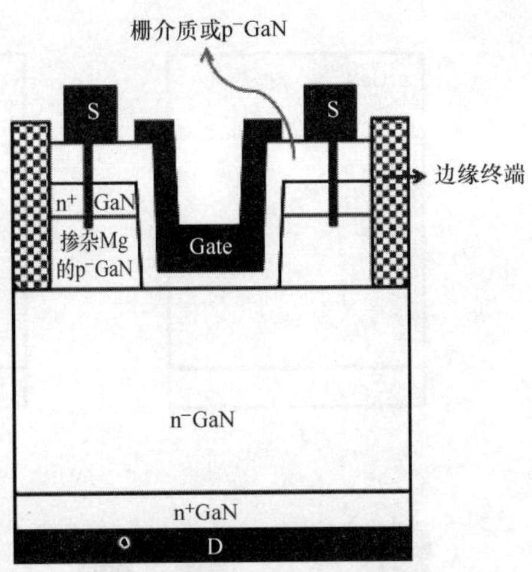

图 6.22　未涉及任何再生长的常规 GaN MOSFET 的结构

与 CAVET 结构相比，MOSFET 有 2 个基本优点：①MOSFET 是一个容易关断的器件，具有超过 2V 的高阈值电压；②没有再生长使得工艺非常简单，降低了成本。MOSFET 的这些优点使其成为垂直 GaN 晶体管的一种具有吸引力的设计。

然而，对于 GaN MOSFET，最大的挑战在于器件沟道中的电子迁移率较低。在器件的导通态期间，电子流过侧壁 MOS 结构的反型层，沟道电子迁移率受到表面粗糙度和杂质散射的限制。除了较差的沟道特性，另一个问题是电介质（氧化物）的可靠性。如果没有较高的可靠性，GaN MOSFET 无法得到广泛认可。

6.13.2　基于再生长的金属－氧化物半导体场效应晶体管（OGFET）★★★

GaN OGFET 是一种基于传统沟槽 MOSFET 基础上的改进结构，如图 6.23 所示。与传统沟槽 MOSFET 相比，OGFET 具有 2 个特点：①使用非专门掺杂（UID）GaN 夹层作为沟道区域，提高沟道电子迁移率以减少掺杂剂的库仑散射；②采用 MOCVD 原位生长氧化物，减少了界面状态，提高了栅极氧化层的可靠性。OGFET 的新颖之处在于不破坏正常关断行为的情况下提高沟道的电子迁移率。其工艺流程如图 6.24 所示。

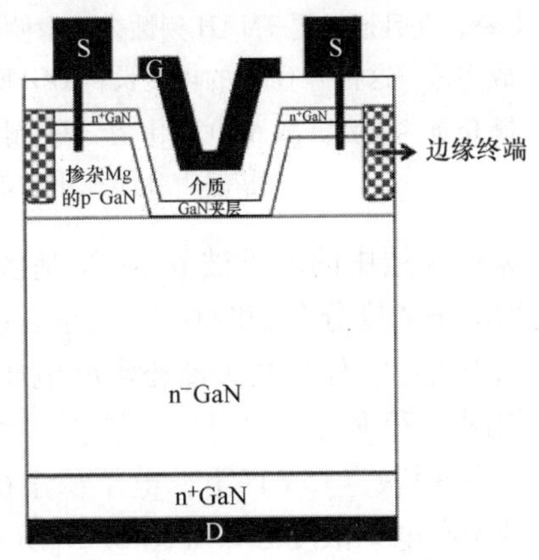

图 6.23　GaN OGFET 的结构

OGFET 的工作原理类似于 MOSFET。OGFET 的设计使得在 $V_{GS}=0V$ 下，再生长

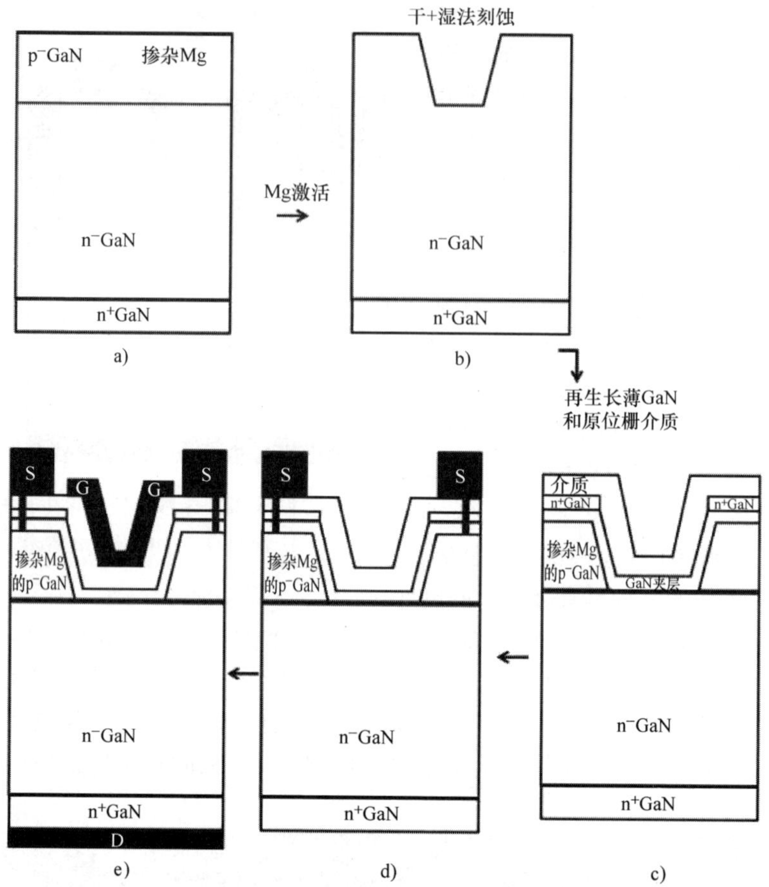

图 6.24 OGFET 的制造步骤。a）在漏极区（n^+ GaN）上生长电流阻挡层（p^- GaN）和厚的漂移区（n^- GaN）；p^- GaN 在 700℃下退火 15min 来激活，b）然后用干法刻蚀法刻蚀 p^- GaN，并且通过湿 TMAH 刻蚀来平滑侧壁。c）在 MOCVD 反应器中进行 GaN 薄层的再生长以形成沟道。这种薄 GaN 的再生长将 OGFET 与 MOSFET 区分开来。在同一 MOCVD 中生长原位栅介质，或者沉积 ALD 氧化物。d）制作了通过通孔连接到 p^- GaN 区的源极。e）栅极和漏极金属在单独的步骤中沉积以完成器件制造

的薄 GaN 层中的电子被 p^- GaN 基区耗尽，使 OGFET 进入关断态。能带图和仿真的电子浓度分布如图 6.25 所示。由 p^- GaN 基区和 n^- GaN 漂移区形成的 p－n 结二极管用于保持高关断态阻断电压。沿 p^- GaN 基区和 n^- GaN 漂移区的电场分布如图 6.26 所示。

在 $+V_{GS}$（15V）下，电子积累在 UID GaN 插入层中，而晶体管处于导通态。能带图和电子浓度分布如图 6.27 所示。由于沟道电子迁移率的增加，与传统沟槽 MOSFET 相比，OGFET 与常规沟槽 MOSFET 相比具有较低的 $R_{on,sp}$。

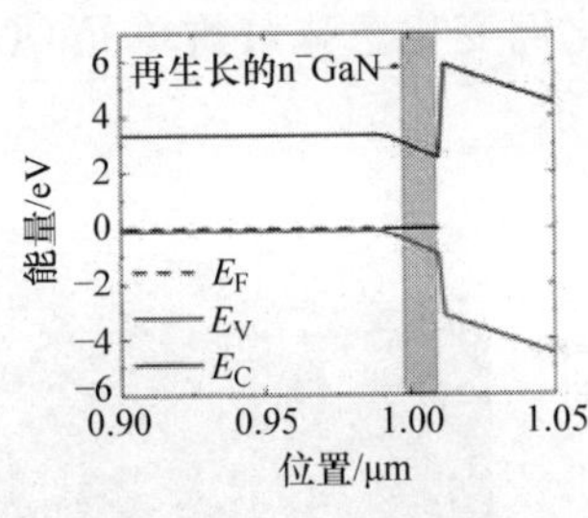

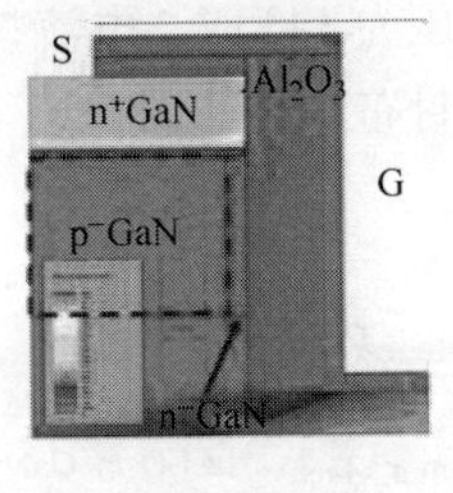

图 6.25　关断态下 OGFET 的能带图和电子分布[19]（彩图见插页）

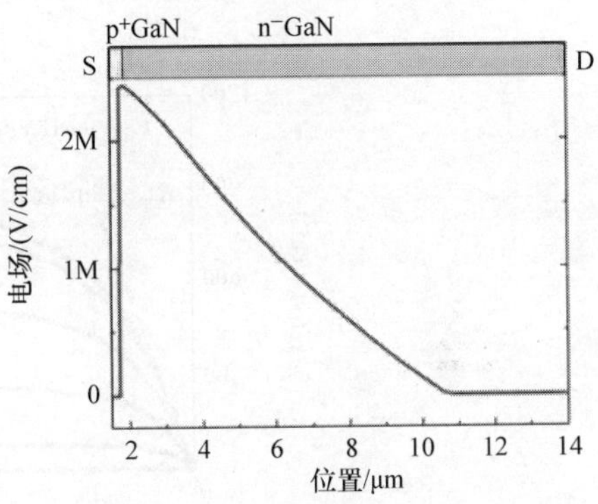

图 6.26　沿漂移区的电场分布

2016 年，Gupta 等人报告了第一个基于蓝宝石衬底的 OGFET 结果，与传统 MOSFET 相比，该器件的 $R_{on,sp}$ 降低了 60%，而阈值电压 > 2V[29]。2017 年，他们进一步展示了体 GaN 衬底上的 OGFET，$R_{on,sp}$ 低至 2.6mΩ/cm^2，而击穿电压为 990V[30]。同年，Ji 等人演示了一种高性能 OGFET，$R_{on,sp}$ 低至 2.2mΩ/cm^2 而击穿电压超过 1.43kV[31]。

使用 10nm 厚、无专门掺杂、再生长的 GaN 中间层作为沟道，实现了 2.2mΩ/cm^2 的低 $R_{on,sp}$，形成了优异的导通态性能[19,31]。制造的 OGFET 的漏极特性如图 6.28 所示。图 6.29 显示了 $I_D - V_{GS}$ 传输特性和栅极泄漏电流。得到的阈值电压 V_{TH} 为 4.7V（当 V_{GS} 正向扫描时），阈值电压 V_{TH} 定义电流大小为 10^{-4}A/cm^2（$I_{on}/I_{off} = 10^6$）。观察到 ΔV_{TH} 的顺时针迟滞为 0.3V。从 $I_D = 10^{-5}$ ~ 10^{-2}A/cm^2 测得的亚阈值斜率为 283mV/decade。图 6.30 显示了在 210V 的 V_{DS} 下，L_{GF} 为 0.5μm 器件单元的关断态测量结果。结果表明，在 50mA/cm^2 的电流

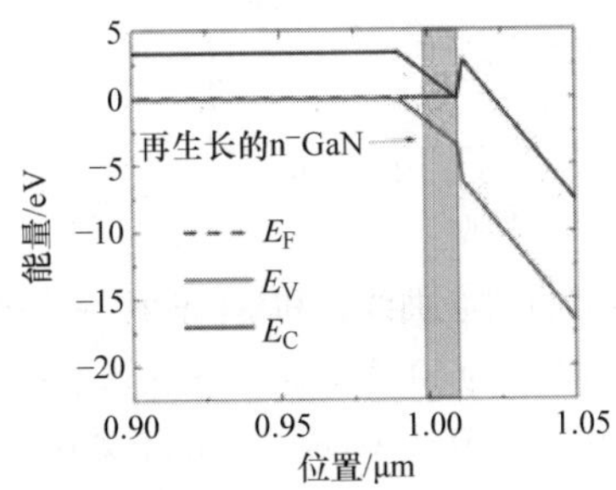

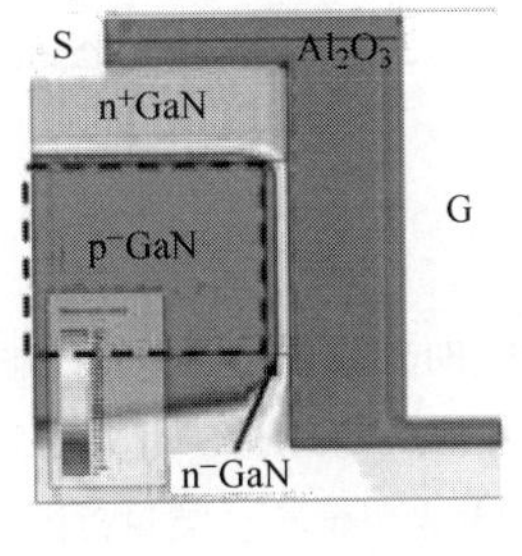

图 6.27　导通态下 OGFET 的能带图和电子分布[19]（彩图见插页）

水平下，击穿电压为1435V。电流按比例变化意味着将单元 OGFET 设计成类似蜂窝的六边形密封布局，如图 6.31 所示。

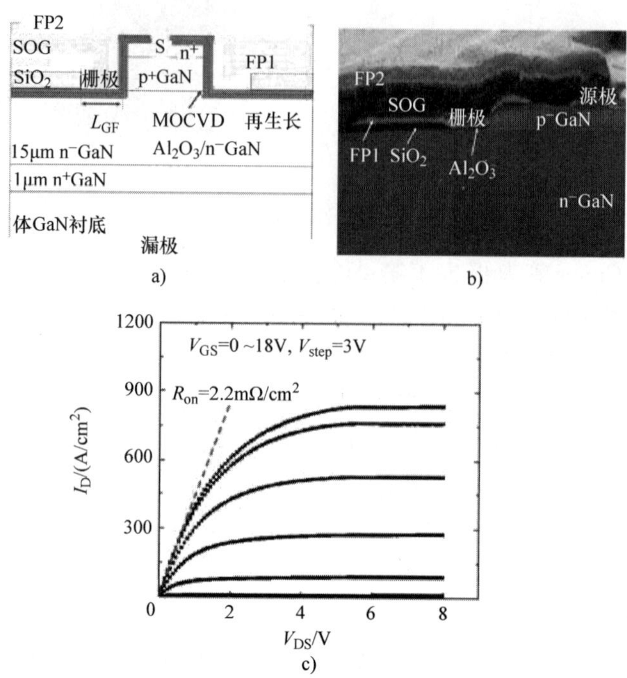

图 6.28 a）Ji 等人在 2017 IEDM 上报告的双电场板 OGFET，及其横截面 SEM 图如 b）所示。c）制造的单个晶胞 OGFET 的 $I-V$ 特性，饱和电流密度为 850A/cm²，$R_{on,sp}$为 2.2mΩ/cm²。来源于文献［31］（彩图见插页）

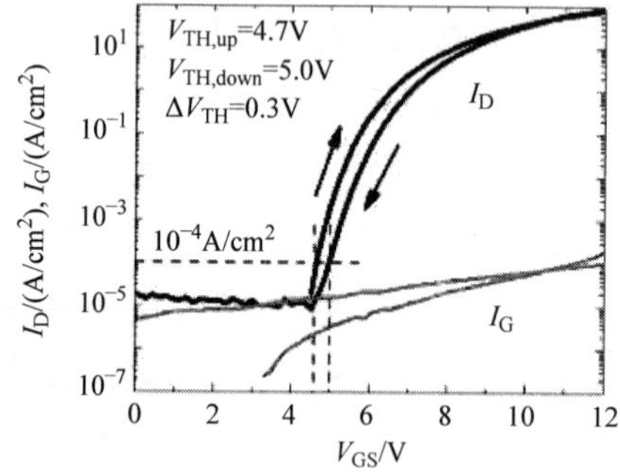

图 6.29 制造的单位晶胞 OGFET 的传输特性（黑色曲线）和栅极泄漏特性（浅灰色曲线）。上下扫描的阈值电压分别为 4.7V 和 5V（定义为 10^{-4}A/cm²的电流水平）。亚阈值斜率为 283mV/decade，测量范围为 10^{-5} ~ 10^{-2} A/cm²。来源于文献［31］

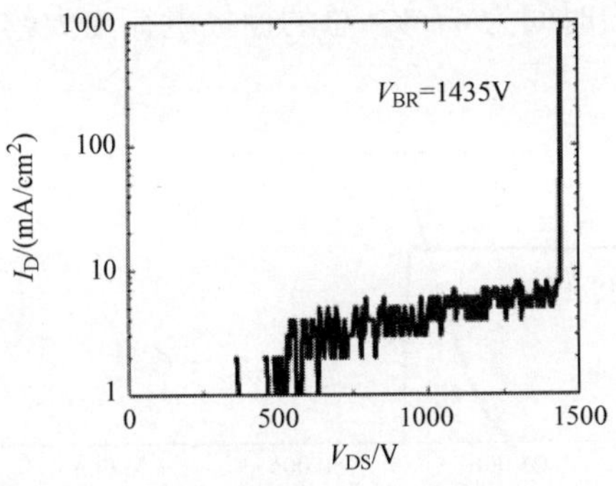

图 6.30　制造的 OGFET 的关断态特性。击穿电压（V_{BR}）为 1435V，定义为 50mA/cm²的关断态泄漏电流。来源于文献［31］

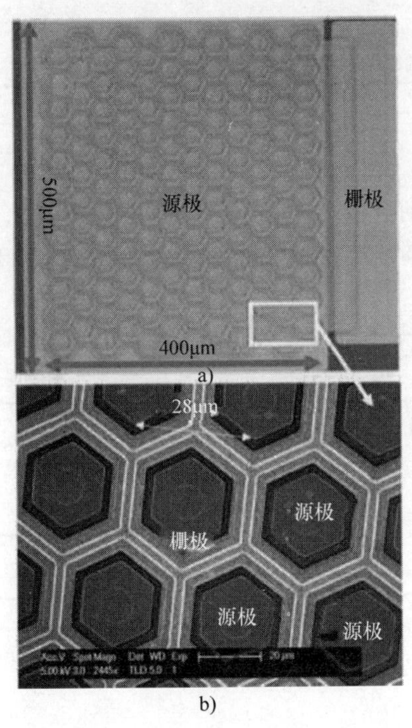

图 6.31　a）大面积 OGFET 的单元版图以及 b）单元的 SEM 图。来源于文献［31］

6.13.3　OGFET 开关性能 ★★★

基于报道的体 GaN 衬底上制造的 1.4kV OGFET[19]，提出了基于物理的器件模型，然后将其与电路模型相结合，以研究动态特性和功率损耗。在双脉冲测试电路中，晶体管在关断和开启瞬态的开关波形如图 6.32 和图 6.33 所示。总关断时间大约 30ns，而开启时间为 47ns。总的栅极电荷为大约 89nC，其中包括大约 17nC 的 Q_{GD}。

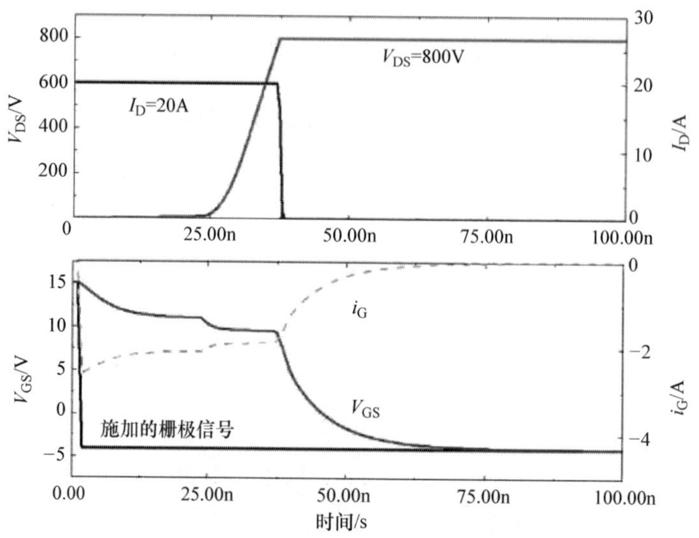

图 6.32　关断瞬态期间 OGFET 中的波形。$t_{d(off)}$ 为 21.3ns，t_f 为 9ns，$\Delta v/\Delta t$ 为 71kV/μs。栅极电荷为 89nC。栅极电阻为 7.5Ω，频率为 100kHz。来源于文献［19］

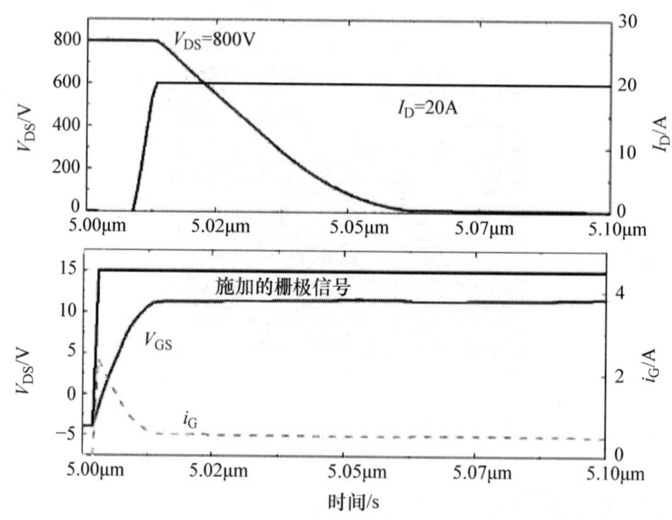

图 6.33　开启瞬态期间 OGFET 中的波形。$t_{d(on)}$ 为 14ns，t_r 为 33ns，$\Delta v/\Delta t$ 为 19.4kV/μs。来源于文献［19］

表 6.2 给出了具有额定电压和电流值[19] 的 CREE SiC MOSFET[32]、仿真的

SiC MOSFET、仿真的 GaN CAVET 和仿真的 GaN OGFET 的比较。由于较高的沟道电子迁移率和体电子迁移率，GaN 垂直器件显示出更快的开关速度和更低的能量损耗。

表 6.2　CREE 公司的 SiC MOSFET 与级联 GaN CAVET、GaN OGFET、SiC MOSFET 仿真结果的比较[19]

参数	CREE 公司的 SiC MOSFET	仿真的 SiC MOSFET	仿真的 GaN CAVET	仿真的 GaN OGFET
V_{BR}/kV	1.2	1.2	1.3	1.4
R_{on}/mΩ	80	80	80	75
$T_{off-delay}$/ns	40	55	29.5	21.3
T_f/ns	38	25	18	9
$T_{on-delay}$/ns	13	10	2	14
T_r/ns	24	27	16	33
Q_G/nC	90.8	157	88	89
E_{on}/μJ	305	312	57	348
E_{off}/μJ	305	304	152	92
E_{ts}/μJ	610	616	209	440

6.14　氮化镓高压二极管

肖特基势垒（SBD）、结双极肖特基（JBS）和 p-i-n 二极管形式的 SiC 高压二极管在分离元件市场不断增长，显著填补了 Si 以外的电力应用领域。

GaN 二极管在服务于未来电力电子市场方面具有类似的潜力，特别是在集成功率模块方面。据报道，由于费米能级钉扎，GaN 中的肖特基势垒始终为 0.9~1V，这使得基于特定设计的肖特基二极管的开启电压介于 1~2V。GaN 中的 p-i-n 二极管因其良好的开启电压（约 3V）和良好的正向电流密度而备受关注。

2013 年，Kizilyali 等人报道了伪体氮化镓（GaN）衬底上制备的垂直 p-n 结二极管（见图 6.34）[33,34]。

p-n 结二极管中的阻断电压由 n^- 漂移层掺杂和厚度确定和设计。对 600~1.7kV 二极管的典型漂移层厚度为 6~20μm，目标掺杂浓度为 $N_D \approx (1\sim3)\times 310^{16}\text{cm}^{-3}$。$p^+$ 区通过在 n^- GaN 外延漂移区顶部原位生长掺杂 Mg$[(5\sim10)\times10^{19}]\text{cm}^{-3}$的 GaN 外延层来实现。根据霍尔效应测量，25℃时的空穴浓度为$(5\sim10)\times10^{17}\text{cm}^2$，而迁移率为 10~50$\text{cm}^2$/Vs。为了获得较好的电压性能，需要适当的边缘终端技术。

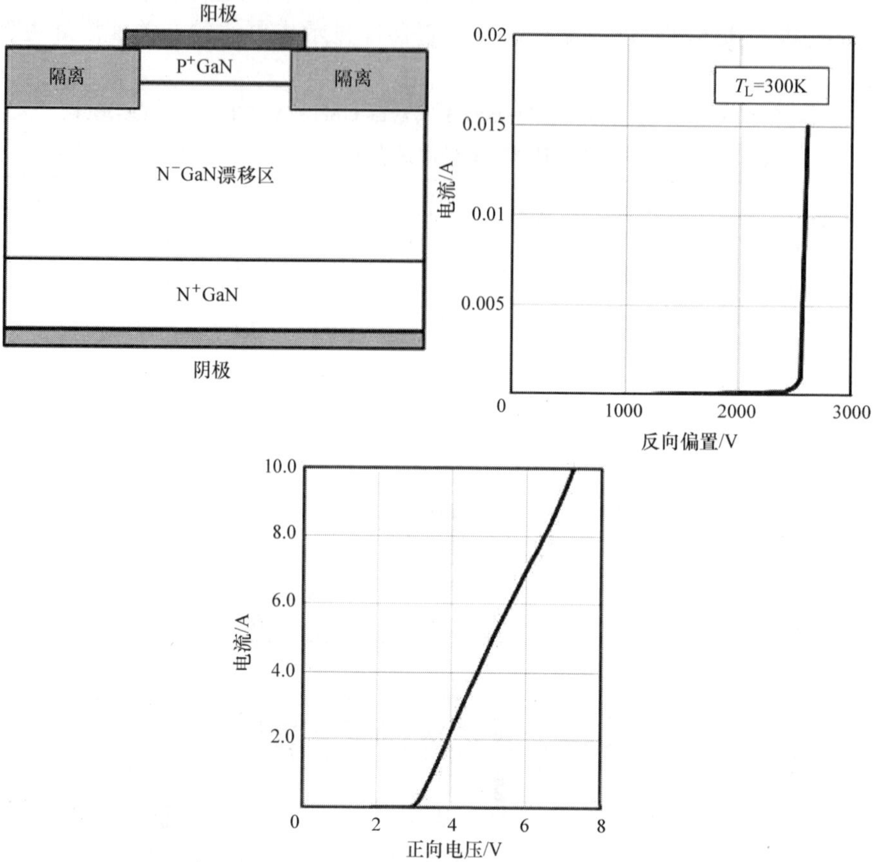

图 6.34 体 GaN 上垂直 GaN p－n 结二极管的横截面示意图[34]

在他们的工作中，Kiziyalli 等人测量的器件显示击穿电压为 2600V，微分比导通电阻为 2mΩ/cm^2。这一性能使 GaN 二极管超出了 Kiziyalli 等人工作中采用的功率器件品质因数图上的 SiC 理论极限，如图 6.35 所示。此外，这些二极管显示出的雪崩现象与人们的普遍看法相反。人们普遍认为 GaN 器件不会发生雪崩，这主要是由于单极 GaN HEMT 中没有雪崩现象。据报道，击穿电压的温度系数为正，表明击穿确实是由于碰撞电离和雪崩造成的。在他们的工作中，使用 30ms 和 15mA 电流脉冲驱动 GaN 二极管进入雪崩击穿，证明雪崩能量为 1000mJ。垂直 GaN p－n 二极管并不显著，正如作者所指出的，“因为它受到电容而不是少数载流子存储的限制，并且正因为如此，它的开关性能超过了最高速度的硅二极管。”同一团队报告的 GaN 二极管特性曲线如图 6.36 所示。

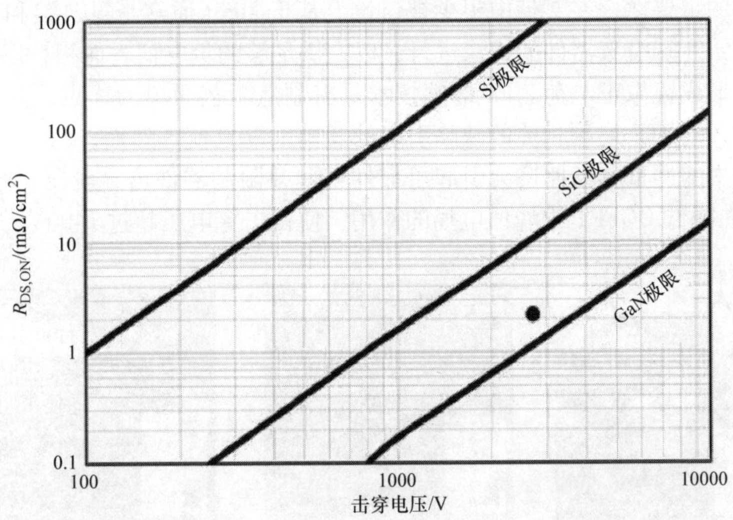

图 6.35　Kiziyalli 等人报告的 p-i-n 二极管器件的品质因数与 Si、SiC 和 GaN 理论值的比较。来源于文献［34］

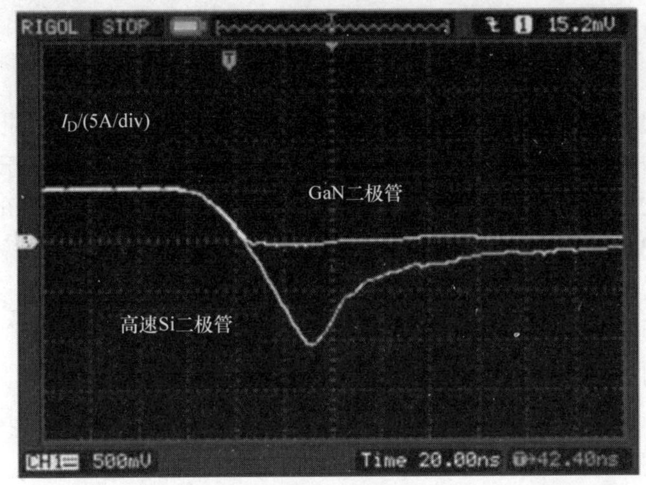

图 6.36　垂直 GaN p-n 二极管和额定 1200V 的高速 Si 二极管的双脉冲测试。来源于文献［34］

6.15　器件的边缘终端、泄漏和有源区面积

在本章中，讨论了器件的设计和制造技术。虽然示意图中包含了边缘终端结构，但没有详细描述。边缘终端结构和技术通常是企业的商业秘密或专有技术，

具有独特的重要性，在文献中很少被讨论。基于 Mg（通常是氮、铝和其他）离子注入的结终端沿着器件的边缘进行，以提供足够的负电荷表面积，以在耗尽的漂移区中形成镜像正电荷。FP 终端技术具有制造工艺简单的优点，并且避免了与基于注入的 JTE 终端相关的缺陷引起的反向泄漏电流。然而，与 FP 技术相关的氧化物中的严重电场拥挤会引起可靠性问题并限制器件击穿电压。图 6.37 描述了 FP 在降低 OGFET 中峰值电场的作用，使得击穿电压超过 1400V[19,31]。

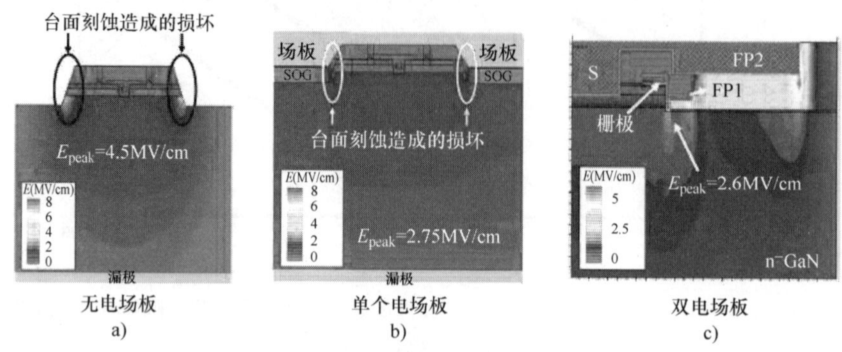

图 6.37 分别用 0、1、2 个电场板仿真的 OGFET 来管理 p－n 结中出现的峰值电场，显示了电场板在降低峰值电场中的作用。
来源于文献［31］（彩图见插页）

在本节中，要强调的是 GaN 垂直器件中的泄漏电流，作为所报道的阻断电压的基础，通常不像 Si 甚至 SiC 那样遵循一个通用标准。这是由于 GaN 器件目前处于开发的早期阶段。在本章引用的工作中，各个研究小组报告的阻断电压通常适用于 $1\text{mA/cm}^2 \sim 1\mu\text{A/cm}^2$ 的泄漏电流，范围很大，但是，功率器件中泄漏电流的可接受性是严格基于应用的。当按器件面积归一化时，可接受的泄漏电流的经验法则通常为 $1\mu\text{A/cm}^2$。单位器件中的器件面积通常从源极到源极边缘进行测量。然而，在这种近似中，电流扩展被忽略，因此电流密度被高估而归一化 R_{on} 被低估。最佳做法是将整个管芯区域作为一个有源器件区域，其中通常包括压焊点和边缘终端。对于大面积的器件，有源区通常是管芯区。

6.16 小　结

本章介绍了垂直 GaN 器件的历史和正在进行的开发，同时讨论了器件的设计和制造技术。单晶 GaN 衬底的可用性为探索 GaN 基 GaN 器件的开发提供了机会。该领域的研究在质量和数量上都在增长[26,31,35-37]，为服务未来电力电子市场开辟了前所未有的可能性。

致　谢

首先，我要感谢我以前的学生 Dong Ji 博士，感谢他对本章讨论的器件做出的贡献。本章讨论了大量关于 OGFET 的工作，这些工作是 Dong Ji 在攻读博士学位期间和我共同完成的。

我要向我的博士生导师 Umesh Mishra 教授表示衷心的感谢，在我的博士生涯中，他与我在 2006～2010 年之间进行了 CAVET 的早期工作，后来我们在 OGFET 上进行了合作。

我衷心感谢 Baliga 教授提供了这个机会，与更多的读者分享我们对 GaN 垂直器件的理解。他关于功率器件的书籍是我丰富知识的宝贵源泉。

最后，我要非常感谢丰田汽车公司和 ARPA－E 对垂直 GaN 器件工作的资助和支持。

参 考 文 献

[1] S. Chowdhury, U.K. Mishra, Lateral and vertical transistors using the AlGaN/GaN heterostructure, IEEE Trans. Electron Devices 60 (10) (2013) 3060−3066.

[2] Y.-F. Wu, J. Gritters, L. Shen, R.P. Smith, B. Swenson, kV-class GaN-on-Si HEMTs enabling 99% efficiency converter at 800 V and 100 kHz, IEEE Trans. Power Electron. 29 (6) (June 2014) 2634−2637.

[3] J. Honea, J. Kang, High-speed GaN switches for motor drives, Power Electron. Europe 3 (2012) 38−41.

[4] B. Jayant Baliga, Fundamentals of Power Semiconductor Devices, Springer, New York, 2008.

[5] T. Ueda, T. Tanaka, D. Ueda, Gate injection transistor (GIT)-A normally-off AlGaN/GaN power transistor using conductivity modulation, IEEE Trans. Electron Devices 54 (12) (2007) 3393−3399.

[6] M. Kanamura, T. Ohki, T. Kikkawa, K. Imanishi, T. Imada, A. Yamada, et al., Enhancement-mode GaN MIS-HEMTs with n-GaN/i-AlN/n-GaN triple cap layer and high-k gate dielectrics, IEEE Electron Device Lett. 31 (3) (2010) 189−191.

[7] Y. Cai, Y. Zhou, K.J. Chen, K.M. Lau, High-performance enhancement-mode AlGaN/GaN HEMTs using fluoride-based plasma treatment, IEEE Electron Device Lett 26 (7) (2005) 435−437.

[8] Y. Niiyama, H. Kambayashi, S. Ootomo, S.T. Nomura, S. Yoshida, T.P. Chow, Over 2 A operation at 250°C of GaN metal-oxide semiconductor field effect transistors on sapphire substrates, Jpn. J. Appl. Phys. 47 (9) (2008) 7128−7130.

[9] I. Ben-Yaacov, Y.-K. Seck, U.K. Mishra, S.P. Denbaars, AlGaN/GaN current aperture vertical electron transistors with regrown channels, J. Appl. Phys. 95 (4) (2004) 2073−2078.

[10] Y. Gao, A. Stonas, I. Ben-Yaacov, U. Mishra, S. Denbaars, E. Hu, AlGaN/GaN current aperture vertical electron transistors fabricated by photoelectrochemical wet etching, Electron. Lett. 39 (1) (2003) 148.

[11] S. Chowdhury, B.L. Swenson, U.K. Mishra, Enhancement and depletion mode AlGaN/GaN CAVET with Mg-ion-implanted GaN as current blocking layer, IEEE Electron Device Lett. 29 (6) (2008) 543–545.

[12] S. Chowdhury, M.H. Wong, B.L. Swenson, U.K. Mishra, CAVET on bulk GaN substrates achieved with MBE-regrown AlGaN/GaN layers to suppress dispersion, IEEE Electron Device Lett. 33 (1) (2012) 41–43.

[13] M. Kanechika, M. Sugimoto, N. Soeima, H. Ueda, O. Ishiguro, M. Kodama, et al., A vertical insulated gate AlGaN/GaN hetrojunction field effect transisitor, Jpn. J. Appl. Phys. 46 (21) (2007) L503–L505.

[14] H. Otake, K. Chikamatsu, A. Yamaguchi, T. Fujishima, H. Ohta, Vertical GaN-based trench gate metal oxide semiconductor field-effect transistors on GaN bulk substrates, Appl. Phys. Express 1 (2008) 011105–1–011105-3.

[15] H. Nie, Q. Diduck, B. Alvarez, A. Edwards, B. Kayes, M. Zhang, et al., 1.5 kV and 2.2 mΩ/cm^2 vertical GaN transistors on bulk-GaN substrates, IEEE Electron Device Lett 35 (9) (2014) 939–941.

[16] T. Oka, T. Ina, Y. Ueno, J. Nishii, 1.8 mΩ cm^2 vertical GaN-based trench metal–oxide–semiconductor field-effect transistors on a free-standing GaN substrate for 1.2-kV-class operation, Appl. Phys. Express 8 (5) (2015) 054101.

[17] S. Chowdhury, PhD thesis, AlGaN/GaN CAVETs for high power switching application, 2010, ProQuest Dissertations Publishing, University of California, Davis.

[18] I. Ben Yaacov, PhD thesis, AlGaN/GaN current aperture vertical electron transistor, 2004, ProQuest Dissertations Publishing, University of California, Davis.

[19] D. Ji, Electrical and Computer Engineering Department, UC Davis, 2017, Design and Development of GaN-Based Vertical Transistors for Increased Power Density in Power, ProQuest Dissertations Publishing, University of California, Davis.

[20] S. Mandal, Electrical and Computer Engineering Department, UC Davis, 2017, Gallium Nitride Vertical Devices for Power Electronics Applications, ProQuest Dissertations Publishing, University of California, Davis.

[21] D. Ji, S. Chowdhury, Design of 1.2 kV power switches with low R_{ON} using GaN-based vertical JFET, IEEE Trans. Electron Devices 62 (8) (2015) 2571–2578.

[22] I. Ben-Yaacov, Y.-K. Seck, U.K. Mishra, S.P. DenBaars, AlGaN/GaN current aperture vertical electron transistors with regrown channels, J. Appl. Phys. 95 (4) (2004) 2073. Available from: https://doi.org/10.1063/1.1641520.

[23] T. Anderson, F. Kub, C. Eddy, J. Hite, B. Feigelson, M. Mastro, et al., Activation of Mg implanted in GaN by multicycle rapid thermal annealing, Electron. Lett. 50 (3) (2014) 197–198.

[24] D. Ji, M.A. Laurent, A. Agarwal, W. Li, S. Mandal, S. Keller, et al., Normally OFF trench CAVET with active Mg-doped GaN as current blocking layer, IEEE Trans. Electron Device 64 (3) (2016) 805–808. Available from: https://doi.org/10.1109/TED.2016.2632150.

[25] D. Ji, A. Agarwal, H. Li, W. Li, S. Keller, S. Chowdhury, 880 V/2.7 mΩ cm^2 MIS gate trench CAVET on bulk GaN substrates, *IEEE Electron Device Lett*. 39 (6), 863–865.

[26] D. Shibata, R. Kajitani, M. Ogawa, K. Tanaka, S. Tamura, T. Hatsuda, et al., 1.7 kV/1.0 mΩ/cm^2 normally-off vertical GaN transistor on GaN substrate with regrown p-GaN/AlGaN/GaN semipolar gate structure, Proceedings of IEEE Electron Devices Meeting (IEDM), 2016, pp. 248–251. https://doi.org/10.1109/IEDM.2016.7838385.

[27] H. Otake, et al., GaN-based trench gate metal oxide semiconductor field effect transistors with over 100 $cm^2/(Vs)$ channel mobility, Jpn. J. Appl. Phys. 46 (7L) (2007) L599–L601.

[28] T. Oka, Y. Ueno, T. Ina, K. Hasegawa, Vertical GaN-based trench metal oxide semiconductor field-effect transistors on a free-standing GaN substrate with blocking voltage over 1.6 kV, Appl. Phys. Express 7 (2) (2014) 021002. Available from: https://doi.org/10.7567/APEX.7.021002.

[29] C. Gupta, S.H. Chan, Y. Enatsu, A. Agarwal, S. Keller, U.K. Mishra, OG-FET: An in-situ oxide, GaN interlayer based vertical trench MOSFET, IEEE Electron Device Lett. 37 (12) (2016) 1601–1604. Available from: https://doi.org/10.1109/LED.2016.2616508.

[30] C. Gupta, C. Lund, S.H. Chan, A. Agarwal, J. Liu, Y. Enatsu, et al., In-situ oxide, GaN interlayer based vertical trench MOSFET (OG-FET) on bulk GaN substrates, IEEE Electron Device Lett. 38 (3) (2017) 353–355. Available from: https://doi.org/10.1109/LED.2017.2649599.

[31] D. Ji, C. Gupta, S.H. Chan, A. Agarwal, W. Li, S. Keller, et al., Demonstrating > 1.4 kV OG-FET performance with a novel double field-plated geometry and the successful scaling of large-area devices, IEDM Tech. Dig. pp. 9.4.1-9.4.4 Dec. 2017

[32] CMF 20120D datasheet, Available: http://www.cree.com/～/media/Files/Cree/Power/Data%20Sheets/CMF20120D.pdf.

[33] D. Ji, W. Li, S. Chowdhury, Switching Performance Analysis of GaN OG-FET Using TCAD Device-Circuit-Integrated Model, ISPSD, Chicago, 2018.

[34] I.C. Kizilyalli, A. Edwards, H. Nie, et al., High voltage vertical GaN p-n diodes with avalanche capability, IEEE Trans. Electron Devices 60 (10) (2013) 3067–3070.

[35] R. Li, Y. Cao, M. Chen, R. Chu, 600V/1.7 Ω normally-off GaN vertical trench metal-oxide-semiconductor field-effect transistor, IEEE Electron Device Lett. 37 (11) (2016) 1466–1469. Available from: https://doi.org/10.1109/LED.2016.2614515.

[36] M. Sun, Y. Zhang, X. Gao, T. Palacios, High-performance GaN vertical fin power transistors on bulk GaN substrates, IEEE Electron Device Lett. 38 (4) (2017) 509–512. Available from: https://doi.org/10.1109/LED.2017.2670925.

[37] S. Mandal, A. Agarwal, E. Ahmadi, K.M. Bhat, D. Ji, M.A. Laurent, et al., Dispersion-free 450V p GaN-gated CAVETs with Mg-ion implanted blocking layer, IEEE Electron Device Lett. 38 (7) (2017) 933–936. Available from: https://doi.org/10.1109/LED.2017.2709940.

[38] A.M. Ozbek, B.J. Baliga, Planar Nearly Ideal Edge-Termination Technique for GaN Devices, in IEEE Electron Device Letters 32 (3) (2011) 300–302. Available from: https://doi.org/10.1109/LED.2010.2095825.

[39] A.M. Ozbek, B.J. Baliga, Finite-Zone Argon Implant Edge Termination for High-Voltage GaN Schottky Rectifiers, in IEEE Electron Device Letters 32 (10) (2011) 1361–1363. Available from: https://doi.org/10.1109/LED.2011.2162221.

[40] H. Ueda et al., Wide-Bandgap semiconductor devices for automobile applications, Paper presented at CS MANTECH Conference, Vancouver, BC, Canada, April 2006, Available from: http://csmantech.pairserver.com/Digests/2006/2006Digests/3A.pdf.

[41] D. Ji, J. Gao, Y. Yue, S. Chowdhury, Dynamic modeling and power loss analysis of high frequency power switches based on GaN CAVET, IEEE Trans. Electron Devices 63 (10) (2016) 4011–4017.

拓展阅读

I.C. Kizilyalli, A. Edwards, H. Nie, et al., 3.7 kV vertical GaN pn diodes, IEEE Electron Dev Lett 35 (2) (2014) 247–249.

M. Okada, Y. Saitoh, M. Yokoyama, K. Nakata, S. Yaegassi, K. Katayama, et al., Novel vertical heterojunction field-effect transistors with regrown AlGaN/GaN two-dimensional electron gas channels on GaN substrates, Appl. Phys. Express 3 (5) (2010) 054201.

第 7 章 宽禁带半导体功率器件的栅极驱动器

7.1 引　　言

功率金属－氧化物半导体场效应晶体管（MOSFET）的栅极驱动设计对于确保适当的开关和传导特性至关重要。它能够通过选择栅极电阻来控制开关速率，并确保基于栅极开启电压降低导通态电阻。文献［1］中详细列举了 Si 功率 MOSFET 栅极驱动电路的设计要求。随着 SiC 和 GaN 等宽禁带（WBG）半导体使用的增加，为了使功率器件具有更好的开关和传导特性，需要研究与此类器件相关的栅极驱动要求和挑战，以确保最佳性能。SiC 功率器件的开启和关断的电压要求与 Si 功率器件相似。然而，较低的阈值电压和在更高的开关速度下运行的能力引入了新的设计挑战，比如，由于增加的共模电流而导致的米勒导通开启和信号接地反弹。此外，与 Si 功率器件相比，由于开关转换时间的减少，死区持续时间可以减少，因此，必须在栅极驱动设计中包括击穿保护。除了上述挑战之外，GaN 器件的栅极驱动设计还包括其他考虑因素。GaN 器件的开启和关断电压要求比 Si 功率器件低得多。这限制了商用栅极驱动集成电路（IC）的可用性。此外，器件栅极的绝对最大额定值非常接近最佳驱动电压，要求采用一种布局方法以确保栅极环路电感的减小。本章详细解释了上述设计挑战以及确保器件可靠运行的可能解决方案。本章分为 5 节，其中第 7.2 节介绍了低压（LV）SiC 器件的栅极驱动设计，第 7.3 节讨论 GaN 器件，第 7.4 节讨论栅极驱动的认证，第 7.5 节讨论高压（HV）SiC 器件。

7.2　低压（LV）碳化硅器件的栅极驱动器（1200V 和 1700V SiC MOSFET 和 JFET）

7.2.1　引言 ★★★

SiC MOSFET 的设计和开发主要分为中压（MV）和高压（HV），以及低压（LV）两类。低压类包括电压阻断能力高达 3.3kV 的 MOSFET。中压/高压器件

类包括电压阻断能力为 10kV 及以上的器件[2,3]。

电源效率是现代变换器系统的关键标准之一。器件中的损耗是确定热解决方案的主要标准，因此影响整个系统的成本和功率密度。由于 SiC MOSFET 的开关损耗相当低［与 Si 绝缘栅双极晶体管（IGBTs）相比］，SiC MOSFET 正在慢慢取代低压应用中的 Si IGBT[4,5]。短路开关瞬态（如 SiC MOSFET 所经历的）可实现高频变换器工作。然而，这与开关两端的电压在非常短的时间内发生巨大的变化（相关的 dv/dt）有关。这就需要采用一种不同的方法来设计 SiC MOSFET 和结场效应晶体管（JFET）的栅极驱动器（GD）。

7.2.2　栅极驱动器的基本结构 ★★★

通用栅极驱动（Gate Driver，GD）电路的基本结构如图 7.1 所示。GD 电路基本上可分为两部分：信号和电源。此外，GD 电路中提供了隔离，因为 GD 的输出可能处于浮动电位（如半桥/基于半桥电路的情况）。

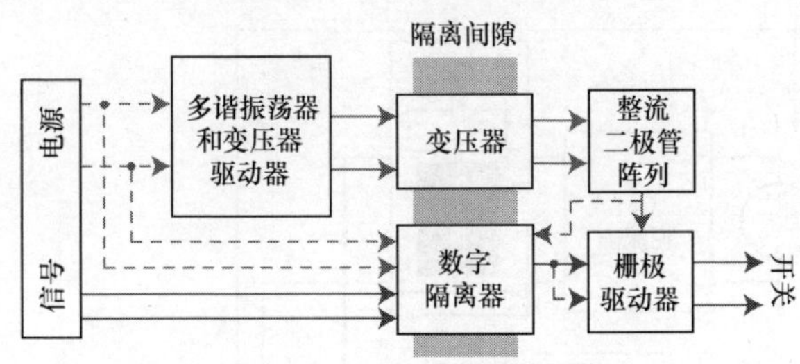

图 7.1　通用栅极驱动电路的基本结构

7.2.2.1　PWM 信号通道

栅极驱动信号在用来当作开关器件之前要经过附加的电路。来自控制器的信号和提供给 GD 的信号之间需要隔离。这种隔离由数字隔离器或光耦合器提供。在某些情况下，光纤用于提供这种隔离。

7.2.2.2　电源

解决所有元件的电源的电路可归为此类。通常，使用 15 ~ 120V 的电源为 GD 供电。由于使用的是 DC 电源，因此使用变压器驱动器将 DC 转换为变压器的高频 AC 信号。辅助变压器驱动器的多谐振荡器是可选的。在其他情况下，可以使用一个隔离的 DC - DC 变换器来代替多谐振荡器和变压器。变压器的二次侧/DC - DC 变换器为数字隔离器（或光耦合器）和 GD 供电。

7.2.3　LV SiC MOSFET 的设计考虑 ★★★

由于不同的栅极电压电平和高的开关 dv/dt，现有的 Si IGBT 的 GD 不适合驱动 SiC 器件。这里提供了这样一个 GD 的设计考虑，并提供了一个设计示例。

7.2.3.1 栅极驱动器示意图

设计的 GD 如图 7.2 所示。在同一印刷电路板（PCB）上 GD 由 8 个隔离通道构成，可独立驱动 8 个器件。每个通道在 2 个节点处与控制接地隔离。栅极电源通过变压器的电流隔离来实现，栅极信号通过光隔离器来隔离。GD 可以通过光缆或扁平带状电缆（FRC）接收来自控制板的栅极信号。在采用 FRC 电缆（更经济）的情况下，电源变换器的共模开关噪声可以传导到控制电路。每个通道的 2 个隔离电源模块安装在板的背面，产生 +20/5V 的栅极电源。图 7.2 中标记了 2 个不同的 +5V 电源节点 V_{cc1} 和 V_{cc2}。电源 V_{cc1} 通过变换器的控制板进行布线，变换器为 GD 生成栅极信号。V_{cc1} 与 V_{cc2} 均连接在变换器的辅助电源上。然而，它们在控制板和 GD 之间的布线方式不同。这使得能够实现图 7.3 所示的单独共模电流路径。通过隔离电源的共模电流绕过控制板，直接到达辅助电源。1 个 8 通道栅极驱动器板的 GD 设计如图 7.3 和图 7.4 所示。

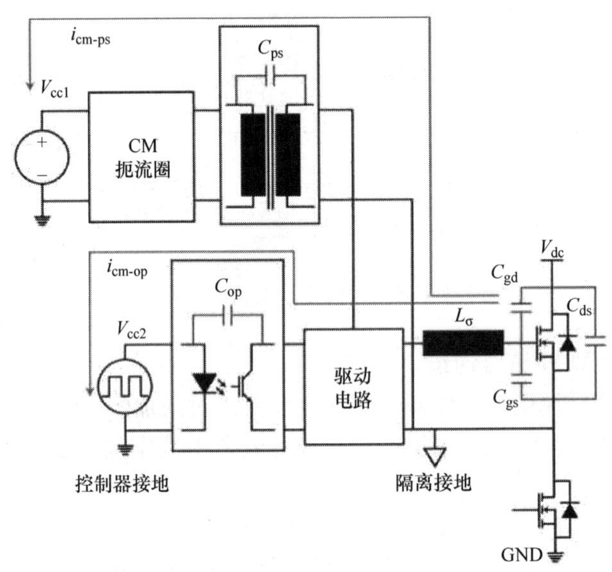

图 7.2 8 个隔离通道栅极驱动器板的正面

7.2.3.2 布局设计考虑

为了减小开关损耗，将 SiC MOSFET 的开关瞬态时间最小化。然而，栅极电流路径中杂散电感 L_σ 的存在会延迟栅极电容充电。此外，它还与 C_{gs} 和 C_{gd} 形成谐振电路（见图 7.2），并在栅极电源中产生振铃。在 PCB 布局时应当注意，栅极 - 源极路径设计应使得 2 个不同布线平面有最大的交叠（从而最小化电感并最大化电容）。GD 通道的布局如图 7.5 所示。在目前的设计中，估计栅极回路

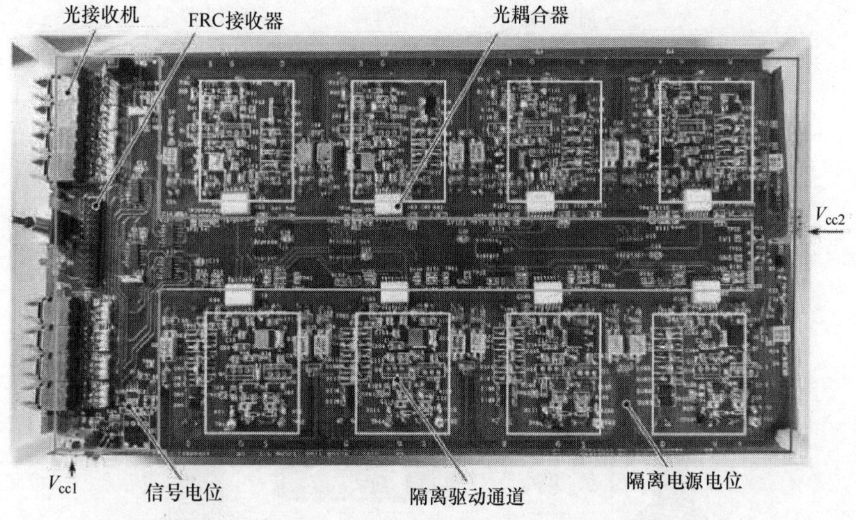

图 7.3　8 通道栅极驱动器板和共模电流路径示意图

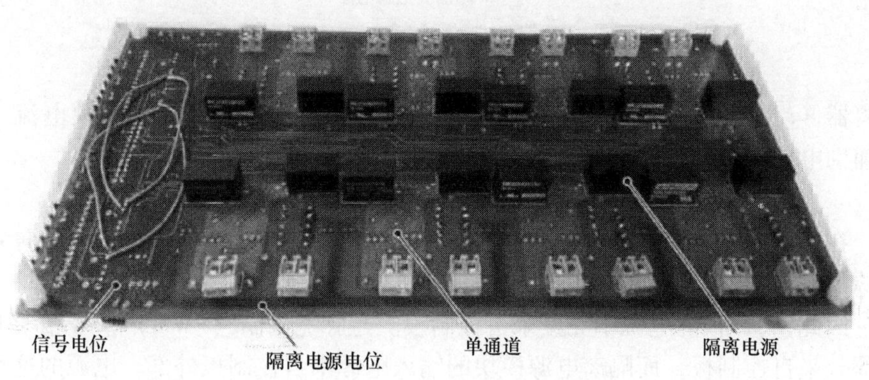

图 7.4　8 通道栅极驱动器板的底面

的杂散电感约为 7.5nH。

7.2.3.3　独立电源

由于开关电位与接地电位之间存在寄生电容，在开关模式，功率变换器中会产生共模电流。由于 SiC 器件的开关瞬态更快，与硅器件相比，变换器开关电压的 dv/dt 更高。因此，隔离电源或光隔离驱动器中耦合电容的存在会导致显著的共模电流流向控制电路。注入控制电路的高频共模电流会影响信号的完整性，导致电路工作不正常。如图 7.3 所示，共模电流可通过 2 个可能的路径流入控制电路。通常，与隔离电源相比，光驱动器中的耦合电容较小。在本设计中，光驱动器（C_{op}）和隔离电源（C_{ps}）的耦合电容分别为 1.3pF 和 10pF。因此，通过光

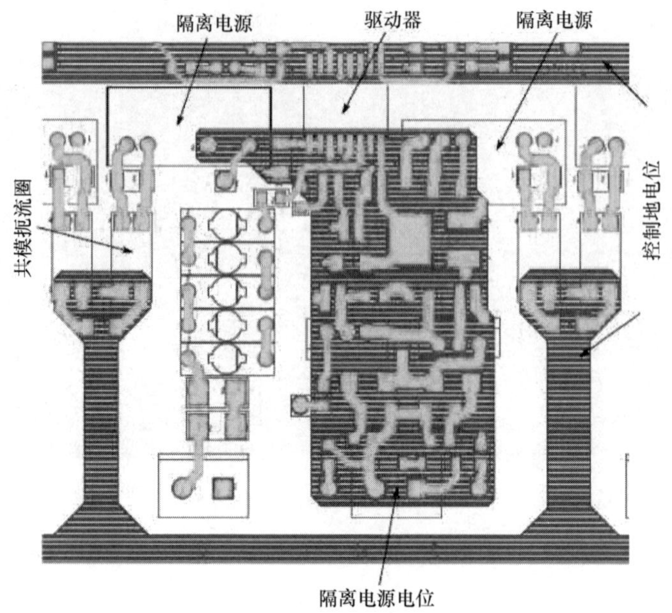

图 7.5　单栅极驱动器通道的布局

隔离器（i_{cmop}）的共模电流预计将低于通过隔离电源（i_{cmps}）的共模电流。流入辅助电源的总共模电流由式（7.1）给出：

$$i_{cm} = i_{cmps} + i_{cmop} \tag{7.1}$$

在图 7.5 所示的电路布局中，控制电源的 2 个接地端，向信号供电和向隔离电源的输入供电是分开的。图 7.2 中标记了 2 个单独的电源 V_{cc1} 和 V_{cc2}。

因此，GD 板的电源不完全来自控制板。与脉宽调制（PWM）信号相关的电源部分来自控制板，而隔离电源模块的输入电源来自控制板外部。电源的这种分离为共模电流流向接地电位提供了两条不同的路径，如图 7.2 所示。由于隔离电源中的耦合电容大于光耦合器的耦合电容，因此流过光耦合器的共模电流比隔离电源线路的共模电流要小。由于只有通过光耦合器的电流从提供 PWM 信号的控制板流入，因此控制板中信号的完整性比允许来自控制板的总电流的情况得到了更好的保留。为了验证通过两条不同路径的共模电流，在输出电压为 300V 的情况下运行一个升压变换器。设计的 GD 用于驱动升压变换器的有源器件，并测量 GD 控制电压处的共模电流。共模电流在 2 个不同的控制电源上单独测量，并作为不同情况下的总电流。当信号部分的供电和隔离电源的输入端由单个电源供电时，可分别从图 7.6 和图 7.7 中看到开启和关断期间的总共模电流。开启期间的共模电流峰值为 0.28A，关断期间的共模电流峰值为 0.2A。开启和关断的 dv/dt 分别为 3.75kV/s 和 3.71kV/s。由于更高的开启 dv/dt，开启共模电流的峰值也

更高。此外，可以注意到，由于更高的 dv/dt 包括更高的频率信号，共模电流的振荡频率在开启期间更高。

通过分离信号电源和栅极电源部分的输入电源，使转换器在相同的工作条件下运行。从图 7.8 和图 7.9 中分别可以看出在开启和关断期间通过隔离电源线和光耦合器的共模电流。可以看出，通过隔离电源的电流大于通过光耦合器的电流。在开启期间，通过隔离电源的共模电流峰值为 0.32A，而通过光耦合器的电流峰值为 0.18A。在关断期间，相应的峰值分别为 0.21A 和 0.09A。

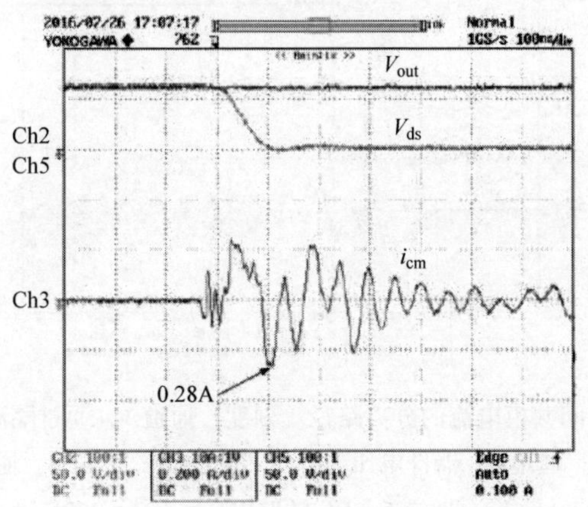

图 7.6　器件开启期间来自单个电源（V_{cc1} 和 V_{cc2} 连接在一起）的共模电流。刻度：通道 2，器件电压，V_{ds}：250V/div；通道 3，总共模电流，i_{cm}：0.2A/div；通道 5，DC 链路电压，V_{out}：250V/div，时间 100ns/div

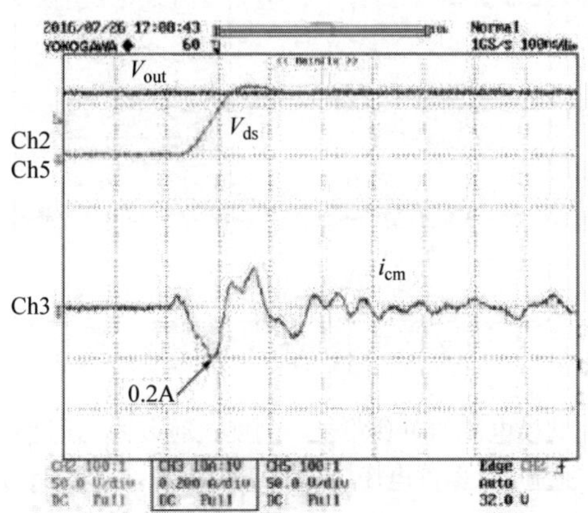

图 7.7　器件关断期间来自单个电源（V_{cc1} 和 V_{cc2} 连接在一起）的共模电流。刻度：通道 2，器件电压，V_{ds}：250V/div；通道 3，总共模电流，i_{cm}：0.2A/div；通道 5，DC 链路电压，V_{out}：250V/div，时间 100ns/div

此外，与光耦合器（i_{cmps}）相比，通过隔离电源线的低频电流（i_{cmop}），可以看出隔离电源线中耦合电容更高的证据。为了使流入控制电路的共模电流最小，在隔离电源的输入侧使用共模扼流圈（CMC）（CM04RC07T－RC04）。CMC的高阻抗显著降低了共模电流峰值。

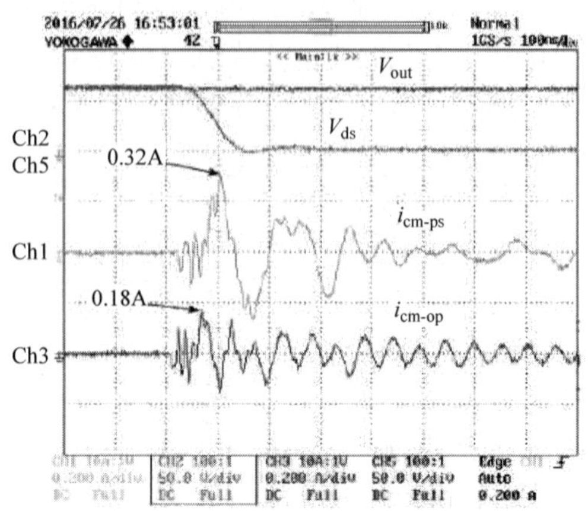

图7.8　器件开启期间共模电流的分离路径。刻度：通道1，通过隔离电源的共模电流，i_{cmps}：0.2A/div；通道2，器件电压，V_{ds}：250V/div；通道3，通过光耦合器的共模电压，i_{cmop}：0.2A/div；通道5，DC链路电压，V_{out}：250V/div，时间100ns/div

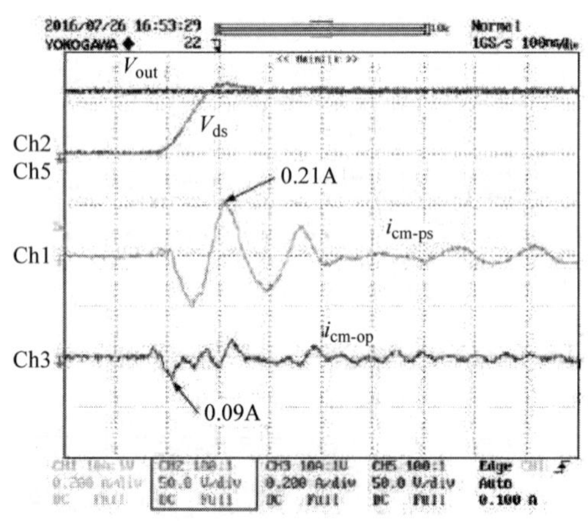

图7.9　器件关断期间共模电流的单独路径。刻度：通道1，通过隔离电源的共模电流，i_{cmps}：0.2A/div；通道2，器件电压，V_{ds}：250V/div；通道3，通过光耦合器的共模电压，i_{cmop}：0.2A/div；通道5，DC链路电压，V_{out}：250V/div，时间100ns/div

7.2.3.4　导通保护

HCPL－316J 驱动芯片能够通过器件导通压降的测量来检测通过器件的故障电流。通过适当选择充电电容 C_{st}，HCPL－316J 的击穿保护特性适用于 SiC 器件，如图 7.10 中负责导通保护的代表性电路所示。PWM 脉冲处于关断条件时，开关 S_w关闭并短路等效电流源 i_{st}，在导通脉冲时开关打开，源电流 i_{st}流过二极管 D 和相应的器件。因此，电容两端的电势是器件两端的电压降 V_{ds}和二极管的电压降。在发生击穿故障时，器件电压升高，从而使电容 C_{st}的电压升高。一旦电压上升到 7V，芯片 HCPL－316J 就会发生故障。C_{st}的值决定了检测击穿的延迟，因此，需要较小的值。然而，为了在导通周期开始时提供消隐时间，使器件电压降至 7V 以下，C_{st}不能选择任意小的值。由于较短的开启时间，SiC MOSFET 的 C_{st}值可选择低于绝缘栅双极型晶体管（IGBT）的值。较小的电容会减少延迟时间和故障电流。图 7.11 显示了在器件切换到短路负载的死区短路条件下保护器件的结果，在 2μs 内检测并清除故障。

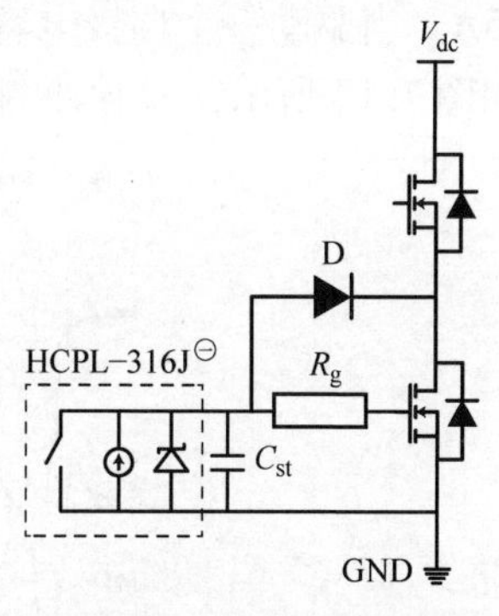

图 7.10　击穿保护的等效电路

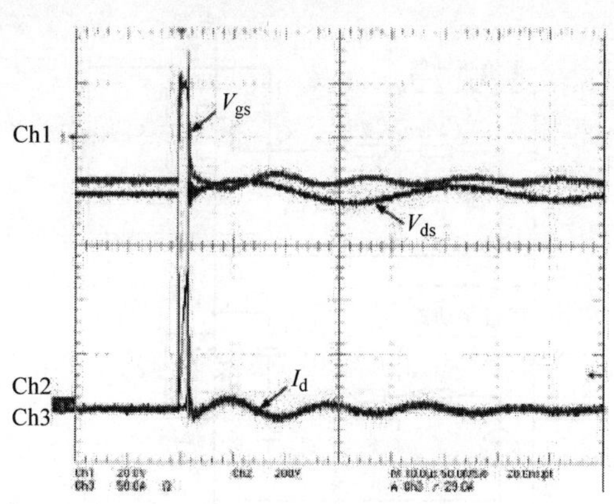

图 7.11　器件在 800V DC 链路电压下运行时，栅极驱动器的导通保护。刻度：通道 1 V_{gs}：20V/div；通道 2，V_{ds}：200V/div；通道 3，器件电流，I_d：50A/div，时间：10μs/div

7.2.3.5　大电流驱动

HCPL－316J 的峰值驱动为 2.5A。然而，对于 SiC 器件的快速开关和较大的栅极电容，特别是对于大电流模块，GD 的驱动电流要求更高。为了满足相比 HCPL－316J 额定值更高的驱动电流要求，在栅极端设计了发射极跟随器电路以

㊀ 此处原书有误。——译者注

增大所需的驱动电流。峰值驱动电流可达到 12A，而光耦合器的驱动电流限制在 1.75A。当驱动一个栅极电容为 4nF 的 SiC MOSFET 时，开启期间的实际栅极电流如图 7.12 所示，双脉冲测试设置如图 7.13 所示。

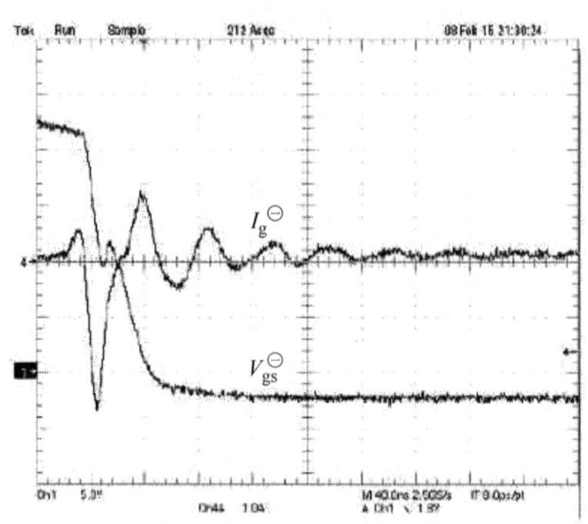

图 7.12　器件开启期间的栅极电流 I_g 和电压 V_{gs}。刻度：栅 - 源电压，V_{gs}：5V/div；栅极电流，I_g：1A/div、时间：10ns/div

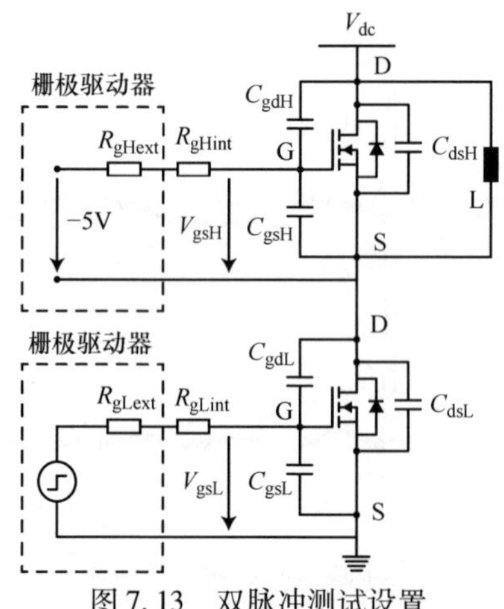

图 7.13　双脉冲测试设置

开启和关断期间的栅极电阻分别选择为 10Ω 和 15Ω。开启期间的峰值栅极电流达到 3.2A。关断峰值电流约为 2.6A。栅极电流源中的振荡频率约为 18.5MHz。然后可以计算出栅极供电路径中的杂散电感约为 18.5nH。如上所述，电路板布局中的栅极路径电感为 7.5nH。因此，由于栅极布线引入了额外的 11nH 电感。

㊀ 此处原书有误。——译者注

7.2.4 有源栅极驱动 ★★★

SiC MOSFET 的有源栅极驱动可以减小与器件较高的 dv/dt 开关相关的串扰。在图 7.13 所示的相位支路结构中，由于 SiC MOSFET 较高的开启 dv/dt，在互补 MOSFET 栅极 - 源极电压（V_{gs}）上感应出一个正的寄生电压。这降低了互补 MOSFET 的 V_{gs}上的信噪比裕度，使其容易受到相位支路中的寄生开启的影响。类似地，在关断期间，互补 MOSFET 的 V_{gs}上感应出一个负电压，这会降低最大允许的负 V_{gs}的安全裕度。寄生栅极电压的峰值[6]可以表示为

$$V_{gsH(max)} = \frac{dv}{dt}R_{gH}C_{gdH}\{1 - e^{-V_{dc}/[(dv/dt)C_{issH}R_{gH}]}\} \tag{7.2}$$

式中，R_{gH}和 C_{gdH}分别为相关电阻和电容，如图 7.13 所示；V_{dc}为输入 DC 链路电压；C_{issH}是 C_{gsH}与 C_{gdH}之和。

图 7.14 显示了有源栅极驱动的开启和关断的逻辑电路。较低的开启栅极电阻导致较低的开关损耗，但导致较高的 dv/dt。有源栅极驱动可用于在第 1 阶段提供较低的导通栅极电阻以控制 di/dt，而在第 2 阶段提供较高的导通栅极电阻以控制 dv/dt。在图 7.14 中，MOSFET M_1 在第 1 阶段开启，有效栅极电阻为 R_{on1}与 R_{on2}并联，而在第 2 阶段 M_1 关断，有效栅极电阻为 R_{on2}。

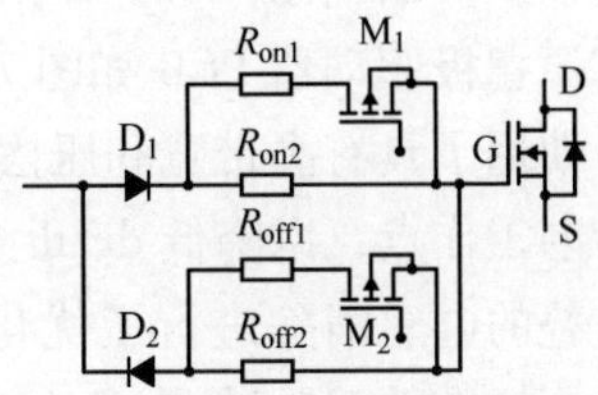

图 7.14　有源栅极驱动逻辑电路（MOSFET M_1 和 M_2 的 PWM 输入分别为 P_1 和 P_2）。PWM 为脉宽调制

7.2.4.1 框图

图 7.15 显示了带有延迟电路的有源栅极驱动的方框图，用于产生用于驱动辅助 MOSFET M_1 的 PWM 信号。延迟电路将 dv/dt 和 di/dt 控制解耦。主电路和辅助电路的时序图如图 7.16 所示。延迟与电流上升到峰值所需的时间有关。M_1 在该延迟之后关断，以确保第 2 阶段具有更高的栅极电阻。相同的光耦合器用于延迟电路以匹配传输延迟。然而，需要补偿由电流缓冲器和辅助 MOSFET 引入的延迟，以实现所需的延迟。

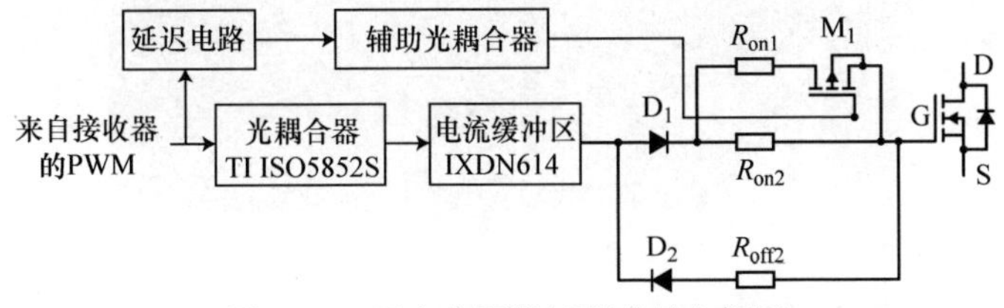

图 7.15　开启有源栅极驱动的方框图

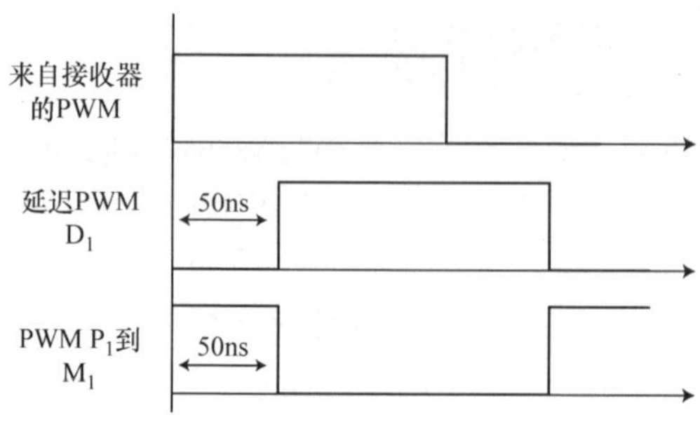

图 7.16　主 MOSFET 和辅助 MOSFET 的时序图

延迟电路的触发时间应根据以下时序进行调整：

$$t_{trigger} = t_{on-delay} + t_{i-slow-rise} + t_{i-buffer-prop-delay} - t_{aux-MOS-turn-off} \tag{7.3}$$

这取决于栅极电阻的开启延迟、缓慢电流上升的时间周期、电流缓冲器的传输延迟以及关断辅助 MOSFET 所需的时间。

有源栅极驱动器 PCB 如图 7.17 所示，PCB 上标记了不同的电路。对于延迟电路，使用了具有高带宽和压摆率的运算放大器。微调电容已用于微调延迟以实现所需的工作点，以降低 dv/dt 并减小开关损耗。栅极回路电感通过正向和返回路径重叠的电感消除进行了优化。如果需要，提供一个跳线以绕过有源栅极控制。采用标准的双脉冲测试（DPT）设置来比较有源栅极驱动和非有源栅极驱动。ROHM 1200V、300A 器件 BSM300D12P2E001，已通过图 7.18 所示的测试装置进行了表征。DPT 的电源回路电感约为 30nH，以最小化电压超调。采用 113μH 的空心电感器以避免磁心饱和问题。

图 7.17　有源栅极驱动器 PCB。PCB 为印制电路板

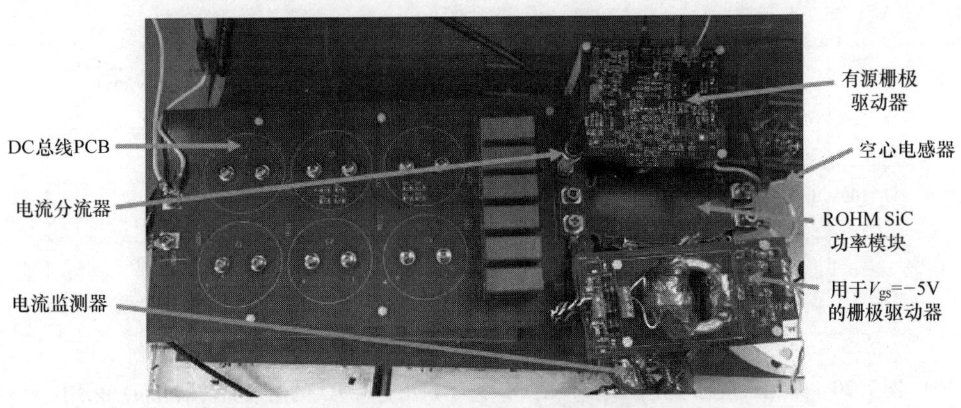

图 7.18　双脉冲实验的实验装置

测试在 150A、200A 和 250A 以及 600V 下进行，并比较栅极电阻为 2Ω 和 3.9Ω 时的开关损耗和 dv/dt。然后在第 1 级和第 2 级使用 3.9Ω 的 R_g来实现有源栅极控制。由于更高的电阻，使用微调电容调整延迟时序以实现 dv/dt。与 3.9Ω 的 R_g相比，由于电阻更大但是损耗更低，因此使用不同的延迟来寻找最佳工作点以实现 dv/dt。传统栅极信号和有源 GD 信号的 PWM 脉冲如图 7.19 所示。可以清楚地看到，在应用有源栅极控制时，V_{gs}曲线有 2 个斜率。在 t_{delay}启动有源栅极控制后，由于从较低栅极电阻切换到较高栅极电阻，V_{gs}的上升速率降低。图 7.20给出了传统 GD 和有源 GD 在开关能量和与开启相关的 dv/dt 方面的比较。图 7.21 和图 7.22 显示了有无有源栅极控制的开启损耗和 dv/dt 的比较。有源栅极控制的开启 dv/dt 是最小的，而有源栅极控制的开启损耗在很大程度上被最小化。从图 7.21 可以观察到，如果使用具有较小值的栅极电阻进行开关，在无有源栅极控制的情况下，开启损耗可以更小。

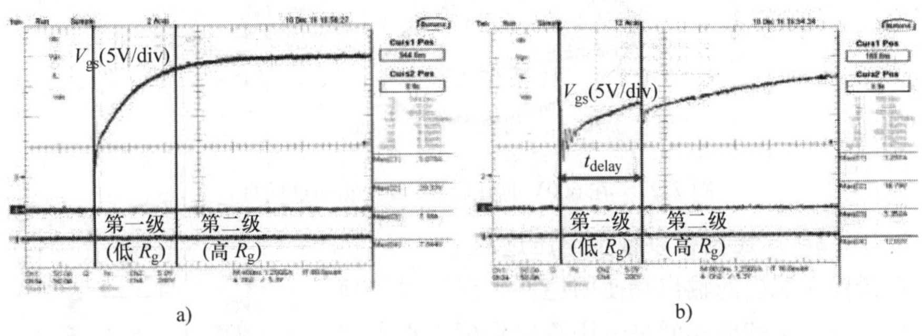

图 7.19　a）无有源栅极控制 b）带有源栅极控制（V_{gs} = 5V/div）的栅 - 源极电压

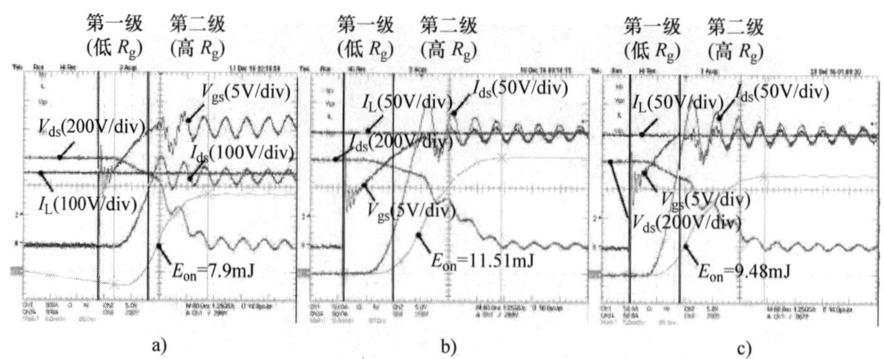

图 7.20　采用常规栅极电阻为 a）$R_g=2\Omega$，b）$R_g=3.9\Omega$ 的栅极驱动器和 c）采用延迟为 142ns，第一级 $R_g=2\Omega$，第二级 $R_g=3.9\Omega$ 的有源栅极驱动器在 150A、600V 下开启时的实验波形

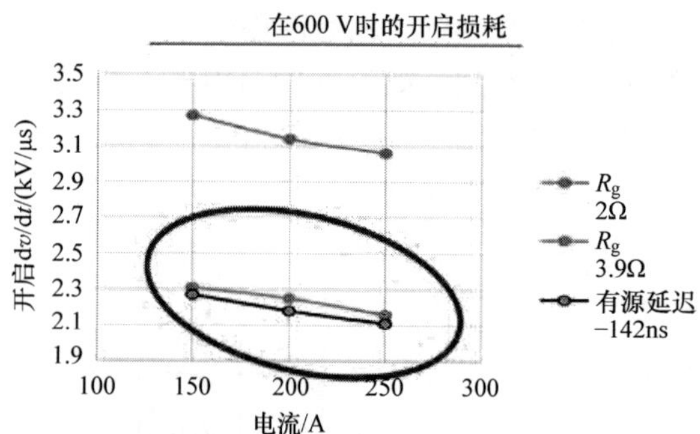

图 7.21　在 600V 时开启的开关损耗（彩图见插页）

图 7.22　在 600V 时开启 dv/dt（彩图见插页）

7.2.4.2　电压箝位以减少电压过冲

在栅极 - 源极的输出端使用稳压二极管以在静态条件以及开关转换期间将电压箝位到标称水平并非是不常见的做法。图 7.23 显示了通用电压箝位电路的原理图。两个稳压二极管背靠背放置，以箝

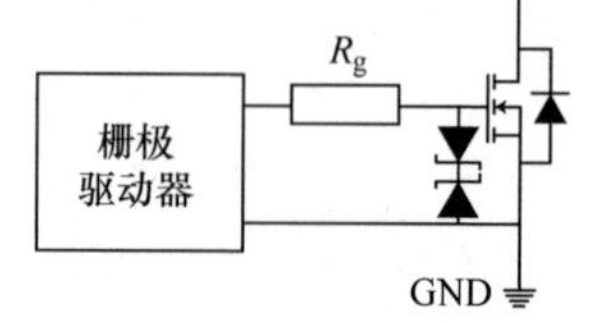

图 7.23　电压箝位电路示意图

位栅极 - 源极端的正电压和负电压。

7.2.5　1200V/1700V 器件的栅极驱动器评估

箝位电感（或全硬开关）特性为涵盖了大多数应用的功率半导体器件提供最广泛的数据支持。双脉冲测试的电路示意图如图 7.13 所示。在测试单个器件时，使用一个续流二极管（FWD）。然而，要评估一个模块，不需要单独的 FWD，因为顶部器件的反向并联二极管可以启用续流功能。

7.2.6　1200V、100A SiC MOSFET 的特性[1]

1200V、100A 的 SiC MOSFET 模块如图 7.24 所示。图 7.25 和图 7.26 显示了栅极电阻（R_g）为 15Ω 时在 800V 和 100A 条件下的开启和关断特性。根据观察，由于寄生电感和封装电感在关断条件下出现过电压，关断损耗大于开启损耗。

图 7.24　1200V、100A 的 SiC MOSFET 模块

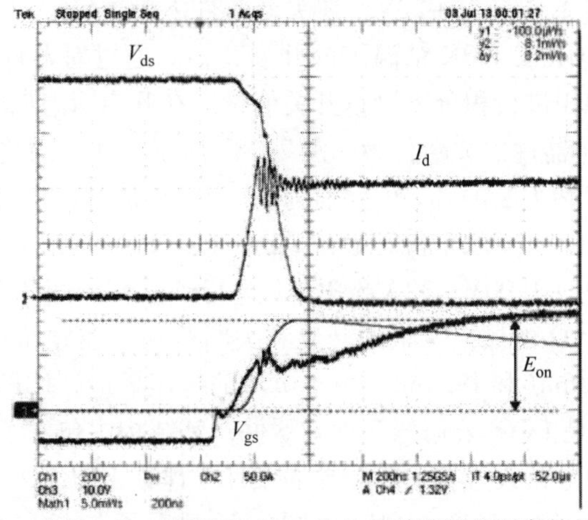

图 7.25　在 $R_g=15\Omega$、$T_j=400K$ 和 $E_{on}=8.2mJ$ 时测量的开启特性，刻度：V_{ds}：200V/div，I_d：50A/div，V_{gs}：10V/div，能量：5mJ/div，时间：200ns/div（彩图见插页）

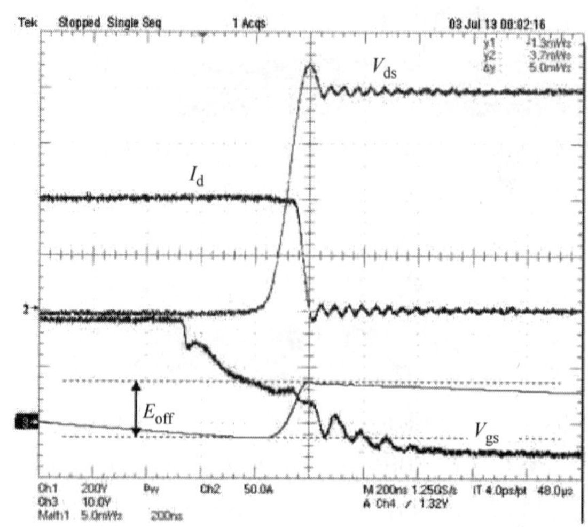

图 7.26 在 $R_g = 15\Omega$、$T_j = 400K$ 和 $E_{on} = 5.12mJ$ 时测量的开启特性，刻度：V_{ds}：200V/div，I_d：50A/div，V_{gs}：10V/div，能量：5mJ/div，时间：200ns/div（彩图见插页）

7.2.7 1700V SiC MOSFET 的表征以及与 1700V Si IGBT 和 1700V Si BIMOSFET[7] 的比较 ★★★

在本节中，对 1700V SiC MOSFET 进行了表征，并与类似的 1700V Si 器件结果进行了比较[8]。首先比较 1700V Si IGBT 和 Si 双向 MOSFET（BIMOSFET）的结果。TO－247 封装的分立器件的测试设置如图 7.27 所示。在 DC 总线电压为 1200V、最大开关电流为 50A 的情况下测试 1700V、50A SiC MOSFET。SiC MOSFET 的栅极电压在开启条件下为 +20V，在关断条件下为 －5V。在图 7.28a中，显示了使用 20Ω 栅极电阻在 400K 结温下的开启特性。通过对器件电压（V_{ds}）和器件电流（I_d）的乘积进行积分来测量开关能量。在开启瞬态期间测得的能量损耗（E_{on}）为 3.88mJ。器件的关断行为如图 7.28b 所示，测得的关断损耗（E_{off}）为 2.16mJ。发现开启和关断的 dv/dt 分别为 23.7kVA/μs 和 24.5kV/μs。开启和关断的 di/dt 分别为 0.75kA/μs 和 2.25kA/μs。在 －15 ~ +15V的栅极电压下，在相同的测试装置中对 1700V、32A Si IGBT 进行了表征。图 7.29a 显示了在结温为 400K 时，使用 5Ω 的栅极电阻的开启和关断行为。在导通和关断瞬态期间的能量损耗分别为 6.6mJ 和 19.8mJ。由于电流的拖尾效应，IGBT 的关断损耗要高得多。BiMOSFET 是 IXYS 公司的一种硅器件，其结构中包含了 MOSFET 和 IGBT 结构。使用相同的电路设置在关断和导通条件下评估 1700V、42A 双 MOSFET 的开关损耗，栅极电压为 215V 和 115V。图 7.30 显示了在 400K 结温下使用 5Ω 栅极电阻的 BiMOSFET 的开启和关断特性。开启和关断损耗分别为 6.1mJ 和

25.2mJ。观察到关断尾电流，关断损耗比开启损耗高得多。此外，总开关损耗为 31.3mJ，与 1700V Si IGBT 相似。

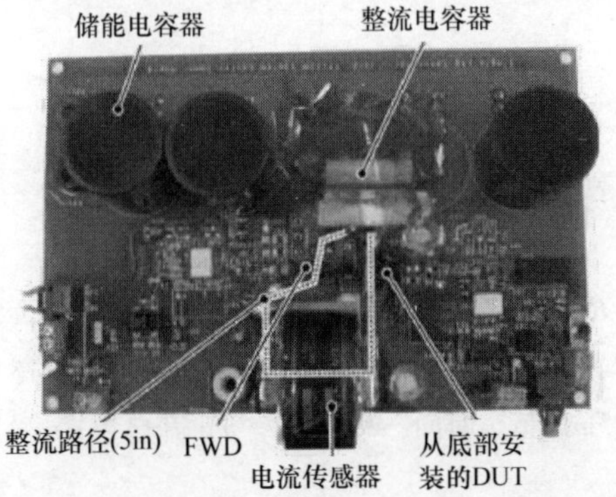

图 7.27　表征 1700V SiC MOSFET、1700V Si IGBT 和 1700V Si BIMOSFET 特性的测试电路

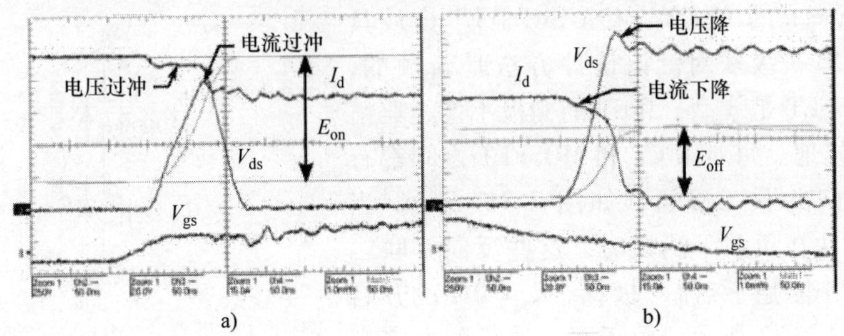

图 7.28　在 $R_g=20\Omega$、$T_j=400K$、$E_{on}=3.88mJ$、$E_{off}=2.16mJ$ 时测量的 SiC MOSFET 的开关特性，刻度：V_{ds}：250V/div，I_d：15A/div，V_{gs}：20V/div，能量：5mJ/div，时间：20ns/div。a）开启和 b）关断（彩图见插页）

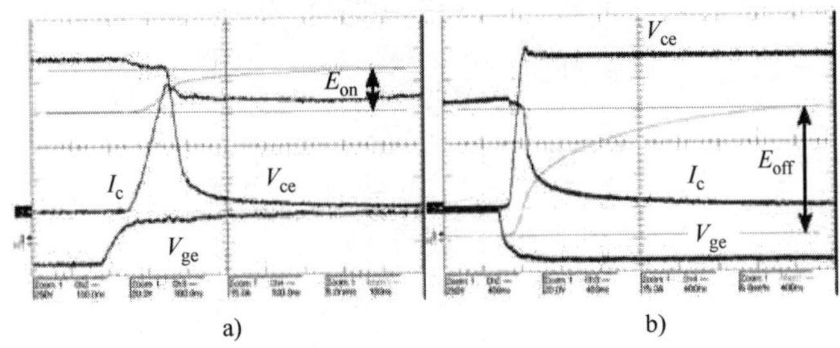

图 7.29　在 $R_g=5\Omega$、$T_j=400K$、$E_{on}=6.6mJ$、$E_{off}=19.8mJ$ 时测量的 IGBT 的开关特性，刻度：V_{ds}：250V/div，I_d：15A/div，V_{gs}：20V/div，能量：5mJ/div，时间：20ns/div。a）开启和 b）关断（彩图见插页）

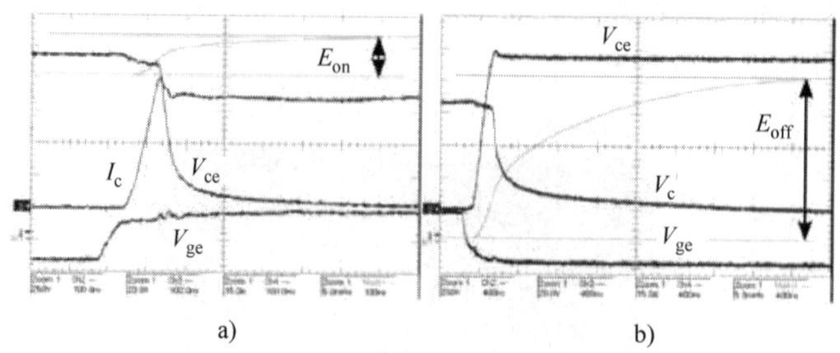

图 7.30　在 $R_g=5\Omega$、$T_j=400K$、$E_{on}=6.1mJ$、$E_{off}=25.2mJ$ 时测量的 BiMOSFET 的开关特性，刻度：V_{ds}：250V/div，I_d：15A/div，V_{gs}：20V/div，能量：5mJ/div，时间：20ns/div。a）开启和 b）关断（彩图见插页）

7.2.8　1200V、45A SiC JFET 模块的表征 ★★★

Infineon 的 1200V、45A SiC JFET 模块具有两个串联级联对。该设计方法是新颖的，LV MOSFET 是 p 型，JFET 的栅极不像经典情况那样接地。每对 JFET 和 MOSFET 之间都有一个反向并联二极管，如图 7.31 所示。当 JFET 模块在负载下测试时，这些反向并联二极管充当电流的续流二极管。$R_g=0\Omega$ 的开启波形如图 7.32 所示。由于互补器件的电容充电，出现了开启电流尖峰。

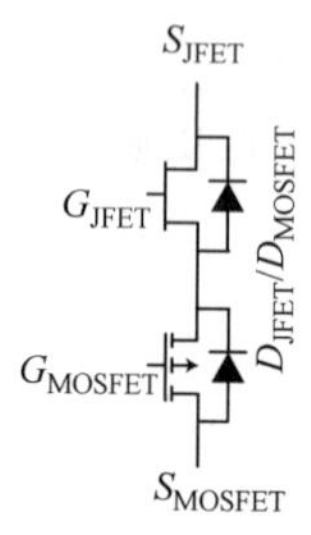

图 7.31　带有 p^- MOSFET 和反并联二极管的新型级联拓扑结构

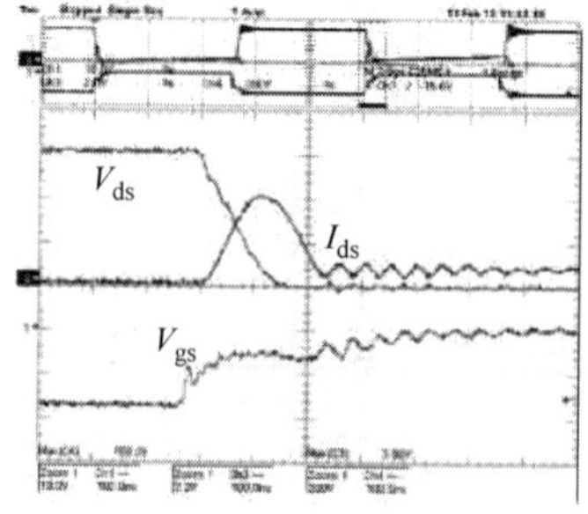

图 7.32　放大的开关波形：$V_{dc}=600V$，$R_g=0\Omega$。刻度：V_{ds}：200V/div，I_{ds}：40A/div，V_{gs}：10V/divs。在零外部栅极电阻的情况下，JFET 开关的开启和关断损耗分别为 1.3mJ 和 1.9mJ（彩图见插页）

7.2.9　商用栅极驱动器回顾 ★★★

研究了一些商用的 GD IC。高速开关对 SiC GD IC 提出了很高的要求。

- 宽输出电源范围：SiC 器件规定的不对称栅极 - 源极电压范围为 +25 ~ -10V。栅极驱动电路必须能够提供全范围的电压摆幅。
- 负栅极电压：为了安全地关断 SiC 器件，需要在栅极 - 源极两端施加负栅极电压以将其关断。此外，它还可以快速关断器件。
- 扩展的共模瞬态抗扰度（CMTI）：CMTI 可能是设计 GD IC 时最关键的因素。由于 GD 电路经历较高的开关速度，因此经历较高的 dv/dt，具有一个良好的 CMTI 变得至关重要。
- 延迟匹配：延迟匹配是选择 GD 时的一个重要因素。特别是在半桥电路中，未匹配的延迟可能会导致击穿，并且即使在类似条件下，GD 也可能表现出意想不到的行为。
- 欠电压锁定：欠电压锁定是一种现象，当电压降至某个特定值以下时，GD 自动关断。虽然它没有其他一些因素那么重要，但具有一个欠电压锁定保护有助于避免对变换器系统的潜在损坏。
- 快速去饱和：为了避免 SC 和异常电路行为，首选 SC 保护（去饱和保护）。当在去饱和导通态期间遇到器件两端的较高的电压降时，去饱和会触发信号。
- 电压降：某些 IC 具有固有的电压降。为了提高效率，该电压降应保持尽可能低。较高的电压降需要较高的输入电压，而这通常是不可取的。
- 光学隔离：一些 GD 提供隔离和栅极驱动能力。如果使用隔离器或光耦合器，则不需要这样做。然而，这有助于减少 PCB 上的走线，并可用于功率密集型设计。

表 7.1 列出了一些市售栅极驱动器之间的比较。对光学隔离的光耦合器进行了比较。应注意的是，该列表并非详尽无遗，只是给出了选择 GD IC 时需要考虑因素的基本想法。

表 7.1　几种市售光学隔离的栅极驱动器的比较

栅极驱动器/功能	输出电源范围/V	电流沉/A	CMTI/(kV/μs)	延迟匹配/ns	UVLO	去饱和	电压降/V
Agilent HCPL - 316J	15 ~ 30	2.3	30	350	有	有	2.5
Silicon Labs Si826x	6.5 ~ 30	1.8	50	25	有	无	0.25
Fairchild FOD8342	-0.5 ~ 35	3	50	90	有	无	0.1
Broadcom ACPL - P343	15 ~ 30	2.5	50	100	有	无	0.2
Vishay VO3150A	0 ~ 35	0.5	35	—	有	无	2.1
TI ISO 5852S	15 ~ 30	5	100	30	有	有	0.5

注：CMTI 为共模瞬态抗扰度；UVLO 为欠电压锁定。

7.3 氮化镓器件的栅极驱动器（最高650V）

当使用 eGaN HEMT（高电子迁移率晶体管）实现变换器时，栅极驱动设计尤其关键。这是由于与 Si 功率 MOSFET 相比，绝对最大栅极电压（6~7V）和器件阈值电压（1~2V）较低。推荐的开启电压相对于绝对最大额定值要有 1~1.5V 的很小的余量。此外，GaN 晶体管可实现的快速开关速度进一步增加了设计的复杂性。

7.3.1 GD 规范和设计考虑、挑战和实现 ★★★

GaN 器件的栅极驱动电路由各种参数决定，如工作频率、开启和关断电压、栅极电压上升时间、功耗，以及器件是作为高边还是低边器件进行切换。工作频率由目标应用决定，尽管使用 GaN 器件可以在比 Si 器件高得多的频率下工作，然而，这种高频工作伴随着各种设计挑战，在应用器件之前必须理解和解决这些挑战。因此，本节将描述与 GaN 器件栅极驱动设计相关的挑战，以及可能的解决方案。

7.3.1.1 栅极回路电感

栅极回路中的寄生电感与器件的开启栅极电阻和 C_{iss} 一起形成谐振 LCR 电路。如果该电路具有欠阻尼响应，则由于栅极电压的低余量，栅极电压中的过冲可能会违反器件栅极的绝对最大限制。因此，应满足式（7.1）[9,10] 中给出的标准，以避免过冲。

$$R_g C_{gs} \geqslant 4\frac{L_{par}}{R_g} \tag{7.4}$$

因此，较低的寄生电感确保在更大的 R_g 范围内满足上述标准。这里，R_g 是指栅极驱动晶体管电阻、外部栅极电阻和内部栅极电阻（R_{Gint}）之和。这就变成了一个布局问题。

7.3.1.2 假开启

在死区时间段结束时，当半桥中的互补器件开启时，器件的 C_{gd} 会经历 $\mathrm{d}v/\mathrm{d}t$。因此，有充电电流流过该电容器。该电流有两条流动路径：通过栅极环路的关断路径和对器件的 C_{gs} 进行充电的路径。如果器件的 C_{gs} 充电至高于器件的阈值，则可能导致器件的假开启，从而导致部分导通情况。由于 GaN 晶体管的高 $\mathrm{d}v/\mathrm{d}t$ 开关，这个问题更加突出。避免这种情况的条件由下式描述：

$$C_{gs}\frac{\mathrm{d}v}{\mathrm{d}t}R_g\left[1-\mathrm{e}^{-\alpha(t_r)}\right] < V_{th} \tag{7.5}$$

其中

$$\alpha = \frac{1}{R_g(C_{gs} + C_{gd})} \tag{7.6}$$

而t_r是 dv/dt 的转换时间。注意，这里忽略了栅极回路的寄生电感。在文献［11］中已经从数学上推导出了栅极回路寄生电感的影响。寄生电感的存在会在t_r期间导致栅极振铃。此外，它会增加栅极回路的阻抗，导致C_{gs}充电电流的增加。因此，在这种情况下，减小寄生电感也是有帮助的。为了防止假的开启，可以根据式（7.2）减小关断路径中的总栅极电阻R_g。然而，这可能导致关断期间栅极回路中的阻尼降低，从而不满足式（7.1）中的条件。在这种情况下，在栅极电压的关断转变期间可能会观察到一个下冲，类似于开启期间栅极电压中的过冲。然而，栅极电压负方向的余量通常较高，在这种情况下，下冲可能不是问题。另一种可采用的方法是施加负关断电压。负电压增加了式（7.2）的右侧幅值，增加了对假开启的抗扰度。然而，这增加了器件的关断态反向传导电压降。这可能导致器件损耗增加。通过改进布局和关断电阻的选择，可以减少所需的负关断偏置量。

对于C_{gd}/C_{gs}比值小于1的器件，不存在假开启问题。这通常适用于LV器件（额定电压高达100~200V）。在这种情况下，不需要使用上述设计考虑因素。

7.3.1.3 共源电感

这是指器件源极中的电感，它是电源回路和栅极回路共同的电感。该电感经历了来自电源回路的较高的 di/dt，导致感应电压与施加的栅极电压相反，减缓了开启转换并增加了开关损耗。此外，在死区时间周期结束时，当半桥中的互补器件开启时，器件中的续流电流被换流到互补器件，导致一个使栅极电压向负方向增加的感应电压。这有助于降低在互补器件开启时出现假开启的可能性。然而，由于共源电感、器件C_{gs}和关断路径栅极电阻形成LCR电路，如果电阻提供的阻尼不足，则C_{gs}上的电压也会在正方向产生振铃，这可能导致假开启。

为了避免这种假开启问题，建议最小化共源电感，这可以通过下文所述的仔细布局来解决。另一种方法可以是通过增加关断路径中的电阻来增加阻尼，然而，这反过来又会增加由于互补器件开启时的C_{gd}电容（miller 电容）充电电流而导致假开启的概率。因此，这不是推荐的方法。

7.3.1.4 共模电流

考虑一个半桥电路，开关节点与高压边器件的源极相同。对于隔离栅极驱动设计，用于驱动高压边器件的所需栅极电压来自隔离电源。因此，开关动作导致整个高边电源（正极和负极端）以相同的转换时间在V_{DC}和接地之间摆动。电源输入端和输出端之间的隔离电容会产生这个 dv/dt，导致瞬态期间的共模电流通过隔离电容流向GD的输入边。栅极驱动器的隔离电容也会出现类似的现象，其由IC的CMTI额定值表征。共模电流的流动导致栅极驱动输入边接地受到干扰。

根据共模电流的幅值，这可能引起器件的误开关，因为栅极驱动 IC 提供的输出脉冲是根据驱动器输入边相对于相应接地基准的信号幅度。对于 GaN 器件较高的 dv/dt 开关，增加了与共模电流相关的问题。

为了确保可靠的开关操作，必须增加共模电流路径中的阻抗，以降低电流幅值。这是通过在高压边器件栅极驱动使用一个减小的隔离电容电源来实现的。Recom Power 和 Murata Power 公司的隔离 DC - DC 变换器模块提供 1.5 ~ 10pF 的隔离电容，这通常足以满足基于 GaN 的开关应用。然而，为了进一步增加共模阻抗，可以在隔离栅极驱动电源的输入端添加一个 CMC。CMC 仅在共模电路中起作用，但在差模电路中类似短路。这种类型的栅极驱动设计如图 7.33 所示。

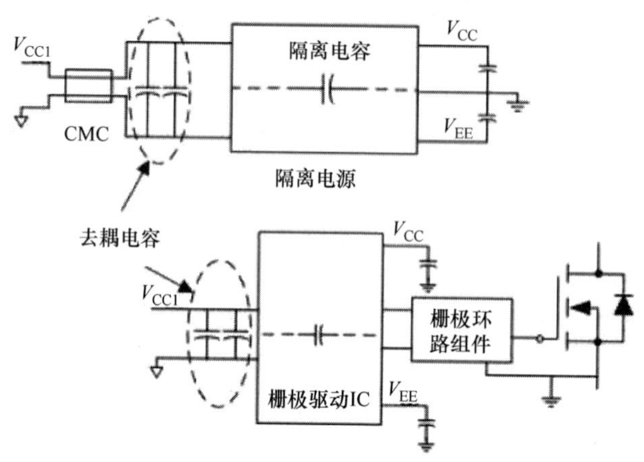

图 7.33　隔离的栅极驱动器设计

需要注意的是，建议采用隔离的栅极驱动的高压边开关的设计优于基于自举的设计，尤其是对于高压应用（100V 以上）。然而，必须使用具有快速恢复时间的低结电容二极管。此外，对于低压边器件续流，开关节点上的负电压会导致自举电容充电至一个高于所需栅极电压的值。因此，需要调节自举二极管后的电压，以确保施加正确的栅极开启电压。这可以使用低压差调节器（LDO）或稳压二极管箝位来实现。

7.3.2　布局建议 ★★★

栅极环路的布局对于解决前面描述的许多设计挑战至关重要。图 7.34 给出了一些布局思路[8,12,13]。首先，栅极环路的正向路径和返回路径重叠。这消除了两条路径的磁通量。此外，利用最近的内层作为返回路径有助于减少栅极回路的面积。这有助于减小栅极回路的寄生电感。其次，源极焊盘的连接是通过焊盘最近边缘的通孔进行的。这有助于减小电源回路和栅极回路之间的共源电感。

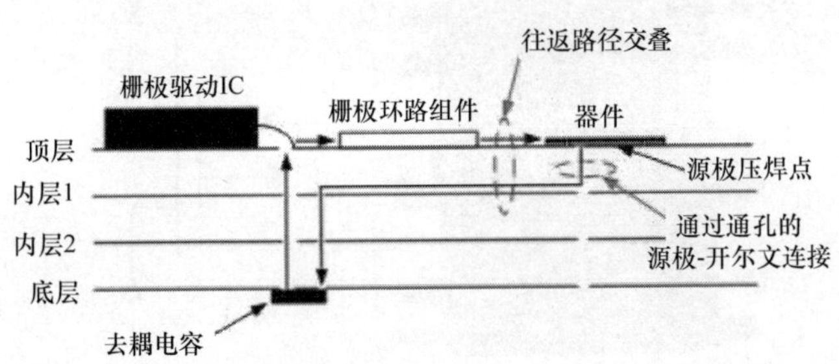

图 7.34 栅极环路布局建议

使用 LDO 可以产生所需的电源电压。然而，如图 7.34 所示，通过在靠近 IC 电源引脚的位置保持低等效串联电感（ESL）去耦电容，LDO 可以远离栅极环路元件，从而减少栅极环路的正向路径长度。这有助于进一步减小栅极回路电感。

7.3.3 氮化镓四象限开关（FQS）的栅极驱动设计 ★★★

四象限开关（FQS）是一种可以在器件的两个方向上传导电流的器件，并且可以在关断态下阻断任一极性的电压。这种器件由美国 Transphorm 公司开发，如图 7.35a 所示。

该器件可以等效表示为两个以共漏极结构连接的双向导电器件，如图 7.35c 所示。这里，每个器件都在一个级联结构中，一个耗尽型 GaN HEMT 与一个增强型 LV Si MOSFET 串联连接。由于有两个这样的器件，需要驱动两个独立的硅栅极。栅极驱动电压要求与 LV Si MOSFET 类似。因此，理论上，可以使用传统的 Si MOSFET 驱动器来驱动该器件。然而，由于耗尽型 GaN 器件，栅极驱动要求需要更多的关注[14]。

在 LV MOSFET 开启时，耗尽型 GaN 晶体管的栅极 - 源极电压降低到阈值电压以下，使 GaN 器件开启。这种开启转换发生在高 dv/dt 和 di/dt。如前所述，这引入了与假开启、增加的共模电流（以及相关的接地反弹）和共源电感相关的问题。因此，与 eGAN HEMT 类似的栅极驱动设计考虑也必须用于级联器件。

使用 FQS 设计半桥电路时需要着重注意的一点是，每个器件有两个独立的源极连接。这意味着每个器件的栅极驱动需要两个隔离的接地连接。在半桥电路中，高边器件的底部开关和低边器件的顶部开关的源极连接是共用的，因此可以从单个隔离的 DC - DC 变换器模块产生。如前所述，该模块的隔离电容必须较低，以尽量减小 GD 输入边的接地反弹。

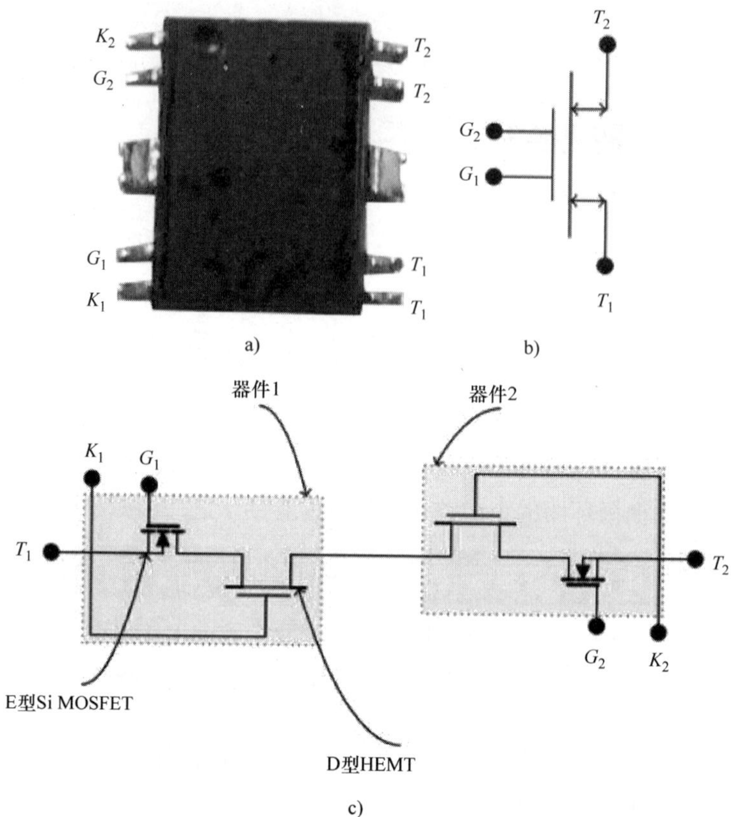

图 7.35　a）SOIC－16 封装中的四象限开关，b）四象限开关的引脚配置，c）使用耗尽型 GaN 高电子迁移率 FQS 和增强型低电压硅 MOSFET 实现四象限开关，单芯片 GaN FQS 已示意性地分成两部分，以便于解释器件的运行。FQS 为四象限开关

7.3.4　商用栅极驱动器 IC 和趋势 ★★★

表 7.2 给出了一些市售 GaN 栅极驱动器列表。必须指出的是，像 TI、Peregrine 等半导体公司在自举结构中为高边和低边器件提供了双 GD。Silicon Labs 提供隔离的双 GD，在输入－输出和输出－输出之间提供隔离。

此外，除 Silicon Labs 外，其他公司提供非隔离单通道 GD。这些必须使用数字隔离器来提供信号级隔离。对应于这些 GD 的 CMTI 范围将取决于与它们一起使用的数字隔离器的 CMTI。必须指出的是，由于输入端的逻辑接地与驱动器接地相同，其中很多 GD 不能用于为关断提供负栅极偏置。

注意，其他一些重要参数，如传输延迟和上升时间没有在表中列出，但必须在最终设计中予以考虑。

表 7.2　市售 GaN 栅极驱动器和相关参数

元件编号（制造商）	最大源/沉电流/A	单/双	UVLO	最大 V_{in}/V	隔离/非隔离	单独上拉/下拉	CMTI
LMG1205（TI）	1.2/5	双（自举）	4.5V（最大）	100	—	是	—
LM5113 - Q1（TI）	1.2/5	双（自举）	4.5V（最大）	100	—	是	—
LM5113（TI）	1.2/5	双（自举）	4.5V（最大）	100	—	是	—
UCC27517A（TI）	4/4	单	4.65V（最大）	—	非隔离	否	—
UCC27611（TI）	4/6	单	4.15V（最大）	—	非隔离	是	—
UCC27511（TI）	4/8	单	4.65V（最大）	—	非隔离	是	—
LM5114（TI）	1.3/7.6	双（独立通道）	4V（最大）	—	非隔离	是	—
UCC27524A（TI）	5/5	双（独立通道）	4.65V（最大）	—	非隔离	否	—
2EDN7523R（Infineon）	5/5	双（独立通道）	4.2V（典型）	—	非隔离	否	—
2EDN7524R（Infineon）	5/5	双（独立通道）	4.2V（典型）	—	非隔离	否	—
2EDN7523F（Infineon）	5/5	双（独立通道）	4.2V（典型）	—	非隔离	否	—
2EDN7424R（Infineon）	4/4	双（独立通道）	4.2V（典型）	—	非隔离	否	—
2EDN7424F（Infineon）	4/4	双（独立通道）	4.2V（典型）	—	非隔离	否	—
2EDN7524G（Infineon）	5/5	双（独立通道）	4.2V（最大典型）	—	非隔离	否	—
2EDN7524F（Infineon）	5/5	双（独立通道）	4.2V（典型）	—	非隔离	否	—
2EDN7523G（Infineon）	5/5	单	4.2V（典型）	—	非隔离	否	—
1EDN7511B（Infineon）	4/8	单	4.2V（典型）	—	非隔离	是	—
1EDN8511B（Infineon）	4/8	单	4.2V（典型）	—	非隔离	是	—
1EDN7512G（Infineon）	4/8	单和双(隔离通道)	4.2V（典型）	—	非隔离	是	—
Si827x（Silicon Labs）	1.8/4	单	3.5 和 5.5V（典型）	—	隔离（2.5kVrms）	只适用于 Si 8271	— >200kV/μs
Si826x（Silicon Labs）	4/4		5.5V（典型）	—	隔离（3.75kVrms）	否	50kV/μs
PE29100（Peregrine Semiconductor）	2/4	双（自举）	3.6V（典型）	100	—	是	—
PE29102（Peregrine Semiconductor）	2/4	双（自举）	3.6V（典型）	60	—	是	—

注：CMTI 为共模瞬态抗扰度。

7.4　栅极驱动器的认证

为 MV SiC 应用设计 GD 后，有必要测试和验证正确的操作。MV 变换器中 GD 运行的验证被称为认证。在下一章中，将了解获得 MV GD 认证所需的步骤。

在本节中，重点介绍了现场工作 GD 的测试和认证的方法步骤。认证的第一步是按顺序选择不同的拓扑结构，以确定 GD 的不同方面；第二步涉及对 GD 在运行过程中变换器中发生的持续故障的研究。当 GD 通过上述所有测试时，即可进行现场操作。

7.4.1 控制 MOSFET 开启/关断的栅极驱动器操作 ★★★

选择的栅极驱动波形可能有助于理解 GD 的开启和关断。SiC MOSFET 的最大开启电压为 20V，选择的关断电压接近 25V。可以在 MOSFET 双脉冲开关中测试这一现象。

7.4.1.1 栅极驱动器中的共模问题

共模问题是由于隔离变压器中的耦合电容引起的，并且在某种程度上是由于栅极驱动 IC 中的耦合电容引起的，如图 7.36 所示。可以通过在 DPT 期间使用高边结构的 GD 来识别共模，双脉冲测试设置如图 7.37 所示。

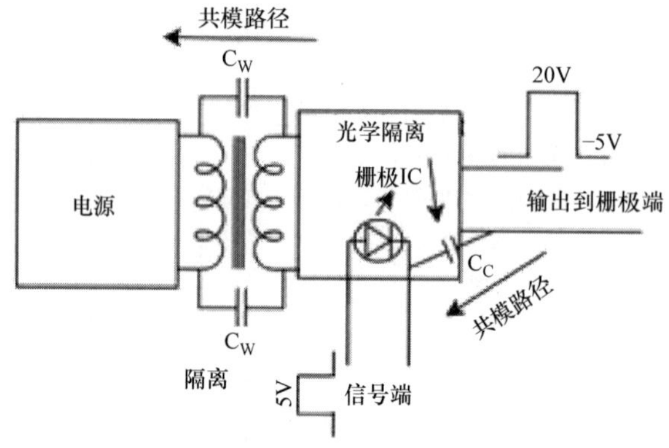

图 7.36 栅极驱动器中的共模路径

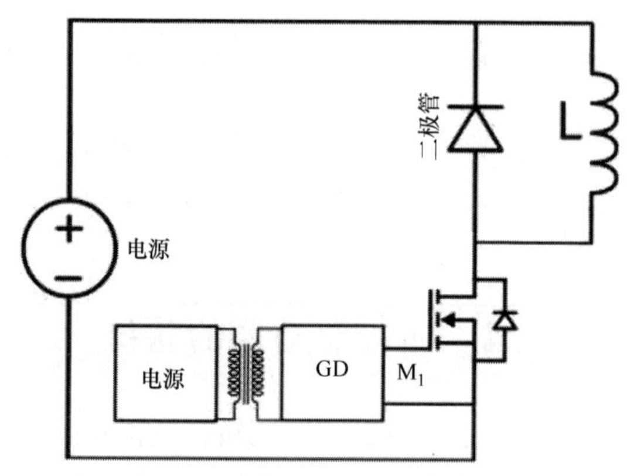

图 7.37 双脉冲测试设置

在开关开启过程中，源极端几乎在 DC 链路电压下浮动。这个 DC 链路电压也出现在隔离变压器和 GD 电路中的隔离栅极驱动 IC 上。可以测量流经 GD 电源和信号IC输入端的共模电流。这将有助于更好地缓解GD中的EMC问题。

7.4.1.2 驱动器中的隔离或爬电问题

由于HV边和信号边之间要有适当的爬电和隔离，GD在HV下的应用需要设计约束。DPT将有助于识别GD中普遍存在的这些问题。开关的双脉冲工作无法识别GD中的热问题，因此，需要使用GD的连续运行测试。

7.4.1.3 顶部和底部栅极驱动器之间的串扰

在顶部器件开启的同时，底部GD的关断导致其漏极－源极两端的电压升高。由于顶部器件上的V_{ds}转换到0而引起的dv/dt，导致共模电流流过底部器件的C_{ds}，从而将其开启。这导致流过支路的电流过冲，并可能导致变换器中的SC故障或损耗。

7.4.1.4 因死区时间不当而导致的导通

当两个开关都开启时，互补开关操作之间不恰当的死区时间可能会导致导通。为了识别所设计的GD中提到的问题，需要测试一些新的变换器拓扑结构。

7.4.1.5 VSC极点的两级拓扑结构

VSC极点的两级拓扑结构是用于认定GD在顶部和底部开关之间发生串扰的最简单电路之一。它是一个单支路结构，半桥测试装置如图7.38所示。每个开关上发生的电压摆幅等效于DC链路电压。

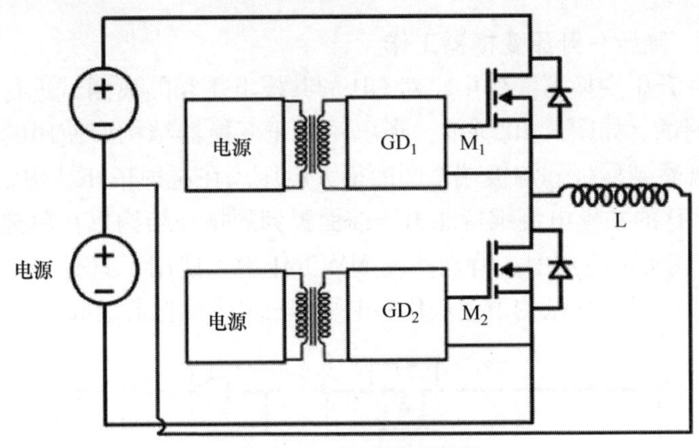

图7.38 半桥测试装置

7.4.2 栅极驱动器认定的步骤 ★★★

通过使用不同的拓扑结构来认定GD的不同方面。GD测试的顺序由以下拓扑结构给出。

7.4.2.1 双脉冲测试（DPT）变换器

DPT电路广泛用于固态器件的表征。它是一种基本的电感箝位开关电路，有一个与电感并联的FWD。它用于表征开关电路的动态操作。除了器件外，该电路还可用于测试 GD 的某些方面。DPT 电路可以测试和认定的内容如下。

7.4.2.2 升压变换器工作

升压变换器工作有助于通过连续运行测试认定被测 GD 的热可靠性。升压变换器的优点在于，它包含开关元件，开关元件的源级连接到变换器的接地端，如图 7.39 所示。因此，它有助于避免 GD 操作期间因隔离而产生的任何性能问题。其结果是将热学相关问题与隔离相关问题分开。最后，测试提供了对无任何隔离的 GD 连续运行的认定。为变换器运行设计的 GD 应该能够承受由于高 dv/dt 引起的隔离和共模问题。因此，需要进入下一阶段进行 GD 测试，以便在连续运行期间进行隔离。

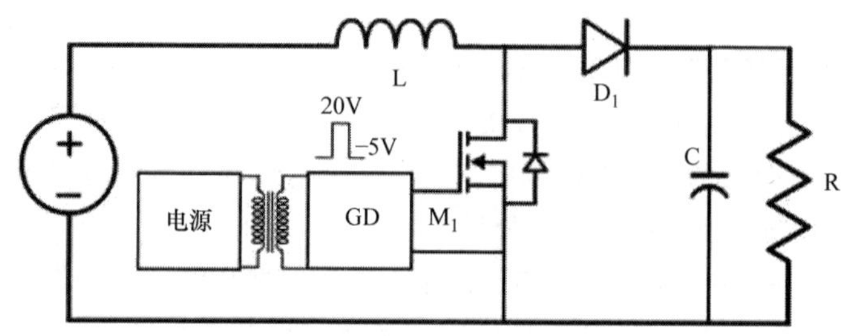

图 7.39 升压变换器测试设置

7.4.2.3 降压－升压变换器工作

在降压－升压变换器操作中，对 GD 的共模电压和隔离测试进行了可能最高的电压摆幅测试。如图 7.40 所示，降压－升压变换器结构中使用的器件在开关工作期间会观察到漏极和源极端之间的最大电压。在这种拓扑结构中测试 GD 将有助于分析 GD 的共模电流维持能力。前面提到的拓扑结构仅在单独运行时有助于测试 GD。在实际应用中，特别是在 MV 工作中，使用了具有多个开关的变换器拓扑结构。一般拓扑结构由模块化多电平和三电平变换器组成。随着 MV SiC 器

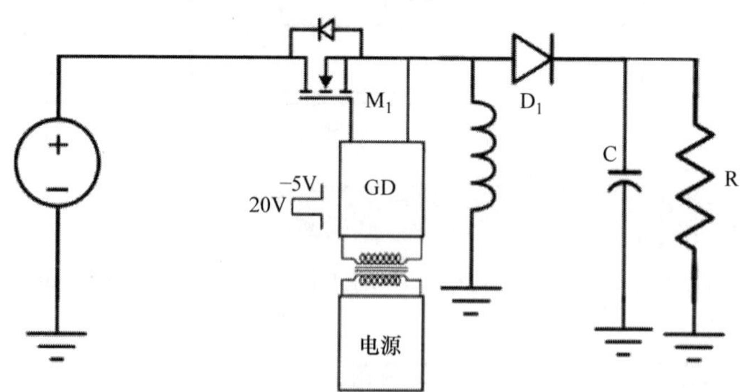

图 7.40 降压－升压变换器测试设置

件的发展，三电平高频变换器越来越流行。这些拓扑结构涉及多个 GD 的工作。这将导致由于一个 GD 对其他 GD 的影响而引起的新问题的出现。在半桥结构中，大多数基本拓扑结构都有一个以上的 GD，这涉及一个分支。因此，可以用半桥作为拓扑结构来理解 GD 工作的相互影响。

7.4.3　高压开关的栅极驱动器短路测试 ★★★

当短路（Short - Circuit，SC）发生在变换器中时，故障开关的相应 GD 必须产生一个信号来关断器件。该信号应尽可能快，以避免因 SC 持续存在而对变换器造成进一步的损坏。图 7.41 显示了 GD 的 SC 测试设置。它包括将器件的漏极和源极直接连接到电压源。当 GD 开启开关时，去饱和保护系统应检测到过电流，并通过栅极驱动 IC 产生故障信号。可以在示波器上观察故障和跳闸之间的对应时间。

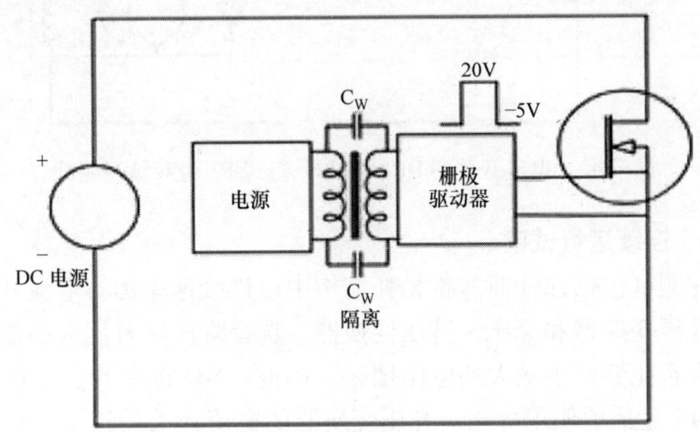

图 7.41　短路测试设置

7.4.4　电流开关工作的 GD 表征和测试电路 ★★★

电流开关已应用到各种电流源转换器中。这些变换器通常采用晶闸管。电流开关变换器的优点是，它们采用了更坚固的开关，非常适合 SC 保护，并且适用于零电流开关（ZCS）和零电压开关（ZVS）工作。电流开关有一个串联二极管，通常首选具有肖特基（JBS）结势垒的特性，以实现低反向恢复。电流开关的封装本身就是一个巨大的挑战。首先，它需要处理正和负 HV 应力峰值。为了理解电流开关工作的不同问题，需要通过使用不同的实验电路来理解开关。为了评估电流开关的性能，需要进行两种类型的测试。

7.4.4.1　双脉冲测试

为了全面表征电流开关模块，构建了如图 7.42 所示的一个 DPT 电路。需要特别注意应将寄生元件的影响降至最低。通过使用夹层总线排列，使回路电感最小化。发射极阳极结构用于最小化封装电感。金属化陶瓷（0.635mm）的顶侧和底侧之间的间隔应最小，以实现良好的热性能，但可能会导致封装电容的增加。

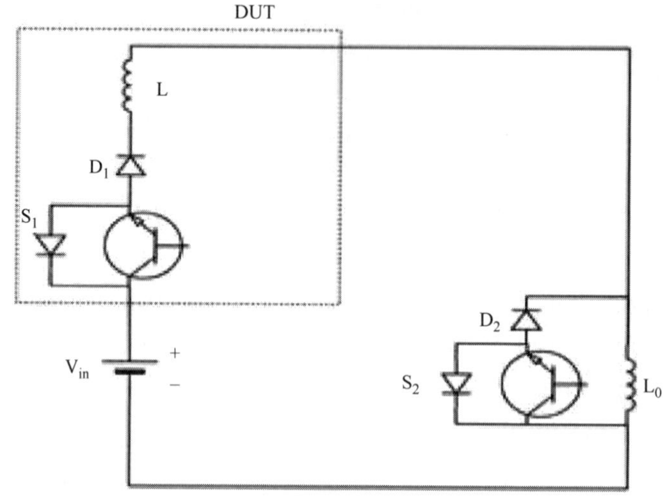

图 7.42　电流开关的 DPT 测试设置。DPT 为双脉冲测试

7.4.4.2　连续运行试验

连续脉冲测试包括在任何基本拓扑结构中以连续速率运行电流开关，包括降压变换器、升压变换器和降压－升压变换器。选择降压－升压变换器进行连续脉冲测试，因为它能够产生最大的电压摆幅。因此，GD 将在开关工作下测试最大 dv/dt。图 7.43 显示了使用降压－升压变换器的电流开关的连续工作示意图。如果电路中使用 MOSFET 或 IGBT，则用于电流开关工作的 GD 是相同的。当在工作中使用电流控制开关时，它们将不同且更笨重。

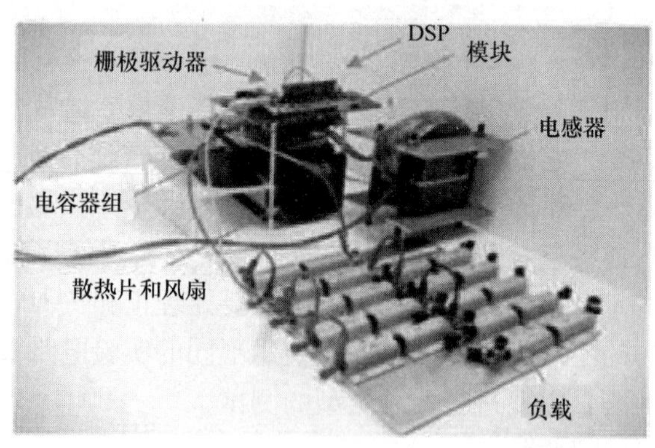

图 7.43　电流开关的降压－升压变换器测试设置

7.5　HV SiC 器件的栅极驱动器

SiC MOSFET 和 SiC IGBT 器件技术的最新发展为简单的非串联和非级联 MV 变换器拓扑结构铺平了道路。与 Si 器件相比，这些器件可以在更高的电压下工作，并且可以在更高频率下开关。这些特性使得用于再生能源的诸如高速 MV 驱动器、MV DC 微电网和紧凑型并网变换器应用成为可能。15kV SiC IGBT 和 10kV SiC MOSFET GD 设计面临的挑战是 HV 隔离和高 dv/dt（30kV/s）电磁干扰（EMI）抗扰度。文献［15］中介绍了一种适合这种具有小于 1pF 隔离电容的基本 MV GD 电源。驱动及去饱和功能由 2.5A 的 AVAGO 驱动器支持，该驱动器具有集成的 V_{ce}去饱和检测及故障状态反馈。建议标称消隐时间为 2.8μs，额外的下降时间为 2μs。该驱动器提供的典型保护时间为 5μs。上述器件仍处于研发阶段并且成本高昂。由于这些特性，SC 保护非常具有挑战性，因此目前这些器件的 SC 保护尚未实施。对于相同的缓冲层厚度，这些 WBG SiC 器件具有更高的阻断能力和更好的导热性，从而实现了芯片的高功率密度。但是芯片尺寸的减小也降低了 SC 耐受时间（SCWT）[16]。

7.5.1　GD 规范和设计考虑 ★★★

HV SiC 器件在开关期间产生高的 dv/dt，通常为 100kV/μs 量级[15]，并反射到隔离电源端，如图 7.44 所示。15kV SiC IGBT 的典型开关波形如图 7.45 所示。通过电源隔离级的耦合电容 C_p与这个 dv/dt 耦合，这导致从一次侧引出瞬态泄漏电流。由于 dv/dt 较大，这个泄漏电流可能超过工业标准设定的限制。为了避免较大的泄漏电流，C_p应较小，通常低于 5pF。此外，隔离变压器必须通过行业标准测试的认证。变压器高的隔离要求导致相对较高的 C_p，从而使变压器的设计变得困难。关于隔离级要求的更多细节在文献［17］中进行了讨论。

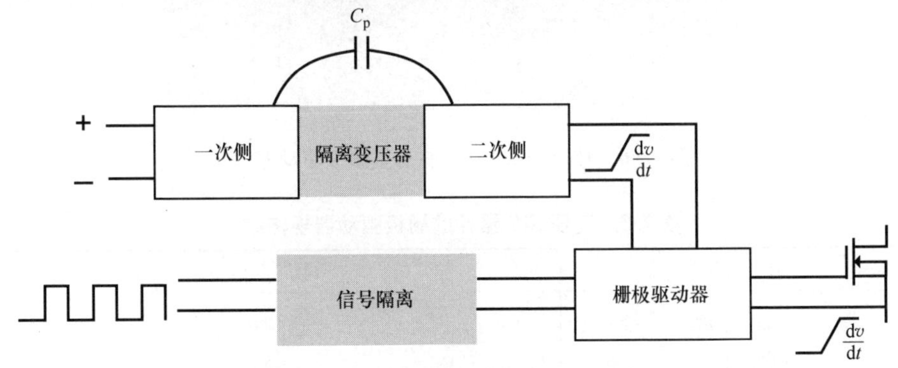

图 7.44　高压栅极驱动器的隔离要求

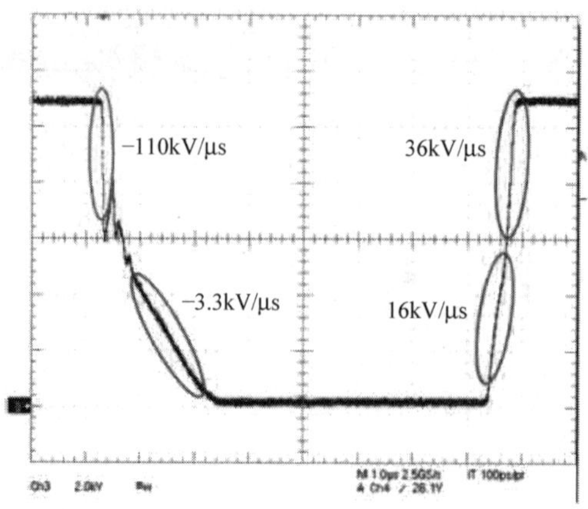

图 7.45　15kV SiC IGBT 在 11kV 时的开启和关断的电压转换 dv/dt 值[15]

GD 通道需要与控制器板进行信号隔离，通常称为 CMTI。通常优选光纤来隔离 PWM 栅极脉冲。图 7.46 显示了为 15kV SiC IGBT[15] 开发的 GD，规格见表 7.3。这个驱动器的设计将在接下来的章节中讨论。

图 7.46　15kV SiC IGBT 的高压栅极驱动器[15]

表 7.3　高压 SiC 器件的栅极驱动器规格[18]

参　数	数　值
导通态电压	18 ~ 20V
关断态电压	-5V

（续）

参　　数	数　　值
输入电源电压	18～20V
开关频率	最高至 20kHz
栅极导通电阻	10～100Ω
栅极关断电阻	10～33Ω
隔离电压	最高至 20kV
dv/dt 性能	≥50kV/μs
隔离变压器耦合电容	≤5pF（1Hz～100MHz）

7.5.2　GD 电源 ★★★

在电力电子变换器中，驱动功率器件栅极的 PWM 信号和相关电源（其发射极/源极位于开关节点）相对于系统接地必须是浮置的。这种栅极驱动器通常被称为高压边驱动器。在 HV 下，使用光纤传输的栅控信号来隔离 PWM 信号。栅极驱动电源采用一个隔离的 DC－DC 变换器。DC－DC 变换器的隔离级必须设计为具有低的耦合电容，并且它不应由于 HV 和高频应力而表现出显著的退化。

HV SiC 功率器件通常分别需要＋20V 和－5V 栅极电压来开启和关断。在关断期间，由于集电极－栅极米勒电容对器件的影响，需要一个负栅极驱动以克服栅极开启的可能性。一个隔离的 DC－DC 变换器用于产生这些电压。DC－DC 电源的示意图如图 7.47 所示。采用一个推挽 PWM 控制器 LM5030 以开环形式产生互补脉冲，以驱动 MOSFET 半桥 BD6231F－E2。

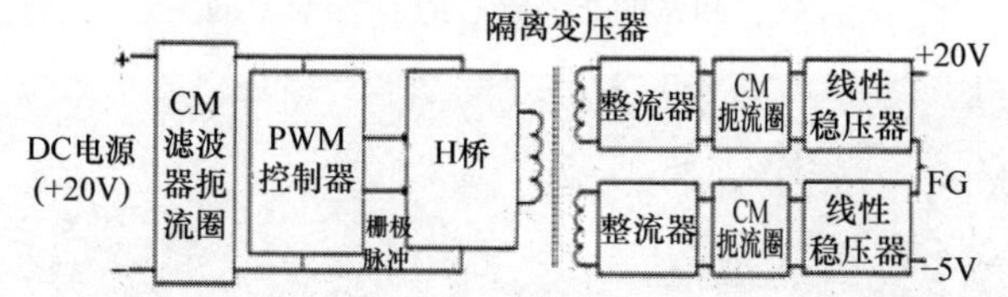

图 7.47　隔离的栅极驱动器电源（FG）示意图[18]。FG 为浮置地

隔离变压器有两个二次绕组；绕组比的选择使得在整流时产生＋20V 和－5V的电压。为了保持变压器的 HV 隔离，未使用电压反馈控制。然而，在栅极驱动电源的输出级使用线性调节器调节输出电压。在图 7.47 中，浮置地对应于可连接至栅极驱动电源所连接的功率器件的浮置发射极/源极的浮置地。在 GD 电源的输入和输出端均使用 CMC，以限制循环共模电流。这种电源的基本组件是隔离级；隔离级的设计将在下一节讨论。在电源的一次侧和二次侧都使用了极低的 ESL 电容。

图 7.48 显示了隔离电源中使用的非晶磁心。图 7.49 显示了隔离变压器中耦

合电容与工作频率的关系。耦合电容在100MHz以下小于1.32pF。电源的照片如图7.50所示。

图7.48 具有C_p<2pF的隔离变压器的非晶磁心

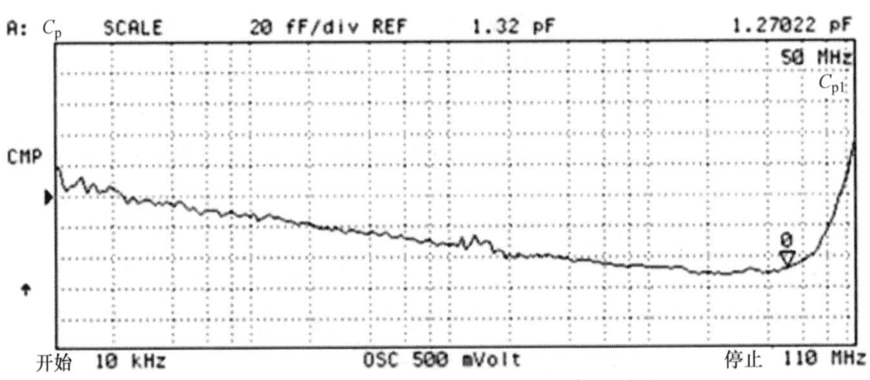

图7.49 测量的非晶磁心的C_p与频率的关系

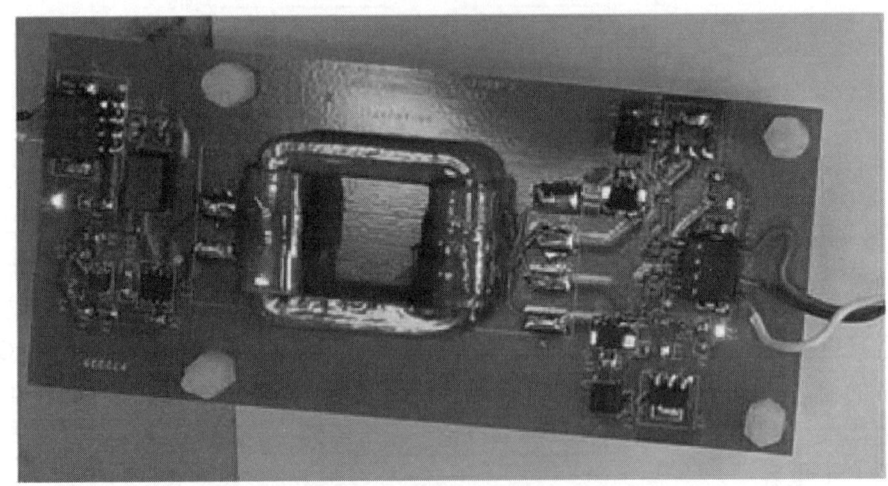

图7.50 高压栅极驱动器的隔离电源照片[18]

7.5.3　智能栅极驱动器 ★★★

由于应用的临界态和器件上的高应力，从被测器件获取运行数据对于预先诊断或预测故障非常重要。其中一些功能以前已经在 LV Si 器件上实现过。然而，这种基于复杂可编程逻辑器件（CPLD）数字逻辑的抗 EMI 的智能 MV GD（IMGD）在给定的高 dv/dt 和隔离电压下提供光学隔离数据记录。即使在恶劣的环境中，它也可以测量芯片模块温度（T_{mod}）、漏极导通电压［V_{ds}（on）］和器件电流（I_d）。故障信号和测量数据通过光学方式发送到控制侧基于现场可编程门阵列（FPGA）的 IMGD 接口板，用于解码、数据记录和诊断。智能添加的目的通常是在开关损耗和 EMI 方面进行优化。它还有助于匹配串联/并联工作的器件以实现可扩展性。CPLD 可根据自定义应用配置信号和保护的灵活性，与本地时钟一起，它有助于对事件进行计时如先进的栅极控制和保护等。它将模－数转换器（ADC）和光学信号连接起来。

7.5.3.1　框图

图 7.51 显示了 IMGD 的框图。它主要由传感和测量、比较器、ADC、通信、有源栅极控制和驱动级组成。使用 44 引脚 ALTERA CPLD EPM3032A 作为主控芯片。简单的 6 针 40MHz 串行 8 位 3MSPS ADC 用于转换关键测量值。PWM 和故障信号通过 CPLD 路由。使用超快比较器产生局部过温和过流（OC）故障信号。该板有 2 个光学接收器和 4 个光学发射器，可通过 CPLD 配置 PWM、时钟、故障和串行 ADC 信号。这些 IMGDs 与接口板通信，接口板可以进行数据记录和独立的异常状态控制。接口板上的 FPGA 可以实现通信解码和状态显示等数字功能。基于 DSP 或 FPGA 的主控板，实现了并网前端变换器和 DC－DC 双有源桥等

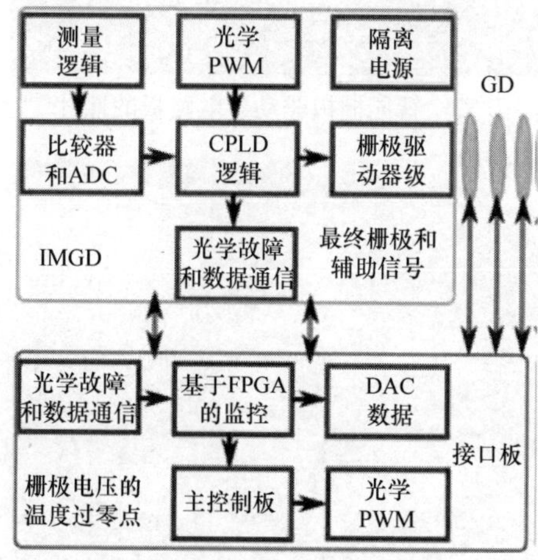

图 7.51　智能 MV 栅极驱动器的框图[16]。MV，中压

变换器等系统的实际控制算法。它们还对变换器的过电压和OC保护有单独的规定。它们需要反馈传感器，如用于闭环控制的电压和电流传感器。PWM电缆是光学的，反馈传感器必须具有非常小的耦合电容和良好的隔离水平，以实现抗EMI功能。

图7.52显示了具有所有上述功能的IMGD板。这是第一个版本的电路板，其中包含比要求更多的组件。在最终版本中，将对此进行优化。它具有不同的模拟和数字功能部分，这些部分相互隔开，以获得更好的EMI性能。图7.53显示了与MV转换器的IMGD通信的接口板。它具有板载数模转换器（DAC）和FPGA板，用于实现监控和数据记录功能。每个IMGD都使用4Tx和2Rx，分别是Fault、DT0、DT1、CS、CK和PWM。该接口具有用于所有信号和12个IMGD的相反类型的光学Tx/Rx。接口FPGA传输一个用于IMGD ADC工作和通信的公共时钟。IMGD产生CS信号用于串行数据的分帧，每个位的读取与接口的传输时钟同步。关键测量值可由DAC转换，以进行显示和数据记录。基于来自任何特定IMGD的任何异常或任何故障信号，所有IMGD可以一起关断以确保安全。

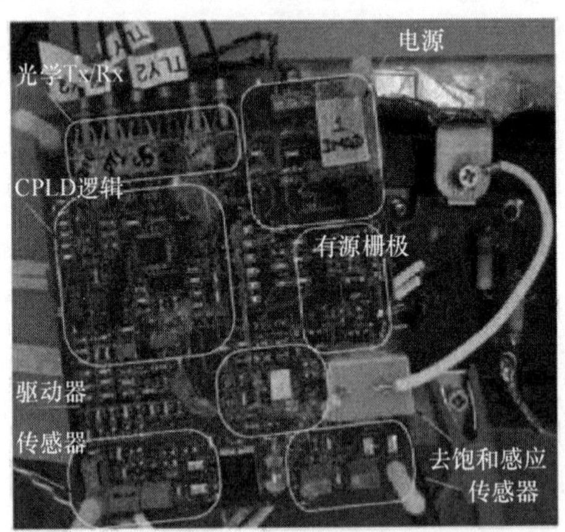

图7.52 智能栅极驱动器电路板的照片[16]

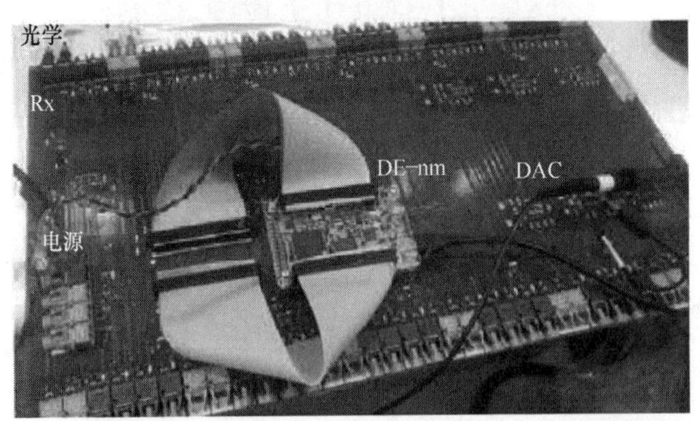

图7.53 IMGD接口板的照片[16]。IMGD为智能中压栅极驱动器

7.5.3.2　短路保护方案

HV SiC 功率器件的 SC 保护需要其在故障以及基于其封装的 SCWT 期间的特性。文献［19，20］中讨论了 HV SiC 器件 SC 特性的硬件测试规范。文献［21］中详细讨论了 10kV、10A SiC MOSFET 的 SC 表征。据报道，在 +18/-5V 栅极电压下，该 MOSFET 在 6kV 阻断电压下的 SC 耐受时间为 8.6μs。文献［19］中报道了跳闸时间小于 1μs 的 SiC 双极结型晶体管（BJT）、MOSFET、JFET 和 IGBT 的 SC 保护方案，但只能达到 1.2kV 的阻断电压。在文献［22］中，对 SiC MOSFET 模块设计了带有 SC 保护的 GD，但它被评估有高达 800V dc 总线。文献［23］中针对 1.7kV SiC MOSFET 提出了基于 Rogowski 电流传感器的 SC 保护方案，并对高达 1000V DC 总线进行了测试。文献［24］中设计了一个基于 15kV SiC MOSFET 欧姆区过电流水平的 SC 保护，但没有提供实验结果来证明 MOSFET 饱和区的保护。需要确保当 MOSFET 在 SC 期间达到饱和，并且故障在器件的 SCWT 之前清除时的保护功能。目前没有关于超过 1200V 阻断电压的 10kV SiC MOSFET 的 SC 保护方案的实验结果报道。

SC 保护模块如图 7.54 所示[25]。在关断态下，去饱和二极管需要阻断与 MOSFET 上相同的电压。此外，二极管必须足够快以响应故障。电阻分压器将 MOSFET 导通态期间的去饱和检测电压衰减为 V_{desat}，通过高速比较器将其与固定阈值电压 V_{REF} 进行比较。额定电压略高于 V_{REF} 的稳压二极管接在 R_2 两端，以防止意外电压过冲。消隐电容 C_{blank} 提供所需的消隐时间，以避免误跳闸。比较器发送故障跳闸信号，当 V_{desat} 超过 V_{REF} 时。接收该信号后，软关断模块和有源镜像箝位电路分两级关闭栅极脉冲，确保关断 di/dt 引起的小的电压过冲。

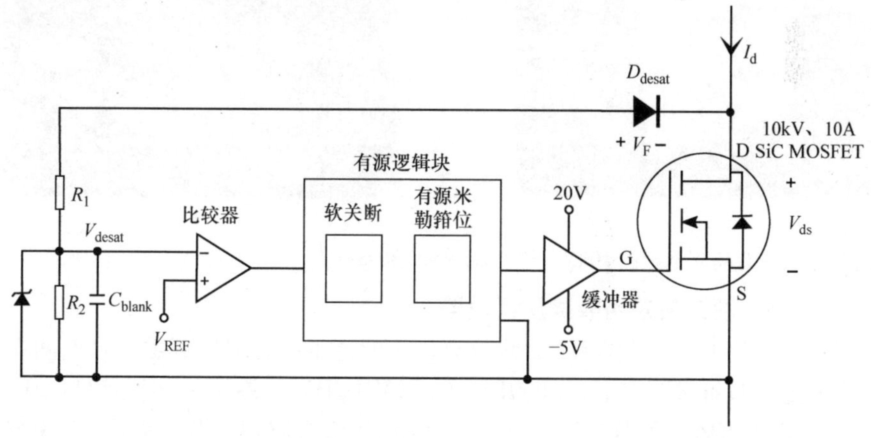

图 7.54　智能栅极驱动器中的短路保护模块。此处未显示栅极驱动器的其他功能

监测的去饱和电压由式（7.7）给出

$$V_{desat} = \frac{R_2}{R_1 + R_2}(V_F + I_d R_{ds}) \tag{7.7}$$

在正常运行期间 V_{desat}必须小于 V_{REF}。在连续模式下，MOSFET 电流 I_d可达到 10A。功率变换器中 SiC MOSFET 的结温通常高于 100℃，在某些情况下，可以达到 150℃以获得最大功率密度。该 10kV MOSFET 的导通电阻 R_{ds}在室温下为 0.410Ω，在 150℃时增加到 1.020Ω[26]。在确定阈值电压 V_{REF}时，也应考虑 R_{ds}随温度的增加。在额定电流下，MOSFET 的导通态电压降在 150℃时为 10.2V。适当选择电阻器 R_1和 R_2以匹配 V_{REF}。假设电压下降 40%，10kV MOSFET 中测试到的最大阻断电压可达 6kV。在 MOSFET 的关断态期间，采用 HV SiC PiN 二极管阻断 6kV 电压。

GD 在高达 6kV 阻断电压的硬开关 SC 故障进行了测试。然后，在 MOSFET 电流高达 15A、结温高达 150℃的情况下，使用单脉冲测试装置验证其连续运行。图 7.55 显示了 10kV、10A 4H – SiC MOSFET 在管芯级封装和模块封装的照片。在 MOSFET 开关频率为 10kHz 的 5kV 升压变换器中对 GD 的性能做了进一步的测试。

a)

b)

图 7.55 带有隔离基板的 10kV、10A 4H – SiC MOSFET a）裸芯片封装 b）模块的照片

7.5.3.3 硬开关短路故障测试设置

对于 SC 测试，设计的 DC 总线具有最小的寄生电感，以满足故障期间 MOSFET 小的电压过冲要求。使用 P6015A 的 75MHz HV 无源探头测量器件电压。采用 3972 宽带电流监测器对故障过程中的瞬态电流进行监测。为了模拟硬开关 SC 故障，MOSFET 直接连接在 DC 总线上，如图 7.56a 所示。DC 总线充电至所需电压电平，并向 GD 发送持续时间为 4μs 的高栅极脉冲。选择的故障持续时间小于 SCWT，以在保护电路失效的情况下保护器件。图 7.56b 显示了实验测试装置的照片。

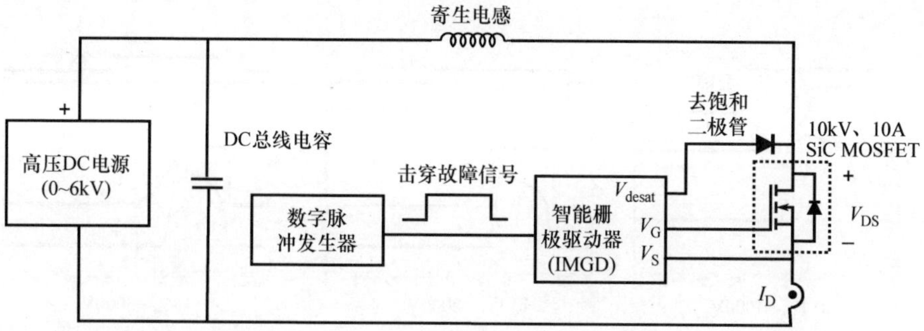

a)

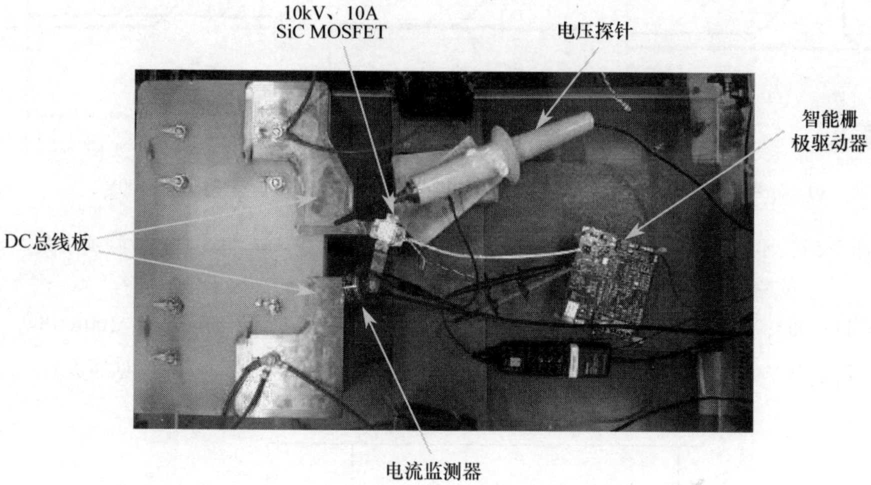

b)

图 7.56　产生硬开关短路故障的实验测试设置 a) 示意图 b) 照片

SC 测试在 DC 总线电压从 1000~6000V、步长为 1000V 的情况下进行。实验结果如图 7.57 所示。栅极电压保持在 +20V 的高电压和 -25V 的低电压。在故障期间，MOSFET 进入饱和状态，电流上升至 220A，然后通过关闭栅极脉冲来终止。消隐时间为 1.8μs，SC 电流降到 0 需要额外的 0.6μs。两级关断确保了 MOSFET 上几乎最小的电压过冲，在这种硬件设置中限制到 150V。

7.5.3.4　单脉冲测试设置

功率变换器中的 GD 必须能够在 SC 故障期间进行保护，并确保在没有故障的情况下不间断运行。使用单脉冲测试电路测试 10kV、10A SiC MOSFET，如图 7.58所示，在 25℃ 和 150℃ 结温下，MOSFET 峰值电流高达 15A。图 7.59 显示了 6kV DC 总线电压下单脉冲测试的实验结果。在导通瞬间 V_{ds} 和 I_d 中的振荡

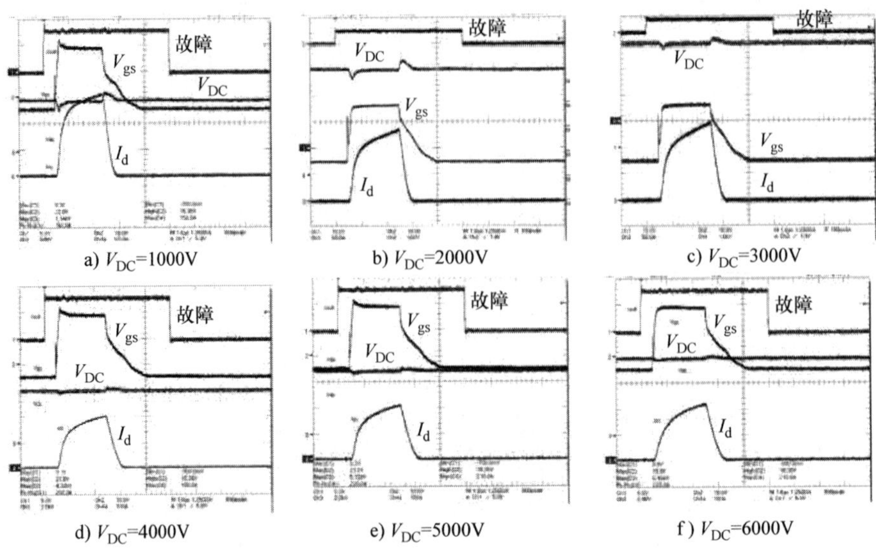

图 7.57　不同 DC 总线电压下短路保护的实验结果。产生 4μs 的故障。检测到短路故障信号后，栅极驱动器在 2.4μs 内响应。V_{DC}：a)，b) 500V/div；c) 1kV/div；d)，e)，f) 2kV/div。I_d：a)，b)，c) 50A/div；c)，d)，e) 100A/div。V_{gs}：10V/div；时间尺度：1μs/div；故障活动持续时间：4μs[25]（彩图见插页）

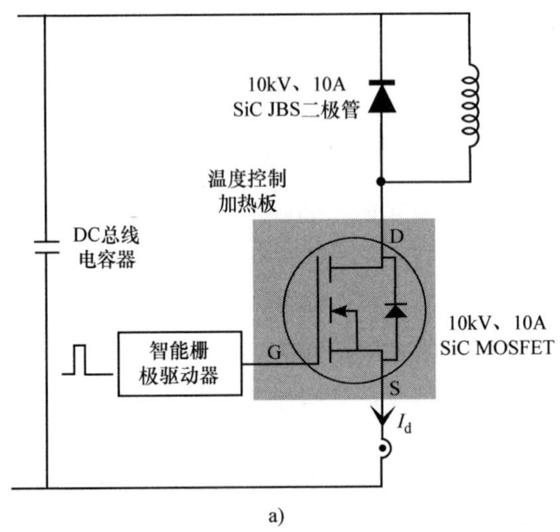

图 7.58　单脉冲试验装置 a）示意图

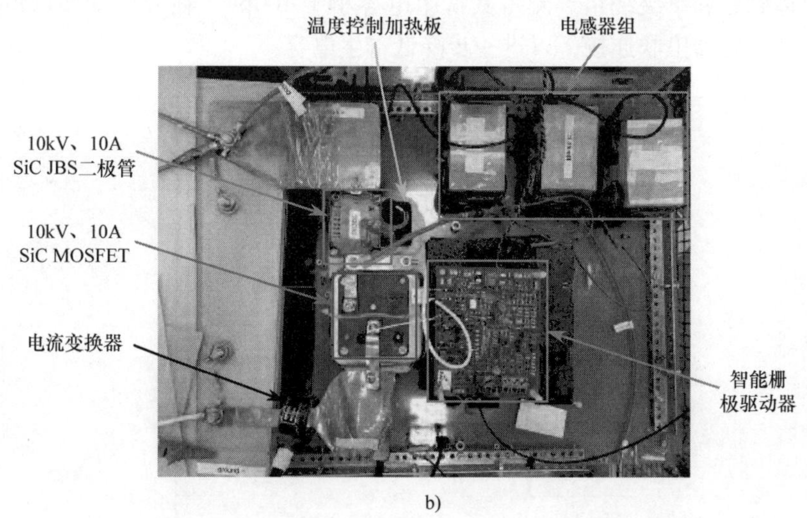

b)

图 7.58　单脉冲试验装置 b）照片。照片中看不到高压探头（续）

可以由电路中的寄生参数来解释。如实验装置所示，正和负 DC 总线板之间没有交叠导致 DC 总线中存在较大的寄生电感。考虑到总线板之间的绝缘材料可能在 HV 下受损，采取了预防措施而避免了交叠。可以使用合适的绝缘材料来实现尽可能大的 DC 总线板交叠，从而使波形中的振荡降到最低。然而，单脉冲测试的目的是在 MOSFET 承载持续电流时，检查 SC 保护模块的过电流上限。即使在高结温度下，当 MOSFET 传输电流达到 10A 额定值时，驱动器也不应跳闸。在结温为 150℃时，MOSFET 的 R_{ds} 增加，使去饱和比较器输入端的电压 V_{desat} 升高，这可能超过阈值 V_{REF}，并导致误跳闸。从图 7.59 可以看出，GD 在 15A 和 150℃时不会跳闸，表明过电流跳闸水平高于额定电流，它使 GD 适用于连续传导工作。

7.5.3.5　升压变换器测试设置

在硬开关 SC 故障测试和单脉冲测试合格后，GD 进一步在连续负载电流条件下进行测试。在实验室中使用 10kV MOSFET 构成了一个升压变换器，以获得 5000V DC 输出电压。MV 级升压变换器的设计给电感器的设计带来了挑战。如图 7.60a 所示的高频电感器具有固有的寄生电容，这是由绕组层之间以及绕组与铁心之间的接触产生的。与 HV SiC MOSFET 相关的高 dv/dt 导致高频电流流过电感器，这反过来与 MOSFET 封装的电感器相互作用。它会导致电路谐振，并在电压和电流波形中产生明显的振铃。这个振铃叠加在要观察的波形上，在记录干净的波形时产生问题。在实验室设计了一个高频电感器，如图 7.60b 所示，使用铁氧体磁心和单层绕组。测得其寄生电容小于 100pF。在升压变换器设置中，其中 2 个电感器串联连接，以进一步降低寄生电容。

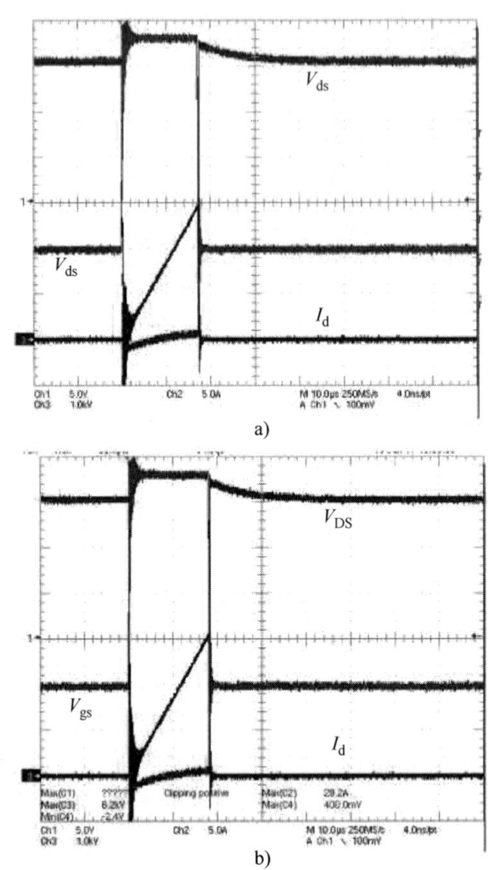

图 7.59 在 a) $T_J=25℃$ 和 b) $T_J=150℃$ 时启用短路保护的 6kV DC 总线单脉冲运行的实验结果。栅极驱动器即使在 150℃下也不会在 15A 电流下跳闸，从而确保 10kV、10A SiC MOSFET 所需的不间断连续运行。V_{gs}：5V/div；V_{ds}：1kV/div；时间尺度：10μs/div[25]（彩图见插页）

MOSFET 在 10kHz 频率下开关。由于电感器的饱和电流限制，电感电流 i_L 的峰值被限制在 5A。图 7.61a 显示了升压变换器的硬件设置。实验结果如图 7.61b 所示。由于电感器的寄生电容小，波形相对干净，这些结果验证了 GD 在给定连续工作条件下驱动 MOSFET 的能力。

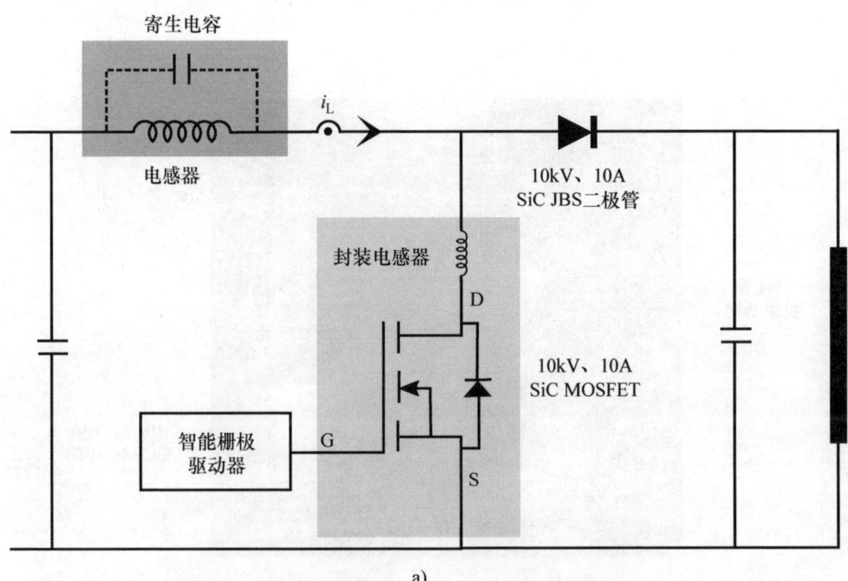

a)

b)

图 7.60　升压变换器测试设置：a）显示电感器的寄生电容的示意图，以及 b）实验室设计的具有最小寄生电容的高频电感器

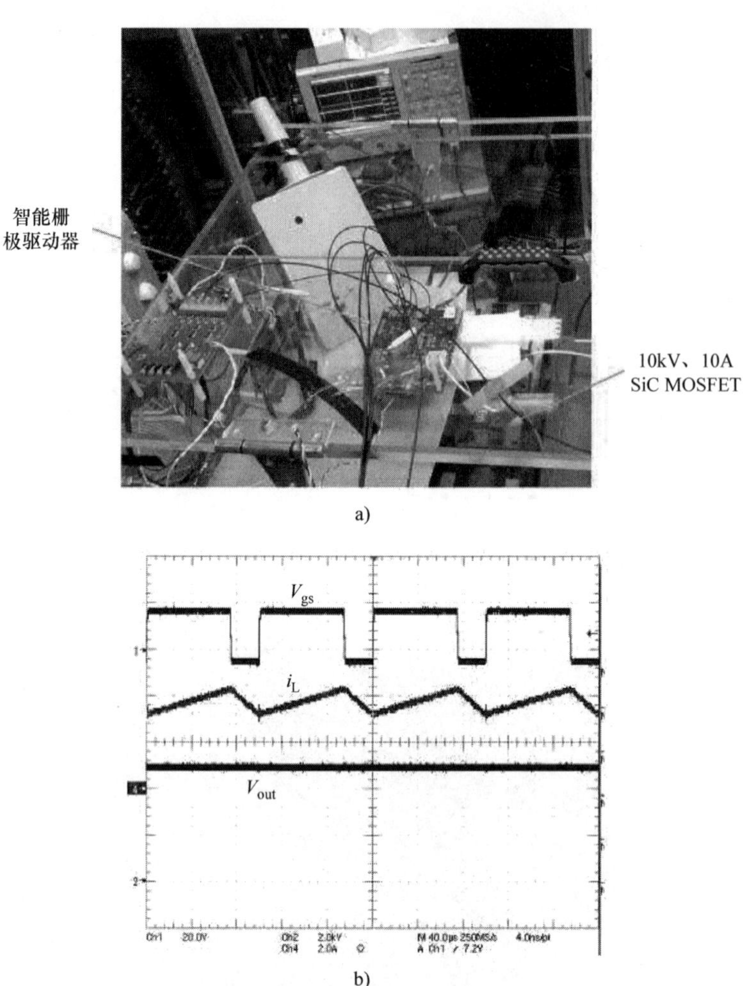

图 7.61　在 5kV 输出电压、5A 峰值电感电流和 10kHz 频率下开关使用智能栅极驱动器进行的升压变换器测试：a）设置的照片，b）实验结果。V_{out}：2kV/div；V_{gs}：20V/div；i_L：2A/div[25]

参考文献

[1] S. Hazra, K. Vechalapu, S. Madhusoodhanan, S. Bhattacharya, K. Hatua, Gate driver design considerations for silicon carbide MOSFETs including series connected devices, in: 2017 IEEE Energy Conversion Congress and Exposition (ECCE), 2017, pp. 1402–1409.

[2] J. Wang, T. Zhao, J. Li, A.Q. Huang, R. Callanan, F. Husna, et al., Characterization, modeling, and application of 10-kV SiC MOSFET, IEEE Trans. Electron Devices 55 (2008) 1798–1806.

[3] K. Vechalapu, S. Bhattacharya, E.V. Brunt, S.H. Ryu, D. Grider, J.W. Palmour, Comparative evaluation of 15-kV SiC MOSFET and 15-kV SiC IGBT for medium-voltage converter under the same dv/dt conditions, IEEE J. Emerg. Sel. Top. Power Electron. 5 (2017) 469–489.

[4] S. Hazra, S. Madhusoodhanan, G.K. Moghaddam, K. Hatua, S. Bhattacharya, Design considerations and performance evaluation of 1200-V 100-A SiC MOSFET-based two-level voltage source converter, IEEE Trans. Ind. Appl. 52 (2016) 4257–4268.

[5] Q. Zhang, R. Callanan, M.K. Das, S.H. Ryu, A.K. Agarwal, J.W. Palmour, SiC power devices for microgrids, IEEE Trans. Power Electron. 25 (2010) 2889–2896.

[6] Z. Zhang, W. Zhang, F. Wang, L.M. Tolbert, B.J. Blalock, Analysis of the switching speed limitation of wide band-gap devices in a phase-leg configuration, in: 2012 IEEE Energy Conversion Congress and Exposition (ECCE), 2012, pp. 3950–3955.

[7] S. Hazra, A. De, L. Cheng, J. Palmour, M. Schupbach, B.A. Hull, et al., High switching performance of 1700-V, 50-A SiC power MOSFET over Si IGBT/BiMOSFET for advanced power conversion applications, IEEE Trans. Power Electron. 31 (2016) 4742–4754.

[8] Y. Xi, M. Chen, K. Nielson, R. Bell, Optimization of the drive circuit for enhancement mode power GaN FETs in dc–dc converters, in: 2012 Twenty-Seventh Annual IEEE Applied Power Electronics Conference and Exposition (APEC), 2012, pp. 2467–2471.

[9] A. Lidow, J. Strydom, eGaN FET drivers and layout considerations, White Paper: WP008, 2016.

[10] A. Lidow, J. Strydom, M. de Rooij, D. Reusch, GaN Transistors for Efficient Power Conversion (2nd edn.), Wiley, 2014.

[11] T. Iwaki, S. Ishiwaki, T. Sawada, M. Yamamoto, Mathematical analysis of GaN high electron mobility transistor false turn-on phenomenon, Electron. Lett. 53 (2017) 1327–1329.

[12] H. Wang, R. Xie, C. Liu, J. Wei, G. Tang, K.J. Chen, Maximizing the performance of 650 V p-GaN gate HEMTs: dynamic RON characterization and gate-drive design considerations, in: 2016 IEEE Energy Conversion Congress and Exposition (ECCE), 2016, pp. 1–6.

[13] X. Zhang, N. Haryani, Z. Shen, R. Burgos, D. Boroyevich, Ultra-low inductance phase leg design for GaN-based three-phase motor drive systems, 2015 IEEE 3rd Workshop on Wide Bandgap Power Devices and Applications (WiPDA), 2015, 119–124.

[14] W. Zhang, X. Huang, F.C. Lee, Q. Li, Gate drive design considerations for high voltage cascode GaN HEMT, in: 2014 IEEE Applied Power Electronics Conference and Exposition – APEC, 2014, pp. 1484–1489.

[15] A. Kadavelugu, S. Bhattacharya, Design considerations and development of gate driver for 15 kV SiC IGBT, in: 2014 IEEE Applied Power Electronics Conference and Exposition – APEC, 2014, pp. 1494–1501.

[16] A. Tripathi, K. Mainali, S. Madhusoodhanan, A. Yadav, K. Vechalapu, S. Bhattacharya, A MV intelligent gate driver for 15 kV SiC IGBT and 10 kV SiC MOSFET, in: 2016 IEEE Applied Power Electronics Conference and Exposition (APEC), 2016, pp. 2076–2082.

[17] T. Batra, G. Gohil, A.K. Sesham, N. Rodriguez, S. Bhattacharya, Isolation design considerations for power supply of medium voltage silicon carbide gate drivers, in: 2017 IEEE Energy Conversion Congress and Exposition (ECCE), 2017, pp. 2552–2559.

[18] K. Mainali, S. Madhusoodhanan, A. Tripathi, K. Vechalapu, A. De, S. Bhattacharya, Design and evaluation of isolated gate driver power supply for medium voltage converter applications, in: 2016 IEEE Applied Power Electronics Conference and Exposition (APEC), 2016, pp. 1632–1639.

[19] D.P. Sadik, J. Colmenares, G. Tolstoy, D. Peftitsis, M. Bakowski, J. Rabkowski, et al., Short-circuit protection circuits for silicon-carbide power transistors, IEEE Trans. Ind. Electron. 63 (2016) 1995–2004.

[20] E.P. Eni, T. Kerekes, C. Uhrenfeldt, R. Teodorescu, S. Munk-Nielsen, Design of low impedance busbar for 10 kV, 100A 4H-SiC MOSFET short-circuit tester using axial capacitors, in: 2015 IEEE 6th International Symposium on Power Electronics for Distributed Generation Systems (PEDG), 2015, pp. 1–5.

[21] E.P. Eni, S. Bczkowski, S. Munk-Nielsen, T. Kerekes, R. Teodorescu, Short-circuit characterization of 10 kV 10A 4H-SiC MOSFET, in: 2016 IEEE Applied Power Electronics Conference and Exposition (APEC), 2016, pp. 974–978.

[22] K. Fink, A. Volke, W. Wei, E. Wiesner, E. Thal, Gate-driver with full protection for SiC-MOSFET modules, in: PCIM Asia 2016; International Exhibition and Conference for Power Electronics, Intelligent Motion, Renewable Energy and Energy Management, 2016, pp. 1–7.

[23] J. Wang, Z. Shen, C. DiMarino, R. Burgos, D. Boroyevich, Gate driver design for 1.7 kV SiC MOSFET module with Rogowski current sensor for short-circuit protection, in: 2016 IEEE Applied Power Electronics Conference and Exposition (APEC), 2016, pp. 516–523.

[24] X. Zhang, H. Li, J.A. Brothers, J. Wang, L. Fu, M. Perales, et al., A 15 kV SiC MOSFET gate drive with power over fiber based isolated power supply and comprehensive protection functions, in: 2016 IEEE Applied Power Electronics Conference and Exposition (APEC), 2016, pp. 1967–1973.

[25] A. Kumar, A. Ravichandran, S. Singh, S. Shah, S. Bhattacharya, An intelligent medium voltage gate driver with enhanced short circuit protection scheme for 10 kV 4H-SiC MOSFETs, in: 2017 IEEE Energy Conversion Congress and Exposition (ECCE), 2017, pp. 2560–2566.

[26] J.W. Palmour, L. Cheng, V. Pala, E.V. Brunt, D.J. Lichtenwalner, G.Y. Wang, et al., Silicon carbide power MOSFETs: Breakthrough performance from 900 V up to 15 kV, in: 2014 IEEE 26th International Symposium on Power Semiconductor Devices IC's (ISPSD), 2014, pp. 79–82.

第8章 »

氮化镓功率器件的应用

随着氮化镓（GaN）功率器件的最新进展，与硅器件相比，新一代开关可以以更高的频率工作。已经证明，在提高效率的同时，开关频率增加 10 ~ 20 倍是可能的。图 8.1 显示了 GaN 器件的一些可能应用。对于高压 GaN（>600V），它们有很大的潜力渗透到离线电源市场。对于低电压 GaN（<100V），它们还可能对砖型 DC—DC 变换器、负载点变换器和高频无线电力传输系统的设计产生巨大影响。

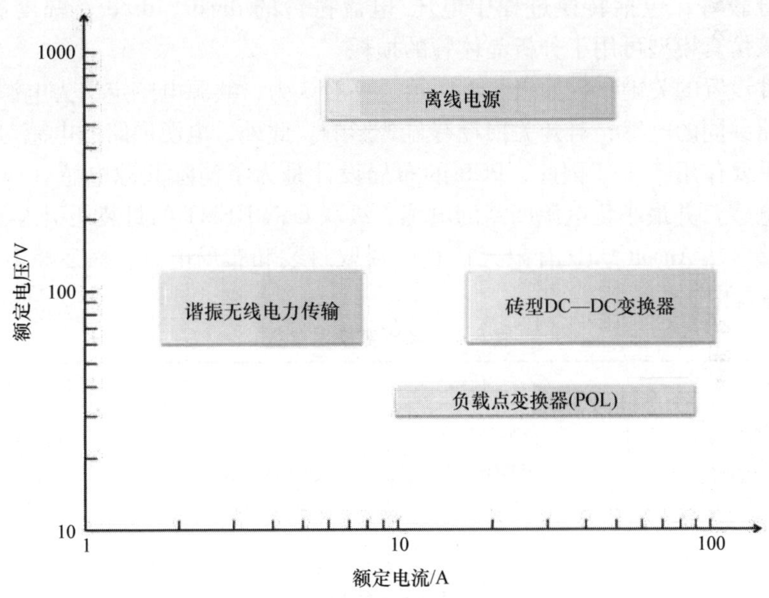

图 8.1　GaN 器件潜在的应用

有趣的是，与硅基设计相比，用于 GaN 基转换器拓扑结构的设计正在收敛。例如，用于功率因数校正（PFC）的图腾柱无桥结构和用于 DC—DC 系统的 LLC 谐振变换器被认为是首选。变换器拓扑结构的标准化将对标准化模块构建砖型的开发产生重大影响，从而实现更广泛应用的系统级集成。

在本章中，许多设计已在应用中得到演示，如前端 PFC、高压 DC—DC 变换器和电池充电器。所有这些设计都表明功率密度显著提高了 5 ~ 10 倍。值得注意的是，这不仅没有以牺牲效率为代价，而且在某些情况下，更好的效率与显著更高的功率密度一起实现。此外，在大多数此类设计中，磁性元件以矩阵变压器或集成电感的形式分布。对于兆赫级范围内的工作频率，磁性元件集成在印制电路板（PCB）中，显著提高了可制造性并降低了成本。

8.1 硬开关与软开关[1]

本节给出了基于降压变换器的详细损耗分析，并给出了实验和仿真结果。分析器件损耗最有力的工具是精确的损耗模型。硅 MOSFET 的仿真模型通常用于研究器件性能。该仿真模型的优点之一是可以很容易地导出仿真中每个节点的电压和电流信息。经过努力，作者与 Transphorm 公司合作开发了 600V 级联 GaN HEMT SPICE 仿真模型[2]。大量的实验验证了该模型的准确性。仿真波形与实验结果吻合较好，包括转换过程中电压/电流振铃的 dv/dt、di/dt、幅度和频率。因此，该仿真模型可用于分析晶体管的损耗。

硬件设置的关键参数如表 8.1 所示。一般认为，共源电感定义为电源回路和驱动回路共同的电感，对开关损耗有显著影响。此外，电源回路的电感对开关性能起着重要作用[3-5]。因此，PCB 的布局设计是为了消除共源电感（不包括封装寄生电感）并最小化电源回路的电感。级联 GaN HEMT 的封装还引入了 nH 级寄生电感。从 Ansoft Q3D 有限元仿真中提取封装和布局电感，然后将其应用于 SPICE 仿真中。

表 8.1　降压变换器参数

参　数	数　值	参　数	数　值
输入电压	380V	输出电压	200V
开关频率	500kHz	最大输出电流	6A
电感磁心材料	3F35	电感电流纹波	3A
顶部开关	TPH2006[a]	底部开关	TBH2010[b]

注：1. TPH2006[a]㊀来自 Transphorm 公司。$V_{ds\_max}=600V$，$R_{ds\_on}=0.15\Omega$。

2. TPH2006[b]㊀来自 Transphorm 公司的肖特基二极管。$V_{BR}=600V$，$V_F=1.3V$，在 6A 输出条件下。

在第一种设计中，采用肖特基二极管作为底部开关，以消除反向恢复的影响。图 8.2 中的绿线表示变换器的效率。然后基于器件仿真模型，在 6A 输出条件下的损耗击穿如图 8.3 中的绿条所示。电感损耗通过 Mu 方法测量[6]。与这 5

㊀ 此处原书有误。——译者注

个损耗项相比，其他损耗项可以忽略不计。在硬开关条件下，导通损耗比关断损耗大 40 倍，这与低电压条件下有很大的不同[3-5]。

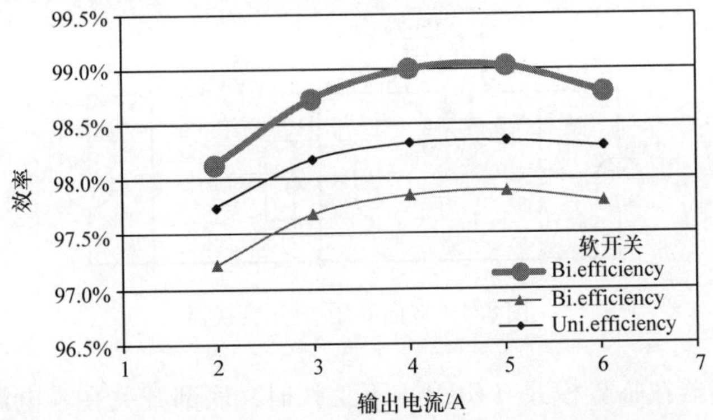

图 8.2　变换器效率（绿线：CCM 硬开关，GaN 肖特基二极管作为底部开关；蓝线：CCM 硬开关，级联 GaN HEMT 作为底部开关；红线：CRM 软开关，级联 GaN HEMT 作为顶部和底部开关）。CCM，连续电流模式；GaN，氮化镓；CRM，临界模式（彩图见插页）

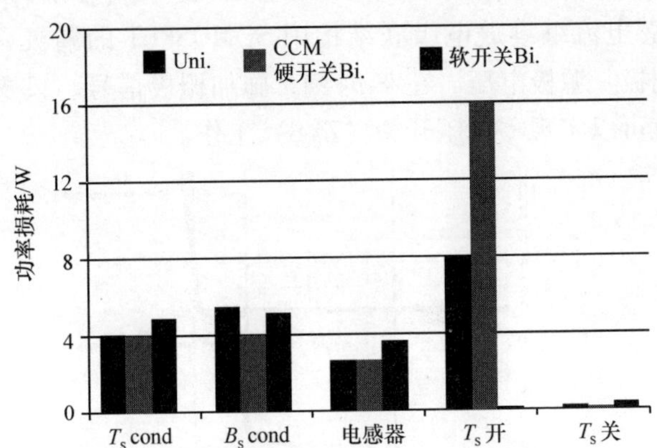

图 8.3　降压变换器在 6A 输出电流条件下的损耗击穿（绿色条：CCM 硬开关，GaN 肖特基二极管作为底部开关；蓝色条：CCM 硬开关，级联 GaN HEMT 作为底部开关；红色条：CRM 软开关，级联 GaN HEMT 作为顶部和底部开关）。CCM，连续电流模式；GaN，氮化镓；CRM，临界模式（彩图见插页）

如图 8.4 所示，双向降压/升压变换器广泛应用于工业应用中。当电源从 V_a 转换为 V_b 时，变换器作为降压变换器工作。当电源从 V_b 转换为 V_a 时，变换器作为升压变换器工作。与上述单向降压变换器相比，采用了一个级联 GaN HEMT 作为底部开关。对死区时间进行微调，以优化变换器在整个负载范围的效率。图 8.2 中的蓝线表示变换器的效率。这清楚地表明，双向降压变换器的效率低于单向降压变换器。然后，图 8.3 中的蓝条显示了基于仿真模型在 6A 输出条件下的损耗击穿。开启损耗增加到 16W，是单向情况的 2 倍。其他损耗条变化不大。

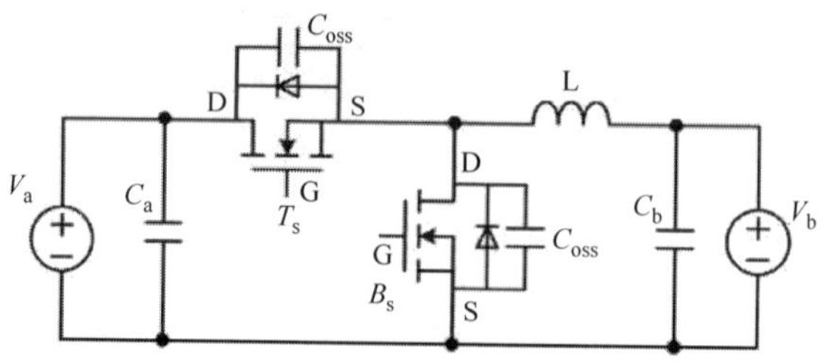

图 8.4　双向降压/升压变换器

降压变换器在临界模式（CRM）下工作时，底部开关在零电流下关断，从而消除反向恢复效应。基于输入 - 输出条件，顶部开关可以实现零电压开启，从而进一步消除结电容充电效应。图 8.5 显示了 CRM 降压变换器中顶部开关开启变换波形的关键波形。关断变换类似于连续电流模式（CCM）硬开关条件。在 T_1时刻，降压电感与顶部和底部开关的结电容谐振。V_{ds_GaN}在 T_2时刻自然降低至 0。剩余的负电感电流继续放电级联结构中 Si MOSFET 的漏极 - 源极电压以及 GaN HEMT 的栅极 - 源极电压。在 T_3时刻，施加栅极信号。只要电感电流在 T_3时仍然为负，就可以实现零电压开关（ZVS）工作。

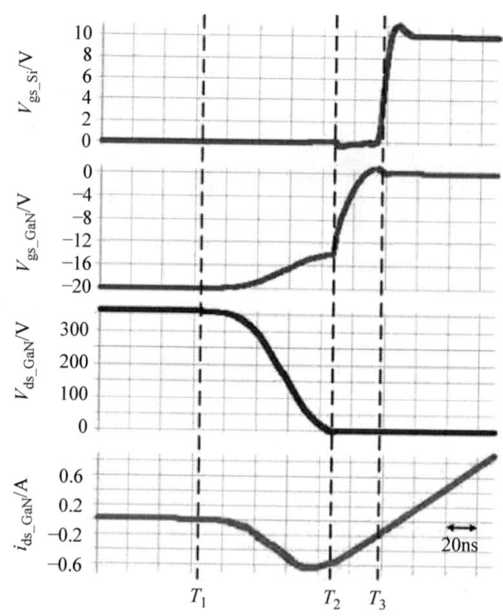

图 8.5　级联 GaN HEMT 作为底部开关，顶部开关在 CRM 下的开启变换

图 8.2 中的红线表示软开关的变换器效率。图 8.3 中的红色条显示了在 6A 输出条件下的损耗击穿，它清楚地表明开启损耗被最小化，并且在 CRM 工作条件下只引入了更多的传导损耗。CRM 处传导损耗的增加是由于电感和开关电流的均方根（rms）值的增加。在相同的平均值下，三角形波形（CRM）的 rms 值明显大于方形波形（CCM）的。

总之，在级联 GaN HEMT 的高压低电流降压变换器中，通常低于 10A 的硬开关条件下，开启损耗占主导地位，而由于固有的电流源驱动机制，关断损耗非常小。实际上，在其他如升压、降压 - 升压等拓扑结构中也是如此的。由于反向恢复电荷小，在 CCM 硬开关工作中采用肖特基二极管作为底部开关更有效。而在软开关工作中，开启损耗被最小化，而引入更大的传导损耗。应当注意的是，即使关断电流加倍，关断损耗仍然很低。这个特性使得级联 GaN HEMT 非常适合高频工作，只要实现零电压开启。

图 8.6 显示了在 CRM 软开关条件下，级联 GaN HEMT 和 Si MOSFET 的效率对比。它清楚地表明，级联 GaN HEMT 在 CRM 软开关条件下的效率提高了 0.7% ~0.8%。图 8.7 显示了在 6A 输出条件下的损耗分析。由于级联结构特有的电流源关断机制，级联 GaN HEMT 具有更小的关断损耗。此外，级联 GaN HEMT 具有较小的传导损耗，因为较小的结电容需要较小的循环能量来实现 ZVS 工作。

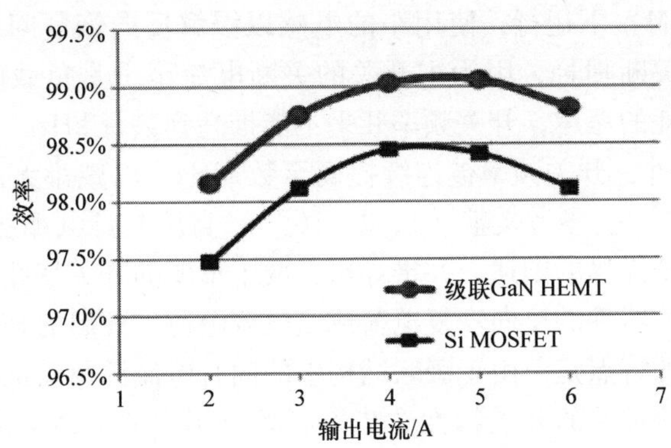

图 8.6　CRM 降压变换器效率比较

总之，对基于降压变换器的级联 GaN HEMT 进行了损耗分析，在硬开关条件下，由于反向恢复电荷和结电容电荷影响，开启损耗占主导地位。然而，由于固有的电流源驱动机制，关断损耗可以忽略不计。

这种特性使得级联 GaN HEMT 非常适合高频操作，只要实现 ZVS 开启。

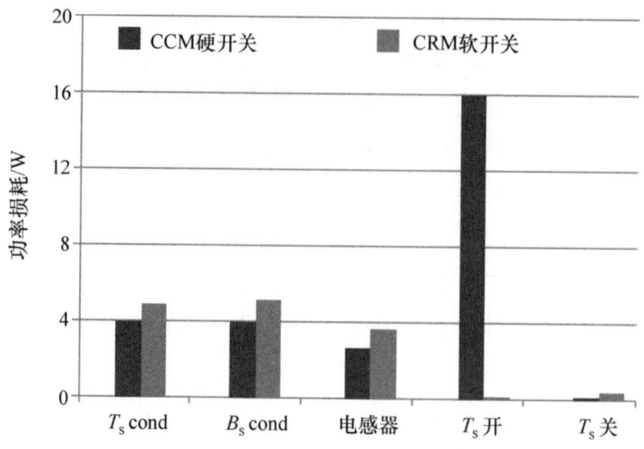

图 8.7　6A 输出电流条件下的 CRM 降压变换器损耗分析

8.2　双向降压/升压变换器[7]

如图 8.4 所示，双向降压/升压变换器因其简单高效而广泛应用于电力电子系统，如插电式混合动力电动汽车的车载充电器/放电器[8-10]，以及储能系统的接口变换器[11,12]。传统的基于硅器件的双向降压/升压变换器通常旨在不连续电流模式（DCM）下运行，使用小的电感以缓解反向恢复问题。然而，DCM 工作大大增加了关断损耗，因为主开关的关断电流至少是负载电流的 2 倍。因此，由于功率损耗的考虑，开关频率几乎不能推高到数百 kHz。

对于 GaN 器件，开关频率被连续提高至数 MHz，以减小无源元件的尺寸并提高功率密度[13-15]。参考文献［1，2，16］对高压共源共栅极 GaN 开关的开关损耗机理进行了详尽的阐述，并推导出了两个重要的开关特性。一是在硬开关条件下，由于续流器件的反向恢复电荷或结电容电荷，开启的开关损耗占主导地位；另一个显著的特点是，由于级联结构中的固有电流源驱动机制，关断损耗可以忽略不计。这些重要的开关特性意味着高频应用中的 GaN 器件仍然需要 ZVS 开关，而关断电流对级联 GaN 器件不再是一个大的问题。

临界电流模式（CRM）工作是实现 ZVS 的最简单有效的方法，广泛应用于中 - 低功率应用[1,13,15]。CRM 工作引入了大的电流纹波，至少是负载电流的 2 倍。有必要使多个相位交错以消除开关频率电流纹波以得到较小的电磁干扰（EMI）滤波器。然而，CRM DC - DC 变换器的 ZVS 范围是由输入和输出电压决定的，这将显著影响高频下的开关损耗。此外，电感和器件结电容在高频下形成的谐振周期过长，导致大的循环能量。

耦合电感的概念已成功应用于交错电压规则的模块，以提高效率和瞬态响

应[17]。然而，CRM 工作所特有的，耦合电感在谐振期间对转换器行为的影响尚未进行分析。

8.2.1　CRM 的耦合电感 ★★★

图 8.8 显示了采用反向耦合电感的交替双向降压/升压变换器。为简单起见，这两个自感认为是相同的（$L_1 = L_2 = L$）。反向耦合互感 M 表示为 $M = k\cdot L$，其中 k 是耦合系数。

关键波形如图 8.9 所示，其中 D 为占空比。对于降压方向，$D = V_b/V_a$。在 1 个开关周期中有 6 个时间间隔。时间间隔 $t_0 - t_1$、$t_1 - t_2$、$t_3 - t_4$ 和 $t_4 - t_5$ 与具有耦合电感的传统两相降压变换器相同。文献［17］中对 CCM 工作中逆耦合电感进行了分析。对于 CRM 工作，每个开关周期比 CCM 工作多 2 个谐振周期。时间间隔 $t_2 - t_3$ 和 $t_5 - t_6$ 是与先前分析不同的谐振周期。表 8.2 总结了其等效电感。

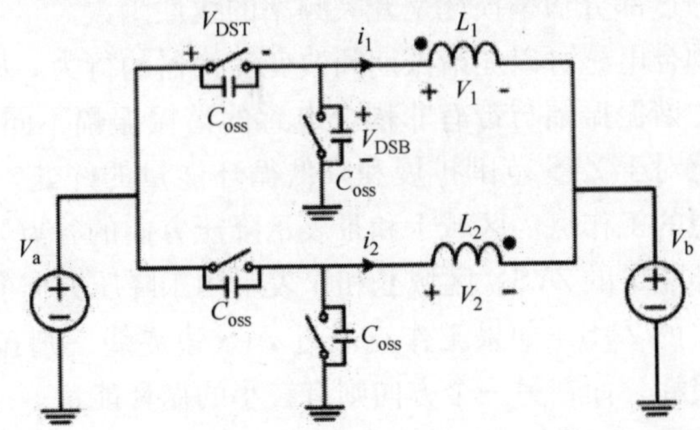

图 8.8　带反向耦合电感的交替双向降压/升压变换器

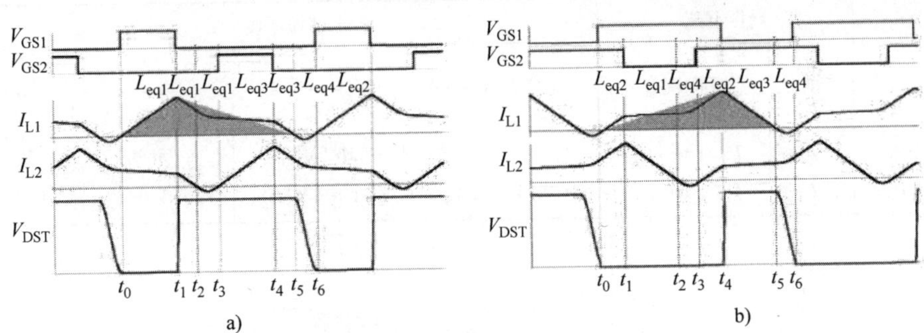

图 8.9　考虑谐振周期的耦合电感的 CRM 的关键波形。a）$D < 0.5$，b）$D > 0.5$

表 8.2　耦合电感的等效电感[14]

L_{eq1}	L_{eq2}	L_{eq3}	L_{eq4}
$(L^2 - M^2)/\left[L + \left(\frac{D}{D'}\right)M\right]$	$(L + M)$	$(L^2 - M^2)/\left[L + \left(\frac{D'}{D}\right)M\right]$	$L - (M^2/L)$

由于耦合电感的等效谐振电感 $L_{eq4} = L - (M^2/L)$，可以改写为 $L_{eq4} = L(1 - \alpha^2)$，

L_{eq4}和L_{nc}之间的关系可以表示为

$$\begin{cases} L_{eq4} = L_{nc} \cdot \left(1 + \dfrac{D}{D'}k\right), & D < 0.5 \\ L_{eq4} = L_{nc} \cdot \left(1 + \dfrac{D'}{D}k\right), & D > 0.5 \end{cases} \tag{8.1}$$

反向耦合系数 k 为负，这意味着耦合电感的等效谐振电感始终小于非耦合电感。因此，与非耦合情况相比，耦合电感的谐振周期也减小了。随着 CRM 谐振周期的减小，传输能量的比例增大，从而导致传导损耗的减小。

对于在 CRM 中工作的采用非耦合电感的双向降压/升压变换器，其中一个方向在 $D<0.5$ 时工作，并在谷点开关，而另一个方向则在 $D>0.5$ 时工作，可以使用额外的循环能量轻松实现 ZVS。即使谷点开关将导通开关损耗降至最低，在 MHz 开关频率下，存储在结电容中的剩余能量仍相当可观。类似的论点也适用于循环能量，因为这部分功率损耗是开关频率的线性函数。

然而，反向耦合电感可以在谐振期间改变变换器的行为。如表 8.3 所示，带有反向耦合电感的谐振振幅与带有非耦合电感的谐振振幅不同。图 8.10 总结了使用反向耦合电感对于 ZVS 范围扩展和降低循环能量的好处。实线是 ZVS 边界条件，这是最理想的工作点。区域Ⅰ和Ⅲ表示降压方向的谷点开关，而它们表示升压方向具有循环能量的 ZVS。区域Ⅱ和Ⅳ表示用于降压方向的循环能量及用于升压方向谷点开关的 ZVS。如果工作点靠近 ZVS 边界线，则在一个方向上有较小的开启的开关损耗，而在另一个方向则有较小的循环能量。

表 8.3 非耦合电感和反向耦合电感的比较

	谐振电感		谐振幅度		
	非耦合	反向耦合	非耦合	反向耦合	
				$V_b<0.5V_a$	$V_b>0.5V_a$
降压	L	$L-(M^2/L)$	V_b	$V_b\cdot[1-(M/L)]$	$V_b+(M/L)\cdot(V_a-V_b)$
升压	L	$L-(M^2/L)$	V_a-V_b	$V_a-V_b\cdot[1-(M/L)]$	$(V_a-V_b)\cdot[1-(M/L)]$

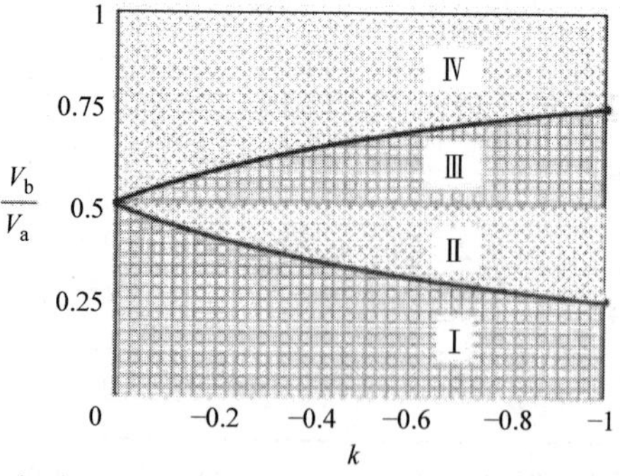

图 8.10 耦合电感改变了 CRM 工作模式。CRM 为临界模式

8.2.2　双向降压/升压变换器 ★★★

为了验证在采用反向耦合电感的 CRM 中运行的变换器优点，构建了一个 380～150V 的两相交替 CRM 降压/升压变换器。电路如图 8.8 所示。降压方向的输出电流为 8A，升压方向的输出电流为 3A。该变换器可以同时使用反向耦合电感和非耦合电感进行比较。Transphorm 的 600V GaN HEMT 用作有源开关，因为关断的开关损耗可以忽略不计，这意味着它适用于 CRM 工作，并且可以提高到非常高的频率。开关频率在满载条件下设置为 1MHz，以减小无源元件的尺寸。样品中使用了采用 3F45 材料的 UI 形磁心，并对气隙进行了微调，以达到一定的耦合系数。两个采用 3F45 材料的 ER23 磁心用作非耦合电感器进行比较。样品如图 8.11 所示。与两个非耦合电感相比，耦合电感节省了 50% 的面积和 25% 的体积。

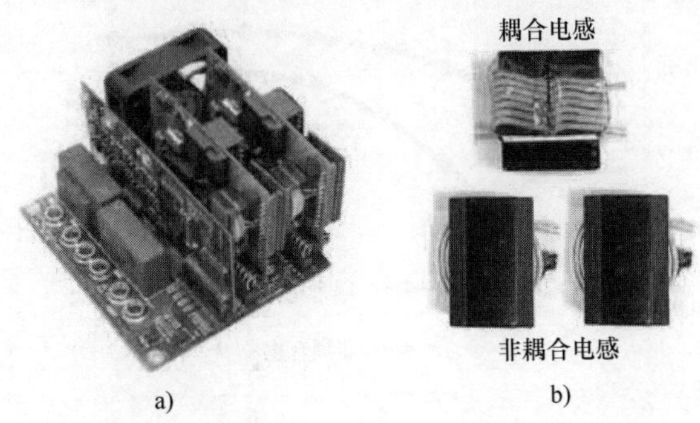

图 8.11　样机及电感比较 a）两相交错降压/升压变换器样机；b）耦合电感与非耦合电感的比较

图 8.12 显示了满载时两相降压方向的损耗分析。它清楚地表明，耦合电感通过 ZVS 范围的扩展消除了开启的开关损耗。此外，由于 rms 电流的降低很小，耦合电感可以略微降低传导损耗。由于磁心体积会因某些 DC 磁通抵消而收缩，因此耦合电感也可以降低磁心损耗。总的来说，耦合电感节省了约 4W 的功率损耗，并在满载条件下将效率提高了 0.3%。应该指出的是，电感在损耗方面没有进行优化，因此，仍有提高效率的空间。

降压方向的满载范围效率如图 8.13 所示。升压方向的效率是类似的。由于 CRM 工作的性质，当负载电流减少时，开关频率增加。在轻负载条件下，开关相关损耗成为主要部分。因此，耦合电感在轻负载时降低了更多的损耗，效率提高超过 2%。

本节旨在分析反向耦合电感在基于带有 GaN 器件的 1MHz 交错降压/升压变换器的 CRM 工作中的优势。使用反向耦合电感改善了谐振期间的转换器性能。谐振周期减小，当 $D<0.5$ 时 ZVS 范围扩大，而当 $D>0.5$ 时循环能量减小。所

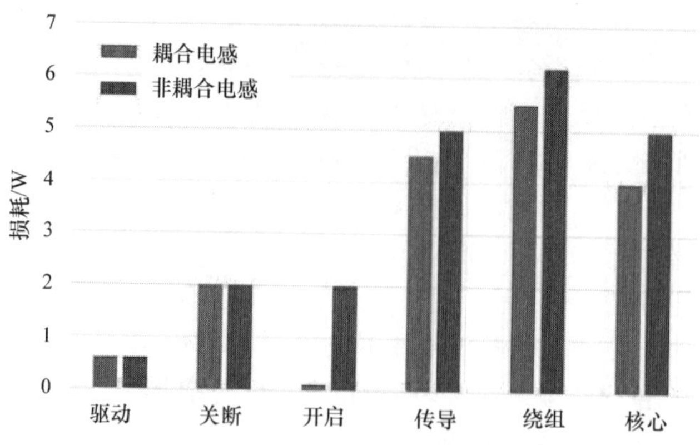

图 8.12　满载时两相降压方向的损耗分析

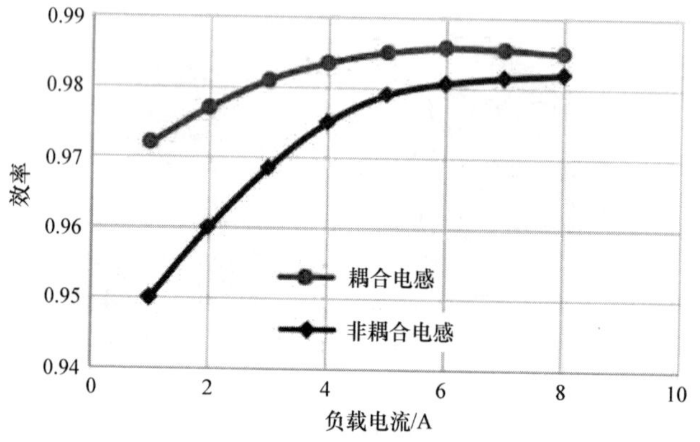

图 8.13　降压方向满载范围内的效率比较

有这些特性都有利于高频工作，降低传导和开关损耗。耦合电感样品在 1MHz 下的效率为 98.5%，比非耦合电感的效率高 0.3%，这验证了理论的分析。

8.3　采用 PCB 绕组耦合电感的高频 PFC

8.3.1　氮化镓基 MHz 图腾柱 PFC ★★★

随着 600V GaN 功率半导体器件的出现，图腾柱无桥 PFC 整流器[18,19]这一几乎已被抛弃的拓扑结构突然成为两级高压边适配器、服务器和通信电源，以及车载电池充电器等应用的热门前端的候选。这主要归因于 GaN HEMT 相对于 Si MOSFET 的显著性能改进，尤其是更好的品质因数和明显更小的体二极管反向恢复效应。图腾柱无桥 PFC 变换器的电路拓扑结构如图 8.14 所示。

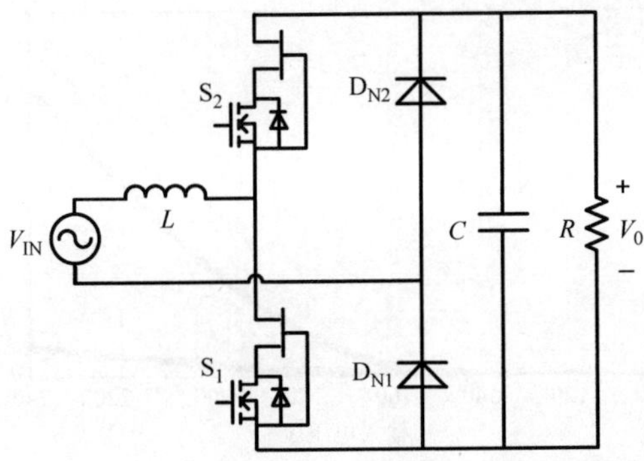

图 8.14 图腾柱无桥功率因数校正变换器。PFC，功率因数校正

文献［20］证明了 GaN 基硬开关图腾柱 PFC 整流器。因为 GaN HEMT 的反向恢复电荷比 Si MOSFET 小得多，图腾柱桥结构中的硬开关工作变得可行。通过将开关频率限制在 100kHz 左右或以下，1kW 级单相 PFC 整流器的效率可以达到 98% 以上。虽然简单的拓扑结构和高效率很有吸引力，但由于开关频率仍然类似于硅基 PFC 整流器，因此系统级效益也是有限的。

基于先前的研究，软开关确实有利于级联 GaN HEMT。因为级联 GaN HEMT 由于电流源关断机制而具有较高的开启损耗和极小的关断损耗，所以 CRM 工作非常适合。首先演示了一种基于 GaN 的 CRM 升压 PFC 整流器，该整流器显示了 GaN HEMT 的高频性能和显著的系统效益，因为升压电感和 DM 滤波器的体积显著减小[13,21]。

采用类似的系统级设想，级联 GaN HEMT 应用于图腾柱 PFC 整流器，同时将频率提高至 1MHz 以上。着重讨论了几个重要的高频问题，这些问题过去在低频时不太重要，并提出了相应的解决方案同时进行了实验验证。它们包括 ZVS 扩展，以解决非 ZVS 谷值开关造成的开关损耗；可变导通时间控制，以提高功率因数，特别是传统恒定导通时间控制引起的过零失真，以及用于输入电流纹波消除的交替控制[22]。

8.3.1.1 ZVS 扩展

CRM PFC 整流器利用电感和器件结电容之间的谐振来实现 ZVS 或谷点开关。对于升压型 CRM PFC 整流器，只有当输入电压低于输出电压的一半时才能实现 ZVS，假设阻尼效应可以忽略不计，这在良好的设计和有限的谐振周期中通常是正确的。因此，当输入电压高于输出电压的一半时，漏极 - 源极电压只能谐振等于（$2V_{in}-V_0$）的谷点，因此在随后的开启瞬间产生（$0.5CV^2$）损耗。由于该损耗与开关频率直接相关，当频率被提高至多 MHz 级别时，非 ZVS 损耗在转换器总损耗中是显著的且占主导地位，如图 8.15 所示。

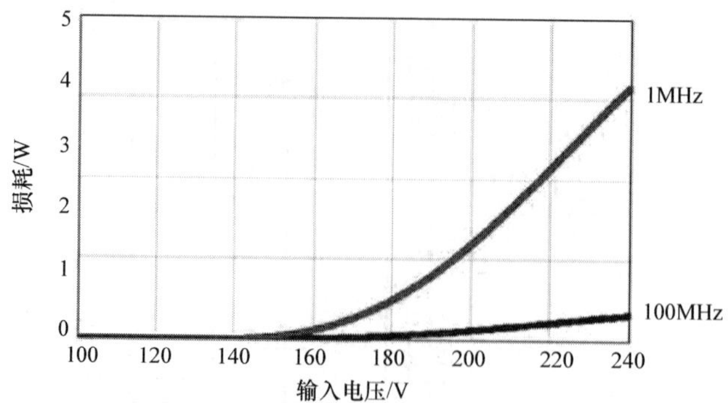

图 8.15　线路周期平均非零电压开关损耗与输入电压的关系。ZVS 为零电压开关

为了解决这个问题，使用了文献［23，24］中解释的 ZVS 扩展策略。其概念是将工作模式从 CRM 修改为准方波模式。因此，不是在电感电流过零之前关断同步整流器（SR），而是特意增加一个短延迟时间，以便电感中存储足够的初始能量，以帮助在 SR 关断后实现 ZVS。电路拓扑结构如图 8.16 所示。实验波形如图 8.17 所示，对非 ZVS 与 ZVS 扩展进行了比较。节省的开关损耗非常显著，因为从全负载到半负载，总效率提高了 0.3% ~1%。

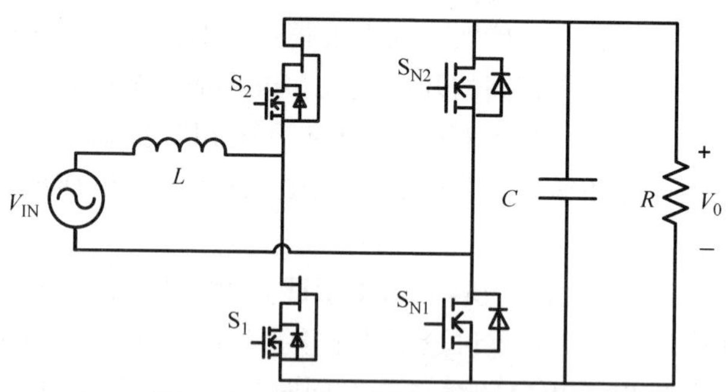

图 8.16　带 ZVS 扩展的图腾柱 PFC

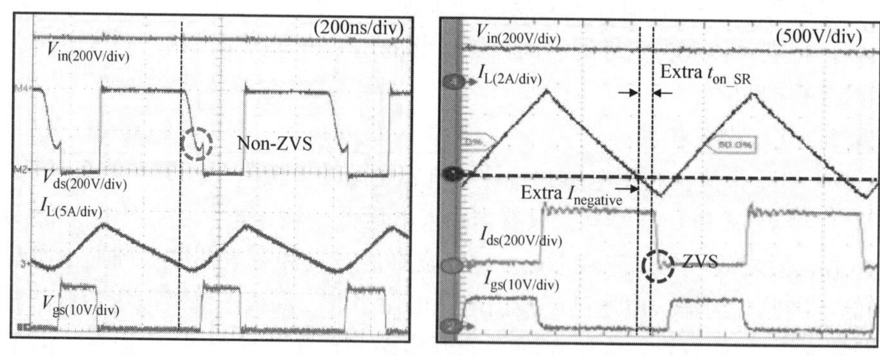

图 8.17　实验波形。a）非 ZVS 工作；b）ZVS 是在 ZVS 扩展后实现的。ZVS 为零电压开关

8.3.1.2　可变导通时间控制

第 2 个高频问题与电源质量和谐波发射有关。理想情况下，CRM 模式 PFC 提供采用电压模式（恒定导通时间）控制的单位功率因数。由于导通时间是恒定的，电感峰值电流的包络线跟随输入电压的形状。那么，如果忽略负电流，电感的峰值电流始终是平均电流的 2 倍，这意味着输入电流始终跟随输入电压的形状。然而，当频率增加到 MHz 范围时，谐振期间的负电流不可忽略。因此，峰值电感电流与平均电感电流之间的形状存在显著差异。此外，在电感平均电流为零的时候，在线路电压过零时也存在一个非能量转移时间。这两种情况都会导致谐波增加和功率因数变差，如图 8.18 所示。

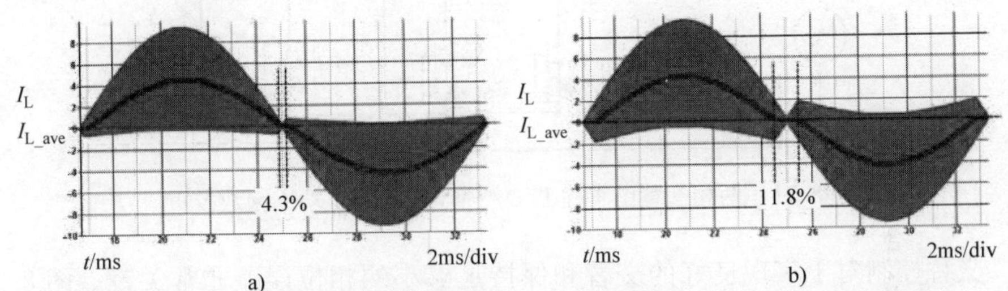

图 8.18　频率对功率因数和谐波的影响 a）100kHz 恒定导通时间 CRM PFC 和 b）1MHz 恒定导通频率 CRM PFC。CRM 为临界模式；PFC 为功率因数校正

文献［25］中介绍了可变导通时间控制。这里使用了类似的概念，但通过使用数字控制的改进和更精确的实现，以解决谐波增加和功率因数差的问题。该概念如图 8.19 所示。通过增加过零点附近的导通时间，输入电流能够再次实现良好的功率因数。实验验证如图 8.20 所示。

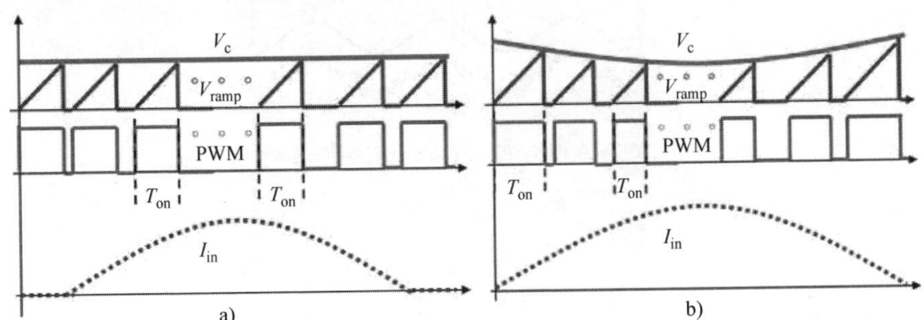

图 8.19　CRM PFC 的概念图，a）恒定导通时间控制和 b）可变导通时间控制。CRM，临界模式；PFC，功率因数校正

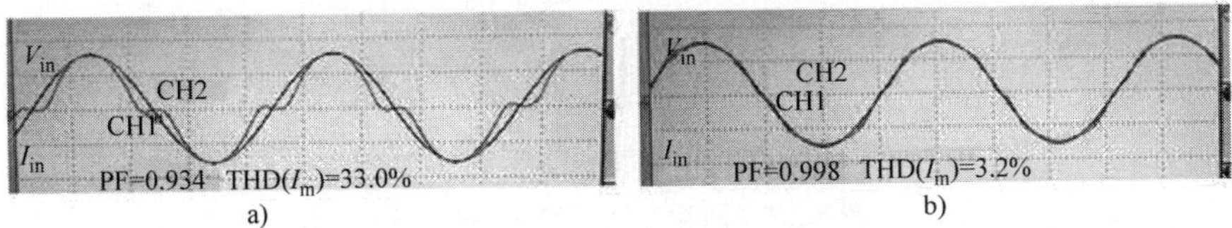

图 8.20　实验验证。a）恒定的导通时间控制和 b）可变导通时间控制

8.3.1.3 双相交替和纹波消除

CRM PFC 整流器的另一个缺点是高电流纹波，这不仅导致相比 CCM PFC 整流器更高的传导损耗，而且还导致更高的 DM 噪声。为了解决这个问题，采用了两相交替结构，利用纹波抵消效应有效地降低 DM 噪声。电路拓扑结构如图 8.21所示。

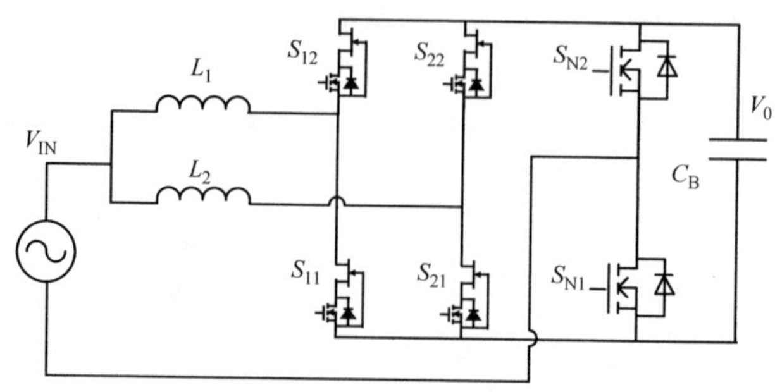

图 8.21 两相交替图腾柱 PFC 变换器。PFC，功率因数校正

交替控制对于实现良好的交替和保持足够小的相位误差非常关键。图 8.22 中的波形表明实现了良好的交替。因此，即使每相中的电流纹波始终比平均相输入电流高 2 倍以上，但通过交替，总输入电流纹波会显著降低。对于低于 100kHz 的频率，交替控制通常不是一个问题，但对于多 MHz 变频 CRM PFC 来说，这是一个挑战。文献［26］中讨论了与 MHz 级高频交替控制和数字实现相关的问题。

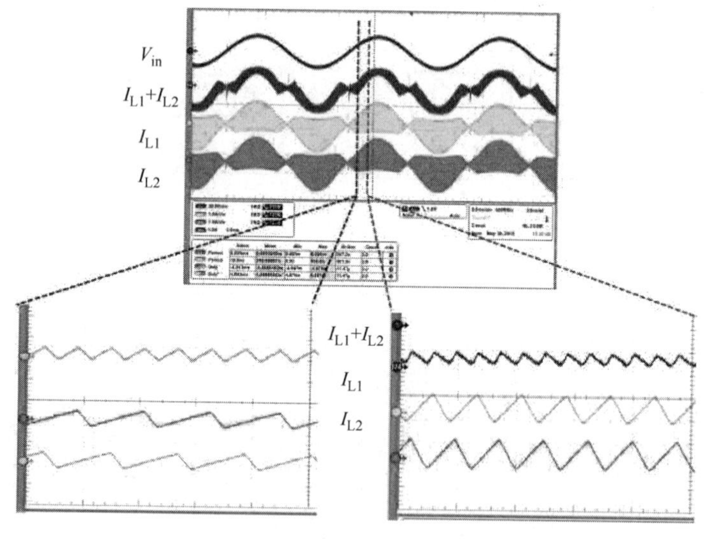

图 8.22 两相交替的纹波消除效应

8.3.2　集成 PCB 绕组的耦合电感 ★★★

耦合电感的概念已广泛应用于多相 VRM 中，以降低损耗并改善瞬态性能[27]。这一概念已扩展到两相交替图腾柱 PFC 整流器。该应用中耦合电感的一个特殊性是有效电感值将随占空比变化而变化，当占空比接近 0.5 时，L 值将增加。随后，开关频率将降低，如图 8.23 所示。净成效是开关损耗降低 35%。

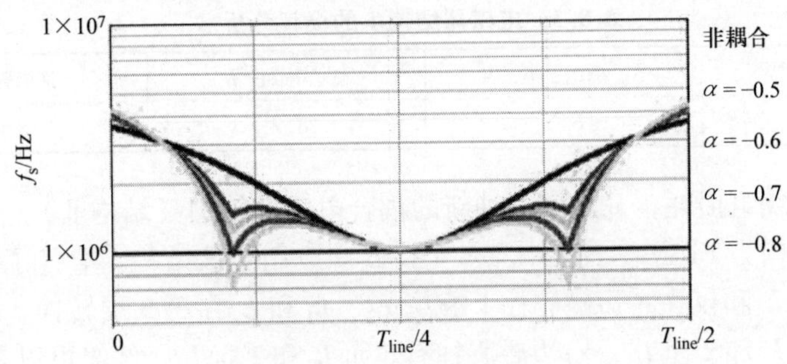

图 8.23　半线周期过程中开关频率变化（彩图见插页）

以前，两相 PFC 转换器有两个独立的非耦合电感。表 8.4 显示了两个非耦合电感的损耗分析。非耦合电感使用两个 ER23 磁心。绕组为 250/46litz 线，每个电感 10 匝。

表 8.4　litz 线电感的损耗分析

DC 绕组损耗/W	AC 绕组损耗/W	磁心损耗/W	总损耗/W
0.7	1.6	2.3	4.6

非耦合电感设计提供了电感尺寸和损耗的基准。耦合电感的设计如下所示。根据前面的分析，为了降低平均开关频率，优先考虑强耦合。本章中选用 $\alpha = -0.7$。然而，典型的 EI 磁心结构无法实现如此高的耦合系数。因此，第一次尝试是 UI 磁心（结构Ⅰ）。

PCB 绕组由于易于制造且易于控制寄生参数而用于许多应用中。图 8.24 显示了 UI 磁心中采用 PCB 绕组的耦合电感的结构Ⅰ。L_1 用 5 层 PCB 缠绕在左边磁心柱上，每层有两圈。L_2 用 10 匝 PCB 绕组缠绕在右边磁心柱上。表 8.5 给出了 UI 磁心结构中仿真的损耗分析。可以看出，这种耦合电感比非耦合电感具有更高的 AC 绕组损耗。因此，这种耦合电感的总损耗比非耦合电感高得多。这是因为 PCB 绕组中存在较大的涡流损耗。

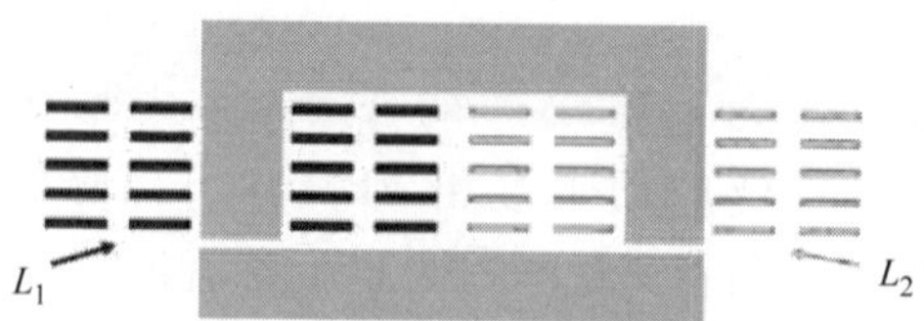

图 8.24　UI 磁心中的耦合电感器结构 I

表 8.5　电感器结构 I 的损耗分析

DC 绕组损耗/W	AC 绕组损耗/W	磁心损耗/W	总损耗/W
0.5	6.2	1.3	8.0

为了减小绕组损耗，开发了一种新的耦合电感器结构（结构Ⅱ）。如图 8.25 所示，磁心结构为 EI 磁心。此外，将交替概念应用于该结构。取代了仅在左边磁心柱上缠绕 L_1 和仅在右边磁心柱上缠绕 L_2，L_1 和 L_2 在第 3 层转换。现在左边磁心柱有 8 匝 L_1 和 2 匝 L_2，右边磁心柱有 8 匝 L_2 和 2 匝 L_1。绕组可以是锥形的，以避免边缘磁通。在这种结构中，共有 6 层 PCB 绕组。底部两层只有 1 匝。表 8.6 显示了这种新型电感结构仿真的损耗分析。由于交替效应，AC 绕组损耗大大降低。耦合电感结构Ⅱ的总损耗小于非耦合电感。

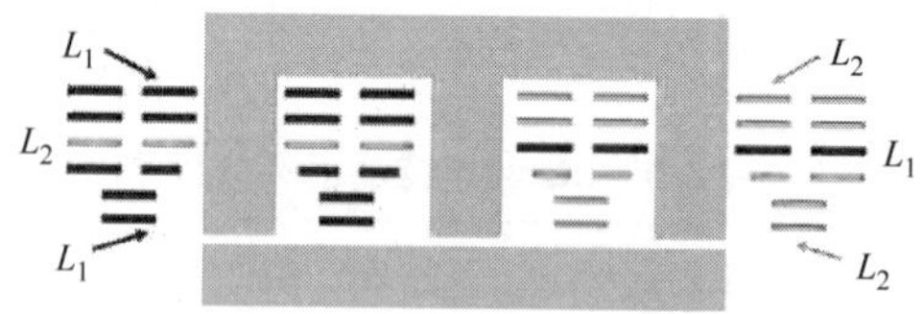

图 8.25　耦合的电感器结构Ⅱ

表 8.6　电感器结构Ⅱ的损耗分析

DC 绕组损耗/W	AC 绕组损耗/W	磁心损耗/W	总损耗/W
0.5	1.9	1.9	4.3

根据常识，基于 PCB 的电感设计不如缠绕在磁心上的传统 litz 线。然而，在所提出的设计中，基于 PCB 的耦合电感实现了类似的总损耗。

1.2kW 双相交替 GaN 基 MHz 级图腾柱 PFC 整流器具有 99% 的峰值效率和 700W/in^3 的功率密度（无体电容），如图 8.26 所示，其中电感与最先进的工业实践相比明显更小。

GaN 器件对电力电子的影响不仅仅是效率和功率密度的提高。尽管 GaN 仍处于开发的早期阶段，但它可能是一种改变游戏规则的器件，其影响范围尚待确

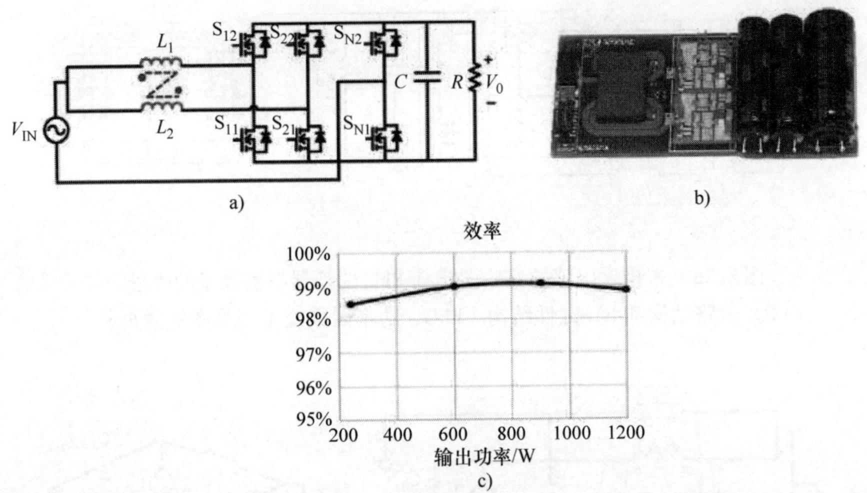

图 8.26　GaN 基 MHz 级图腾柱 PFC a）拓扑结构、b）样机和 c）测量效率。GaN 为氮化镓

定。可以实现某些以前不可思议的设计折中，不仅显著提高性能，而且大幅减少制造中的加工工作量。

8.3.3　减少共模噪声的平衡技术 ★★★

使用 GaN 器件的一个重要问题是开关期间高的 di/dt 和 dv/dt 引起的潜在高 EMI 噪声。虽然这可能是传统设计实践中一个真正的问题，但 PCB 集成磁心的使用提供了显著降低共模（CM）噪声的机会。这是通过将 CPES 开发的相对容易的平衡技术引入 PCB 绕组结构来实现的。

平衡技术的思想是在电路中形成惠斯通电桥，如图 8.27 所示。在这个惠斯通电桥电路中，如果 $Z_1/Z_2 = Z_3/Z_4$，则 A 点的电压等于 B 点的电压。因此，A 点和 B 点之间不会有电流流动。

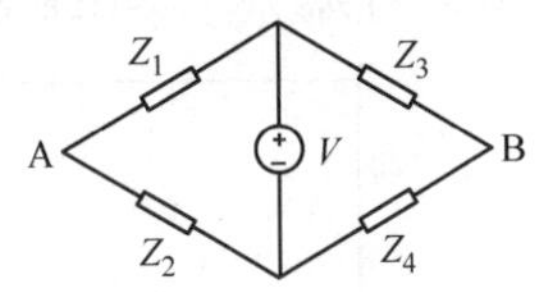

图 8.27　惠斯通电桥电路

为了利用平衡原理降低 CM 噪声，采用了两个附加电感 L_3 和 L_4，分别与 L_1 和 L_2 耦合。图 8.28 显示了电路拓扑结构和集成磁心结构。利用图 8.29a 的叠加理论，得到噪声源 V_{s1} 的等效电路如图 8.29b 所示。L_1 和 L_2 的匝数为 N_1，L_3 和 L_4 的匝数为 N_2。因此，我们得到电源 V_1 的平衡条件为 $N_1/N_2 = C_b/C_d$。

同样，噪声源 V_{N2} 的平衡条件也是 $N_1/N_2 = C_b/C_d$。只要达到这个平衡条件，这个 PFC 变换器的 CM 噪声就可以最小化。

对于 PCB 绕组，可以采用平衡技术的耦合电感。如图 8.30 所示，通过采用单匝平衡电感 L_3 和 L_4 替换 PCB 绕组的底层，可以轻松地实现平衡绕组。

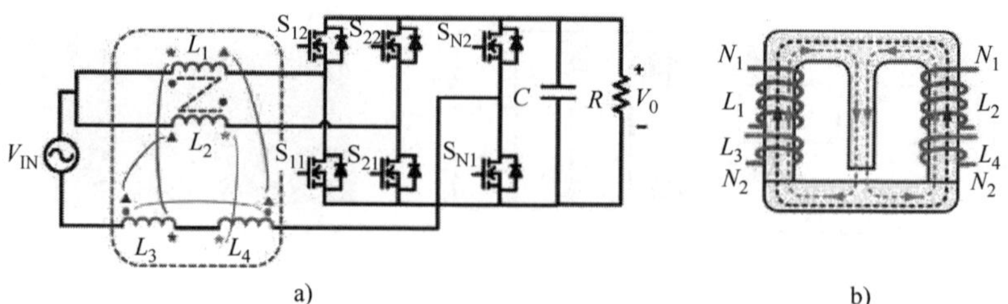

图 8.28　带耦合电感的交错图腾柱 PFC 变换器平衡技术的改进。a）电路结构和 b）磁性结构。PFC，功率因数校正（彩图见插页）

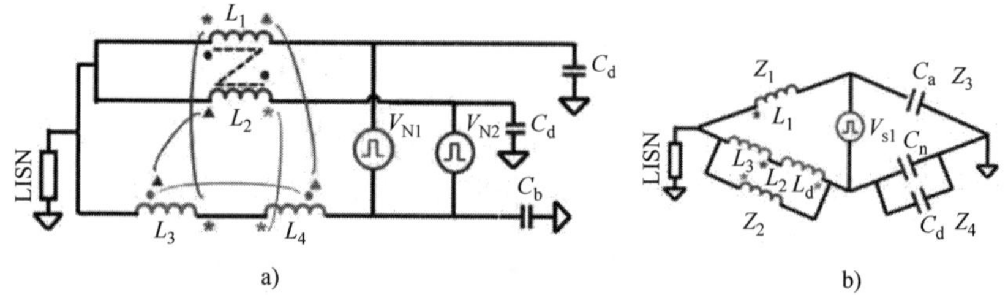

图 8.29　CM（共模）噪声的等效电路。a）CM 噪声模型和 b）单个电压源的影响。CM 为共模（彩图见插页）

图 8.30　采用平衡技术的耦合电感

图 8.31 显示了采用平衡技术可以有效降低 CM 噪声。

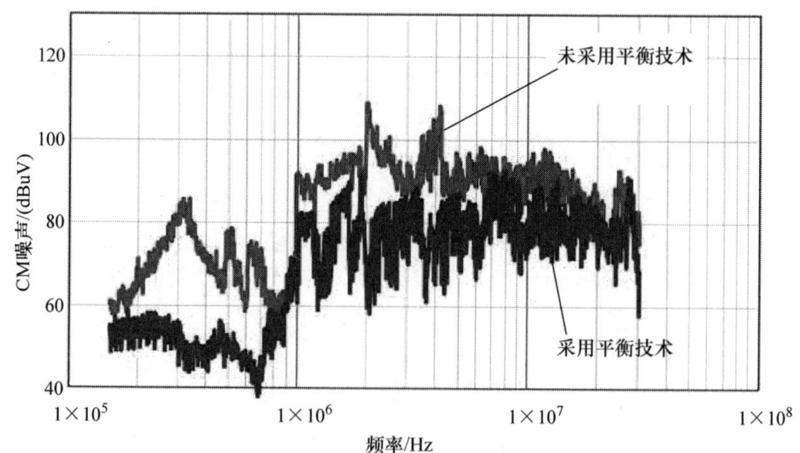

图 8.31　采用平衡技术的 CM 降噪结果。CM 为共模

8.4　服务器应用的 400V/12V DCX

8.4.1　采用 400V 总线的数据中心架构简介 ★★★

在所有用于工业应用的电源中，数据中心服务器的电源由于耗电量大，最容易受到性能的影响、注重能量和成本。当今数据中心的总功耗正变得越来越引人注目。2014 年，美国的数据中心耗电量估计为 700 亿 kW · h，约占美国总耗电量的 1.8%[28]。此外，随着云计算和大数据的增加，预计在不久的将来，数据中心的能源消耗将继续快速增长。

目前，通常的数据中心电源架构如图 8.32a 所示，其中所有主要处理器/内存设备均由 12V 总线供电。12V 总线的 i^2R 损耗过大，并且存在许多能量转换级，这降低了系统的总效率。为了减轻严重的总线损耗并减少配电路径中的能量转换级，Google、Facebook、Cisco 和 IBM 等行业领导者已经在实施一种新的数据中心设计，采用更高电压的配电总线，如 48V 或 400V，而不是 12V[29-32]。如图 8.32b所示，采用 48V 总线的电源架构比当前设计的通常做法更有优势，因为

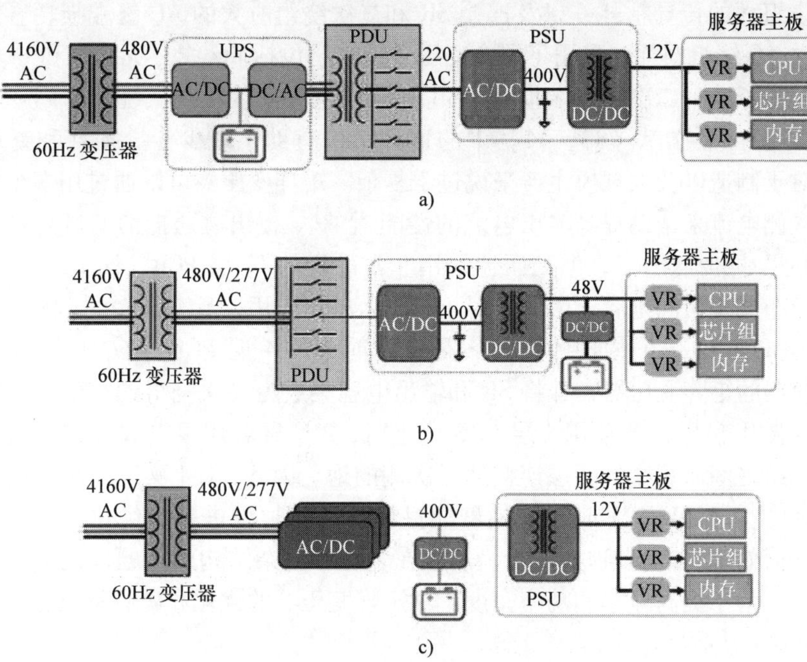

图 8.32　数据中心电源架构的比较。a）采用 12V 总线的电流架构。b）采用 48V 总线的替代架构。c）采用 400V 总线的未来架构

它消除了在线 UPS、电缆及线束。最近，在 IBM 和其他服务器制造商的要求下，国际电子生产商联盟（International Electronics Manufacturing Initiative）开展了一个项目，为 DC - DC 变换器制定行业标准[33]。这个转换器用于将 380V 直接降至 12V，并直接安置在主板上。如图 8.32c 所示，这种采用 400V 总线的新电源架构被认为优于当前通常做法，并可进一步用 48V 总线取代电源架构。

隔离的高输出电流 DC - DC 变换器对于未来的数据中心电源架构至关重要。目前的 DC - DC 变换器工作在 50 ~ 100kHz，功率密度小于 $50W/in^3$，不能安置在主板上以满足未来数据中心的要求。数据中心或分布式电力系统的趋势是追求更高的效率和更高的功率密度。LLC 谐振变换器适用于高效率和高功率密度设计[34-38]。LLC 变换器可以在主开关的低关断电流下实现 0 至全负载范围的 ZVS，同时实现 SR 的 ZCS。这种软开关特性也减少了电磁干扰[38]。与软开关 PWM 变换器相比，LLC 变换器可以实现更高的开关频率和更高的效率，从而获得更高的功率密度和更低的总成本[35,37]。宽禁带器件和新型磁性材料的快速发展为推动开关频率的提高提供了机会[1,39,40]。采用 GaN 器件的 MHz LLC 变换器被设计用于不同的应用，并已证明显著提高了功率密度[41-43]。

隔离的高输出电流 DC - DC 变换器的设计非常具有挑战性，因为 SR 器件和变压器绕组大的传导损耗，以及连接 SR 和二次绕组时大的 AC 终端损耗。为了降低一次 AC 绕组损耗，采用了混合变压器结构，包括 litz 线一次绕组和 PCB 二次绕组；为了减少二次侧终端损耗，SR 和输出电容安装在二次绕组的同一 PCB 层上[43,44]。虽然文献［43，44］中的这种结构有助于减少传导损耗和终端损耗，但对于制造以及大规模生产来说过于复杂。矩阵变压器可以通过用多个磁心分配二次侧电流来帮助提高输出电流的性能[45,46]。提出磁通抵消的概念是为了减小磁心尺寸和损耗[40]，但变压器采用非常昂贵的 12 层 PCB，该 PCB 也具有较大的分布式绕组间电容，因此，对于高输入电压应用，具有较大的 CM 噪声电流。12 层 PCB 的一个替代解决方案是使用简单的 4 层 PCB 来实现 380V/12V LLC 变换器的矩阵变压器，并将 SR 和输出电容集成为二次绕组的一部分，以消除 AC 终端损耗[41]。当使用 4 层 PCB 绕组时，2 个屏蔽层可以放置在一次绕组和二次绕组之间。每个屏蔽层连接到一次侧的地。因此，CM 噪声电流只能在一次侧循环[47]。380V/12V LLC 变换器通过设计优化过程进一步优化，表现出约 97% 的峰值效率[42]。但这些设计仍然存在多磁心复杂结构的问题，效率还有提高的空间。为了提高效率和功率密度，对矩阵变压器的优化和磁心集成进行了进一步的研究[48]。

8.4.2 采用矩阵变压器的 400V/12V LLC 变换器 ★★★

对于需要低电压和大电流输出的应用，如计算机服务器，LLC 变换器有几个

重要的设计考虑因素：

1）SR 器件由于封装和热约束而具有有限的电流性能。对于服务器应用，应该考虑并联 4 ~ 8 个 SR 以减少传导损耗，如图 8.33a 所示。当并联大量 SR 时，很难实现静态和动态均流。

2）较大的高频和高 di/dt AC 电流的总和必须流经变压器和 SR 之间的公共端点，在图 8.33a 中用红点标记。这将导致较大的终端损耗。

3）难以将大量 SR 安置在靠近终端的位置，这将导致变压器二次绕组的泄漏电感较大，以及较大的绕组损耗。

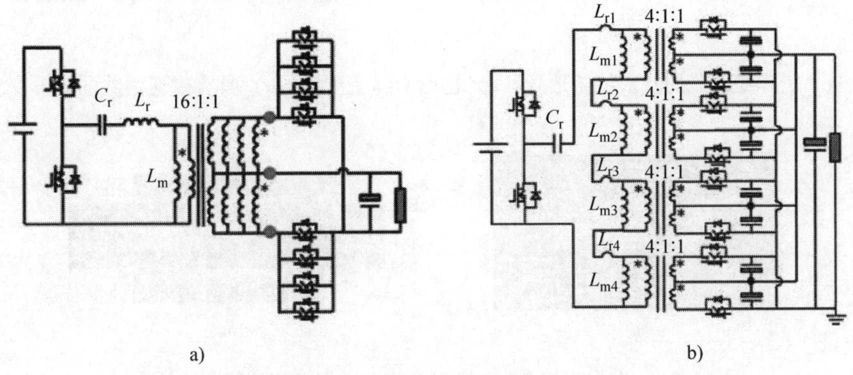

图 8.33　LLC 变换器。a）使用常规变压器。b）使用矩阵变压器

这种 LLC 变换器设计，即使其具有较低的磁心损耗，也会产生较大的绕组损耗和终端损耗；另一方面，商用电源中的变压器通常使用 litz 线作为一次绕组，铜箔作为二次绕组。这是非常庞大、劳动密集型且价格昂贵的产品。

采用 PCB 绕组的平面变压器可以实现自动化制造和高功率密度。矩阵变压器定义为一组基本的变压器阵列，相互连接形成一个变压器，可用于将大的二次电流均匀分布到不同的 SR[45]。采用矩阵变压器的 LLC 变换器如图 8.33b 所示。传统的单磁心结构分为四磁心结构，一次绕组串联，二次绕组并联。由于串联连接，4 个基本变压器的一次电流相同，因此二次电流完全平衡。

图 8.33b 中的矩阵变压器可以通过使用 4 组相同的 UI 磁心组成。如图 8.34a 所示，一次绕组缠绕每个磁心的一根磁柱，为简单起见，仅显示了一次绕组层。与图 8.33a 中仅有一个 ER 磁心的变压器相比，图 8.34a 中具有 4 组 UI 磁心的矩阵变压器的磁心损耗增加了。为了减小图 8.34a 中磁心尺寸以及磁心损耗，可以如图 8.34b 所示修改一次绕组，以实现磁通消除[40]。

终端点对于效率非常关键。对于作为变压器绕组的 12 层 PCB，必须使用通孔连接二次绕组和 SR[40]，这将导致额外的损耗，因为所有 AC 电流都将通过这些通孔。文献[41]中建议将 SR 和输出电容集成到二次绕组中，如图 8.35a 所示，并采用简单的 4 层 PCB 绕组，如图 8.35b 所示，其中的顶层和底层是两组用于中心抽头结构的二次绕组，中间两层是一次绕组。采用这种方法，所有电流相加的终端点出现在 DC 侧。因此，不会有 AC 终端损耗。变压器绕组损耗和漏电感显著降低。

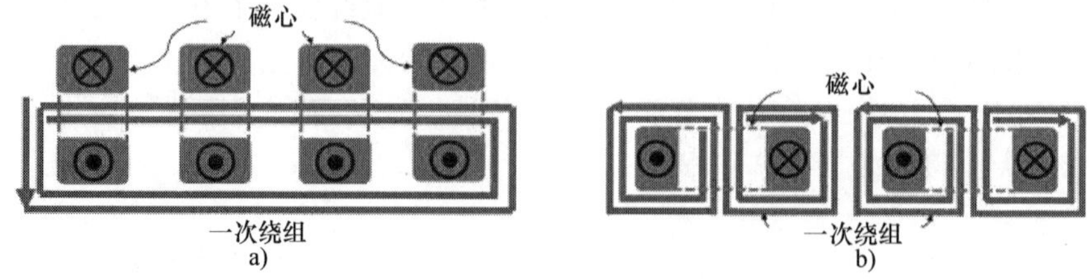

图 8.34　矩阵变压器的一次绕组形式。a）初始矩阵变压器。b）具有磁通消除的矩阵变压器

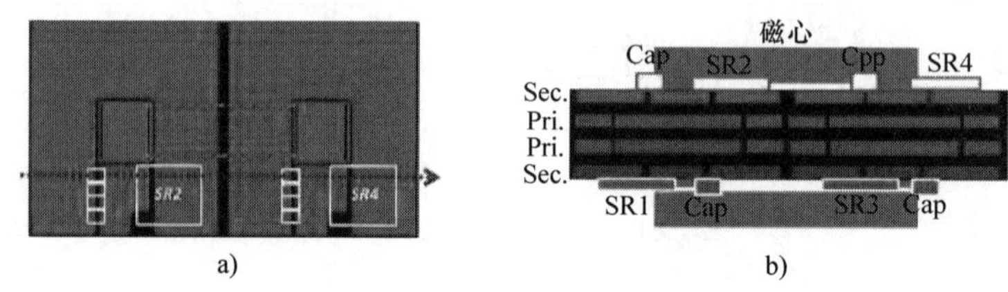

图 8.35　带有集成 SR 和输出电容的 4 层 PCB 绕组变压器。
a）顶视图。b）横截面图。PCB，印制电路板；SR，同步整流器

在文献[42]中给出了设计优化过程，并将磁心数量和 SR 数量增加 1 倍，以减少绕组损耗和 SR 的传导损耗。文献[41，42]提供了两种 1kW 380V/12V LLC 变换器的设计，其矩阵变压器在 1MHz 下运行，其效率曲线如图 8.36 所示。从具有 2 个磁心的第一代设计[41]到具有 4 个磁心[42]的第二代设计，峰值效率从 95.5% 提高到 97.1%，具有相同的功率密度，约为 700W/in^3。

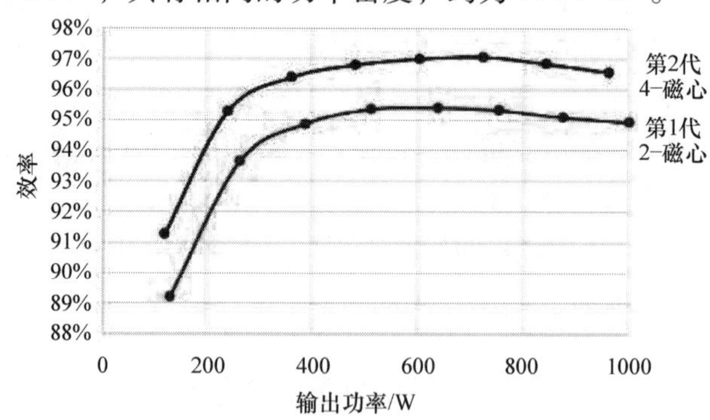

图 8.36　带矩阵变压器的 LLC 变换器的效率

尽管做出了种种努力，但采用矩阵变压器的 LLC 变换器仍面临一些挑战，需要进一步提高效率。为了实现高输出电流，即使在磁通消除的情况下，仍然使用多个磁心，这对于制造来说是复杂的。进一步的磁心集成对于应对这一挑战是必不可少的。此外，为了取代目前工作在 50 ~ 100kHz 的 DC - DC 变换器，需要进一步提高高频 DC - DC 变换器的效率。以下章节将介绍一种详细的设计方法和一种新的矩阵变压器结构以应对设计面临的挑战。

8.4.3 集成的平面矩阵变压器 ★★★

为了应对多磁心的挑战并进一步提高效率，提出了两种可以将 4 个基本变压器集成到 1 个磁心的矩阵变压器结构，并对它们进行了比较。

图 8.37 显示了带有磁通抵消的初始矩阵变压器。4 个基本变压器集成到 2 个磁心中。为了简单起见，仅显示了一次绕组层。磁心 1 有两个编号为 1 和 2 的磁柱，磁心 2 还有两个编号分别为 3 和 4 的磁柱。从磁柱 1 到磁柱 2 的磁通量为 Φ_B，从磁柱 3 到磁柱 4 的磁通量为 Φ_B。

提出的矩阵变压器 1 的结构如下得到：图 8.37 中的磁心 2 移动到磁心 1 的正下方，如图 8.38a 所示；现在，图 8.38a 中仍有 2 个磁心；然后，如图 8.38b 所示，将 2 个磁心的磁性板替换为集成板，将 2 个磁性元件集成为 1 个。在提出的结构 1 中，虽然磁通模式和磁心损耗与原来的双磁心结构相同，但解决了以前设计中多磁心的挑战。

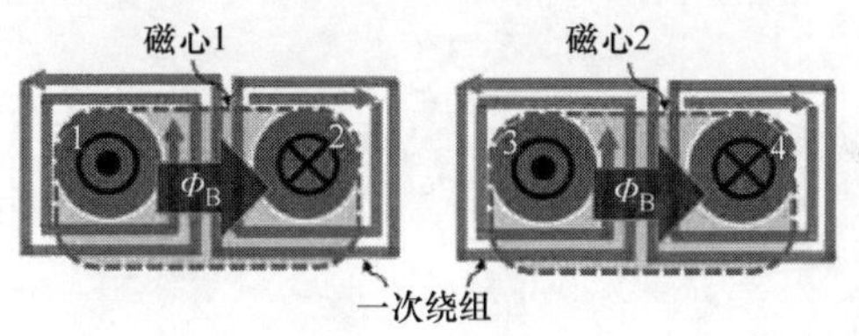

图 8.37 采用磁通抵消的初始矩阵变压器

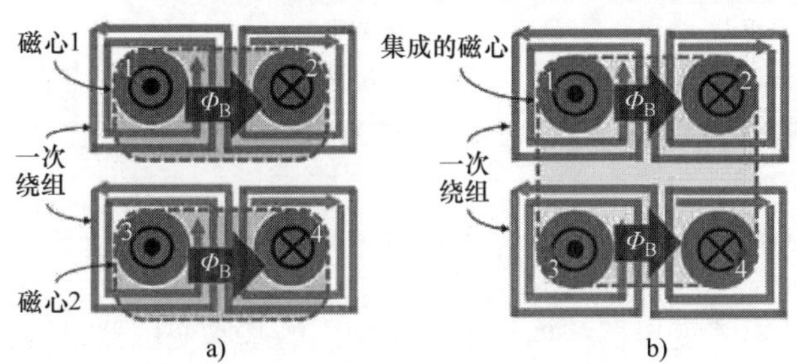

图 8.38 提出的矩阵变压器结构 1。a）集成前。b）集成后

提出的降低磁通密度的矩阵变压器 2 的结构如下得到：图 8.37 中的磁心 2 移动到磁心 1 的正下方，然后旋转 180°，如图 8.39a 所示；现在，图 8.39a 中仍有两个磁心，磁通模式与图 8.37 中的相同；然后，如图 8.39b 所示，将两个磁心的磁性板替换为集成板，将 2 个磁性元件集成为 1 个。对于提出的结构 2，虽然磁柱内的磁通量保持不变，但磁性板中的磁通密度减少了一半。这对高频铁氧体材料非常有利，因为磁心损耗在总损耗中占相当大的比例，主要由磁通密度决定。

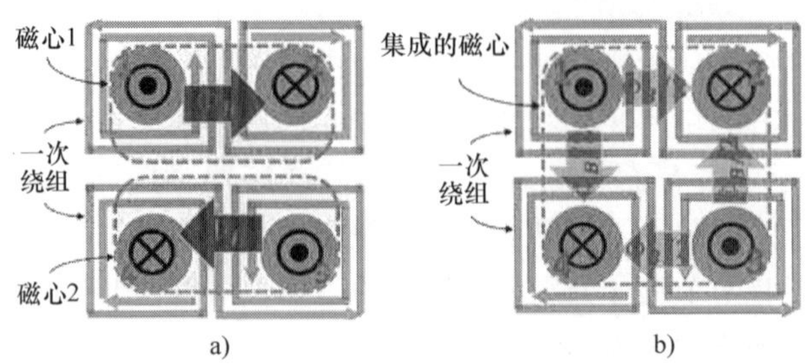

图 8.39　减小磁通密度的矩阵变压器结构 2。a）集成前。b）集成后

如图 8.40 所示，通过仿真比较了两种建议的矩阵变压器结构的磁通分布。两种结构的磁心具有相同的几何结构，但绕组排列不同，如图 8.38 和图 8.39 所示。由于提出的结构 2 具有更均匀的磁通分布，根据仿真结果，相比结构 1，磁心损耗降低了约 40%。

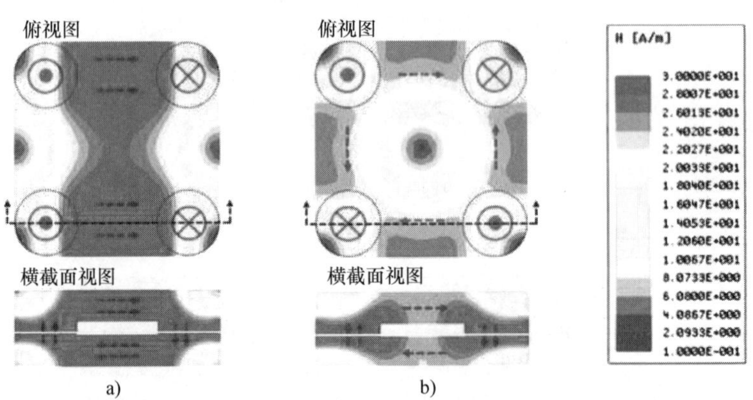

图 8.40　提出的两种矩阵变压器结构的磁通分布比较。a）结构 1。b）结构 2（彩图见插页）

提出的两种矩阵变压器结构均由 4 个相同的基本变压器组成，因此它们的绕组损耗很接近。然而，由于 4 个基本变压器的更好排列，提出的结构 2 显著降低了磁心损耗。此外，由于 4 个基本变压器在提出的结构 2 中是耦合的，因此对 4

个基本变压器之间的公差更具有鲁棒性。总体而言，结构 2 优于结构 1，因为它具有更低的磁心损耗和更强的鲁棒性。

提出的矩阵变压器结构的详细绕组排列方式 2 如图 8.41 所示，其中黄色箭头表示正电流循环中的电流方向。顶层（层 1）和底层（层 4）是二次绕组。SR 和输出电容集成到二次绕组中，以消除 AC 终端损耗。由于简单的 4 层 PCB 绕组实现不需要通孔来连接二次 PCB 层。中间的 2 层（层 2 和层 3）是一次绕组。虽然一次绕组通过通孔连接的，但由于一次电流较小，因此与通孔相关的损耗相对较小。如图 8.41b 所示，这个绕组结构的另一个好处是 2 个一次端彼此非常接近，这意味着与一次端相关的漏电感和终端损耗可以忽略不计。尽管提出的设计采用了埋入式通孔，但总体 PCB 成本仍低于文献[40]中的 12 层 PCB，并且 4 层 PCB 绕组大大降低了绕组间的电容。

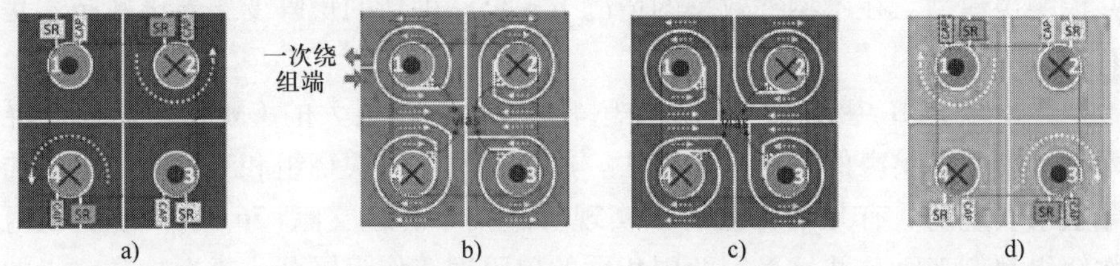

图 8.41　提出矩阵变压器结构的绕组排列方式 2。a）二次绕组的第 1 层。b）一次绕组的第 2 层。c）一次绕组的第 3 层。d）二次绕组的第 4 层（彩图见插页）

提出的结构 2 可以在不牺牲功率密度的情况下通过进一步降低磁心损耗改进。图 8.42a 显示了初始结构 2 的 3D 视图，包括集成磁心表面上的磁通分布。由于 SR 和输出电容位于 PCB 绕组的两个边缘上，并且在其他两个边缘上没有元件；顶部和底部磁性板可以扩展到 PCB 绕组的其他两个边缘，如图 8.42b 所示。这样做可以进一步降低磁性板中的磁通密度，磁心损耗也可以进一步降低。改进的结构 2 具有与初始结构相同的尺寸和功率密度，但根据仿真结果，磁心损耗进一步降低了约 30%。

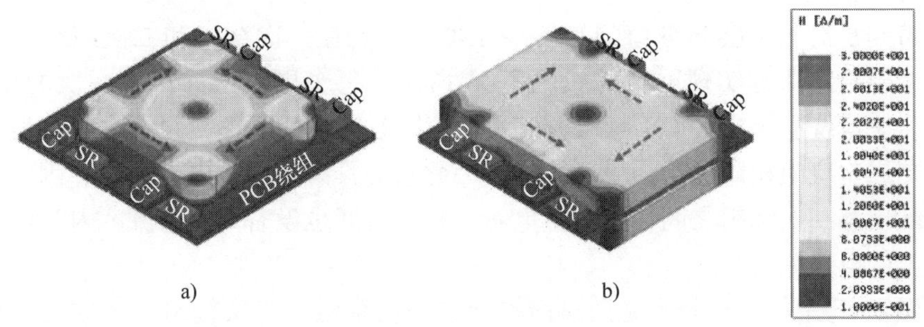

图 8.42　提出的改进磁心损耗降低的结构 2。a）改进前。b）改进后（彩图见插页）

8.4.4 平面矩阵变压器的屏蔽技术 ★★★

PCB 绕组矩阵变压器具有完全交错的绕组，这会导致较大的分布式绕组间电容，因此，CM 噪声电流较大。已经做了大量工作来抑制隔离的 DC－DC 变换器中的 CM 噪声，该噪声主要是由高的 dv/dt 节点与地面之间的寄生电容中流过的位移电流引起的。已经开发了绕组间电容模型和 CM 噪声模型来预测噪声谱[49－51]，但均未对矩阵变压器结构进行分析。可以采用无源抵消方法或平衡技术来降低 CM 噪声[52－55]，但它们需要额外的无源元件，并且对元件和电路中的公差非常敏感。屏蔽技术是抑制 CM 噪声的一种有效方法[56－59]，并且如果采用 PCB 绕组，可以自动嵌入到 PCB 制造过程中[47]，但所有这些屏蔽方法都会造成额外损耗并降低效率。为了促进屏蔽技术的应用，开发矩阵变压器的绕组间电容和共模噪声模型，在不牺牲效率的情况下提出一种新的矩阵变压器屏蔽技术是非常有意义的。

但是由于 PCB 绕组完全交错，矩阵变压器具有很大的 CM 噪声电流。屏蔽技术是抑制共模噪声的一种有效方法。这是通过在一次绕组和二次绕组之间插入屏蔽层来实现的。有几种方法可以实现屏蔽技术。在文献[56]中，一次绕组和二次绕组都有多匝，并且采用两层相同的单匝铜箔作为屏蔽；靠近一次绕组的屏蔽层连接到一次的接地，而另一层连接到二次的接地。因此，一次侧产生的噪声将流向其旁边的屏蔽层，并循环回到一次的接地，一次侧引起的噪声也是如此。两个屏蔽层之间没有 CM 噪声，因为它们是相同的并且具有相同的电势分布。在文献[57]中，一次绕组和二次绕组都有多匝，采用一层单匝铜箔作为屏蔽，该屏蔽层连接到一次绕组，并特意地不完全覆盖二次绕组。在覆盖区域，CM 电流从二次绕组流向屏蔽层，然后流向一次的接地。在非覆盖区域，CM 电流从一次绕组流向二次绕组。通过平衡这 2 个电流，CM 噪声可以最小化。在文献[58，59]中，仅采用一层屏蔽，屏蔽层与二次绕组相同。屏蔽层连接到一次的接地，因此一次侧产生的噪声将通过屏蔽层流回到一次的地。这种方法是文献[47]中扩展的 PCB 绕组。

特别是对于 4 层 PCB 绕组矩阵变压器，只需在一次绕组和二次绕组之间放置 2 个屏蔽层即可实现屏蔽，如图 8.43 所示。每个屏蔽层连接到一次的接地。因此，一次绕组感应的 CM 噪声电流将流向屏蔽层，并循环回到一次的接地。屏蔽层与二次绕组相同，均为单匝绕组，因此它们具有相同的电势分布。因此，即使屏蔽层和二次绕组之间存在寄生电容，它们之间也没有 CM 电流，因为该寄生电容上的电势差为 0。

图 8.43 中的屏蔽技术是通过简单地在一次绕组和二次绕组之间放置两个屏蔽层来实现的。在全交错变压器中，一次和二次绕组之间的空间具有最高的磁动

势；当将 PCB 层作为屏蔽层放置在该空间中时，屏蔽层中会产生涡流。减小屏蔽层的厚度可以限制涡流损耗，然而，出于成本考虑，对于标准 PCB 制造，最薄的铜厚度为 0.5oz。实验证明，使用 0.5oz 铜厚度作为屏蔽层可以实现 20dB CM的噪声衰减，但代价是效率降低 0.2%[47]。

为了在不牺牲效率的情况下获得 CM 噪声衰减的好处，建议使用一半屏蔽层作为一次绕组，如图 8.44 所示[60]。定义了施加到一次绕组的电压激励为 V_{Pri}，则屏蔽层 2、4、6、8 的浮动节点的电势为 $+V_{Sh}=V_{Pri}/16$，而屏蔽层 1、3、5、7 的浮动节点的电势为 $-V_{Sh}$。通过将屏蔽层 2、4、6、8 的所有浮动节点连接到公共节点 S（在图 8.44 中标记为绿点），这些屏蔽层的并联连接用作一次绕组附加的 1 匝。这样做不会影响屏蔽层功能，因为图 8.44 中屏蔽层上的电势与二次绕组相同。

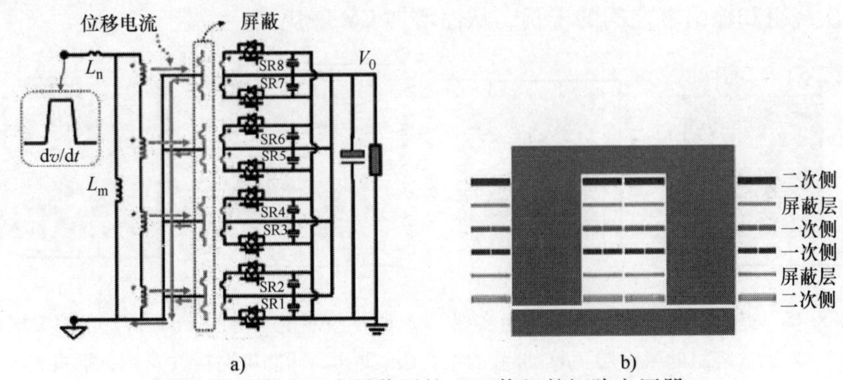

图 8.43　带有 2 个屏蔽层的 PCB 绕组的矩阵变压器。
a）示意图。b）横截面图。PCB，印制电路板（彩图见插页）

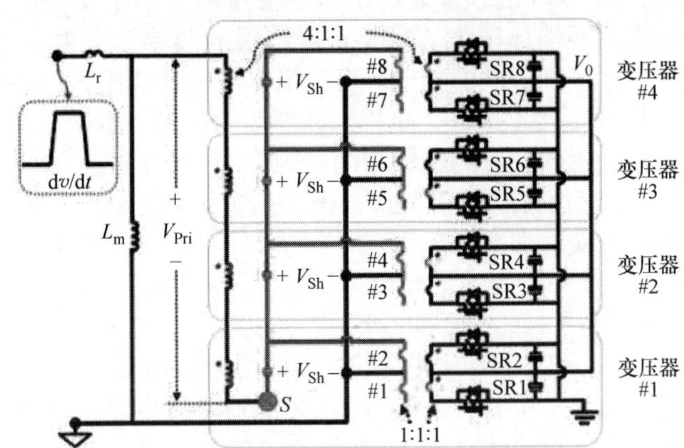

图 8.44　采用提出的屏蔽层结构的矩阵变压器示意图（彩图见插页）

因此，屏蔽层绕组和二次绕组之间的电势差为 0，因此没有 CM 电流。虽然一次绕组上的电势增加了 $+V_{Sh}$，但一次绕组感应的 CM 噪声电流仍在一次侧循环，因为屏蔽层连接到一次的接地。

当使用0.5屏蔽层作为一次绕组附加的1匝时，等效一次匝数与二次匝数比从16:1变为17:1。这样，对于给定的输出电压V_0和电流，一次电流减少了5.9%，这有助于将一次MOSFET传导损耗减少11%。绕组损耗的减少需要通过有限元分析（FEA）进行验证。在服务器应用中，LLC变换器的大多数变压器设计的匝数比在16:1~18:1之间[44,61,62]。当使用由4个基本变压器组成的矩阵变压器时，匝数比必须为16:1，因为它只能是一个乘以4的整数。但是，对于提出的屏蔽层，通过将屏蔽层用作附加匝数，匝数比可以为17:1。

提出屏蔽层采用的PCB绕组实施如图8.45所示。还包括二次绕组的接地连接和电压波动。屏蔽与二次绕组相同。为了实现提出的屏蔽结构，屏蔽绕组必须通过输出端周围的附加PCB走线连接到一次的接地和节点S，这将增加面积，造成一次绕组和输出端之间的干扰，从而增加CM噪声。

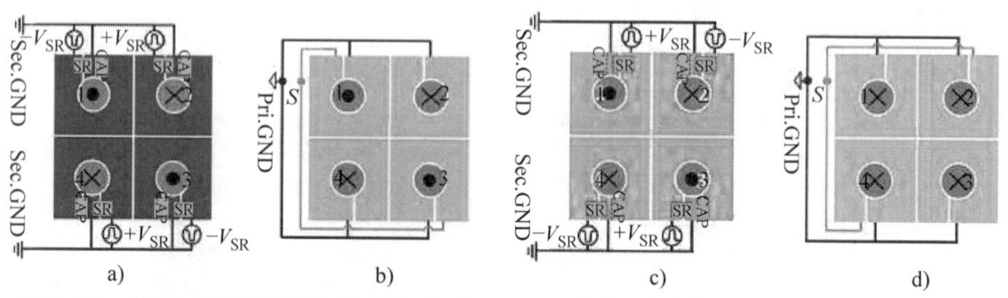

图8.45　提出屏蔽层利用PCB绕组实现。a）二次绕组的第1层。b）屏蔽的第2层。c）二次绕组的第6层。d）屏蔽的第5层。PCB，印制电路板（彩图见插页）

为了解决这个问题，屏蔽层布局可以旋转270°，如图8.46所示，同时仍能达到相同的效果。图8.46的顶部显示了基本变压器1的第5层屏蔽和第6层二次绕组。二次绕组的两端标记为A和B，屏蔽层的两端标记为A′和B′。B连接到二次的接地，B′连接到一次的接地。可以沿x轴拉伸绕组，以将绕组上每个点的电势映射到图8.46底部的U—x坐标。在图8.46a中，由于二次绕组和屏蔽层是相同的，在x轴上相同位置的电势相同，因此U—x坐标上的两条曲线相互交叠，在$x=0$处$U=V_{SR}$而在$x=L$处$U=0$。在图8.46b中，当屏蔽层旋转270°时，二次绕组保持不变。那么屏蔽层在$x=0$和$x=L$处$U=3/4\cdot V_{SR}$。由于屏蔽层在A′和B′端之间有一个开口，所以屏蔽层在$x=3/4\cdot L$的左边缘$U=0$而在$x=3/4\cdot L$的右边缘$U=V_{SR}$。从图8.46b中可以看出，有一个位移电流从二次绕组循环到屏蔽层，然后返回到二次绕组，因此尽管屏蔽层旋转了270°，但二次绕组和屏蔽层之间的净CM电流仍然为0。类似地，可以进一步证明，即使屏蔽层旋转任意角度，净电流也为0。

通过旋转屏蔽层，屏蔽层的2个端可以汇聚在矩阵变压器的中心，如图8.47所示。然后，屏蔽层的接地端可以通过PCB走线从中心连接到左边缘的中间，从而使一次PCB走线不会占据顶部和底部边缘的输出端，最大限度地减少一次和二次之间的相互作用。

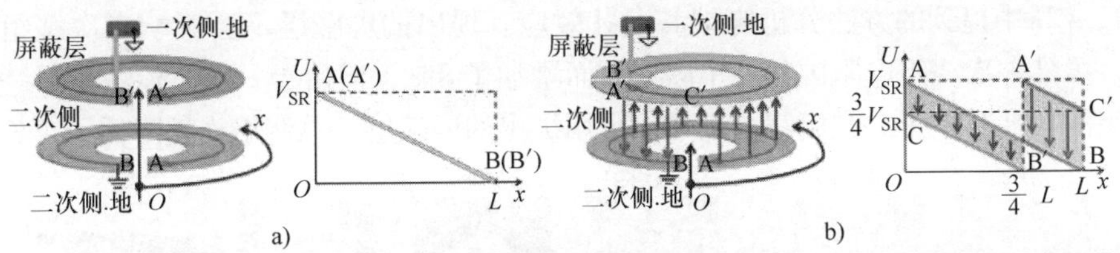

图8.46 二次绕组和屏蔽层上的电位。a）屏蔽层与二次绕组相同。b）屏蔽层旋转270°（彩图见插页）

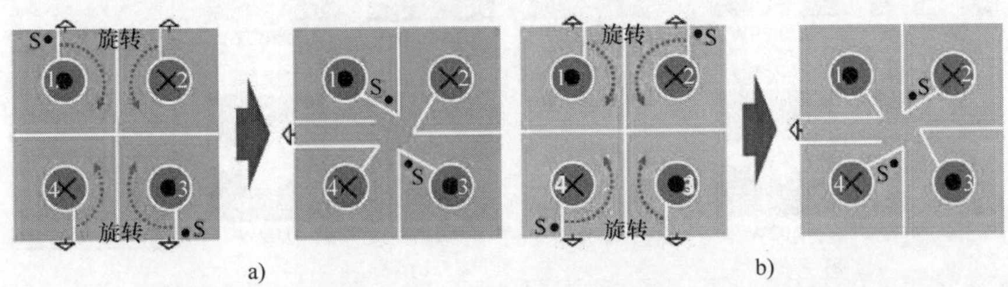

图8.47 旋转屏蔽层。a）第2层。b）第5层（彩图见插页）

如图8.48所示，PCB绕组的实现可以通过包括连接节点S的走线来完成。一次绕组和屏蔽层之间的连接也需要通孔。在提出的PCB绕组实现中，所有绕组和连接都限制在矩阵变压器所占空间中。虽然屏蔽层之间的连接增加了通孔，但由于一次电流小于5A并且分布到4组屏蔽层，因此与通孔相关的损耗相对较小。

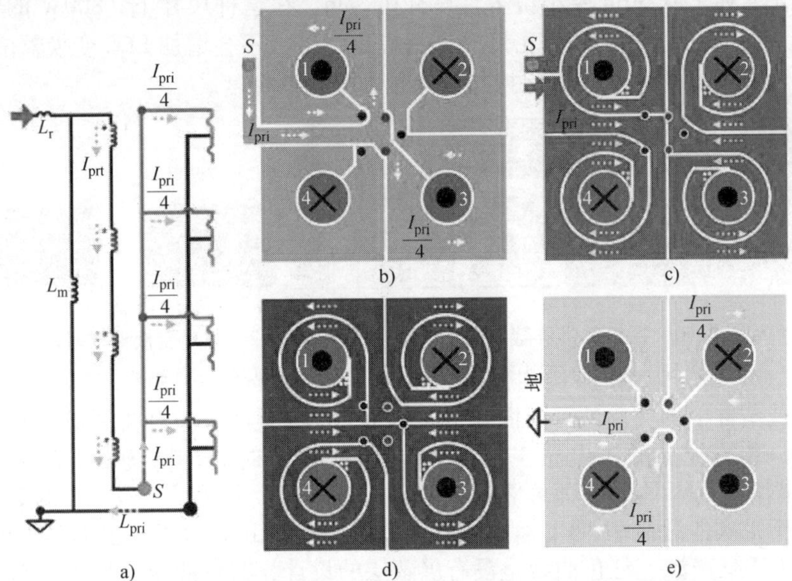

图8.48 提出的旋转屏蔽的PCB绕组实现。a）示意图。b）屏蔽的第2层。c）一次绕组的第3层。d）一次绕组的第4层。e）屏蔽的第5层。PCB，印制电路板（彩图见插页）

为了验证采用提出的屏蔽层降低绕组的损耗，FEA仿真结果如图8.49所示，其中通过消除通孔和终端将绕组理想化。二次1被设置为传导二次电流。使用文献

[41，42]中提到的方法分析终端和通孔效应。提出的屏蔽层不会影响二次绕组损耗。虽然一次绕组电阻因额外串联1匝而增加了8%，但由于一次电流减少，一次绕组的损耗减少了。在满载条件下，采用提出的屏蔽层，总绕组损耗降低了4%。

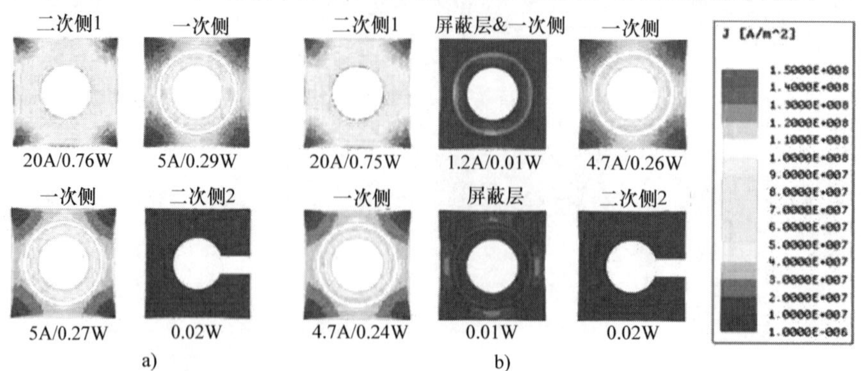

图8.49　绕组损耗的仿真。a）无屏蔽层。b）有屏蔽层（彩图见插页）

8.4.5　硬件演示 ★★★

图8.50所示为1MHz 800W 400V/12V LLC变换器样机，采用提出的矩阵变压器（1个磁心中有4个基本变压器）和屏蔽层。其占用空间与1/4砖相同，但高度比1/4砖的0.50in要小得多，只有0.27in。在这种尺寸下，800W的输出功率相当于约900W/in^{3}的功率密度。添加提出的屏蔽不会增加LLC变换器的体积。样品在没有屏蔽层的情况下保持与设计相同的功率密度。

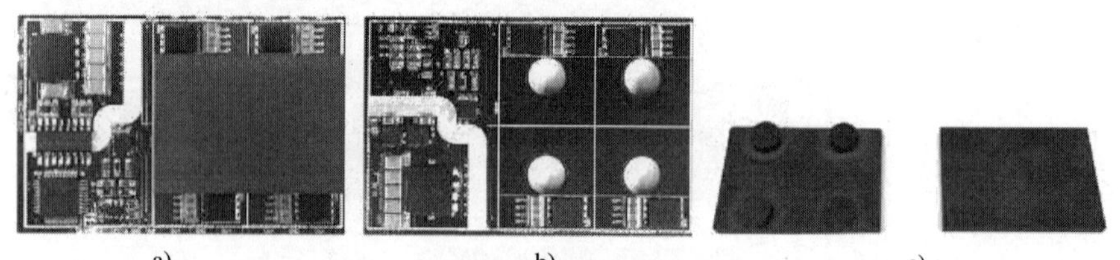

图8.50　提出的带屏蔽层的1MHz 800W 400V/12V LLC变换器样机。
a）样机的顶视图。b）无磁心样机的底视图。c）磁心

满载条件下的实验波形如图8.51a所示。结果表明，主开关漏极-源极电压V_{ds_Q2}和SR漏极-源极电压V_{ds_SR2}、V_{ds_SR4}在死区时间均降为0，因此实现了ZVS。谐振电流i_{Lr}刚好在死区之前接触到磁化电流，从而实现了SR的ZCS。此外，由于二次泄漏最小，V_{ds_SR}中没有振铃。图8.51b显示了提出的LLC变换器测量的CM噪声谱。红色曲线是没有屏蔽层的设计，蓝色曲线是采用提出的屏蔽层的设计。提出的屏蔽层可以将CM噪声衰减约30dB，并且这种衰减在高达30MHz的所有感兴趣频谱中都是有效的。传统的CM扼流圈由于其寄生电容而不能在非常高的频率范围内实现如此好的衰减效果。

提出的在1个磁心中有4个变压器的LLC变换器效率的测量结果如图8.52

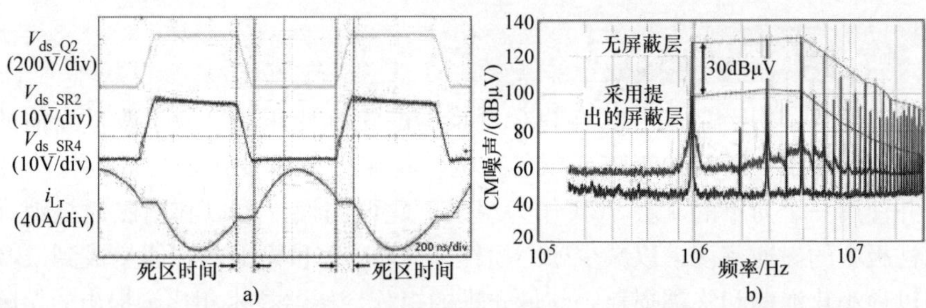

图 8.51　实验结果。a）谐振频率下满载条件下的波形。b）测量的 CM 噪声谱。CM，共模

所示。与无屏蔽层设计相比，提出的屏蔽层绕组可将满载效率从 97.2% 提高到 97.4%，并将峰值效率从 97.6% 提高到了 97.7%。由于以下原因，建议的屏蔽层设计的轻负载效率略低：由于一次绕组中额外的一匝，提出的屏蔽层绕组设计具有更高的 V_{IN}，而与无屏蔽层绕组的设计相同的 V_0，导致更高的关断损耗；一次 RMS 电流主要由轻载条件下的磁化电流决定，这对于两种设计几乎相同，而提出的屏蔽层设计具有更高的一次绕组电阻，如第 8.4.4 节所述，因此在轻载条件下有更高的传导损耗；在不用作一次绕组的屏蔽层上存在额外的涡流损耗。

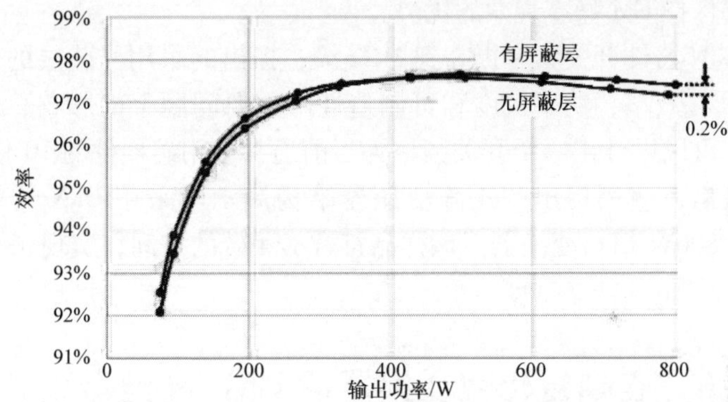

图 8.52　提出的 1 个磁心中有 4 个变压器的 LLC 变换器效率的测量结果

图 8.53 给出了提出的 LLC 变换器在满载、25℃环境温度和 200 LFM（每分钟线性 ft[⊖]数）风扇速度下的热测试结果。与无屏蔽层的设计相比，由于更高的效率、改进的布局和多两层的铜层来散热，提出的设计具有更好的热性能。

a)

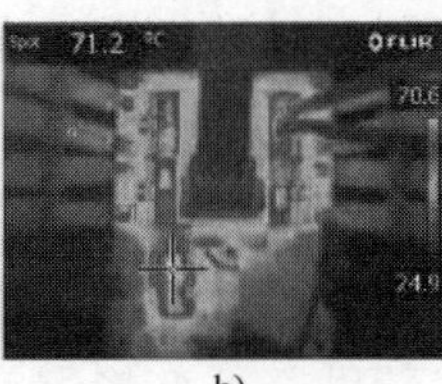

b)

c)

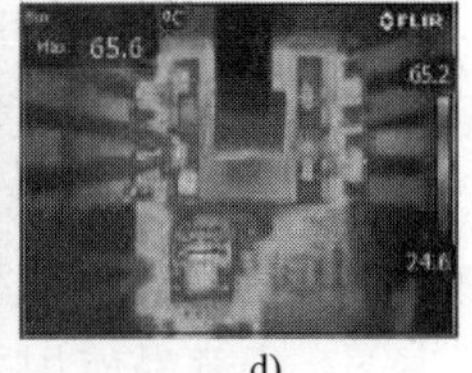

d)

图 8.53　满载下的热测试。a）无屏蔽层的样机设置。b）有屏蔽层的样机设置。c）无屏蔽层的热图像。d）有屏蔽层的热图像（彩图见插页）

⊖ 1ft = 0.3048m。

8.4.6 小结 ★★★

本节研究了用于高输出电流 LLC 变换器的矩阵变压器。为了改进当前的设计实践，提出了一种新的矩阵变压器结构，将 4 个基本变压器集成到 1 个磁心中，并使用一个简单的 4 层 PCB 作为绕组。建议的设计可以利用磁通抵消并降低磁性板中的磁通密度，以减少磁心损耗，并将 SR 和输出电容器集成到二次绕组中以最小化泄漏和终端损耗。与最先进的矩阵变压器技术相比，提出的矩阵变压器的磁心损耗减少了一半以上。由于磁心损耗大大降低，简单的 4 层 PCB 绕组和集成的磁性结构，提出的矩阵变压器优于最先进的变压器。

然而，PCB 绕组矩阵变压器受到 PCB 绕组的大绕组间电容的影响，这会导致较大的 CM 噪声。当应用 GaN 器件时，这种情况更加严重，因为它比 Si 器件具有更高的 dv/dt。屏蔽层是在所有感兴趣的频谱中衰减 CM 噪声的有效方法，更适合 PCB 绕组，因为它可以自动嵌入到制造过程中。但是屏蔽层将导致额外的损耗并降低效率。本节提出了一种新型屏蔽层结构，利用一半屏蔽层作为一次绕组，同时仍保持 CM 噪声衰减的优势。

通过将 GaN 器件开关频率提高到 MHz 级，提出的采用屏蔽层的矩阵变压器可以展示 GaN 在效率、功率密度和可制造性等重要问题上的影响。通过本节中的学术贡献，可以设计出一个开关频率为当前通常使用硅器件的 10 倍甚至 20 倍的变换器。最后，使用提出的矩阵变压器结构演示了采用 GaN 器件的 1MHz、380㊀V/12V、800W LLC 变换器。该样品符合 1/4 砖的空间，实现了 97.7% 的峰值效率和 900W/in^3 的功率密度。

8.5 高频氮化镓变换器的 EMI 滤波器设计

在前面的章节中，已经演示了 GaN 基高频 PFC 级和 DC – DC 级。为了通过 EMI 标准，需要一个 EMI 滤波器。通常，EMI 滤波器将占据电源总体积的 1/4 ~ 1/3。图 8.54 显示了传统的两级 EMI 滤波器设计。可以看出，滤波器拓扑是两级 LC 滤波器结构。因此，该滤波器的尺寸非常大。此外，两级 EMI 滤波器需要更多的电感器和电容器元件，这增加了成本。

使用 GaN 器件，开关频率可以比传统设计提高 10 倍。这不仅可以提高 PFC 和 DC – DC 变换器的功率密度，而且有助于改进 EMI 滤波器设计。在 MHz 级开关频率下，很容易应用平衡和屏蔽技术来帮助降低变换器产生的 EMI 噪声。此外，由于开关频率高出 10 倍，因此 EMI 滤波器的角频率可以比传统设计高得

㊀ 此处原书有误。——译者注

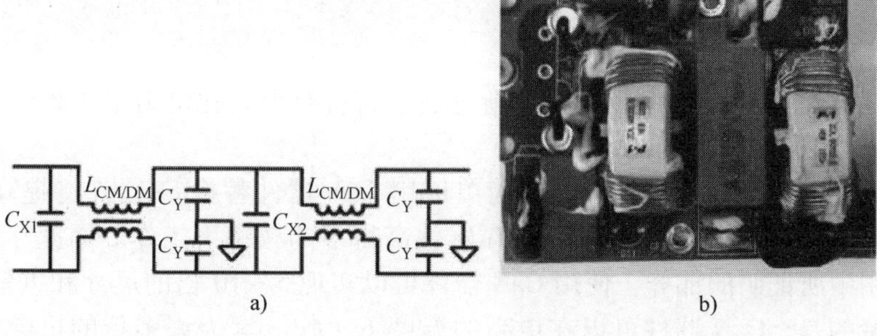

图 8.54　传统的两级 EMI 滤波器。a）滤波器拓扑。b）产品图片

多。这提供了使用简单的单级 EMI 滤波器结构来实现所需 EMI 噪声衰减的机会。

图 8.55 显示了单级 EMI 滤波器的设计。与传统的两级 EMI 滤波器设计相比，单级 EMI 滤波要简单得多。它需要较少的元件并且体积小。与传统的两级 EMI 滤波器设计相比，使用单级 EMI 滤波器可以实现 80% 的体积缩减。

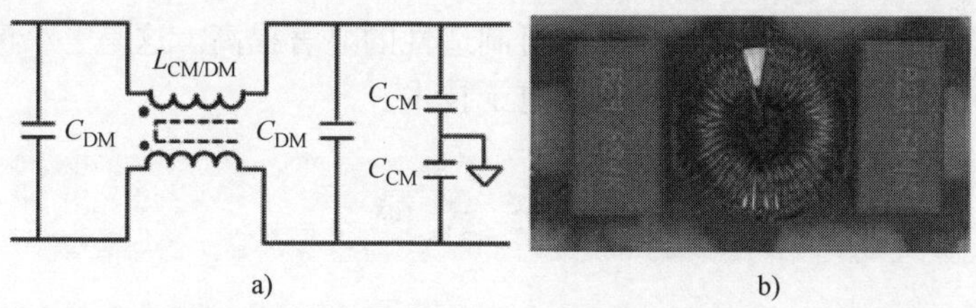

图 8.55　简单的单级 EMI 滤波器。a）滤波器拓扑。b）样机图片

图 8.56 显示了该单级 EMI 滤波器的衰减结果。可以看出，简单紧凑的单级 EMI 滤波器可以实现所需的衰减。使用 GaN 器件，开关频率可以提高到 MHz 级以上。因此，EMI 滤波器、PFC 变换器和 DC - DC 变换器的体积可以大大减小。服务器电源的功率密度可以比传统设计提高 10 倍。

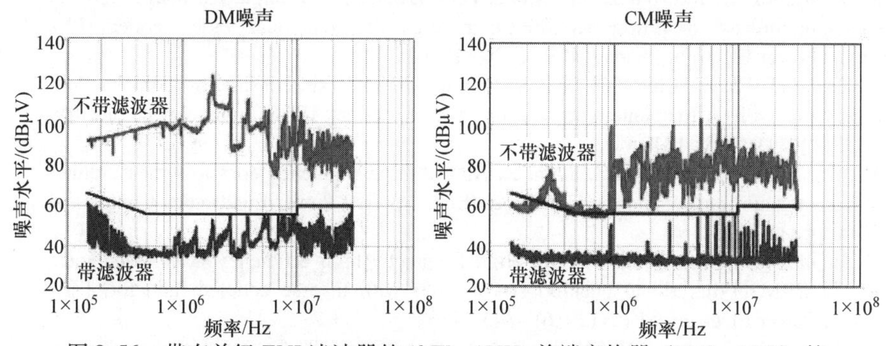

图 8.56　带有单级 EMI 滤波器的 1kW、1MHz 前端变换器（PFC + LLC）的 EMI 测试结果。PFC，功率因数校正

8.6 小　　结

总之，随着 GaN 功率器件的最新进展，它将对模块化电力电子构建模块向系统级集成的发展产生重大影响。

显然，对于任何给定的设计，简单地用 GaN 器件替换 Si 器件将提高效率。此外，很明显，GaN 器件可以在比 Si 器件高得多的频率下工作。因此，正如在一些应用中所证明的那样，使用 GaN 器件可以实现 5 ~ 10 倍的尺寸和重量减小。同样清楚的是，GaN 器件可以在更高的温度下工作。这为许多新的机会打开了大门，例如，在发动机舱内将电力电子技术与飞机发动机集成，在汽车中将电力电子技术与发动机集成，或在炎热的屋顶上安装 PV 逆变器。

然而，为了充分发挥 GaN 器件的潜力，应该从挑战目前的设计实践开始，这在过去被认为是理所当然的。也许，以前无法想象的某些设计折中不仅可以显著的提高性能，还可以大幅减少制造和装配过程所需的劳动力，最终导致成本降低。首先，我们应该注意从可制造性的理念开始设计。基于这一思想，本章的几个例子已经证明了功率密度、效率和可制造性的显著提高。这是一个激动人心的时刻，因为我们正在进入下一代电力电子技术。

参考文献

[1] X. Huang, Z. Liu, Q. Li, F.C. Lee, Evaluation and application of 600 V GaN HEMT in cascode structure, IEEE Trans. Power Electron. 29 (5) (2014) 2453−2461.

[2] Z. Liu, X. Huang, F.C. Lee, Q. Li, Package parasitic inductance extraction and simulation model development for the high-voltage cascode GaN HEMT, IEEE Trans. Power Electron. 29 (4) (2014) 1977−1985.

[3] Y. Ren, M. Xu, J. Zhou, F.C. Lee, Analytical loss model of power MOSFET, IEEE Trans. Power Electron. 21 (2) (2006) 310−319.

[4] M. Rodriguez, A. Rodriguez, P.F. Miaja, D.G. Lamar, J.S. Zuniga, An insight into the switching process of power MOSFETs: an improved analytical losses model, IEEE Trans. Power Electron. 25 (6) (2010) 1626−1640.

[5] Z. Zhang, J. Fu, Y. Liu, P.C. Sen, Switching loss analysis considering parasitic loop inductance with current source drivers for buck converters, IEEE Trans. Power Electron. 26 (7) (2011) 1815−1819.

[6] M. Mu, F.C. Lee, Q. Li, D. Gillham, K. Ngo, A high frequency core loss measurement method for arbitrary excitations, in: Proc. IEEE Applied Power Electronics Conference, 2011, pp. 157−162.

[7] X. Huang, F.C. Lee, Q. Li, W. Du, High frequency high efficiency GaN-based interleaved CRM bi-directional buck/boost converter with inverse coupled inductor, IEEE Trans. Power Electron. 31 (6) (2016) 4343−4352.

[8] O. Hegazy, R. Rarrero, J.V. Mierlo, P. Lataire, N. Omar, T. Coosemans, An advanced power electronics interface for electric vehicles applications, IEEE Trans. Power Electron. 28 (12) (2013) 5508−5521.

[9] M.A. Khan, A. Ahmed, I. Husain, Y. Sozer, M. Badawy, Performance analysis of bidirectional DC–DC converters for electric vehicles, IEEE Trans. Ind. Appl. 51 (4) (2015) 3442–3452.

[10] H.F. Ahmed, H. Cha, S. Kim, D. Kim, H. Kim, Wide load range efficiency improvement of a high-power-density bidirectional DC–DC converter using an MR fluid-gap inductor, IEEE Trans. Ind. Appl. 51 (4) (2015) 3216–3226.

[11] W. Zhang, D. Dong, I. Cvetkovic, F.C. Lee, D. Boroyevich, Lithium-based energy storage management for DC distributed renewable energy system, in: Proc. IEEE Energy Conversion Congress & Expo., 2011, pp. 3270–3277.

[12] J. Baek, W. Choi, B. Cho, Digital adaptive frequency modulation for bidirectional DC–DC converter, IEEE Trans. Ind. Electron. 60 (11) (2013) 5167–5176.

[13] Z. Liu, X. Huang, M. Mu, Y. Yang, F.C. Lee, Q. Li, Design and evaluation of GaN-based dual-phase interleaved MHz critical mode PFC converter, in: Proc. IEEE ECCE, 2014, pp. 611–616.

[14] D. Reusch, J. Strydom, Evaluation of gallium nitride transistor in high frequency resonant and soft-switching DC–DC converters, IEEE Trans. Power Electron. 30 (9) (2015) 5151–5158.

[15] X. Huang, Z. Liu, F.C. Lee, Q. Li, Characterization and enhancement of high-voltage cascode GaN devices, IEEE Trans. Electron. Devices 62 (2) (2015) 270–277.

[16] X. Huang, Q. Li, Z. Liu, F.C. Lee, Analytical loss model of high voltage GaN HEMT in cascode configuration, IEEE Trans. Power Electron. 29 (5) (2014) 2208–2219.

[17] P. Wong, Q. Wu, P. Xu, Y. Bo, and F.C. Lee, Investigating coupling inductors in the interleaving QSW VRM, in: Proc. IEEE Applied Power Electronics Conference, 2000, pp. 973–978.

[18] B. Su, J. Zhang, Z. Lu, Totem-pole boost bridgeless PFC rectifier with simple zero-current detection and full-range ZVS operating at the boundary of DCM/CCM, IEEE Trans. Power Electron. 26 (2) (2011) 427–435.

[19] C. Marxgut, F. Krismer, D. Bortis, J.W. Kolar, Ultraflat interleaved triangular current mode (TCM) single-phase PFC rectifier, IEEE Trans. Power Electron. 29 (2) (2014) 873–882.

[20] L. Zhou, Y.-F. Wu, U. Mishra, True bridgeless totem-pole PFC based on GaN HEMTs, PCIM Eur. (2013) 1017–1022.

[21] Y. Yang, Z. Liu, F.C. Lee, Q. Li, Analysis and filter design of differential mode EMI noise for GaN-based interleaved MHz critical mode PFC converter, in: Proc. IEEE ECCE, 2014, pp. 4784–4789.

[22] Z. Liu, F.C. Lee, Q. Li, Y. Yang, Design of GaN-based MHz totem-pole PFC rectifier, IEEE J. Emerg. Sel. Top. Power Electron. 4 (3) (2016) 799–807.

[23] B. Su, Z. Lu, An interleaved totem-pole boost bridgeless rectifier with reduced reverse-recovery problems for power factor correction, IEEE Trans. Power Electron. 25 (6) (2010) 1406–1415.

[24] L. Huang, W. Yao, Z. Lu, Interleaved totem-pole bridgeless PFC rectifier with ZVS and low input current ripple, in: Proc. IEEE Energy Convers. Congr. Expo., 2015, pp. 166–171.

[25] J.W. Kim, S.M. Choi, K.T. Kim, Variable on-time control of the critical conduction mode boost power factor correction converter to improve zero-crossing distortion, in: Proc. IEEE Power Electronics and Drive Systems Conf. (PEDS), Nov. 2005, pp. 1542–1546.

[26] Z. Liu, Z. Huang, F.C. Lee, Q. Li, Digital-based interleaving control for GaN-based MHz CRM totem-pole PFC, in: IEEE Applied Power Electronics Conference and Exposition (APEC), Long Beach, CA, USA, 2016, pp. 1847–1852.

[27] P. Wong, P. Xu, B. Yang, F.C. Lee, Performance improvements of interleaving VRMs with coupling inductors. IEEE Trans. Power Electron. 16 (4) (2001) 499–507.

[28] Ernest Orlando Lawrence Berkeley National Laboratory, United States Data Center Energy Usage Report, June 2016.

[29] A. Pratt, P. Kumar, T.V. Aldridge. Evaluation of 400 V DC distribution in telco and data centers to improve energy efficiency, in: Proc. IEEE INTELEC, 2007, pp. 32–39.

[30] G. AlLee, W. Tschudi, Edison redux: 380 V dc brings reliability and efficiency to sustainable data centers, IEEE Power Energy Mag. 10 (6) (2012) 50–59.

[31] S.M. Lisy, B.J. Sonnenberg, J. Dolan. Case study of deployment of 400 V DC power with 400 V/ – 48 V DC conversion, in: Proc. IEEE INTELEC, 2014, pp. 1–6.

[32] Vicor white paper, From 48 V Direct to Intel VR12.0: Saving 'Big Data' $500000 Per Data Center, Per Year. [online]: ⟨http://www.vicorpower.com/documents/whitepapers/wp_VR12.pdf⟩, July 2012.

[33] International Electronics Manufacturing Initiative, iNEMI Statement of Work (SOW) DC–DC Power Module, Phase 2. [online]: ⟨http://thor.inemi.org/webdownload/2015/SOW_DC-DC_Power_Module_Phase2_050115.pdf⟩, May 2015.

[34] B. Yang, F.C. Lee, A.J. Zhang, G. Huang, LLC resonant converter for front end DC/DC conversion, in: Proc. IEEE APEC, 2002, pp. 1108–1112.

[35] B. Yang, Y. Ren, F.C. Lee, Integrated magnetic for LLC resonant converter, in: Proc. IEEE APEC, 2002, pp. 346–351.

[36] B. Lu, W. Liu, Y. Liang, F.C. Lee, J.D. Van Wyk. Optimal design methodology for LLC resonant converter, in Proc. IEEE APEC, 2006, pp. 533–538.

[37] D. Fu, B. Lu, F.C. Lee. 1MHz high efficiency LLC resonant converters with synchronous rectifier, in Proc. IEEE PESC, 2007, pp. 2404–2410.

[38] F.C. Lee, S. Wang, P. Kong, C. Wang, D. Fu, Power architecture design with improved system efficiency, EMI and power density, in: Proc. IEEE PESC, 2008, pp. 4131–4137.

[39] S. Ji, D. Reusch, F.C. Lee, High-frequency high power density 3-D integrated gallium-nitride-based point of load module design, IEEE Trans. Power Electron. 28 (9) (2013) 4216–4226.

[40] D. Reusch, F.C. Lee, High frequency bus converter with low loss integrated matrix transformer, in: Proc. IEEE APEC, 2012, pp. 1392–1397.

[41] D. Huang, S. Ji, F.C. Lee, LLC resonant converter with matrix transformer, IEEE Trans. Power Electron. 29 (8) (2014) 4339–4347.

[42] M. Mu, F.C. Lee, Design and optimization of a 380 V–12 V high-frequency, high-current LLC converter with GaN devices and planar matrix transformers, IEEE J. Emerg. Sel. Top. Power Electron. 4 (3) (2016) 854–862.

[43] D. Fu, F.C. Lee, and S. Wang, Investigation on transformer design of high frequency high efficiency dc–dc converters, in: Proc. IEEE APEC, 2010, pp. 940–947.

[44] C. Yan, F. Li, J. Zeng, T. Liu, and J. Ying, A novel transformer structure for high power, high frequency converter, in: Proc. IEEE PESC, 2007, pp. 940–947.

[45] E. Herbert, Design and application of matrix transformers and symmetrical converters, in: Presented at High Freq. Power Convers. Conf., Santa Clara, CA, USA, May 1990.

[46] K.D.T. Ngo, E. Alpizar, J.K. Watson, Modeling of losses in a sandwiched-winding matrix transformer, IEEE Trans. Power Electron. 10 (4) (1995) 427–434.

[47] Y. Yang, D. Huang, F.C. Lee, Q. Li, Analysis and reduction of common mode EMI noise for resonant converters, in: Proc. IEEE APEC, 2014, pp. 566–571.

[48] C. Fei, F.C. Lee, Q. Li, High-efficiency high-power-density LLC converter with an integrated planar matrix transformer for high output current applications, IEEE Trans. Ind. Electron. 64 (11) (2017) 9072−9082.

[49] D. Fu, P. Kong, S. Wang, F.C. Lee, M. Xu, Analysis and suppression of conducted EMI emissions for front-end LLC resonant DC/DC converters, in: Proc. IEEE PESC, 2008, pp. 1144−1150.

[50] D. Fu, S. Wang, P. Kong, F.C. Lee, D. Huang, Novel techniques to suppress the common-mode EMI noise caused by transformer parasitic capacitances in dc−dc converters, IEEE Trans. Ind. Electron. 60 (11) (2013) 4968−4977.

[51] L. Xie, X. Ruan, Z. Ye, Equivalent noise source: an effective method for analyzing common-mode noise in isolated power converters, IEEE Trans. Ind. Electron. 63 (5) (2016) 2913−2924.

[52] S. Wang, F.C. Lee, Analysis and applications of parasitic capacitance cancellation techniques for EMI suppression, IEEE Trans. Ind. Electron 57 (9) (2010) 3109−3117.

[53] D. Cochrane, D.Y. Chen, D. Boroyevic, Passive cancellation of common-mode noise in power electronic circuits, IEEE Trans. Power Electron. 18 (3) (2003) 756−763.

[54] P. Kong, S. Wang, F.C. Lee, Z. Wang, Reducing common-mode noise in two-switch forward converter, IEEE Trans. Power Electron. 26 (5) (2011) 1522−1533.

[55] Y. Chu, S. Wang, A generalized common mode current cancellation approach for power converters, IEEE Trans. Ind. Electron 62 (7) (2015) 4130−4140.

[56] L. Pentti, O. Hyvönen, Electrically decoupled integrated transformer having at least one grounded electric shield, U.S. Patent 7733205 B2, Jun. 8, 2010.

[57] S. Lin, M. Zhou, W. Chen, J. Ying, Novel methods to reduce common-mode noise based on noise balance, in: Proc. IEEE PESC, 2006.

[58] C.W. Park, Method and apparatus for substantially reducing electrical earth displacement current flow generated by wound components without requiring additional windings, U.S. Patent 7109836 B2, Sep. 19, 2006.

[59] Y. Yang, D. Huang, F.C. Lee, Q. Li, Transformer shielding technique for common mode noise reduction in isolated converters, in: Proc. IEEE ECCE, 2013, pp. 4149−4153.

[60] C. Fei, Y. Yang, Q. Li, F.C. Lee, Shielding technique for planar matrix transformers to suppress common-mode EMI noise and improve efficiency, IEEE Trans. Ind. Electron. 65 (2) (2018) 1263−1272.

[61] Texas Instruments, LLC Resonant Half-Bridge Converter, 300-W Evaluation Module. [online]: ⟨http://www.ti.com/lit/ug/sluu361/sluu361.pdf⟩, April 2009.

[62] Texas Instruments, Digitally Controlled LLC Resonant Half-Bridge DC−DC Converter, [online]: ⟨http://www.ti.com/lit/ug/sluub97a/sluub97a.pdf⟩, Jan. 2016.

第9章 碳化硅器件的应用

9.1 回　顾

在设计的初期，个人信念就会引导创造热情和灵感的大爆发。至少，当第一次测试 SiC 原型的应用时，电力电子工程师们表现出了很大的创造热情，此外，在一切正常之前，他们还展示了几次爆发性的创新。第一个 SiC 晶体管原型是在 10 多年前问世的。当然，很多年前就有了一些原型，但它们主要是半导体物理学家为了改进器件及其工艺而手工制造的。电路设计的真正乐趣开始于电力电子研究工程师进行首次设计，以适当的体积获得相当稳定和可用的样品。这些主要发生在 2006 ~ 2009 年。

SiC 晶体管非常昂贵，对于某些应用来说，如今仍然太贵了。因此，特别是在一开始，它必须是一种解决新的器件技术的高价值的应用。除了军事和恶劣的环境应用外，可再生能源系统是最有前途的工业应用，增长率很高。特别是对于光伏（PV）逆变器，SiC 晶体管是提高效率和降低系统成本的理想器件。PV 逆变器的功率范围（3 ~ 15kVA）符合第一批 SiC 晶体管和模块样品的电流范围，而风力涡轮机的逆变器高于 800kVA，完全超出了 SiC 的可行范围。今天，情况有所不同。

当然，汽车行业也对其进行了密切关注，但它们仍为器件的成本和电压范围而苦苦挣扎。2007 年前后，商用 650V SiC 肖特基二极管与硅绝缘栅双极型晶体管（IGBT）在汽车工业中并不常见。当时，它甚至被视为未来设计的关键。

而与此同时，SiC 肖特基二极管自第一代以来已经用于商用 PV 逆变器中，以减少开关损耗并提高效率。

提高效率、减小体积和改善系统性能是所有类型电力电子技术发展的总目标。但问题始终是，为了向新技术迈进一步，这些改进有什么价值呢？特别是对于 PV 逆变器的应用，可以利用所有这些选项的优势。

图 9.1 显示了分别采用 1200V Si IGBT 与第一个可用的 SiC 金属氧化物半导体场效应晶体管（MOSFET）的三相 7kVA 光伏逆变器工程样品的欧洲效率的比较。仅仅通过更换器件，就可以将效率提高 2.4%。开关频率为 16kHz，这是当

时该功率范围内 PV 逆变器的常见开关频率[1]。

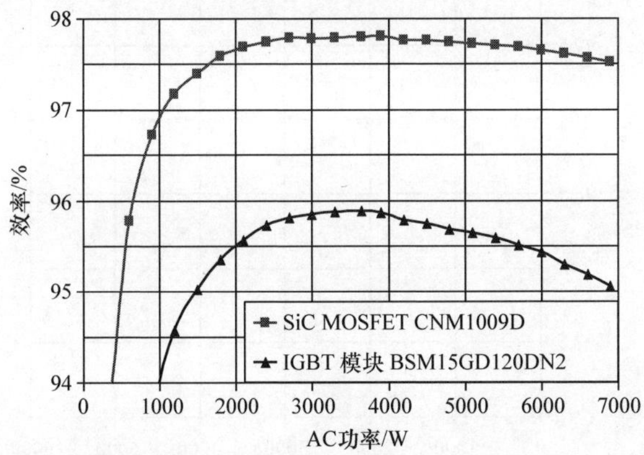

图 9.1　采用 1200V Si IGBT 与 1200V SiC MOSFET 的三相 7kVA 光伏逆变器的效率比较[1]

10 年前，欧洲的 PV 上网电价定得很高，以支持向可再生能源发电的转变，因此，效率的提高导致了能量收集的增加和经济效益的增加，如表 9.1 所示。因此，在逆变器的使用寿命内，SiC 器件额外的更高成本是可以承受的。

表 9.1　基于当地上网电价，2009 年开发的 7kVA 光伏逆变器系统由于效率提高了 2.4% 而带来的年度财务收益

	最高上网电价（2009 年）/kWh	财务收益/年
德国弗莱堡	0.49 欧元	81 欧元
西班牙阿尔梅里亚	0.44 欧元	145 欧元
法国马赛	0.55 欧元	164 欧元

如图 9.2 所示，在一个 HERIC 拓扑结构的 5kVA 单相 PV 逆变器中，对常关的结栅极场效应晶体管（JFET）类似的研究。开关频率为 16kHz。最高效率可以达到 99%，这是当时的世界纪录[2]。

SiC 晶体管的适用性研究不仅在研究所进行，而且也在工业界进行。因此，在第一代 SiC 器件商业化后不久，第一代逆变器产品也随之问世。

2011 年，SMA 发布了一款商用 20kVA 三相 PV 逆变器（SUNNY TRIPOWER 15000TL/20000TL)，采用 SiC 晶体管的三级拓扑结构。其最高效率为 99%[3]。

随着上网电价逐年下降，很明显，不仅最高效率可以成为成本优化系统设计的主要目标；此外，还必须改进逆变器的设计，以应对日益增长的成本压力。图 9.3 显示了 5kVA PV 逆变器的成本分担情况，这是 2009 年在三相全桥中使用 1200V IGBT 的情况[1]。

可以看出，电感器的成本份额几乎是 IGBT 成本的 2 倍。此外，无源冷却的散热器的成本也高于半导体。考虑到这一点，很明显，由于更高的效率和上网电

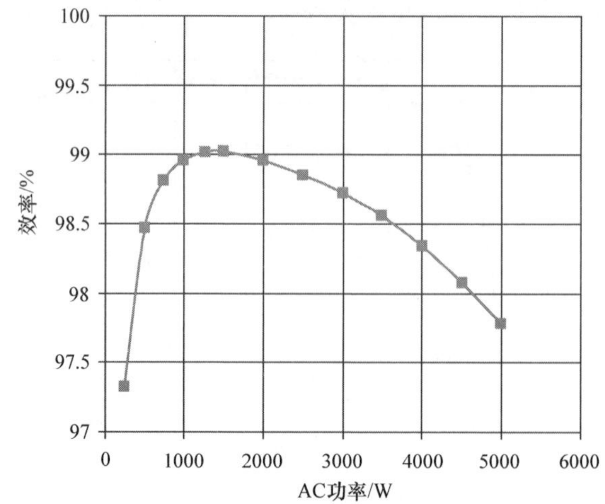

图 9.2　带常关 JFET 的单相光伏逆变器的最大效率为 99%[2]

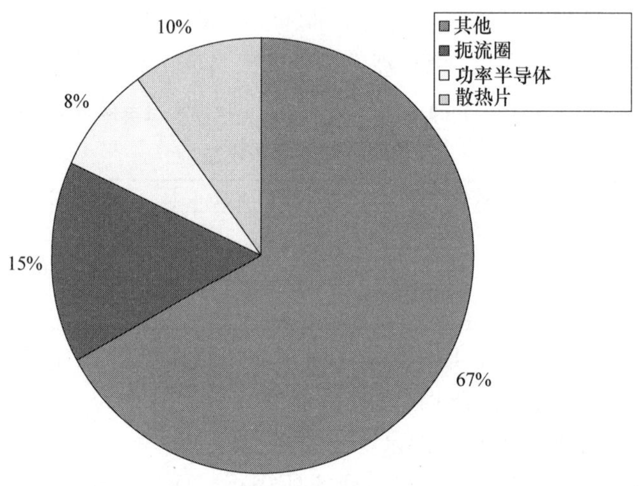

图 9.3　带有 IGBT 和 16kHz 开关频率的 5kVA 三相光伏逆变器的相关成本[1]（彩图见插页）

价，成本效益大于收入的增加。如图 9.4 所示，在开关频率高达 144kHz 的情况下进行了测试，这远远超出了当时最先进的水平。但是也可以看出，效率太低，因为对于两级拓扑结构来说，开关损耗太高。像 144kHz 这样较高的开关频率和 98% 以上的高效率也是可能的，但只有三级拓扑结构。这需要 2 倍的器件数量，对早期在 SiC 晶体管是不经济的。

PV 逆变器不仅包括一个逆变器级。对于串式逆变器，通常需要一个额外的升压级，以将 PV 串的最大功率点（MPP）电压与电网馈电所需的 DC 链路电压

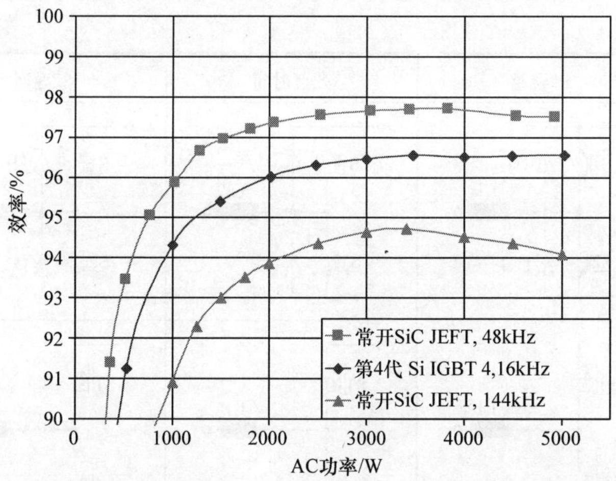

图 9.4　带常关 SiC JFET 和 Si IGBT 的 5kVA 三相全桥逆变器的效率[2]

相匹配。图 9.5 显示了 1200V IGBT 和 1200V SiC BJT 的效率比较。它是三相逆变器的升压器，因此 1200V 器件必须用于 650 ~ 900V 的普通 DC 链路范围。开关频率为 48kHz[4]。

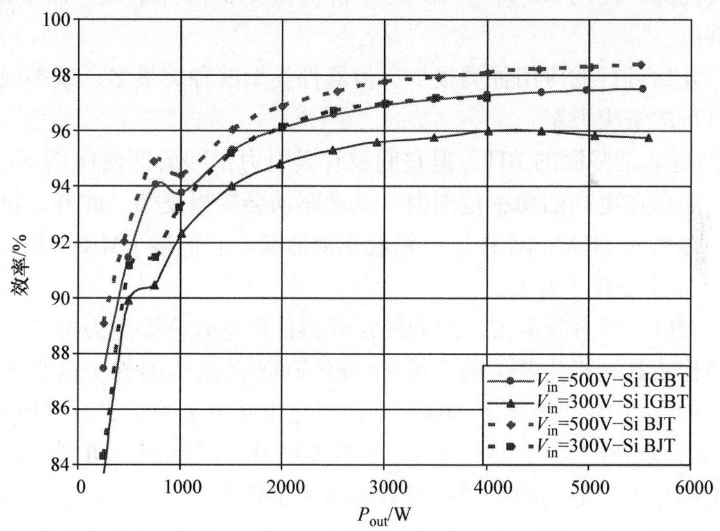

图 9.5　1200V IGBT 和 1200V SiC BJT 在 48kHz 下，不同输入电压和 700V 输出电压下的升压效率[4]

单极 SiC 晶体管的主要优点是有机会使用同步整流，如图 9.6 所示。传导损耗可以进一步降低，因为只有在桥之间的换流期间，相电流必须由二极管传导，以避免短路。

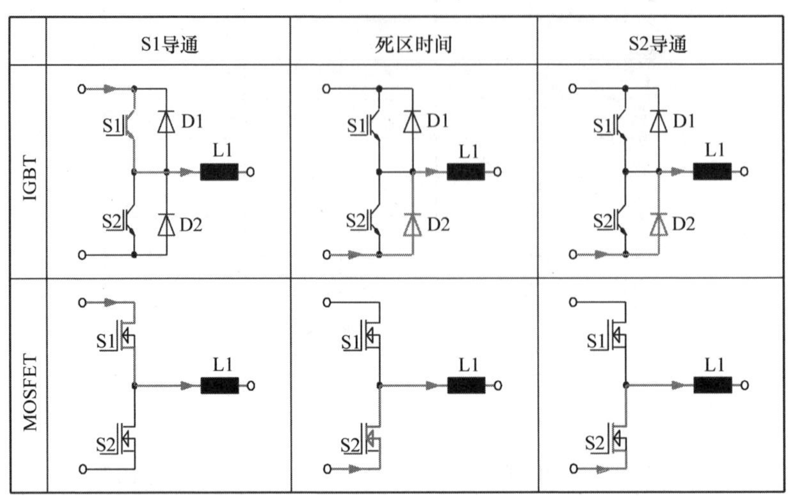

图 9.6　IGBT 和 SiC MOSFET 桥部分之间的换流[1]

除了减少开关损耗外，这是 SiC MOSFET 相对于任何由 Si 或 SiC 制造的双极器件的主要优势。使用 SiC MOSFET 的全桥仅由 6 个器件组成，而不是 12 个 Si 半导体器件。

虽然一开始可行的应用种类很少，但器件类型的种类最多，或多或少都被认为是一种可行的解决方案：

• 虽然有非常坚固的 BJT，但它们没有吸引力，因为即使使用 SiC，电流增益也太低，因此在更高的功率范围内，基极驱动会变得复杂。此外，没有同步整流的选项。瑞典的 TRANSIC 在这一领域非常活跃。它们被 FAIRCHILD 收购，但 FAIRCHILD 后来停止了开发。

• 常开 JFET 没有吸引力，因为纯常开器件不适合许多电力电子应用。它们需要级联结构将其转换为常关的系统。INFINEON 是这类器件中最强大、最持久的代表。他们在 2016 年发布了 MOSFET，至此也结束了关于 JFET 的讨论。

• 对以常关 JFET 为主要代表的 SEMISOUTH，但当该公司倒闭时，关于该器件的讨论停止了，他们的主要投资者也停止了投资。

• MOSFET 由于栅极氧化层的稳定性问题而不可靠，同时由于复杂性而过于昂贵。此外，与其他类型的器件相比，它们过于昂贵。

尽管种类减少了，但目前 MOSFET 仍然是用于电力电子的标准 SiC 晶体管。其他一些器件类型仍然可用，但显然只适用于某些特定的应用。

9.2 碳化硅器件的应用示例

9.2.1 采用 1200V MOSFET 的高效 10kVA 不间断电源逆变器 ★★★

9.2.1.1 引言

推荐的系统是用于在线不间断电源（UPS）系统的逆变器结构（见图 9.7）。在线 UPS 为受保护的本地电网提供了最高的安全性，防止电网故障或电源短路。由于其系统架构，公共电网中的任何问题都不会影响到受保护的本地电网[5]。这些系统的效率非常重要，因为本地电网中消耗的所有能量都流经两个逆变器级，每个逆变器级以特定的效率运行。这会导致恒定的功率损耗和成本，从而使电力成本增加[6]。

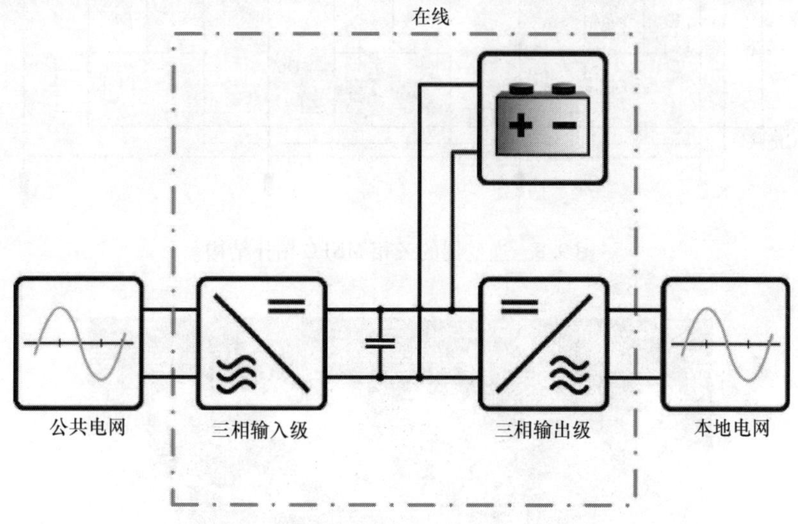

图 9.7　在线 UPS 系统的逆变器结构

因此开发了总功率为 10kW 的三相 UPS 逆变器演示样品。该功率范围与不同 SiC 器件制造商的产品系列（单芯片）相匹配。与市售产品相比，增加的 100kHz 开关频率以达到更高的功率密度。主电感器可以直接安装在印制电路板（PCB）上，从而在大规模生产中节省成本。基于 SiC 器件良好的动态特性，可以减少冷却系统的体积，从而实现高度紧凑的演示样品。

系统 DC 链路的标称电压为 820V，馈电三相 50Hz 电网，230V 电网相电压。可以连续提供 10kVA 的输出功率，并且实现了 30min 120% 和 30s 200% 的过载能力。单级的尺寸仅为 230mm × 210mm × 110mm，包括所有外围和元器件仅

4.4kg，开关频率为100kHz。

作为拓扑结构，选择混合电压中性点箝位（MNPC）（见图9.8）或T型拓扑结构。这为证明SiC的优势提供了很好的可能方案[7]。在公共三相电网上，每相支路使用两个阻断电压为1200V（T1，T4）的晶体管以及两个阻断电压为650V（T2，T3）的晶体管。通过使用这种类型的拓扑结构，效率的差异更加显著。通过改进的开关方案可以减小共模电流[8]。这一点对于驱动逆变器来说可能很有吸引力。演示样品的照片如图9.9所示。

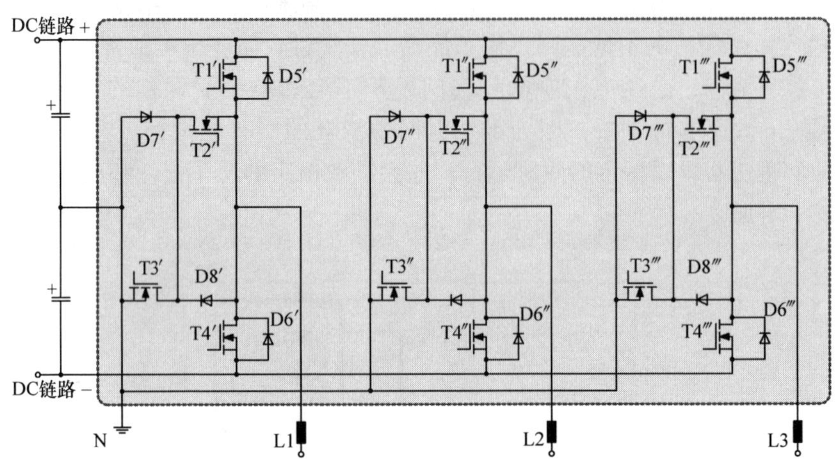

图9.8　逆变器的三相MNPC拓扑结构

图9.9　10kVA三相SiC逆变器的照片

9.2.1.2　结果

表9.2显示了测试设置的测量参数。两种不同输入电压的测量结果如

图 9.10所示。结果显示了系统的总效率。在部分负载下最大效率可达 98.7%。对于几乎整个的曲线，效率都在 98%以上。

表 9.2　测量参数

测量描述	效率测量—不同的 DC 电压
拓扑结构	MNPC 三相
使用的设备	Yokogawa WT3000（功率计） Regatron（DC 电源） 欧姆负载
栅极电阻	2.2Ω
死区时间	500ns
开关频率	100kHz

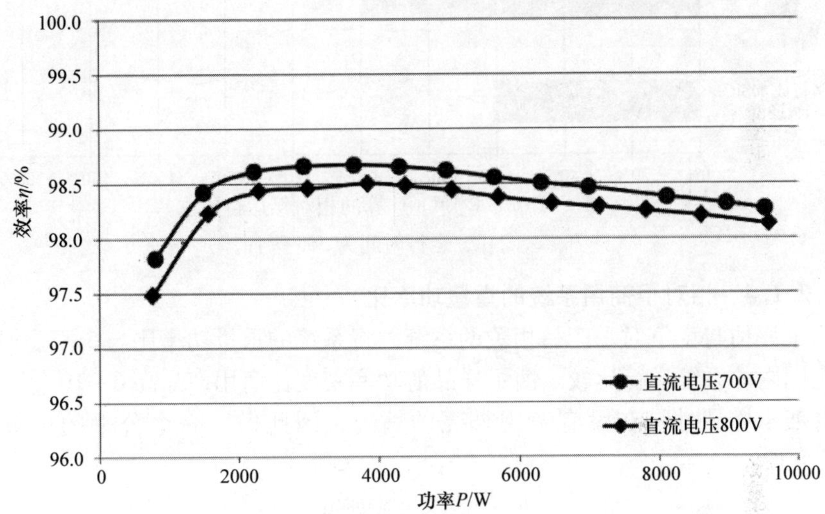

图 9.10　在 700V 和 800V 输入电压下不同负载的效率测量结果

9.2.1.3　运行成本

对于在线 UPS 系统，主要成本不是由电力电子本身的直接成本引起的。由于所有能量始终流经逆变器，因此效率对系统的运行成本有很大的影响[9]。按 10 年的使用寿命计算，与效率相关的部分成本（能源成本）约占总成本的 80%。为了计算运行成本，做出了以下假设：

- 系统的标称功率为 10kW
- 系统每年 365 天，24h 运行，$P_N/2$
- SiC 三级逆变器的效率：98.4%
- Si 三级逆变器的效率：97.4%
- Si 两级逆变器的效率：95.4%

- 恒定能源价格 0. 17€/kWh

图 9. 11 显示了能源价格为 0. 17€/kWh 的相对年运行成本。与传统三级 Si 系统相比，该演示样品每年可节省近 40% 的成本。

每年在效率方面提高 1%，每年可节省近 80€。在不考虑存款和恒定能源价格的情况下，10 年内节省的时间总计超过 750€。相对而言，SiC UPS 系统每年的运营成本降低 40%。

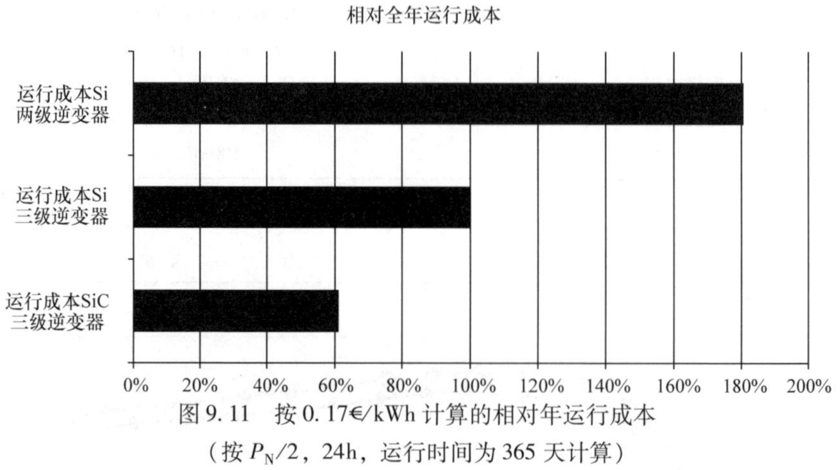

图 9. 11 按 0. 17€/kWh 计算的相对年运行成本

（按 $P_N/2$，24h，运行时间为 365 天计算）

9. 2. 1. 4 相对于商用系统的重量功率比

为了评估与竞争对手产品相关的系统，将系统的重量功率比与 5 家公司相同功率范围内的系统进行比较。演示样品的功率密度比商用产品高 6 ~ 10 倍。由于在设计演示样品时是在没有考虑外壳的情况，因此做了一个公平的比较假设（见图 9. 12）。

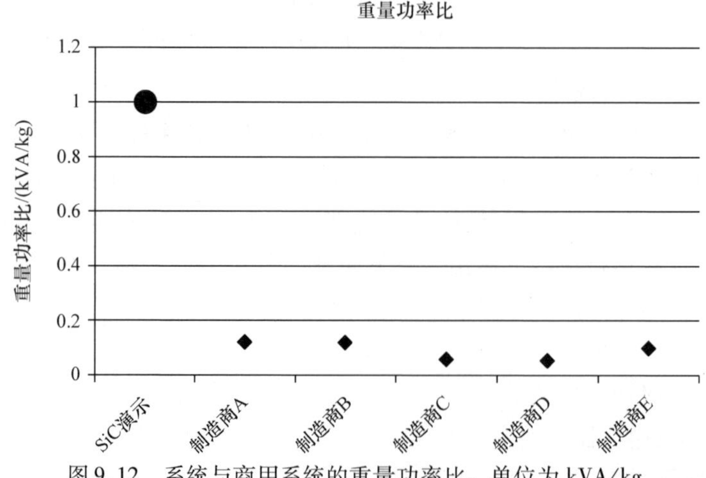

图 9. 12 系统与商用系统的重量功率比，单位为 kVA/kg

9.2.1.5 总结

设计的演示样品标称功率为 10kW，过载能力为 120%，持续 30min。该演示样品的开关频率为 100kHz，大约比该功率范围内的商用产品高约 6 倍。SiC 器件的应用允许在如此高的开关频率下运行，与传统的 Si 系统相比仍然具有更高的效率。逆变器的最大效率可达 98.7%。效率的提高使得在线 UPS 系统应用中的运行成本降低。与传统 Si 系统相比，每年可节省 40% 的运行成本。

在系统级层面上，较小的无源元件和散热器导致了一个小型且高度紧凑的系统。这些部件的成本的降低超过了对这些更高成本功率部件（SiC 器件与 Si 器件）的补偿。

这些结果还可以应用于效率和尺寸存在问题且需要高电流质量的其他应用(如光伏逆变器等)。

9.2.2 用于存储和 PV 的 19in 机架中模块化紧凑型 1MW 碳化硅逆变器 ★★★

9.2.2.1 引言

SiC 器件的可能性通过 1MW 逆变器的演示样品进行了展示，该逆变器用于由超级电容器支持的锂离子电池组成的混合储能系统，通过逆变器和变压器供电到中压电网。1MVA 逆变器通过单个大电流 DC 总线直接连接到电池，而超级电容器通过其自身的 DC－DC 变换器连接到同一 DC 总线。逆变器硬件本身不仅可以用作双向电池逆变器，还可以用作其他系统设置中的 PV 逆变器。

然而，与目前通常作为单片 2～3MW 器件构建的 PV 中央逆变器不同，存储系统和电池逆变器通常选择用于特定负载情况，即在工业应用中（PV 自用)，由于机械箱体或其使用模式的变化，可能会随着时间而变化。这里提出了一种灵活的解决方案，将逆变器模块化，并允许随时调整逆变器的大小。

9.2.2.2 硬件

作为 8 个逆变器单元的外壳，一个 19in 机架［(60×80×220) cm^3，包括底座］就足够了（见图 9.13)。不带冷却系统但包括所有逆变器单元的重量为 590kg，因此总功率密度为 0.95kVA/L 和 1.7kVA/kg。这比市场上同类的逆变器高出 2～4 倍。

图 9.13 采用 19in 技术的 MW 级电池逆变器[10]

在机架背面，标称电流为1600A的铜总线从顶部引出，将逆变器单元的DC边和AC边与底部的连接点并联。冷却液分布靠近总线，并通过一个带冷却液槽的金属板壁与单元分开。通信的连接器、230V辅助电源以及进出冷却系统和断路器的信号放置在前面板上，并在所有单元之间并联连接。

电源和冷却液的所有连接都是通过将单元推入机架来实现的，这意味着可以很容易地更换单元（热插拔）。

逆变器单元由水与外部热交换器组合进行液体冷却。在高温或高海拔等极端条件下，空气冷却会导致系统额定值下降，而这可以通过使用单独的液体冷却系统来避免，该系统的尺寸可根据安装现场的具体条件确定。

这些单元安装在高度为150mm、深度490mm（无连接器）、重量为42.5kg的19in机箱中。在125kVA的标称功率下，功率密度高达3.70kVA/L和2.94kVA/kg（见图9.14和图9.15）。

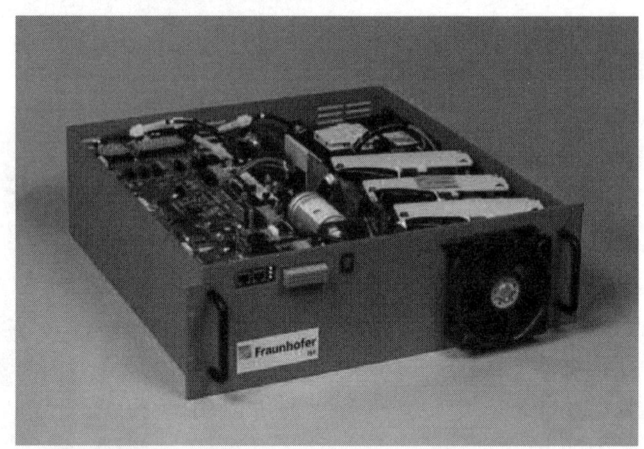

图9.14　高度150mm、深度490mm、重量42.5kg的19in机架的125kVA逆变器单元的前视图[10]

图9.15　大电流DC和AC连接器（左）及无泄漏冷却液连接器（右）的后视图[10]

每个单元都有自己的 DC 熔丝以及 DC 和 AC 接触器，因此在需要时可以完全断开与系统的连接。

AC 滤波器由 1 个三相扼流圈和 3 个星形结构的功率电容器组成，扼流圈的铁心由模块化铁粉颗粒制成，星形点连接到 DC 链路的负极。

最近推出的大电流 SiC 半导体模块系列使高功率与高开关频率相结合成为可能，而不会对效率产生强烈的负面影响。在这种情况下，在一个简单的 B6 拓扑结构中使用了 3 个 1.2kV、300A 的半桥模块，电池电压在输入端，并在 40kHz 下运行，以构成每个单级逆变器单元的核心。

高达 7.5kA/μs 的高开关速度和大约 300A 的峰值电流需要在整流单元中使用小的电感来限制电压过冲。因此，考虑了层压总线，但计算表明，在这种情况下，特殊厚度的铜 PCB 可以以较低的成本获得类似的结果（见图 9.4）。

由于这是一个具有对称功率输出的三相三线逆变器，DC 链接电容器几乎不需要缓冲 100Hz 和 150Hz 的纹波。剩余的开关纹波是由具有非常低的等效串联电阻（ESR）和等效串联电感（ESL）的薄膜电容器组实现的。由于总的寄生电感低，因此不需要缓冲电容器。

使用来自两个制造商的大电流 SiC 半桥模块进行测量，并比较其性能。研究并比较了 SiC 模块驱动器的不同解决方案，最终找到了一种在小尺寸下具有大电流能力的解决方案，并且在高电压上升速率下不干扰控制板。最终的解决方案是来自 SEMIKRON 的大电流 IGBT 驱动器，其电压水平通过外部适配器板进行了修改，以适应所用 SiC MOSFET 的要求。

1 个定制的铝制冷板用于冷却 3 个半导体模块。其背面装有无泄漏联轴器，即使在其他单元运行期间，也能将逆变器单元插入和拔出机架。

9.2.2.3　测量

开关曲线

一个逆变器单元在 800V 电压下使用 256kW DC 电源运行，125kW 的标称功率被馈送到一个 200kVA 三相电网模拟器中，设置 RMS 相间电压为 400V，同时记录一个高压边 MOSFET 在最大电感电流下的开关曲线（见图 9.16 和图 9.17）。

漏极电流 $I_{D,HS}$ 通过高压边漏极端周围的 Rogowski 线圈测量。在 SiC 模块的外部栅极接触点测量电压 $V_{gs,ext,HS}$。然而，这并不直接对应于内部栅极电压 $V_{ds,HS}$，因为半桥单元具有相对较高的内部栅极电阻。

在外部，在栅极和源极之间添加了一个 18nF 的电容器，以降低高频阻抗并降低寄生导通的风险。选择的外部栅极电阻 $R_{G,on}=5\Omega$ 而 $R_{G,off}=1.1\Omega$。

效率

为了进行效率测量，在机架内运行一个逆变器单元，使用 256kW DC 电源和一个 200kVA 三相电网模拟器，其 RMS 相间电压设置为 400V。零线接地，而不

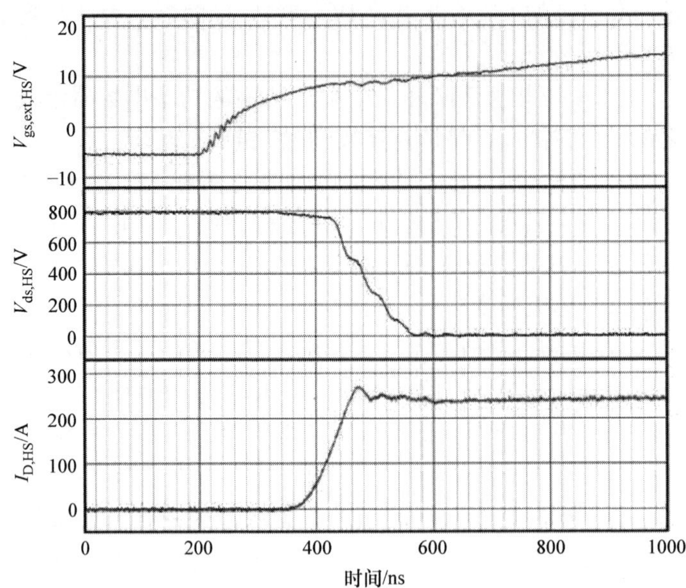

图 9.16 高压边 MOSFET 在 238A 时的开启瞬态；V_{DS}从 90% 下降到 10% 的时间为 112ns[10]

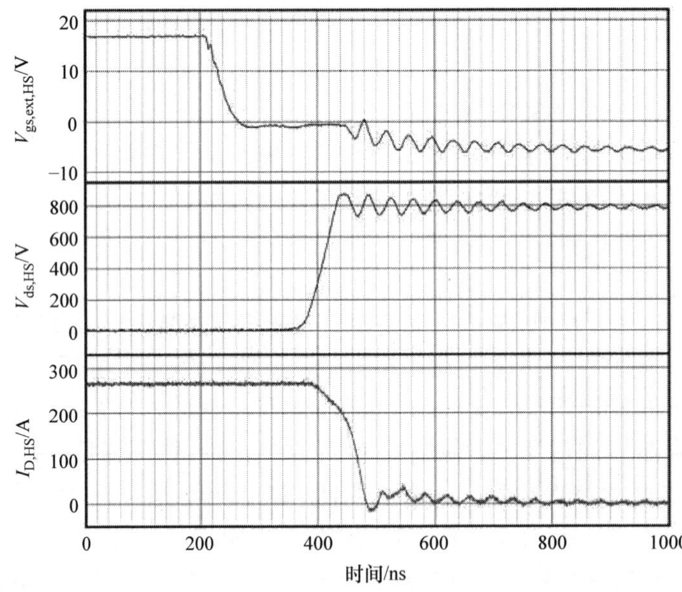

图 9.17 高压边 MOSFET 在 267A 时的关断瞬态；V_{DS}从 10% 上升到 90% 的时间为 46ns[10]

是逆变器。在机架底部逆变器系统的连接点处测量电压，包括连接器和总线损耗。测量中未包括辅助和冷却功率，但每个逆变器单元低于 100W。

本项目中使用的最大电池电压为 843V。在此电压下，使用标准调制（参考曲线）测量的效率高达 97.8%。然而，使用 120°平顶调制，它被提高到 98.4%（见图 9.18）。

对于项目中使用的最小电池电压 685V，效率高达 98.7%。

同时测量了逆变器所需的最小 DC 电压，即 591V。这里可以达到高达 98.9% 的效率。

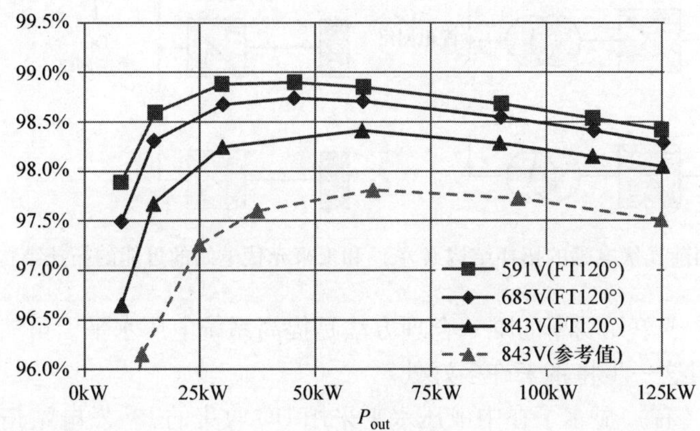

图 9.18　$V_{Grid,RMS}=400V$、$f_{sw}=40kHz$ 时一个逆变器单元的效率[10]

9.2.3　采用碳化硅的中压逆变器 ★★★

6.5kV 以上的电力电子器件在商业应用中并不常见。然而，它们为新的系统解决方案提供了很多机会。为了展示其显著的优势，同时也为了展示技术问题和解决方案，已经开发出了第一个采用高压 SiC 器件的样品。

9.2.3.1　使用 10kV SiC MOSFET 的光伏应用

作为在可再生能源系统中采用 SiC 器件的中压电力电子的未来应用实例，本节讨论了光伏发电站的结构，并提出了一种新的系统架构。因此，开发了一个带有 10kV SiC MOSFET 的演示样品[11]。

在当今高达 100MVA 及以上的光伏发电厂中，配电是在低电压水平下进行的。然而，这些发电站主要向中压电网供电。

发电机串的 DC 电压通常不高于 1000V。发电机输出被收集并连接至逆变器。逆变器产生三相交流电压，相间电压通常为 250～400V。50/60Hz 变压器必须转换此电压以连接至中压电网（见图 9.19 中左边部分）。光伏发电机、逆变器、变压器和 1 个附加开关装置构成 1 个子单元。1 个子单元的功率通常在 1MVA 的范围内。光伏发电厂由大量这些子单元组成。最好增加子单元的功率以降低系统成本。在电压水平不变的情况下提高功率会导致更大的电流。缺点是更大的铜电缆直径和增加的热损耗。在现有的高传输比下增加变压器的功率也是低效的，因为将达到物理极限。

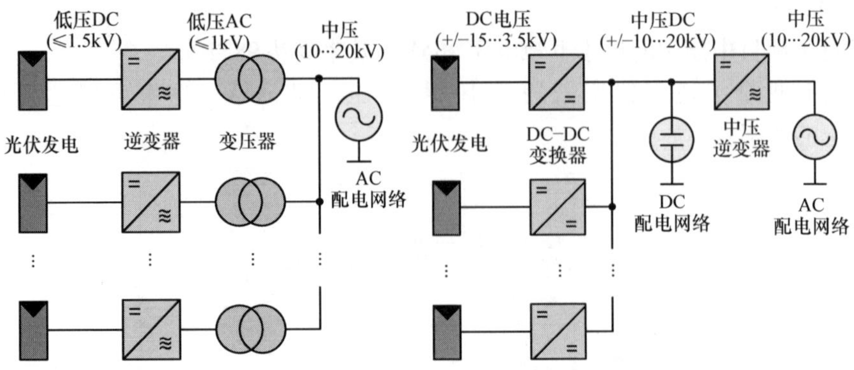

图 9.19　当前光伏电站的拓扑结构（左）和未来光伏电站的可能的拓扑结构（右）[11]

提高一个子单元功率的唯一合理方法是提高系统电压水平。虽然必须保留低电压指令，但这一步将带来许多好处。

图 9.19（右）显示了在中电压水平采用 DC 收集的 PV 发电站拓扑结构的概念。未来 PV 组件的输出电压可以提高。DC－DC 变换器将 PV 发电机连接到一个通用的 DC 配电网。由于发电机集中在中电压水平，电缆直径可以相对较小。通过中压转换器，光伏发电厂将接入电网。在这个概念中，可以省略变压器，这可以节省大量的磁心材料和铜的成本。系统组件的总数将减少。一个中压逆变器的标称功率可以是几 MW，这取决于未来可用的半导体模块。

利用现有的 10kV/10A MOSFET 与 10kV/10kA SiC JBS 二极管的集成[12]，开发了一个 DC－DC 变换器，该转换器可以作为拟建光伏电站结构的一部分。该转换器为升压转换器，输入电压为 3.5kV，输出电压为 8.5kV。从长远来看，输出电压为 3.5kV 的光伏组件是可以想象的。该转换器的额定功率为 28kW。这个额定值来自 10kV/10A SiC MOSFET 的最大值，其中只有一个很小的安全裕度。

由于 MOSFET 的开关能量较低，选择的开关频率为 8kHz。与传统的中压转换器相比，该值高出大约 10 倍。开关频率越高，无源元件的尺寸越小。这导致电感器和电容器的材料消耗、体积和成本降低。高频电感器由非晶磁心组成，其尺寸约为 330mm×21mm×160mm，采用空气主动冷却。

MOSFET 安置在散热器上。外壳底部的漏极电位高达 8.5kV。这意味着外壳必须与散热器进行电学隔离。此外，从半导体到散热器的足够热流是必要的。因此，插入了一个氮化铝（AlN）陶瓷盘。AlN 盘具有 200W/m·K 的优异导热性和 15kV/mm 的击穿电压。晶体管在压力板的帮助下以机械方式固定在 AlN 盘和散热器上。

图 9.20（左）展示了其机械结构。控制电路板安装在转换器一侧。对于控制输入电压，可以测量通过低压边 MOSFET 的输出电压和电流。在中压电阻下运行的效率如图 9.20（右）所示。最高效率可达 98.5%。

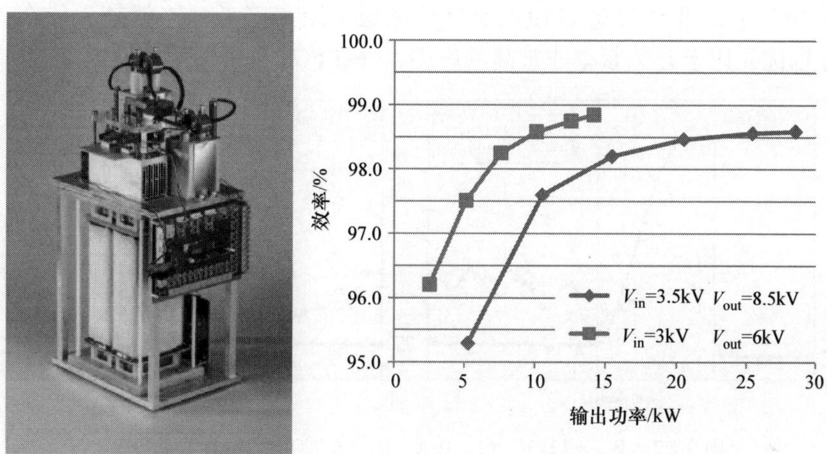

图 9.20　额定电压为 3.5 ~ 8.5kV 和较低电压为 3 ~ 6kV 时，28kW 升压转换器的机械结构（左）和升压转换器的效率（右）[11]

9.2.3.2　采用 15kV SiC 器件的 AC 电网应用

目前，中压电网的有源滤波器主要是低压逆变器（如 690V），由 50/60Hz 变压器耦合到更高的电压电平（如 3 ~ 30kV），如图 9.21（左）所示。因此，几乎不考虑逆变器的动态性能，有源滤波器的带宽受到变压器截止频率的限制。使用 3.3kV 或 6.5kV 的 Si IGBT 设计直接并网耦合的中压逆变器不会导致带宽增加，因为开关频率太低，因此带宽范围与以前的相同。一个与 SiC 晶体管直接耦合的逆变器和大幅增加的动态范围将克服这个问题（见图 9.21，右图）。

以下介绍了带有 15kV 器件的三相中压逆变器研究项目的结果[13,14]。这项工作由德国联邦教育和研究部资助。对于该项目，可使用 15kV MOSFET、IGBT 和 JBS 二极管[15]。

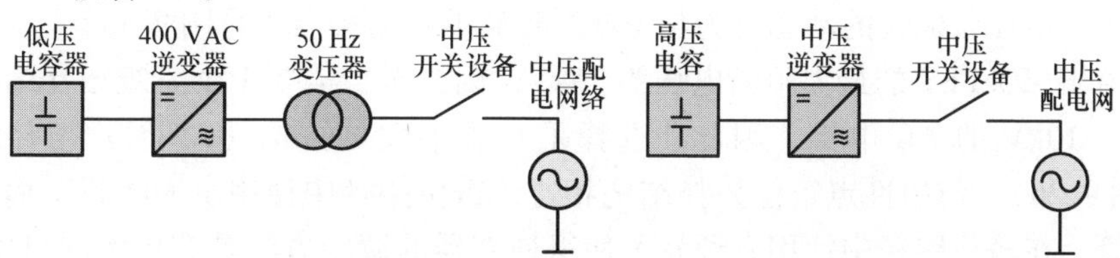

图 9.21　低压逆变器的有源滤波器（左）和 SiC 中压逆变器的有源滤波器（右）[13]

图 9. 22 和图 9. 23 显示了这些器件的双脉冲测量[16]。测量结果表明，与 IGBT 相比，MOSFET 的总开关能量要低得多。此外，IGBT 在开启转换期间具有非常高的 dv/dt，约为 180kV/μs，不受栅极电阻的影响。测量到的 MOSFET 的 dv/dt 为 160kV/μs，但可以通过使用更高的栅极电阻来降低。这就是为什么 MOSFET 可以优先用于开关频率非常高的应用，并在该项目中使用的原因。

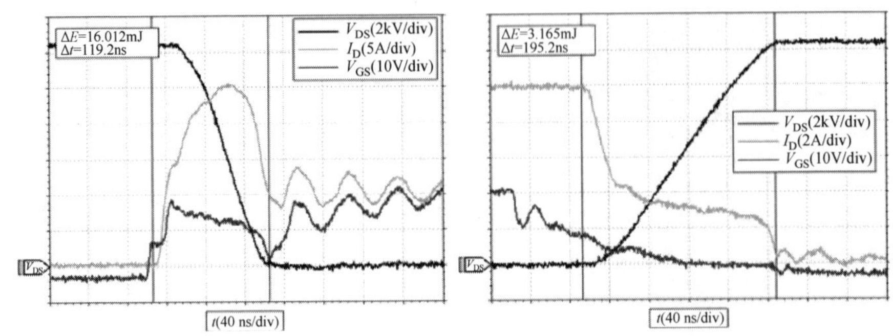

图 9. 22　$V_{DS}=12\text{kV}$、$I_D=10\text{A}$、$R_G=6.8\Omega$ 时 15kV MOSFET（JBS 二极管整流）的开启和关断转换[16]（彩图见插页）

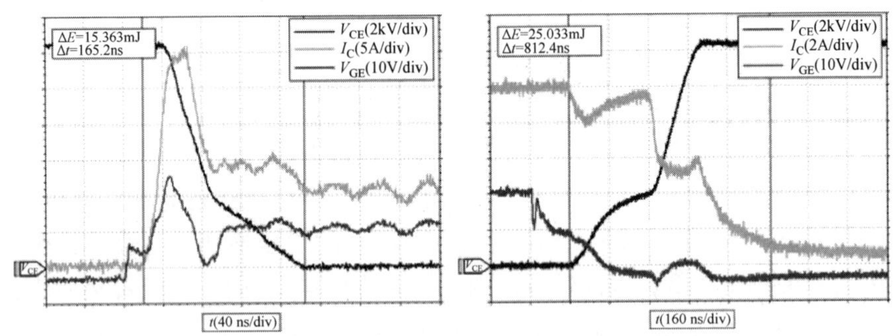

图 9. 23　$V_{CE}=12\text{kV}$、$I_C=10\text{A}$、$R_G=6.8\Omega$ 时 15kV IGBT 的开启和关断转换[16]（彩图见插页）

MOSFET 的另一个优点是其结构中本征二极管可用于续流。在图 9. 24 中可以看出，本征二极管的动态行为与 JBS 二极管的行为相当（见图 9. 25）。

由于 MOSFET 的最大阻断电压为 15kV，因此至少需要 1 个三级拓扑结构才能馈入 10kV 的 AC 电网。因此，选择了有源中性点箝位（ANPC）拓扑结构（见图 9. 26）。与中性点箝位拓扑结构相比，箝位路径中使用了 MOSFET 而不是二极管。在箝位路径中使用有源开关使得逆变器的调制方法具有更大的自由度。通过采用适当的脉宽调制（PWM）策略，电桥电压的开关频率可以提高 1 倍[17]。逆变器的规格和设计参数如图 9. 26（左）所示。

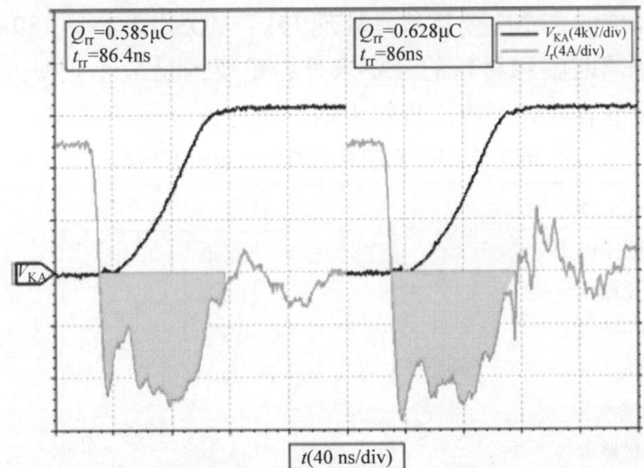

图 9.24　$V_{KA}=12kV$，$I_F=10A$ 时 JBS 二极管（左）和本征二极管（右）的反向电流[16]

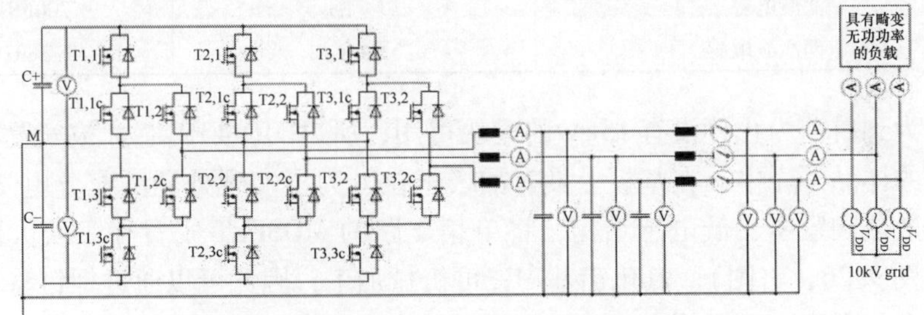

图 9.25　带 LCL 滤波器的逆变器电路、电压和电流测量以及电网连接[14]

图 9.26　ANPC 拓扑中 10kV 逆变器（左）和 20kV DC 堆栈的设计参数和规范，作为连接 15kV MOSFET、驱动器和电容器的单相支路[13]

逆变器设计中的一个主要挑战是处理15kV MOSFET高达180kV/μs的高dv/dt值。除了对隔离匹配和材料的高要求外，重要的是最小化快速变化电压电位附近的所有寄生电容。否则将出现较大的干扰电流（见表9.3）。

表9.3　10kV逆变器的设计参数和规格

参　数	符　号	数　值
标称电网电压	V_{AC_OUT}	AC 10kV
DC链路电压	V_{DC_link}	DC 20kV
开关频率	f_S	16kHz
纹波频率	f_R	32kHz
标称功率	S_{OUT}	100kVA
DC链路电容	C_{DC_link}	2×12μF
主电感	$L_{M,LCL}$	22mH
滤波电容	$C_{F,LCL}$	200nF
电网滤波电感	$L_{G,LCL}$	1.3mH

因为到目前为止还没有15kV的模块可用，所以MOSFET芯片被安置在一个未绝缘的样品外壳中，在基板上具有漏极电位。为了实现外壳的充分电学隔离、良好的散热和紧凑、低电感结构，将单相支路的MOSFET安置在一块大陶瓷板上（见图9.26，右图）。氮化铝基陶瓷可机械加工，因此可以通过螺钉将器件安装在板上。在陶瓷的底部有一个铣削槽，槽中嵌入了铝散热片，用于通过冷却风扇散热。陶瓷板的比热导率为100W/m·K。MOSFET和接地铝散热片之间的寄生电容与陶瓷板的厚度近似成反比。当厚度约为10mm时，电容保持在几十pF的范围内。

为了实现短的电流路径，栅极驱动器直接连接在MOSFET顶部（见图9.27，左图），通过额外的隔离屏障增加间隙和爬电距离。因此MOSFET可以彼此紧密地排列。

此外，MOSFET的源极电位以非常高的dv/dt速率反弹。因此，栅极驱动器的电源不仅要隔离电压，还要防止从高压边到低压边的电容耦合。这是通过图9.27所示的设计实现的。栅极电源变压器的一次绕组通过环形铁心的中部盘绕。因此确保了隔离，并且高电压边和低电压边之间的寄生电容低于3pF。栅极信号通过光纤无电位传输。

三相逆变器系统的机械结构内置在一个尺寸为（80×80×200）cm^3的机柜中（见图9.9）。3个相位于上面的三级上。每个相位级由1个具有1个ANPC相位支路的堆栈和堆栈上方的6个栅极驱动器电源组成。此外，在每个相位级上，还有一部分DC链路电容、LCL滤波器、2个电流和电压测量以及1个用于电网耦合的高压继电器。电流的测量是通过分流测量实现的。分流器的电子电路通过

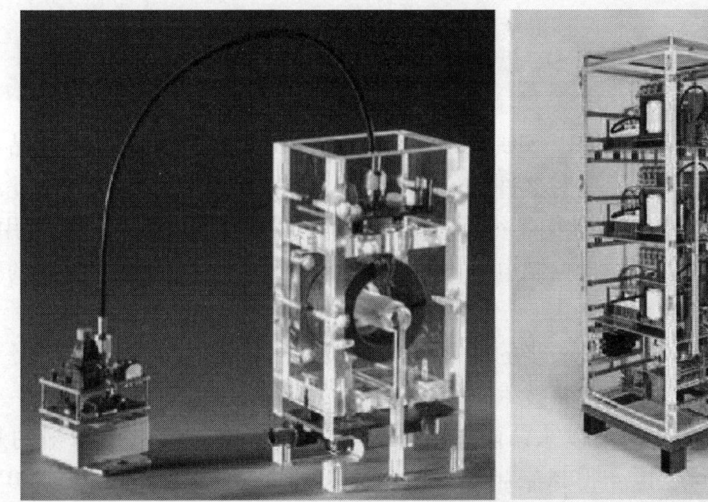

图 9.27　15kV SiC MOSFET，带有连接的栅极驱动器和电流隔离电源（左）以及三相 10kV 逆变器系统（右）[14]

一个与栅极驱动器电源类似的电源进行电隔离。通过 delta - sigma 转换器和光纤将测量的电流传输到控制板。为了进行电压测量，设计了 RC 补偿分压器。

机柜的下层由几个 12V 和 24V 辅助电源、DC 输入和 AC 输出连接点、电涌放电器、电容充放电电路和控制板组成。控制是在现场可编程门阵列（FPGA）上实现的，它接收和传输通过光纤电隔离的所有测量、控制和 PWM 信号。

最初调试是在单相运行的开环控制中进行的。输入采用高压 DC 电源。在输出端连接一个中压电阻负载。在 100% 的占空比下，DC 电压升高至 17kV。在此工作点，标称输出电压达到 RMS 5.8kV，相当于 10kV 电网的串电压。由于可用中压电阻的最小可调值为 2.4kΩ，输出电流为 2.4A，输出功率为 14kW（见图 9.28，左图）。所有三相都成功地进行了测试。图 9.28（右）显示了不同 DC 电压下的效率测量值。

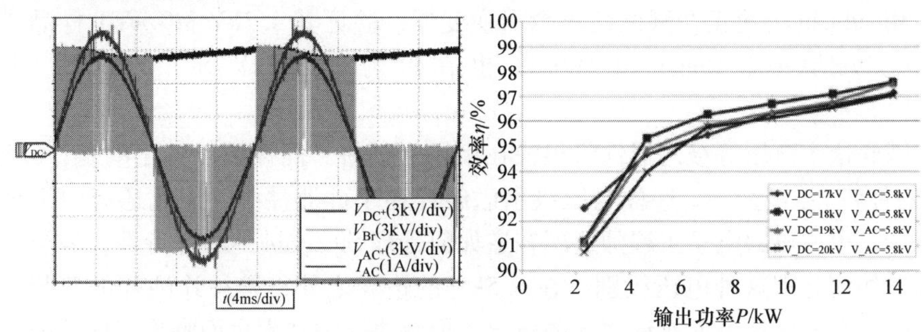

图 9.28　单相运行时的正 DC 链路电压 V_{DC+}、桥电压 V_{Br}、输出电压 V_{AC+} 和输出电流 I_{AC}（左）以及逆变器在不同 DC 电压下的效率[14]（彩图见插页）

9.3 会发生什么

对于低电压范围的1200V SiC MOSFET是自2011年以来的商业化产品。最初的日子是暴风骤雨，不仅对器件设计师如此，对电力电子工程师也是如此。他们已经习惯了硅基IGBT，他们不得不重新思考系统设计的方法，以充分利用SiC的所有优势，包括重新设计控制电子器件、更复杂的电感器设计概念和新的冷却方法，以大幅提高功率密度。

这项技术已经成熟，进一步的发展将类似于硅器件的历史。晶圆的直径和材料的质量都在不断提高。封装技术正在发展，并能够利用SiC的材料特性。

自从第一个样品问世以来，随着成本的降低，解决较低电压水平的超结MOSFET的应用问题也变得越来越经济可行。Wolfspeed目前正在销售900V的MOSFET，Microsemi正在销售700V的器件，而Rohm正在销售650V的器件。随着这一低电压领域的进一步扩展，SiC将成为GaN的明显竞争对手，无论是在开关频率方面还是在横向电路集成方面，而通过直接并联功率模块中的芯片可以获得更高电流的能力。GaN要改进封装技术以达到DC 450V/15kW以上的功率范围，还有很长的路要走。

对于SiC的应用，电流范围不再像开始时那样受到限制。芯片尺寸增加了，SiC功率模块的设计知识也随之增加。GE在2016年推出的PV逆变器朝着这个方向迈出了惊人的一步[18]，它证明了基于较大面积的SiC逆变器的经济可行性，即使在2.5MVA的高功率范围和AC电流在2.6kA范围的情况下。

对于低电压范围，随着市场上可用的器件和模块的不断增加，进一步的改进是相当渐进的，而对于3.3kV及以上的高电压范围，要达到我们目前在低电压范围内的认知程度，仍有大量科学工作要做。

当然，对远高于3.3kV的HV－SiC器件进行的研究已经有10多年的历史了。Mitsubishi公司正在测试列车牵引逆变器，验证其3.3kV MOSFET样品[19]。此外，Wolfspeed、Rohm和Hitachi也在致力于3.3kV SiC MOSFET的商业化[20－22]。

因此这个电压等级的器件将很快在市场上销售。同样可以肯定的是，6.5kV SiC器件将会出现[23]。这种电压级别已经存在于硅器件中，因此还有一个现有的市场，也许电力电子工程师还不知道如何处理SiC改进的动态特性，但至少他们知道如何处理这种电压级别。在6.5kV的边界之外，是一片纯粹的荒野，在电力电子系统设计方面有许多新的机会，但解决这项技术也面临许多的挑战。

首先，采用6.5kV以上SiC器件设计电力电子系统的机会是突破性的，技术变革即将到来！但目前的障碍是，HV－SiC的电力电子系统工程才刚刚开始，

仍然远远落后于 HV-SiC 器件的潜力。电力电子工程进入高频工程领域，对低压 SiC 的使用较少，而以低压 GaN 为主。对于 HV-SiC，它将成为高频高压工程。这里，高频工程不是指高开关频率。它们价格将相当低。但是，当我们应用 6.5kV 硅 IGBT 时，HV-SiC 器件的极高 dv/dt 将以更广泛的方式导致行波和反射现象出现。

图 9.29 显示了采用 15kV SiC MOSFET 的三相 10kV 逆变器中的电压斜率。黑线是半桥输出端的上升电压。这里 dv/dt 为 160kV/μs，DC 链路电容的最大电压为 12kV。浅灰线表示电感输入端的上升电压。由于线路末端的反射，电压峰值为 24kV，dv/dt 为 320kV/μs。

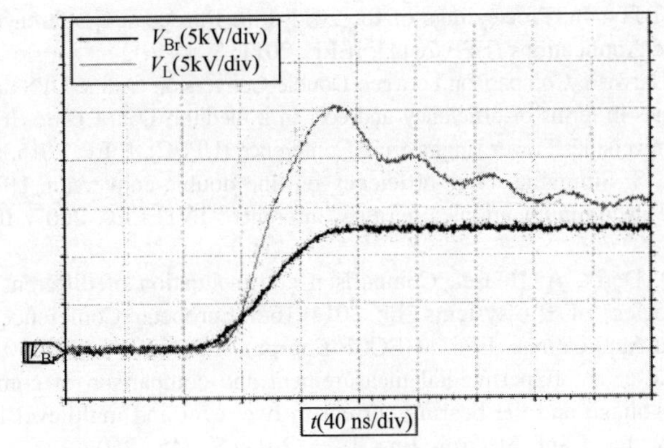

图 9.29　带有 15kV SiC MOSFET 的三相 10kV 逆变器的半桥输出端和电感器输入端的电压斜率[13]

HV-SiC 器件提供了很高的潜在开关速度、更高的开关频率和更高的效率。但为了充分发挥 HV-SiC 的潜力，必须做出巨大努力以应对系统设计、隔离材料和高压工程方面的挑战。

然而，相关技术无法充分发挥 HV-SiC 的潜力，并非所有普通材料都能处理较高的 dv/dt 引起的高压应力。HV-SiC 中压电力电子的未来改进将取决于电物理水平上的挑战和改进。

在一切变得顺利之前，科学上将面临一段充满挑战性时期，但这是值得的。电力电子技术的进步总是由系统成本的降低、功率密度的提高、效率的提高和动态性能优化共同推动的。尽管 HV-SiC 在开始时会遇到麻烦，但这些优势将足以推动工业和学术界为之努力。

参考文献

[1] B. Burger, D. Kranzer, O. Stalter, Cost reduction of PV-inverters with SiC-DMOSFETs. In: 5th International Conference on Integrated Power Systems (CIPS), VDE, 2008. S. 1–5.

[2] D. Kranzer, et al., System Improvements of Photovoltaic Inverters with SiC-Transistors, Materials Science Forum, Trans Tech Publications, 2010, pp. S. 1171–1176.

[3] G. Deboy, et al., New SiC JFET boost performance of solar inverters, Power Electron. Eur. (4) (2011) S. 29–33.

[4] A. Hensel, C. Wilhelm, D. Kranzer, Development of a boost converter for PV systems based on SiC BJTs. In: Proceedings of the 2011-14th European Conference on Power Electronics and Applications (EPE 2011), IEEE, 2011. S. 1–7.

[5] M. Milad, M. Darwish, Comparison between Double Conversion Online UPS and Flywheel UPS technologies in terms of efficiency and cost in a medium Data Centre. In: 2015 50th International Universities Power Engineering Conference (UPEC), IEEE, 2015. S. 1–5.

[6] F. Cammarota, S. Sinigallia, High-efficiency on-line double-conversion UPS. In: 29th International Telecommunications Energy Conference, INTELEC 2007. IEEE, 2007. S. 657–662.

[7] C. Schöner, D. Derix, A. Hensel, Comparison and evaluation of different three-level inverter topologies for PV systems. In: 2014 16th European Conference on Power Electronics and Applications (EPE'14-ECCE Europe), IEEE, 2014. S. 1–10.

[8] B. Muralidhara, et al., Experimental measurement and comparison of common mode voltage, shaft voltage and the bearing current in two-level and multilevel inverter fed induction motor, Int. J. Inf. Electron. Eng. 1 (3) (2011) S. 245–250.

[9] S. Buschhorn, K. Vogel, Saving money: SiC in UPS applications. In: PCIM Europe 2014; Proceedings of International Exhibition and Conference for Power Electronics, Intelligent Motion, Renewable Energy and Energy Management, VDE, 2014. S. 1–7.

[10] P. Hercegfi, S. Schoenberger, Modular and Compact 1 MW Inverter in One 19" Rack for Storage and PV. In: PCIM Europe 2017; Proceedings of International Exhibition and Conference for Power Electronics, Intelligent Motion, Renewable Energy and Energy Management; VDE, 2017. S. 1–5.

[11] J. Thoma, D. Chilachava, D. Kranzer, A highly efficient DC-DC-converter for medium-voltage applications. In: 2014 IEEE International Energy Conference (ENERGYCON), IEEE, 2014. S. 127–131.

[12] M.K. Das, et al., 10 kV, 120 A SiC half H-bridge power MOSFET modules suitable for high frequency, medium voltage applications. In: 2011 IEEE Energy Conversion Congress and Exposition (ECCE), IEEE, 2011. S. 2689–2692.

[13] D. Kranzer, et al., Development of a 10 kV three-phase transformerless inverter with 15 kV silicon carbide MOSFETs for grid stabilization and active filtering of harmonics. In: 2017 19th European Conference on Power Electronics and Applications (EPE'17 ECCE Europe), IEEE, 2017. S. P. 1–P. 8.

[14] D. Kranzer, et al., Design and commissioning of a 10 kV three-phase transformerless inverter with 15 kV silicon carbide MOSFETs. In: 20th European Conference on Power Electronics and Applications (EPE'18 ECCE Europe), 2018. S. P. 1–P. 8.

[15] S. Ryu, et al., Ultra high voltage MOS controlled 4H-SiC power switching devices, Semicond. Sci. Technol 30 (8) (2015) S. 084001.

[16] J. Thoma, et al., Characterization of high-voltage-SiC-devices with 15 kV blocking voltage. In: 2016 IEEE International Power Electronics and Motion Control Conference (PEMC), IEEE, 2016. S. 946–951.
[17] D. Floricau, E. Floricau, M. Dumitrescu, Natural doubling of the apparent switching frequency using three-level ANPC converter. In: International School on Nonsinusoidal Currents and Compensation, ISNCC 2008. IEEE, 2008. S. 1–6.
[18] Ge Power Conversion. LV5 + 1500V Solar Inverter, Datasheet, 2016.
[19] K. Hamada, et al., 3.3 kV/1500 A power modules for the world's first all-SiC traction inverter, Jpn J. Appl. Phys. 54 (4S) (2015). S. 04DP07.
[20] T. Sakaguchi, et al., Characterization of 3.3 kV and 6.5 kV SiC MOSFETs. In: PCIM Europe 2017; Proceedings of International Exhibition and Conference for Power Electronics, Intelligent Motion, Renewable Energy and Energy Management, VDE, 2017. S. 1–5.
[21] T. Ishigaki, et al., 3.3 kV/450 A full-SiC nHPD2 (next high power density dual) with smooth switching. In: PCIM Europe 2017; Proceedings of International Exhibition and Conference for Power Electronics, Intelligent Motion, Renewable Energy and Energy Management, VDE, 2017. S. 1–6.
[22] J. Hayes, et al., Dynamic characterization of next generation medium voltage (3.3 kV, 10 kV) silicon carbide power modules. In: PCIM Europe 2017; Proceedings of International Exhibition and Conference for Power Electronics, Intelligent Motion, Renewable Energy and Energy Management, VDE, 2017. S. 1–7.
[23] Mitsubishi Electric Corporation. Mitsubishi Electric's New 6.5 kV Full-SiC Power Semiconductor Module Achieves World's Highest Power Density, Press Release No. 3164, Tokyo, January 31, 2018.

第10章 »

概　要

10.1 硅 IGBT

硅绝缘栅双极型晶体管（IGBT）于 20 世纪 80 年代初由通用电气公司（GE）发明并迅速商业化[1]。其高功率处理能力、简单的栅极控制和坚固性使其成为所有中大功率应用的首选技术。IGBT 的可用性将电力电子技术从模拟控制转变为数字控制，从而实现更精确和更高效的能源管理。如图 10.1 所示，IGBT的应用现在已经遍及经济的各个领域，其年销售额超过 40 亿美元。Si IGBT 的市场分布如图 10.2 所示。

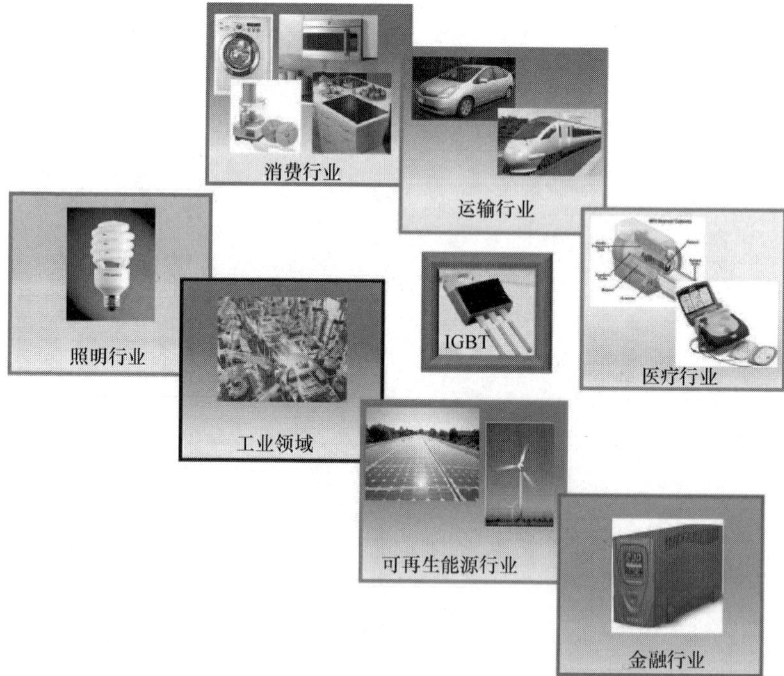

图 10.1　IGBT（绝缘栅双极型晶体管）的应用

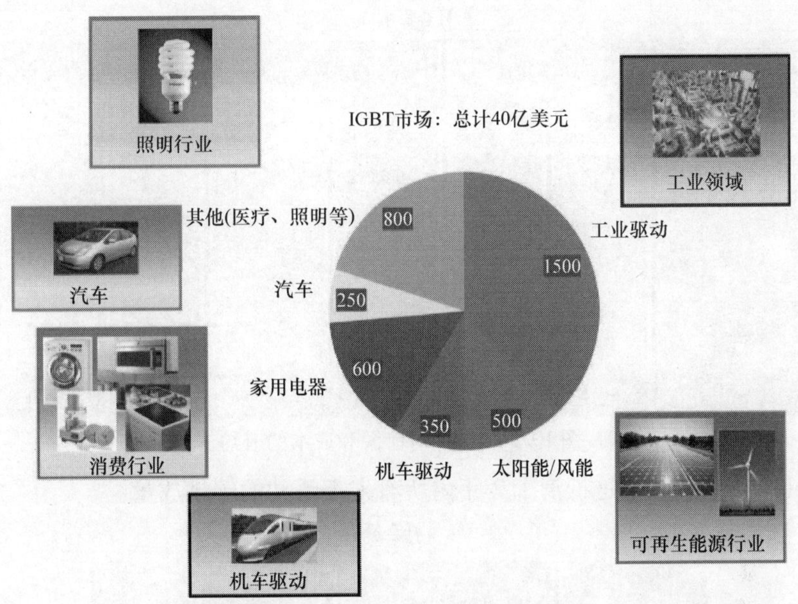

图 10.2 Si IGBT 的市场分布

在 1990 ~ 2015 年的 25 年间，对使用 IGBT 实现的电力电子技术的进步所获得的能源效率通过 3 个例子进行了量化。第 1 个影响是在交通运输领域，电子点火系统的发明将汽油动力的汽车和卡车的效率提高了 10%。由于全球汽车和卡车使用了 76% 的燃料，年总消耗量约为 6500 亿加仑，因此 25 年的累计汽油节约量为 1.48 万亿加仑。第 2 个影响是在消费和工业领域可调速电动机驱动器的发明。全世界 25000TWh 的电能中有 2/3 用于驱动电动机。可调速驱动器将电动机控制效率提高了 40%。由于成本较高，这些驱动器的市场渗透率为 50%。利用这些信息，IGBT 可调速驱动器在 25 年的时间里节省了 56910TWh 的电力。第 3 个影响是在照明领域，紧凑型荧光灯（CFL）的发明。CFL 可以在产生相同的光量情况下，将 60W 白炽灯泡消耗的功率降低到仅 15W。目前，全世界使用了 200 多亿个 CFL，在 25 年的时间里累计节能 16120TWh。图 10.3 总结了这些节省的能源，以及为消费者节省的相应成本。仅在这 3 个领域，IGBT 就累计为消费者节省了 23.7 万亿美元。

消耗 1gal[㊀]汽油会产生 19.4lb[㊁]的二氧化碳排放。1kW · h 的电力产生 1.1lb 的二氧化碳，因为 70% 的电力是使用煤或天然气等化石燃料产生的。利用这些信息，在 25 年的时间里，IGBT 的效率提升已经减少了 109 万亿磅的二氧化碳排放

㊀ 1gal = 3.78541 dm^3。

㊁ 1lb = 0.45359237kg。

社会影响

IGBT应用	节油或节能		消费者成本节省		公用事业成本节省	
	美国	全球	美国	全球	美国	全球
电子点火系统	318B gal	1477B gal	$ 0.654T	$ 9.125T	—	—
可调速电动机驱动	25170 TWh	56910 TWh	$ 2.537T	$ 11.38T	$ 0.398T	$ 1.12T
紧凑型荧光灯	1550 TWh	16120 TWh	$ 0.155T	$ 3.224T	$ 0.267T	$ 2.98T
总计			$ 3.35T	$ 23.73T	$ 0.665T	$ 4.10T

图 10.3　IGBT 对能源和成本的节约

量，如图 10.4 所示。这抵消了 2 年内所有人类活动的碳排放量。

社会影响

IGBT应用	节油或节能		二氧化碳的减排	
	美国	全球	美国	全球
电子点火系统	318B gal	1477B gal	6.16T lb	28.66T lb
可调速电动机驱动	25170 TWh	56910 TWh	34.25T lb	62.61T lb
紧凑型荧光灯	1550 TWh	16120 TWh	2.09T lb	17.74T lb
总计			42.5T lb	109T lb

图 10.4　IGBT 对能源的节约和对碳排放的减少

由此可见，硅 IGBT 已经对社会产生了巨大的影响。它改善了全球数十亿人的舒适、便利和健康，同时减少了对环境的影响和全球变暖。本书中讨论的宽禁带半导体器件旨在取代硅 IGBT，以进一步提高能效。本章讨论了实现这一目标的前景和挑战。

10.2　宽禁带半导体功率器件的历史

碳化硅功率器件从 1980 ~ 2000 年的演变历史如图 10.5 所示。从宽禁带半导体开发功率器件的建议可以追溯到 1979 年通用电气公司首次进行的理论分析[2]。这一分析最终于 1982 年发表，并为当时已知性能的各种半导体提供了定量解决方案[3]。然而，半导体击穿的临界电场还没有找到。因此，分析将单极器件［肖特基整流器、结场效应晶体管（JFET）和金属 - 氧化物半导体场效应晶体管（MOSFET）］中漂移区的比导通电阻与半导体的禁带相关联。该论文预测，通过用更大的禁带半导体取代硅，可以大幅降低比导通电阻。

由于该材料处于原始状态，当时的分析不包括碳化硅材料。该分析预测，用砷化镓（GaAs）取代硅，单极功率器件的比导通电阻将降低 13.6 倍，因为其应用于红外发光二极管（LED），砷化镓是当时继硅之后最成熟的半导体技术。这促使 GE 从 1980 ~ 1985 年大力发展高纯度 GaAs 外延层的生长技术和制造高质量肖特基和欧姆接触的工艺技术。GE 于 1985 年发布了第一款高性能 GaAs 肖特基整流器[4,5]，随后几家公司将其商业化。这些器件代表了第一代宽禁带半导体功率器件，证实了理论模型的预测。

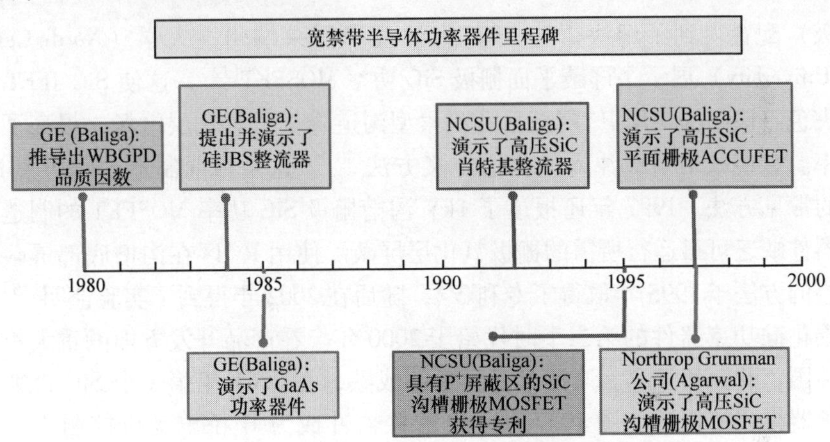

图 10.5　1980 ~ 2000 年宽禁带半导体功率器件的发展史

20 世纪 90 年代 CREE 公司商业化生产的 6H 和后来的 4H 碳化硅（SiC）晶圆使得 SiC 功率器件的开发成为可能。在此期间，SiC 晶圆直径的增加如图 10.6 所示。第一个高压 SiC 功率器件于 1991 年在北卡罗莱纳州立大学进行了演示，并在 1992 年进行了报道，它是一个 400V 的肖特基整流器，没有边缘终端[6]，其击穿电压后来使用氩注入终端提高到 1000V[7]。这是 SiC 器件漂移区低比导通电阻的首次验证，具有重要的里程碑意义。这项工作也证明了在硅 P - i - N 整流器中由于双极电流流动而观察到的反向恢复电流的消除。这些肖特基整流器的泄漏电流后来通过使用 1984 年首次提出并演示的硅肖特基二极管结势垒概念成功地降低了[8,9]。

SiC 功率 MOSFET 的演示因半导体和栅极氧化层之间的界面问题而延迟[10]。这推动了 SiC 高压 JFET 的发展。这些器件的常开特性通过使用 Baliga 对（或级

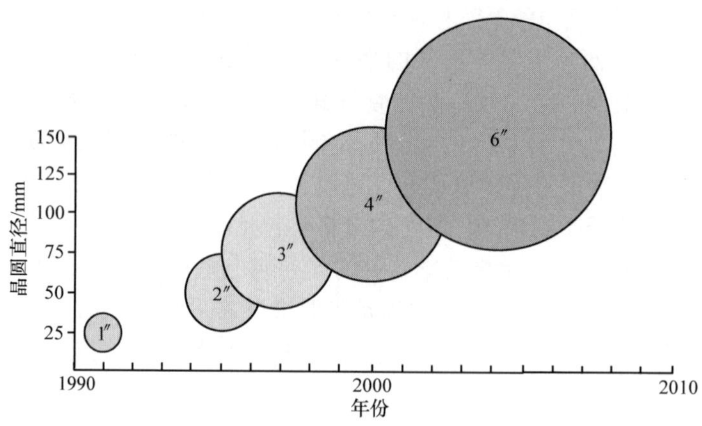

图 10.6　SiC 晶圆发展史

联栅极）配置得到了解决[11]。1997 年，北卡罗莱纳州立大学（North Carolina State University）展示了屏蔽平面栅极 SiC 功率 MOSFET[12]，这使 SiC JFET 迅速黯然失色。该结构使用 P^+ 屏蔽区和积累型沟道降低了氧化层电场，提高了沟道迁移率。它还采用了双注入的沟道定义方法[13]，这是目前制造 SiC 功率 MOSFET 的常见方法。1997 年还报道了 1kV 沟槽栅极 SiC 功率 MOSFET 的制造[14]。这些器件缺乏可靠运行所需的栅极氧化层屏蔽。使用 P^+ 区在沟槽底部屏蔽栅极氧化层的方法于 1995 年取得了专利[11]，随后在 2002 年得到了实验证明[15]。

碳化硅功率器件的第二个时代始于 2000 年。在产品开发方面的重大投资出现在美国、欧洲和日本。该技术已经足够成熟，在 2001 年第一个 SiC 肖特基功率整流器投入使用，如图 10.7 所示。这些器件成为 H 桥电动机控制应用中硅 IGBT 的理想搭配。SiC 肖特基二极管/硅 IGBT 混合模块在 2007 年成为可能。SiC 肖特基二极管的可靠性得到验证后，市场规模已增长到近 2 亿美元。

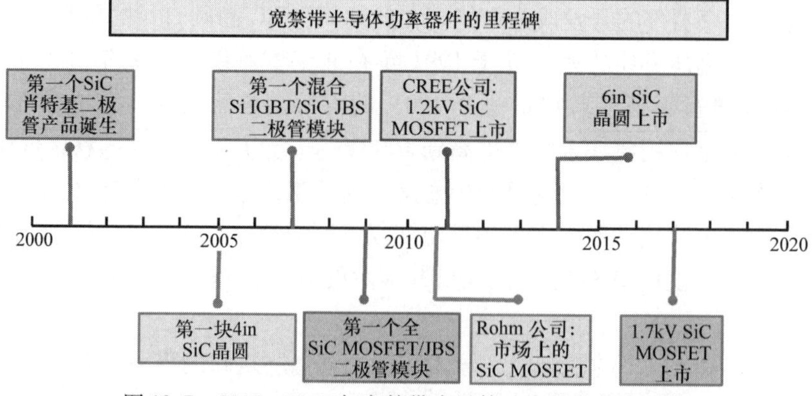

图 10.7　2000～2017 年宽禁带半导体功率器件的发展史

SiC 功率 MOSFET 于2011 年引入市场，其器件额定电压为1.2kV。与逆变器电路中的硅 IGBT 相比，这些器件提供了非常有利的开关损耗降低。通过使用 SiC 功率 MOSFET 提高电路工作频率的能力降低了无源元件（电感器、电容器和滤波器）的尺寸和成本，抵消了较高的器件成本。如图 10.8 所示，在 25℃时 1.2kV SiC 功率 MOSFET 中沟道电阻贡献约为 30%，而在 150℃时降低到 25%，如图 10.9所示。漂移区电阻，特别是在通常的结工作的 150℃，在较高的电压额定值时变大，而在较低的电压额定值时沟道的贡献占主导地位。

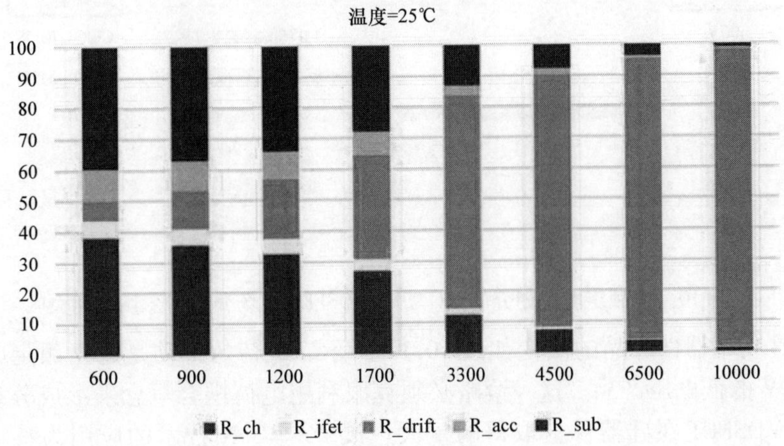

图 10.8　25℃下电阻对不同额定电压的 SiC 功率 MOSFET 的贡献（彩图见插页）

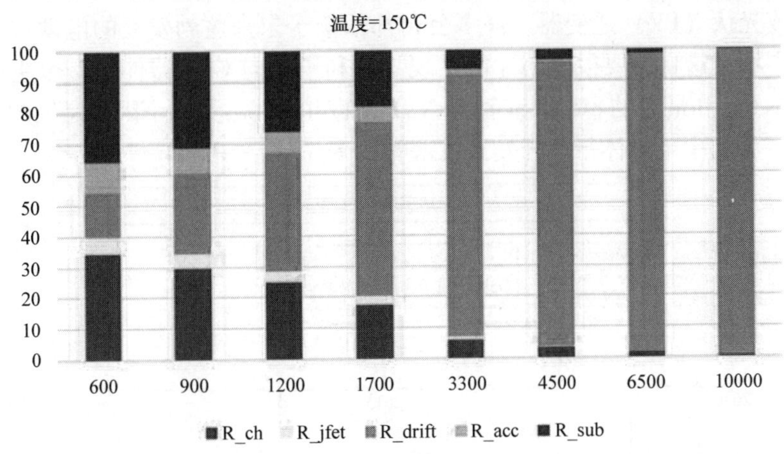

图 10.9　150℃下不同额定电压的 SiC 功率 MOSFET 的电阻贡献（彩图见插页）

2015 年推出 1.7kV 额定电压的 SiC 功率 MOSFET 产品，如图 10.7 所示。对于其他额定电压的 SiC 功率 MOSFET 的预测如图 10.10 所示。由于来自额定电压为600V和900V的硅COOL MOS晶体管的竞争，900V SiC功率MOSFET推迟到2017年才进入市场。此时，直径更大（6in）的SiC晶圆的可用性降低了SiC功率器件的成本，从而实现市场渗透。如图所示，具有更高额定电压的SiC功率MOSFET有望在未来上市。由于电动和混合电动汽车应用的巨大市场容量，600V额定电压极具吸引力，但汽车行业的开发周期较长，对可靠性和耐用性要求很高。

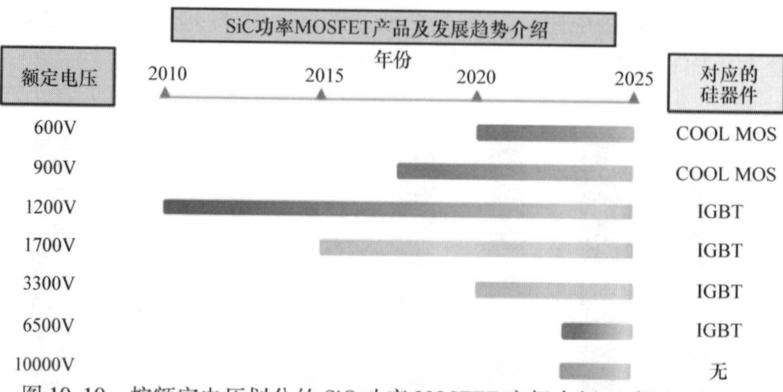

图10.10　按额定电压划分的SiC功率MOSFET市场介绍（彩图见插页）

GaN功率器件产品的演变如图10.11所示。最初的推动是建立额定电压为20～200V的低电压产品。这一策略必须克服利用电荷耦合概念来形成分裂栅极硅沟槽MOSFET在硅器件上取得的重大进展[16]。GaN技术的应用为移动设备（如手机和笔记本电脑）提供了非常紧凑、重量轻的充电器，为这些器件提供了市场吸引力。最近的产品设计的额定电压为600V。它们已用于制造家用发电的太阳能或光伏（PV）逆变器。许多公司都依赖于未来蓬勃发展的电动和混合电动汽车市场，这将需要很多年才能实现。有利于横向GaN器件的一个主要因素是低成本6in和最近的8in的Si基GaN晶圆的可用性。另一个因素是大的代工厂（TSMC）为功率半导体行业开发该技术的承诺。

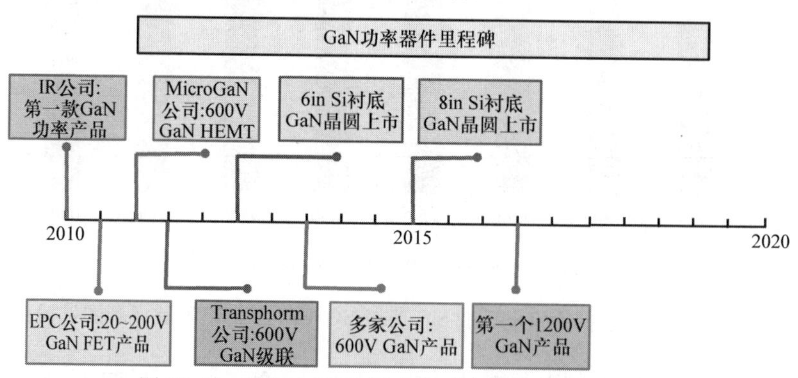

图10.11　2010～2017年GaN功率器件的发展历史

10.3　技术趋势

用于制造 SiC 功率 MOSFET 产品的技术趋势如图 10.12 所示。第一批商用产品采用屏蔽平面栅极结构，掩模的典型设计规则为 2μm。到 2015 年，由于硅汽车产品代工厂转向制造 SiC 功率器件，这一规则降至 1μm。随着 SiC 器件需求和数量的增长，预计到 2020 年特征设计规则将降至 0.5μm，2025 年将降至 0.3μm。这对于开发额定电压较低（1.2kV）的产品是必要的。

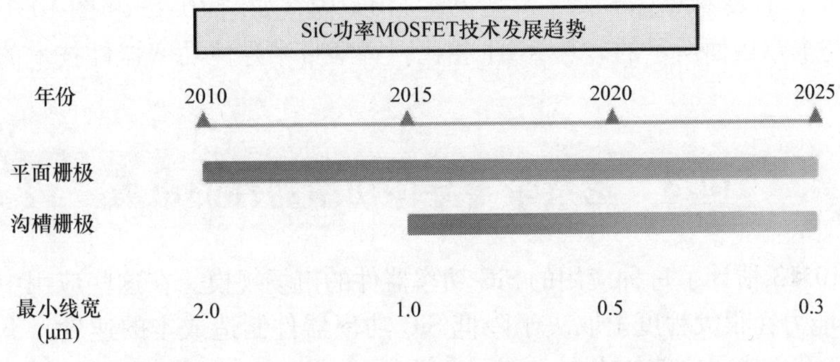

图 10.12　制造 SiC 功率 MOSFET 的技术发展趋势

另一个重要的技术趋势是沟槽栅结构的 SiC 功率 MOSFET 的发展。在 20 世纪 90 年代，硅功率 MOSFET 从平面栅结构逐渐发展到沟槽栅极结构，实现了比导通电阻的显著降低。SiC 功率 MOSFET 的类似发展受到栅极氧化层中防止高电场问题的阻碍。尽管存在这一问题，一些公司在 2015 年已经推出了额定电压 1.2kV 的 SiC 沟槽栅极 MOSFET。与平面栅结构的 $4\sim5\text{m}\Omega\cdot\text{cm}^2$ 相比，可以将这些器件的比导通电阻降低到 $2\text{m}\Omega\cdot\text{cm}^2$ 的范围。

10.4　宽禁带半导体功率器件的应用

SiC 功率器件目前的主要应用包括：①数据中心电源；②可再生能源 - 太阳能和风能；③电动机驱动；④铁路运输；⑤电动和混合电动车辆。这些应用的市场渗透率如图 10.13 所示，并附有每种情况下所需的器件额定电压和电路工作的最高频率。器件制造商已经发布了额定电压为 900V ~ 1.7kV 的产品，用于低功率家用太阳能逆变器和消费级功率因数校正（PFC）电路。具有更高额定电压（ >3.3kV）的器件不足于满足采暖通风、空调和风力发电应用需求。如图所示，由于进入电动汽车应用所需的更严格的资格认证，预计将需要更长的时间。中压电动机驱动市场由于其较高的额定电压和较小的市场规模，发展将会较晚。

GaN 功率器件目前的应用包括：①DC－DC 变换器；②住宅用太阳能逆变器；③手机基站电源；④消费电器中的 PFC；⑤用于电动汽车的充电站。这些应用的市场渗透率如图 10.14 所示，并附有每种情况下所需的器件额定电压和电路工作的最高频率。具有低电压额定值（＜200V）的器件已用于为手机和笔记本电脑供电的低功率 DC－DC 变换器。额定电压为 600V 的器件已成功的商业化用于住宅用小型太阳能发电机。

基于硅基 IGBT 的电力电子已经具有相对较高的效率，从 85% 到 97% 不等。因此，虽然用 SiC 功率 MOSFET 代替硅 IGBT 可以将功率电子器件中的功率损耗降低 50%，但效率增益不大——在 2%～10% 内，如图 10.13 和图 10.14 所示。因此，与本章后面所示的硅基 IGBT 相比，宽禁带半导体功率器件技术的社会影响并不大。

10.5　宽禁带半导体功率器件的市场

图 10.13 估计了每种应用的 SiC 功率器件的市场规模。在这些应用中取代硅 IGBT 的能力在很大程度上取决于降低 SiC 功率器件制造成本的速度。下一节将讨论制造 SiC 功率器件的成本。

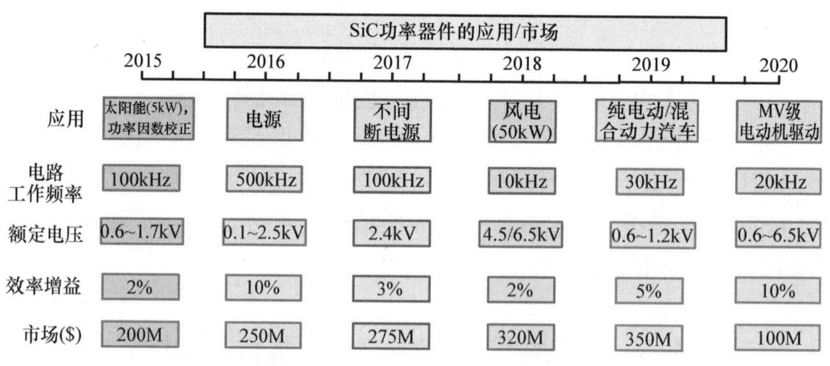

图 10.13　SiC 器件应用需求和市场规模

图 10.14 估计了每种应用的 GaN 功率器件的市场规模。通过在硅晶圆上生长 GaN 来制造功率器件，加速了在这些应用中取代硅 IGBT 的能力。

如图 10.15 所示，对各种应用的宽禁带半导体功率器件市场的增长进行了预测[17]。近期的市场应用是在电源和太阳能（PV）逆变器。随着这些器件在电动和混合电动汽车中的逐步应用，预计市场将大幅增长。

图 10.16 和图 10.17 总结了影响宽禁带半导体功率器件在短期应用和长期应用中渗透率的因素。实现更高的效率是所有应用的一个因素。在许多情况下，如

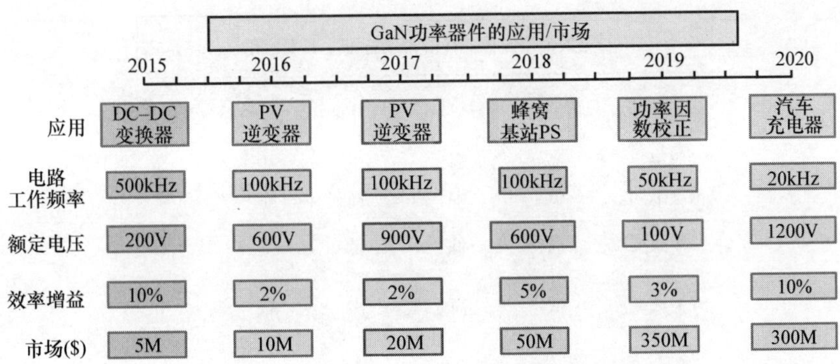

图 10.14　GaN 器件应用需求和市场规模

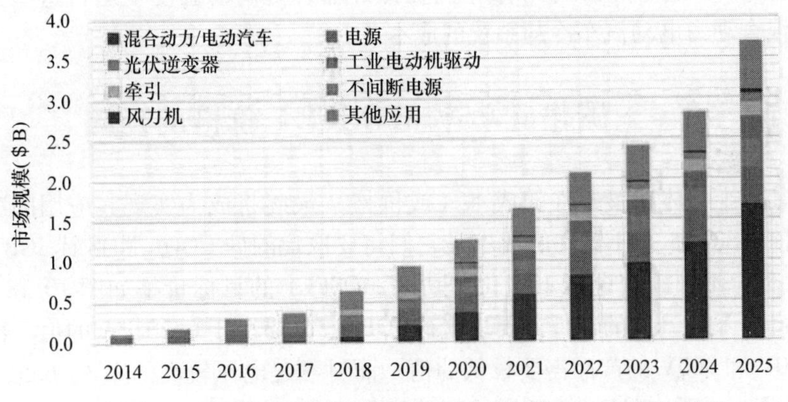

图 10.15　宽禁带半导体功率器件的预计市场增长（彩图见插页）

宽禁带半导体器件的市场标准：短期应用

	电源	不间断电源	太阳能	风能	电机驱动	轨道交通	电动汽车
效率	高	中	高	高	高	中	高
重量/尺寸	中	低	低	中	中	高	高
工作温度	低	中	低	低	高	中	高
开关频率	低	低	低	低	中	中	高
成本	中	高	高	中	中	低	高

图 10.16　短期内决定宽禁带半导体功率器件接受度的市场因素

电动汽车，减轻重量和尺寸是新技术引人注目的特点。通过使用宽禁带半导体功率器件，可以在更高的频率下运行，从而可以减少无源元件（如变压器、电感

宽禁带半导体器件的市场标准：长期应用					
	传感器	加热过程	医学的	测井	无线充电
效率	高	高	中	中	高
重量/尺寸	低	中	高	中	中
工作温度	高	低	低	高	低
开关频率	低	高	高	低	中

图 10.17　长期内决定宽禁带半导体功率器件接受度的市场因素

器和电容器）的重量、尺寸和成本。在比硅器件更高的温度下运行这些器件可以节省混合动力电动汽车冷却系统的成本。

10.6　碳化硅功率 MOSFET 价格的预测

宽禁带半导体功率器件的成本（或价格）最终将成为实现其应用的决定因素。目前，SiC 和 GaN 器件的成本是它们将要取代的硅 COOL MOS 或 IGBT 器件的 3 ~5 倍。不同额定电压下碳化硅功率 MOSFET 的目标价格如图 10.18 所示。对于额定电压 1.2kV 的器件，要取代硅 IGBT，需要小于 0.20$/A 的值。额定电压为 600V 和 900V 的产品需要较低的值，而对额定电压较高的 3.3、6.5、10 和 15kV 的器件，则分别从 0.70$增长到 2.00$、5.00$，以及 15.00$。

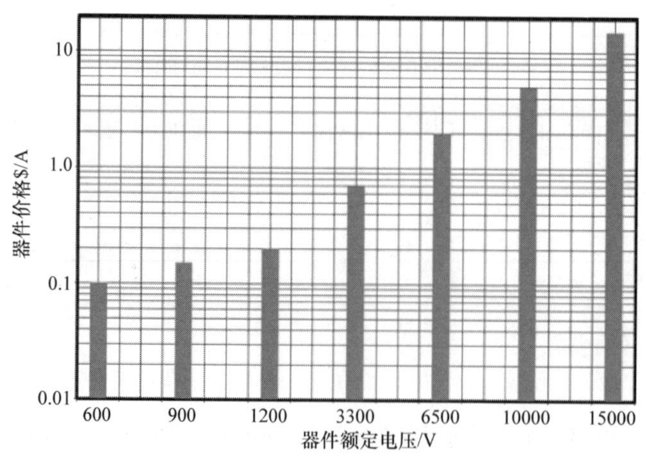

图 10.18　对于不同额定电压的 SiC 功率 MOSFET 的目标价格

图 10.19 以 2.5mm×2.5mm 芯片尺寸为例说明了实现 1.2kV SiC 功率 MOSFET 较低价格目标的策略[18]。方案 1 表示在一个 4in（100mm）代工厂的 SiC 晶圆生产线上制造器件，正如历史上几家公司所做的那样。这导致了 0.54$/A 的相对较高价格，是硅基 IGBT 价格的 5 倍。在方案 2 中，通过使用从过时的硅产品转换为制造 SiC 功率 MOSFET 的商业代工厂，价格可降至 0.26$/A。此外，在方案 3 中，通过将生产转移到 6in（150mm）SiC 晶圆，价格降低到 0.21$/A 是可行的。实现 SiC 功率 MOSFET 价格等于或低于硅基 IGBT 价格的预期目标可以通过方案 4 中的高产量预测来实现。

1.2kV SiC功率MOSFET定价模型(2.5mm×2.5mm芯片)				
	方案1	方案2	方案3	方案4
代工	专门的	商业的	商业的	商业的
晶圆尺寸	100mm	100mm	150mm	150mm
衬底 外延成本	$1200	$1200	$3000	$800
工艺成本	$1800	$700	$700	$500
良率	60%	80%	80%	80%
每张芯片成本	$5.46	$2.60	$2.09	$0.73
每安培成本	$0.27	$0.13	$0.105	$0.037
每安培价格	$0.54	$0.26	$0.21	$0.074

图 10.19 降低 SiC 功率 MOSFET 价格的策略。
价格基于 50% 的毛利率

10.7 宽禁带半导体功率器件的社会影响

第 10.1 节记录了硅 IGBT 对社会的巨大影响。20 世纪 80 年代，硅 IGBT 的可用性使电动机驱动效率提高了 40%、照明效率提高了 75%。由于电力电子技术从模拟控制转变为数字控制，目前的应用效率通常在 90% 以上。这为宽禁带半导体功率器件的效率提高留下了更小的空间。

美国电力研究所和能源部网站预测，在工业电动机驱动器中使用宽禁带半导体功率器件的节能潜力相当于为 100 万户家庭的供电量。美国能源信息管理局（US Energy Information Administration）表示，2016 年，美国家庭的平均年用电量为 10766kWh。工业电动机驱动中使用的宽禁带半导体功率器件每年节省的电量为 108TWh。消费电子和数据中心预计节省的电量估计相当于为 130 万户家庭的供电量，相当于 140TWh。太阳能和风能转换的预计节电量估计相当于向 70 万户家庭提供的电力，相当于76TWh。

橡树岭国家实验室的科学家也估计了潜在的节能效果[17]。他们的数据基于对图10.20中列出的每个应用的详细分析。这些估计值大大低于上一段中的估计值。所有应用的年总节电量为64TWh。根据电动汽车中宽禁带半导体功率器件的应用情况，他们还估计每年可节省10亿加仑汽油能源。

每kWh的电力大约会有1.1lb的二氧化碳排放到地球的大气层中，而燃烧1gal汽油则产生19.4lb的二氧化碳。使用这些值，通过采用宽禁带半导体功率器件，在图10.20中估计每年减少的二氧化碳排放总量为770亿磅。

潜在的能源节约和碳排放减少

	电 (TWh)	汽油 (B gal)	CO_2 (B lb)
数据中心	22	—	20
太阳能/风能	15	—	15
电动机驱动器	20	—	20
铁路	2	—	2
电动汽车	5	1.0	20
总计	64	1.0	77

图10.20 运用宽禁带半导体功率器件每年节省的能源和二氧化碳排放

10.8 小 结

碳化硅和氮化镓功率器件的发展受到了制造具有高阻断电压能力的单极器件的机会的推动。碳化硅JBS整流器和功率MOSFET具有优异的导通态电压降，其阻断电压高达5000V。与硅IGBT相比，这些器件具有较低的开关损耗，能够提高电路的工作频率，从而减少应用中无源元件和滤波器的尺寸。氮化镓高电子迁移率晶体管（HEMT）器件已经商业化，阻断电压为100~600V。与硅器件相比，SiC和GaN器件的应用受到其更高成本的限制。这些器件的较低开关损耗可用于增加电路工作频率，导致采用更小、更便宜的无源元件以抵消较高的器件成本。宽禁带半导体功率器件的使用将通过减少电力和汽油消耗而减少二氧化碳的排放，从而造福社会。

参考文献

[1] B.J. Baliga, The IGBT Device: Physics, Design, and Applications of the Insulated Gate Bipolar Transistor, Elsevier Press, 2015.

[2] B.J. Baliga, Optimum Semiconductors for High Voltage Vertical Channel Field Effect Transistors, GE Class 2 CRD Report no. 79CRD186, November 1979.

[3] B.J. Baliga, Semiconductors for high voltage vertical channel field effect transistors, J. Appl. Phys. 53 (1982) 1759−1764.

[4] B.J. Baliga, et al., Gallium arsenide Schottky power rectifiers, IEEE Trans. Electron Devices Ed-32 (1985) 1130−1134.

[5] P.M. Campbell, et al., Trapezoidal groove Schottky gate vertical channel GaAs FET, in: IEEE International Electron Devices Meeting, Abstract 7.3, 1984, pp. 186−189.

[6] M. Bhatnagar, P.M. McLarty, B.J. Baliga, Silicon carbide high voltage (400 V) Schottky barrier diodes, IEEE Electron Device Lett. EDL-13 (1992) 501−503.

[7] D. Alok, B.J. Baliga, P.K. McLarty, A simple edge termination for silicon carbide with nearly ideal breakdown voltage, IEEE Electron Device Lett. EDL-15 (1994) 394−395.

[8] B.J. Baliga, The pinch rectifier: a low forward voltage drop high speed power diode, IEEE Electron Device Lett. 5 (1984) 194−196.

[9] F. Dahlquist, et al., "A 2.8 kV JBS diode with low leakage", silicon carbide and related materials − 1999, Mater. Sci. Forum 338−342 (2000) 1179−1182.

[10] B.J. Baliga, Critical nature of oxide/interface quality for SiC power devices, Microelectron. Eng. 28 (1995) 177−184.

[11] B.J. Baliga, Silicon Carbide Switching Device with Rectifying Gate, U.S. Patent 5,396, 085, Issued March 7, 1995.

[12] P.M. Shenoy, B.J. Baliga, High voltage planar 6H-SiC ACCUFET, IEEE Electron Device Lett. 18 (1997) 589−591.

[13] B.J. Baliga, M. Bhatnagar, Method of Fabricating Silicon Carbide Field Effect Transistor, U.S. Patent 5,322,802, Issued June 21, 1994.

[14] A.K. Agarwal, et al., 1.1 kV 4H-SiC SiC power UMOSFETs, IEEE Electron Device Lett. 18 (1997) 586−588.

[15] Y. Li, J.A. Cooper, M.A. Capano, High voltage (3 kV) UMOSFETs in 4H-SiC, IEEE Trans. Electron Devices 49 (2002) 972−975.

[16] B.J. Baliga, Power Semiconductor Devices having improved High Frequency Switching and Breakdown Characteristics, U.S. Patent 5,998,833, Issued December 7, 1999.

[17] K. Armstrong, S. Das, L. Marlino, Wide Bandgap Semiconductor Opportunities in Power Electronics, Oak Ridge National Laboratory Report, December 2016.

[18] A. Agarwal, et al, Wide Bandgap Power Devices and Applications: The U.S. Initiative, in: European Solid State Device Research Conference, 2016, pp. 206−209.

Wide Bandgap Semiconductor Power Devices: Materials, Physics, Design, and Applications, 1st edition B. Jayant Baliga
ISBN: 9780081023068

《宽禁带半导体功率器件——材料、物理、设计及应用》（杨兵译）
ISBN：978-7-111-73693-6

北京市版权局著作权合同登记图字：01-2022-6468 号。

图书在版编目（CIP）数据

宽禁带半导体功率器件：材料、物理、设计及应用/（美）贾扬·巴利加（B. Jayant Baliga）等著；杨兵译. —北京：机械工业出版社，2023. 10
（半导体与集成电路关键技术丛书. 微电子与集成电路先进技术丛书）
书名原文：Wide Bandgap Semiconductor Power Devices：Materials，Physics，Design，and Applications
ISBN 978-7-111-73693-6

Ⅰ. ①宽…　Ⅱ. ①贾… ②杨…　Ⅲ. ①禁带－半导体器件－研究
Ⅳ. ①TN303

中国国家版本馆 CIP 数据核字（2023）第 154403 号

机械工业出版社（北京市百万庄大街 22 号　邮政编码 100037）
策划编辑：江婧婧　　　　　责任编辑：江婧婧　刘星宁
责任校对：张晓蓉　梁　静　封面设计：鞠　杨
责任印制：常天培
北京机工印刷厂有限公司印刷
2024 年 1 月第 1 版第 1 次印刷
169mm × 239mm · 21. 75 印张 · 8 插页 · 419 千字
标准书号：ISBN 978-7-111-73693-6
定价：149. 00 元

电话服务	网络服务
客服电话：010-88361066	机　工　官　网：www. cmpbook. com
010-88379833	机　工　官　博：weibo. com/cmp1952
010-68326294	金　　书　　网：www. golden-book. com
封底无防伪标均为盗版	机工教育服务网：www. cmpedu. com

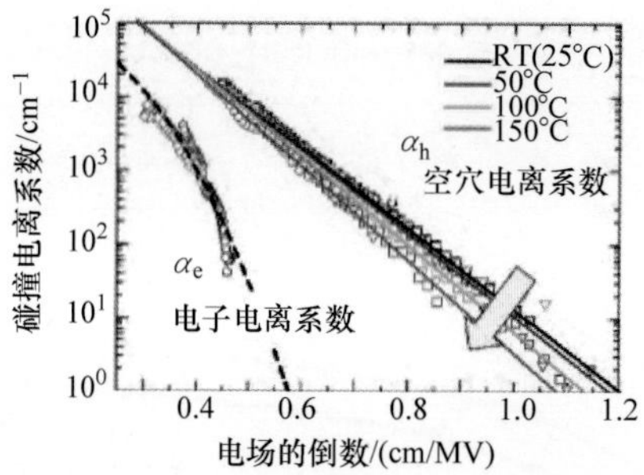

图 2.10　不同温度下 SiC 中电子和空穴沿 c 轴的碰撞电离系数与电场强度倒数的关系[24]

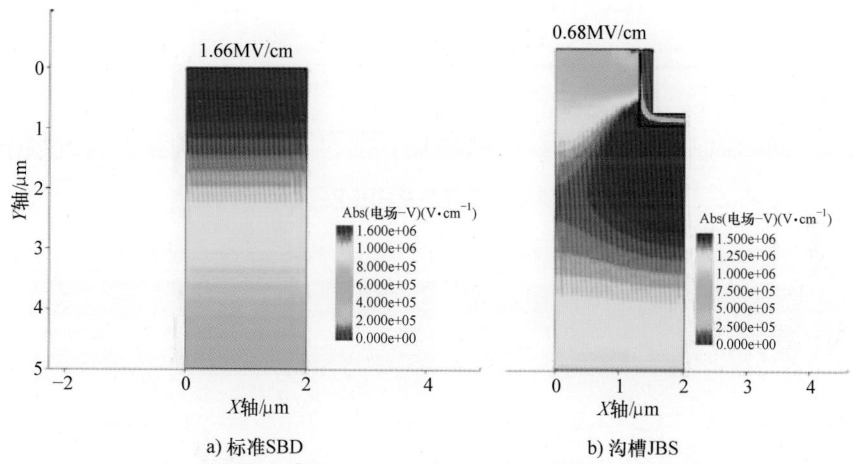

图 4.6　$V_{ak}=-600V$ 时漂移层的电场分布仿真结果。该结果是本章作者在参考文献［27］中描述的器件结构计算得到的

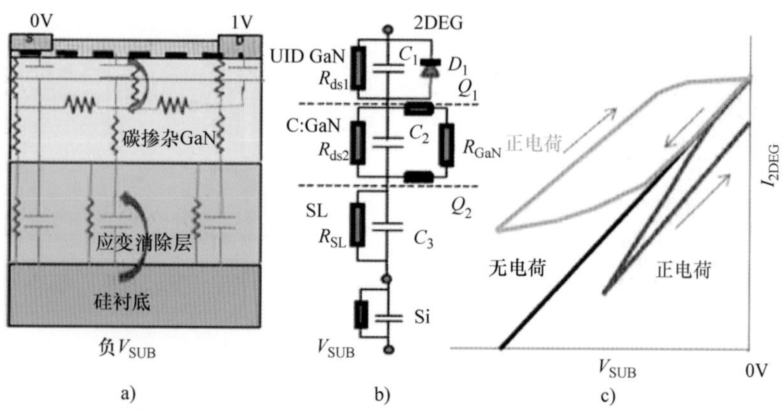

图 5.38　a）衬底偏压斜坡测量结构，以及 b）一维集总元件表示。
c）电流与电压斜坡曲线示意图。绿线表示通过 UIDGaN 的泄漏电流，红线表示通过 SRL[100]

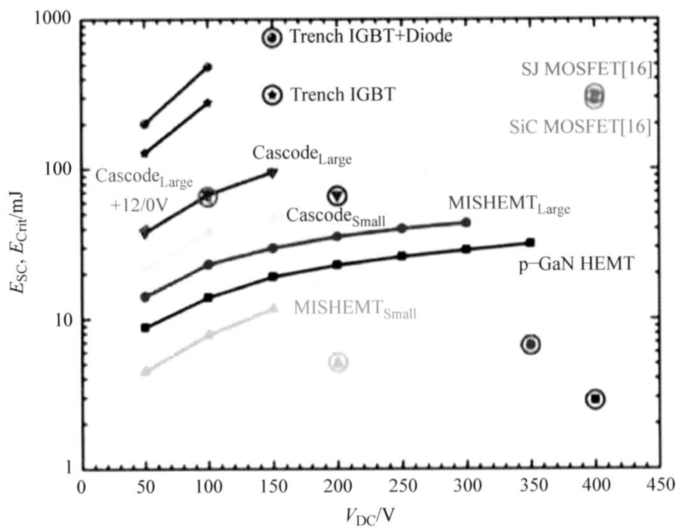

图 5.39　测量的各种横向混合和单片 GaN 功率 HEMT，以及 Si IGBT 和 SiC MOSFET 耗散能量和临界能量的比较[111]

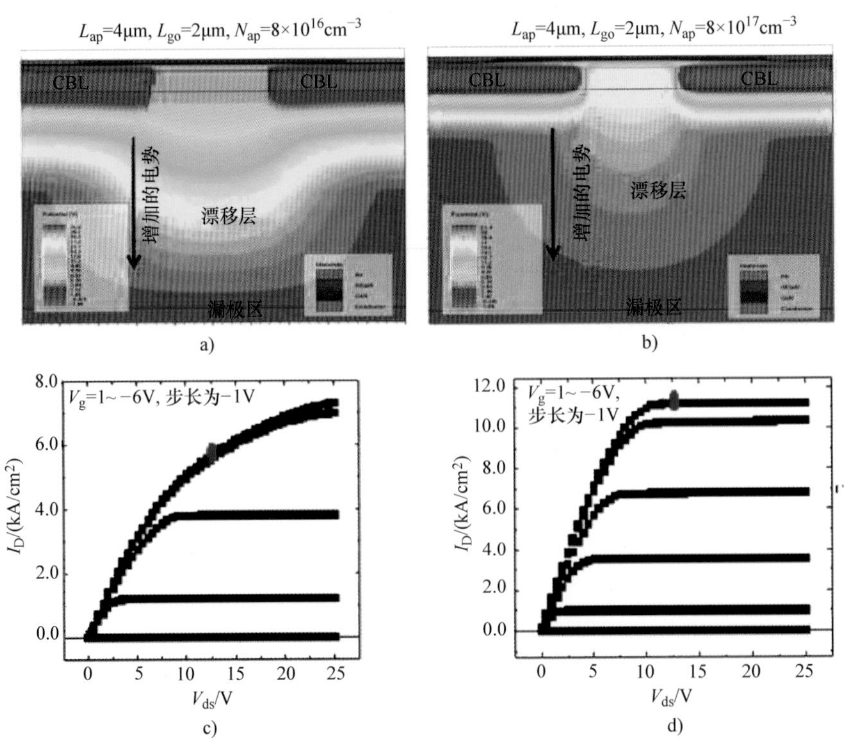

图 6.9　a）用 Silvaco ATLAS 仿真的带有电阻孔径的 CAVET。b）a）中的 CAVET 随着孔径的电导率增加。从 c）中的 $I-V$ 曲线可以看出，带电阻孔径的 CAVET 会导致缓慢饱和。随着孔径区域的电阻减小，电流的饱和如 d）所示。电压分布如上述仿真的等电位线所示。图中的红点表示拍摄上述照片时的偏置条件。来源于文献［17］

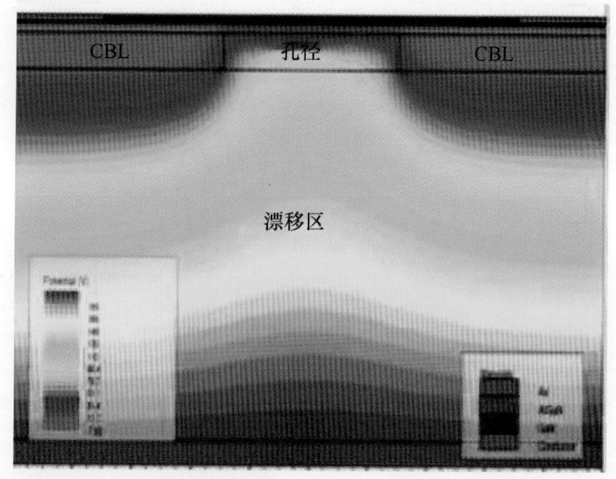

图 6.11　关断态下 CAVET 中的等电位线，显示了在漂移区上的大部分电压降

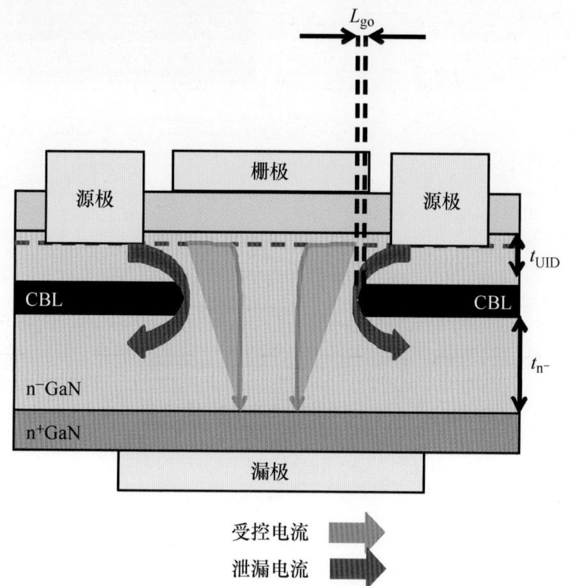

图 6.15　CAVET 中的 3 条关键泄漏路径：（1）通过 CBL，（2）未调制电子，（3）栅极泄漏。来源于文献 [17]

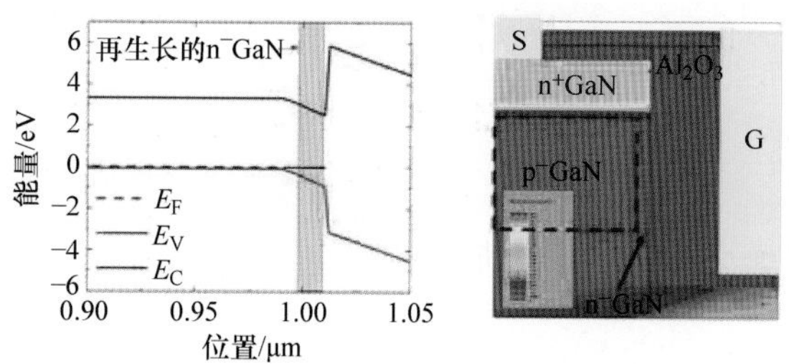

图 6.25　关断态下 OGFET 的能带图和电子分布 [19]

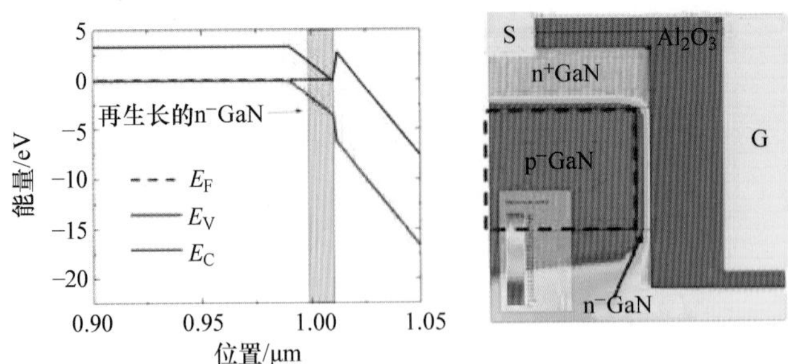

图 6.27　导通态下 OGFET 的能带图和电子分布 [19]

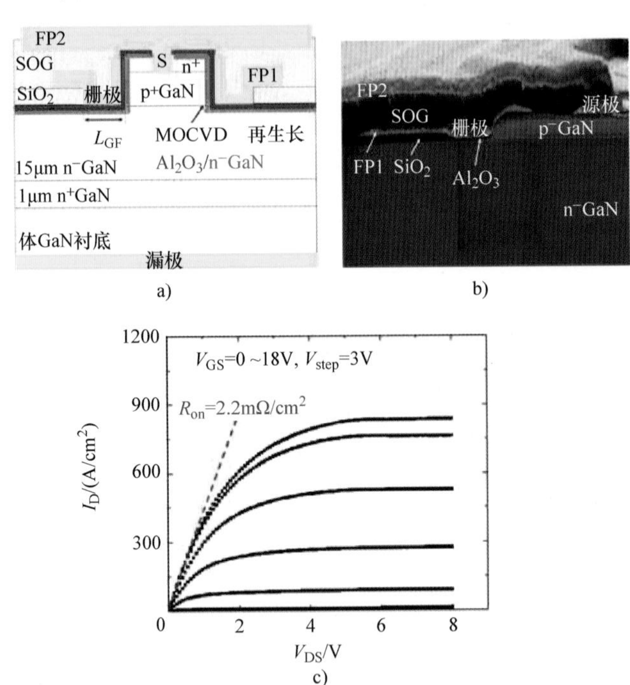

图 6.28　a）Ji 等人在 2017 IEDM 上报告的双电场板 OGFET，及其横截面 SEM 图如 b）所示。c）制造的单个晶胞 OGFET 的 $I-V$ 特性，饱和电流密度为 850A/cm^2，$R_{on,sp}$ 为 2.2mΩ/cm^2。来源于文献 [31]

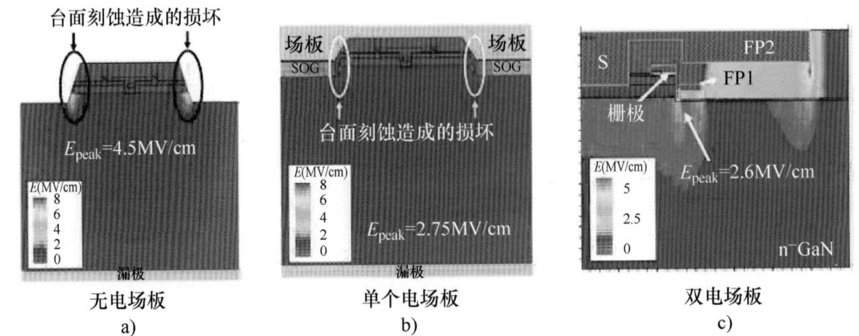

图 6.37　分别用 0、1、2 个电场板仿真的 OGFET 来管理 p－n 结中出现的峰值电场，显示了电场板在降低峰值电场中的作用。来源于文献 [31]

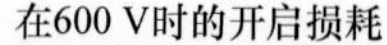

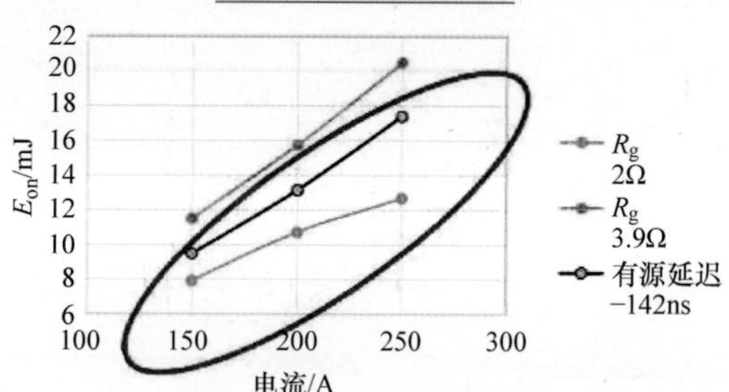

图 7.21　在 600V 时开启的开关损耗

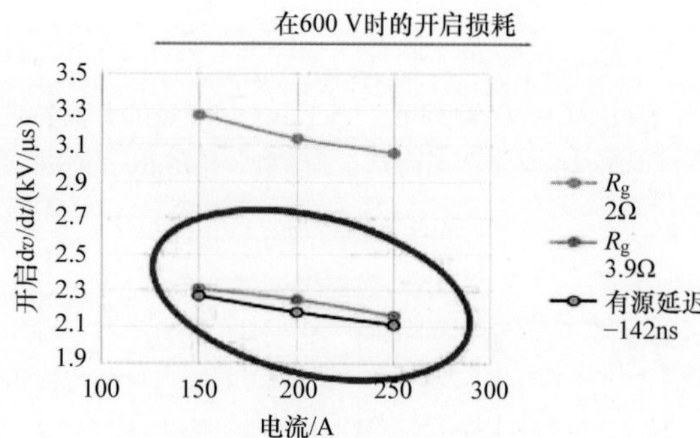

图 7.22　在 600V 时开启 dv/dt

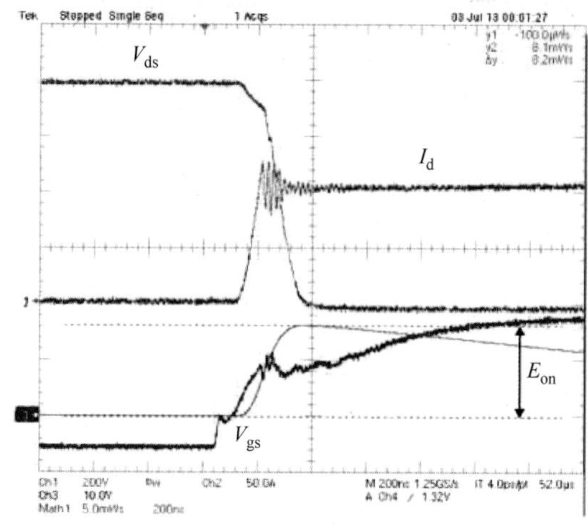

图 7.25　在 $R_g = 15\Omega$、$T_j = 400K$ 和 $E_{on} = 8.2mJ$ 时测量的开启特性，刻度：V_{ds}：200V/div，I_d：50A/div，V_{gs}：10V/div，能量：5mJ/div，时间：200ns/div

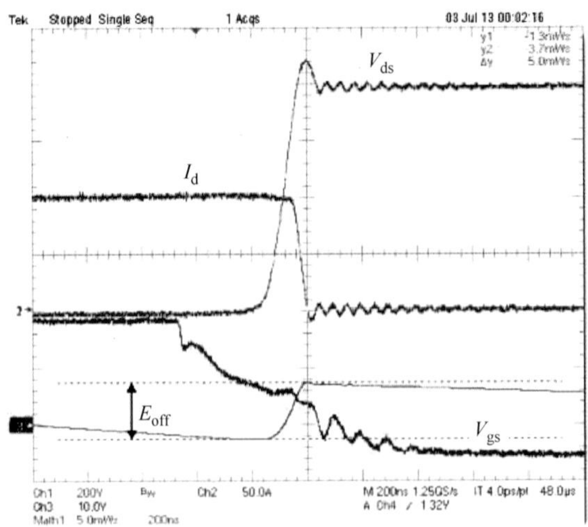

图 7.26 在 $R_g = 15\Omega$、$T_j = 400K$ 和 $E_{on} = 5.12mJ$ 时测量的开启特性，刻度：V_{ds}：200V/div，I_d：50A/div，V_{gs}：10V/div，能量：5mJ/div，时间：200ns/div

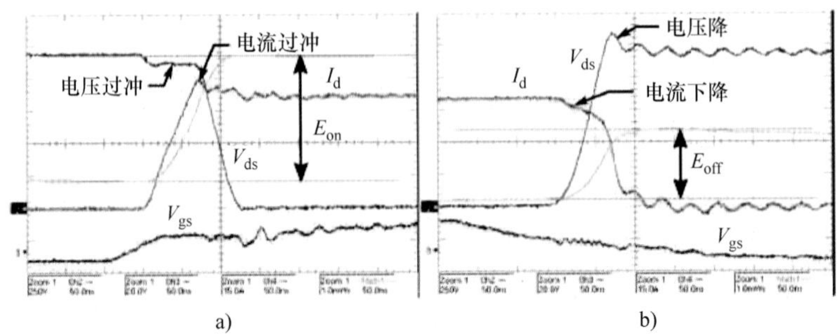

图 7.28 在 $R_g = 20\Omega$、$T_j = 400K$、$E_{on} = 3.88mJ$、$E_{off} = 2.16mJ$ 时测量的 SiC MOSFET 的开关特性，刻度：V_{ds}：250V/div，I_d：15A/div，V_{gs}：20V/div，能量：5mJ/div，时间：20ns/div。a）开启和 b）关断

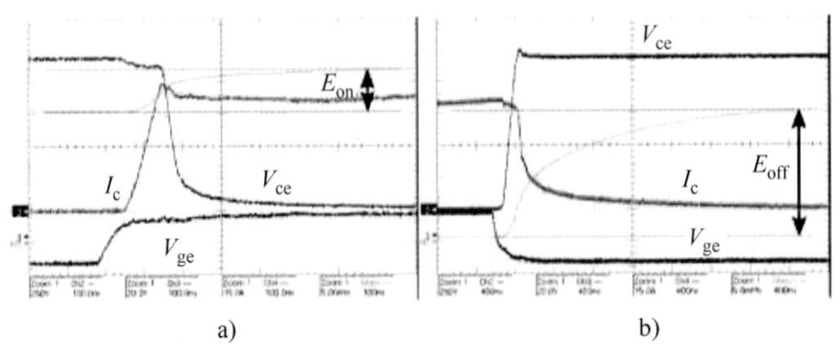

图 7.29 在 $R_g = 5\Omega$、$T_j = 400K$、$E_{on} = 6.6mJ$、$E_{off} = 19.8mJ$ 时测量的 IGBT 的开关特性，刻度：V_{ds}：250V/div，I_d：15A/div，V_{gs}：20V/div，能量：5mJ/div，时间：20ns/div。a）开启和 b）关断

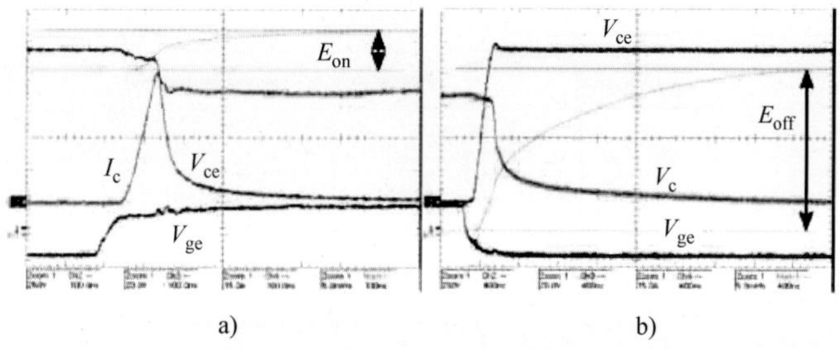

图 7.30　在 $R_g = 5\Omega$、$T_j = 400K$、$E_{on} = 6.1mJ$、$E_{off} = 25.2mJ$ 时测量的 BiMOSFET 的开关特性，刻度：V_{ds}：250V/div，I_d：15A/div，V_{gs}：20V/div，能量：5mJ/div，时间：20ns/div。a）开启和 b）关断

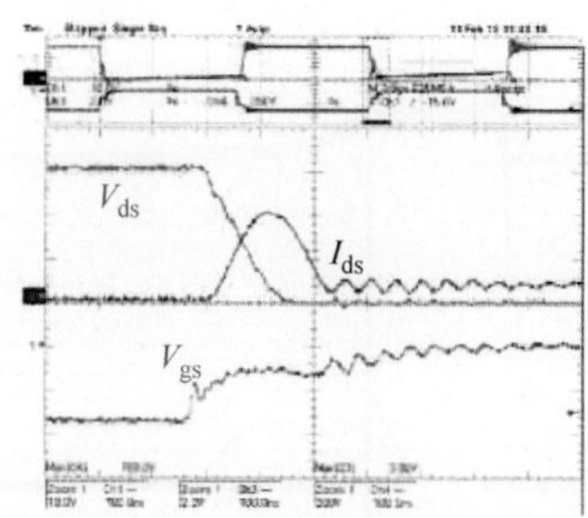

图 7.32　放大的开关波形：$V_{dc} = 600V$，$R_g = 0\Omega$。刻度：V_{ds}：200V/div，I_{ds}：40A/div，V_{gs}：10V/divs。在零外部栅极电阻的情况下，JFET 开关的开启和关断损耗分别为 1.3mJ 和 1.9mJ

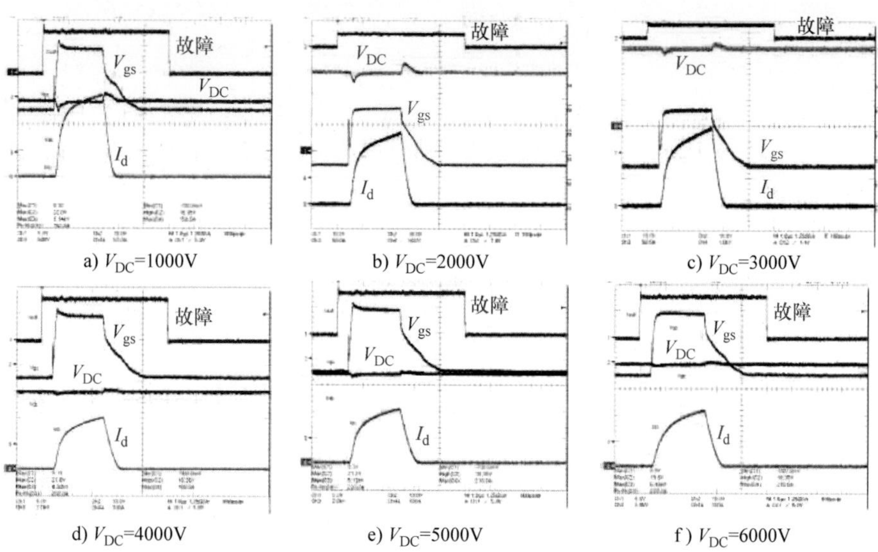

图 7.57　不同 DC 总线电压下短路保护的实验结果。产生 4μs 的故障。检测到短路故障信号后，栅极驱动器在 2.4μs 内响应。V_{DC}：a），b）500V/div；c）1kV/div；d），e），f）2kV/div。I_d：a），b），c）50A/div；c），d），e）100A/div。V_{gs}：10V/div；时间尺度：1μs/div；故障活动持续时间：4μs[25]

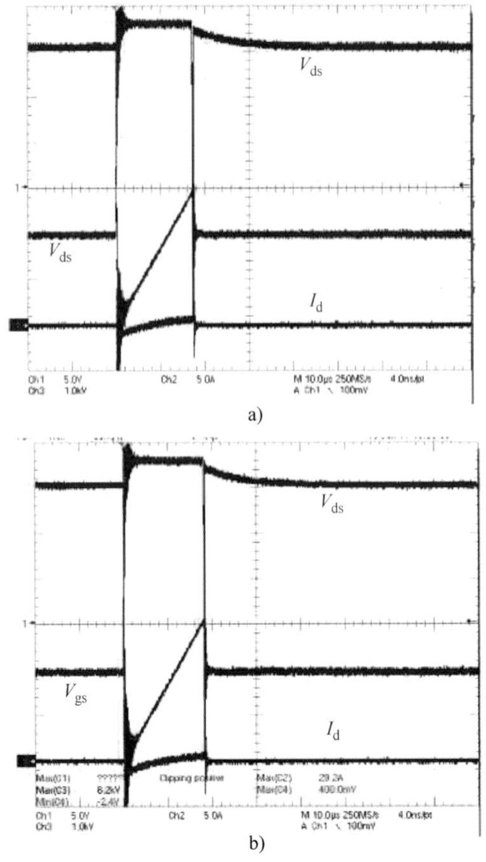

图 7.59　在 a）$T_J = 25°C$ 和 b）$T_J = 150°C$ 时启用短路保护的 6kV DC 总线单脉冲运行的实验结果。栅极驱动器即使在 150°C 下也不会在 15A 电流下跳闸，从而确保 10kV、10A SiC MOSFET 所需的不间断连续运行。V_{gs}：5V/div；V_{ds}：1kV/div；时间尺度：10μs/div[25]

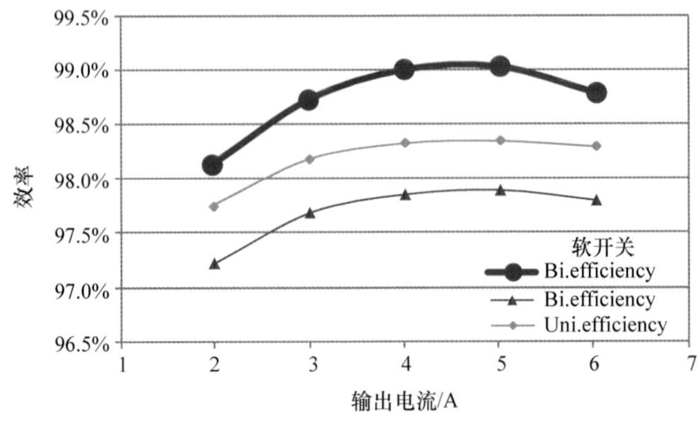

图 8.2　变换器效率（绿线：CCM 硬开关，GaN 肖特基二极管作为底部开关；蓝线：CCM 硬开关，级联 GaN HEMT 作为底部开关；红线：CRM 软开关，级联 GaN HEMT 作为顶部和底部开关）。CCM，连续电流模式；GaN，氮化镓；CRM，临界模式

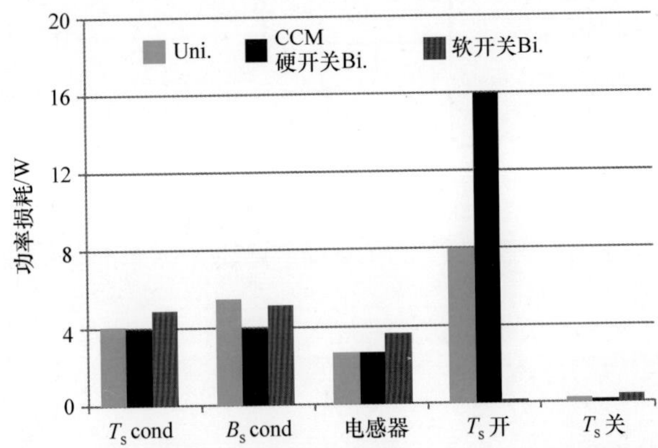

图 8.3　降压变换器在 6A 输出电流条件下的损耗击穿（绿色条：CCM 硬开关，GaN 肖特基二极管作为底部开关；蓝色条：CCM 硬开关，级联 GaN HEMT 作为底部开关；红色条：CRM 软开关，级联 GaN HEMT 作为顶部和底部开关）。CCM，连续电流模式；GaN，氮化镓；CRM，临界模式

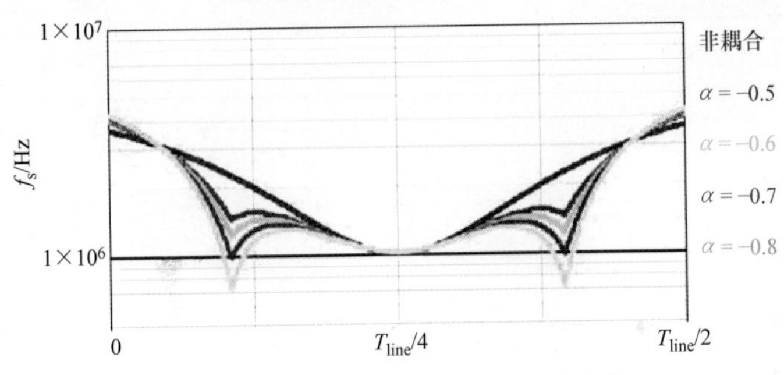

图 8.23　半线周期过程中开关频率变化

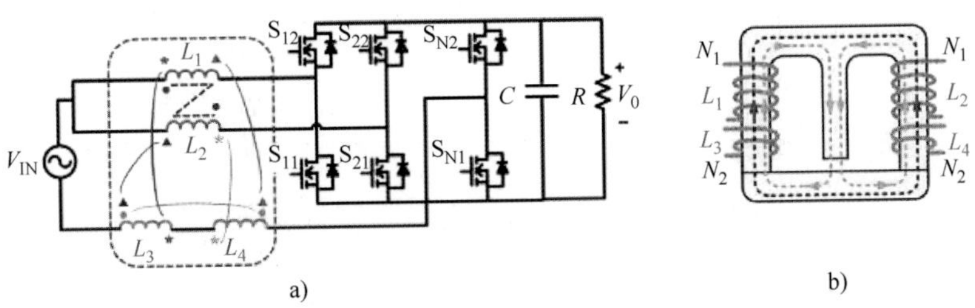

图 8.28　带耦合电感的交错图腾柱 PFC 变换器平衡技术的改进。

a）电路结构和 b）磁性结构。PFC，功率因数校正

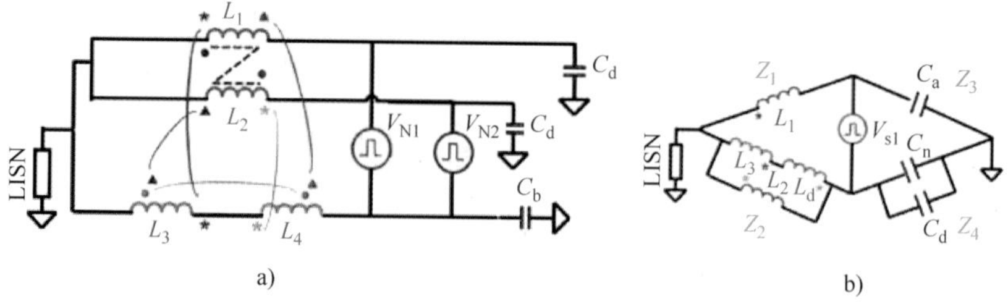

图 8.29　CM（共模）噪声的等效电路。a）CM 噪声模型和 b）单个电压源的影响。CM 为共模

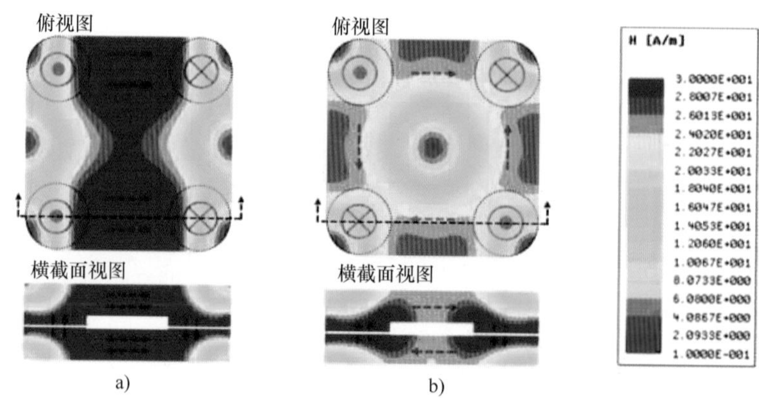

图 8.40　提出的两种矩阵变压器结构的磁通分布比较。a）结构 1。b）结构 2

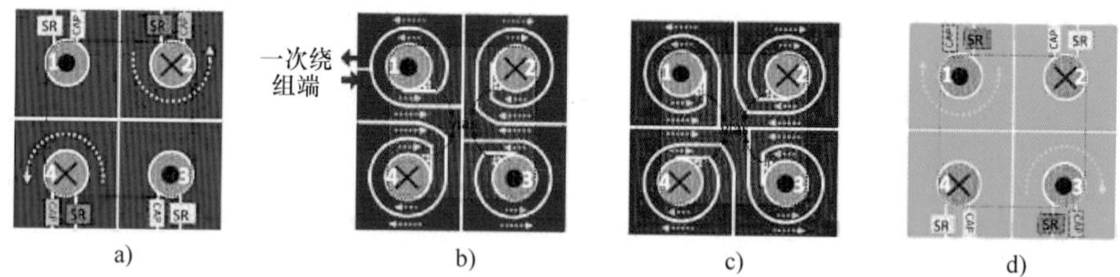

图 8.41　提出矩阵变压器结构的绕组排列方式 2。a）二次绕组的第 1 层。b）一次绕组的第 2 层。c）一次绕组的第 3 层。d）二次绕组的第 4 层

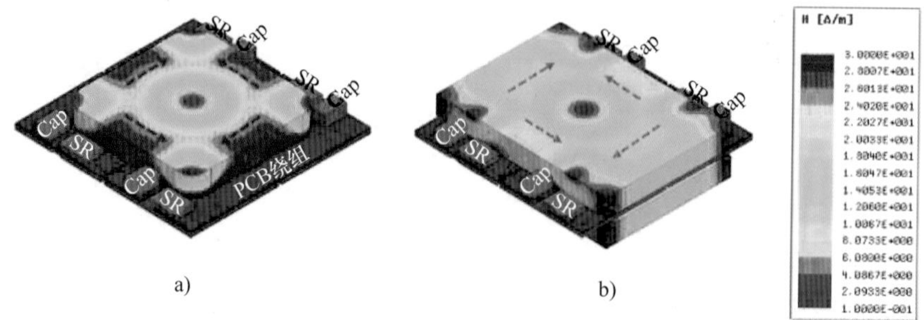

图 8.42　提出的改进磁心损耗降低的结构 2。a）改进前。b）改进后

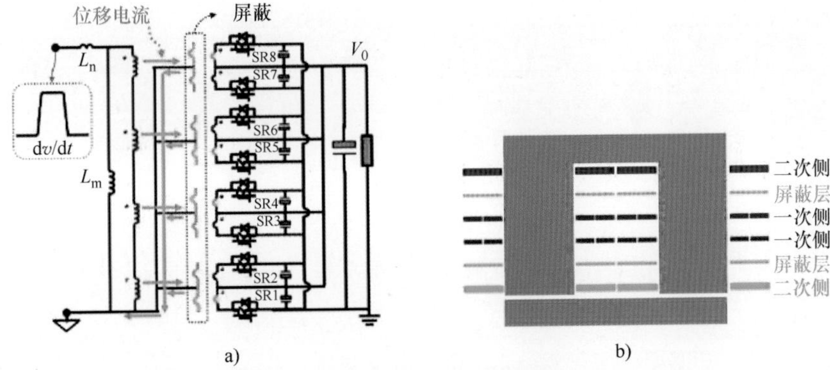

图 8.43　带有 2 个屏蔽层的 PCB 绕组的矩阵变压器。a）示意图。b）横截面图。PCB，印制电路板

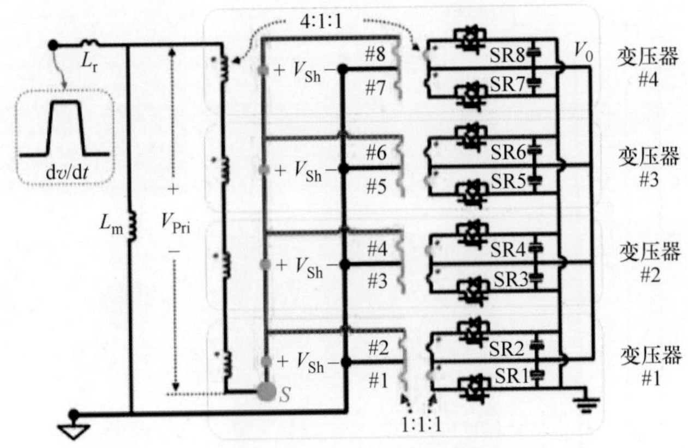

图 8.44　采用提出的屏蔽层结构的矩阵变压器示意图

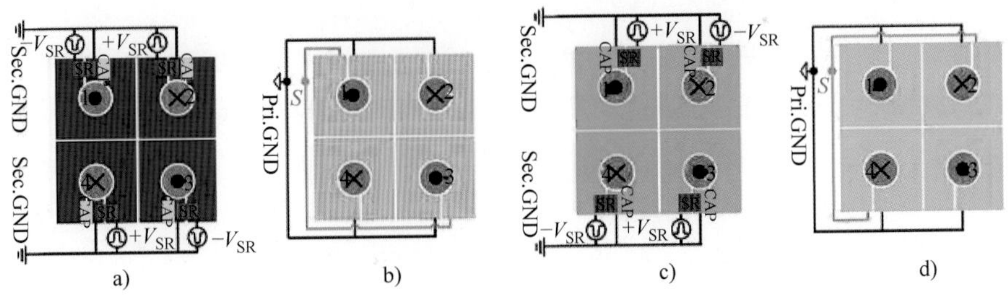

图 8.45　提出屏蔽层利用 PCB 绕组实现。a）二次绕组的第 1 层。b）屏蔽的第 2 层。c）二次绕组的第 6 层。d）屏蔽的第 5 层。PCB，印制电路板

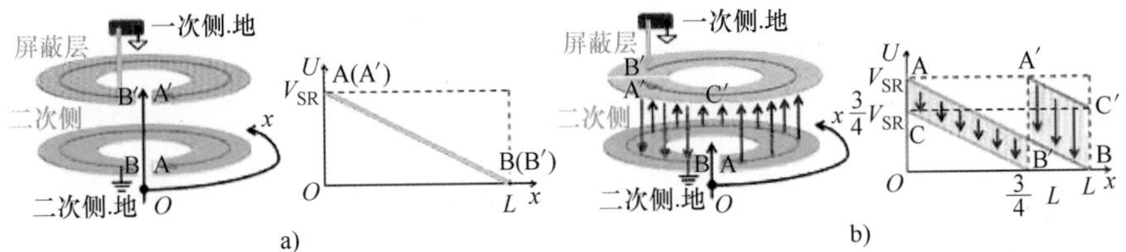

图 8.46　二次绕组和屏蔽层上的电位。a）屏蔽层与二次绕组相同。b）屏蔽层旋转 270°

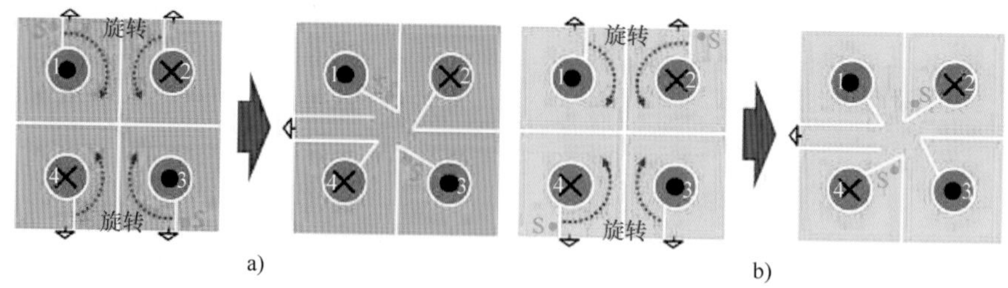

图 8.47　旋转屏蔽层。a）第 2 层。b）第 5 层

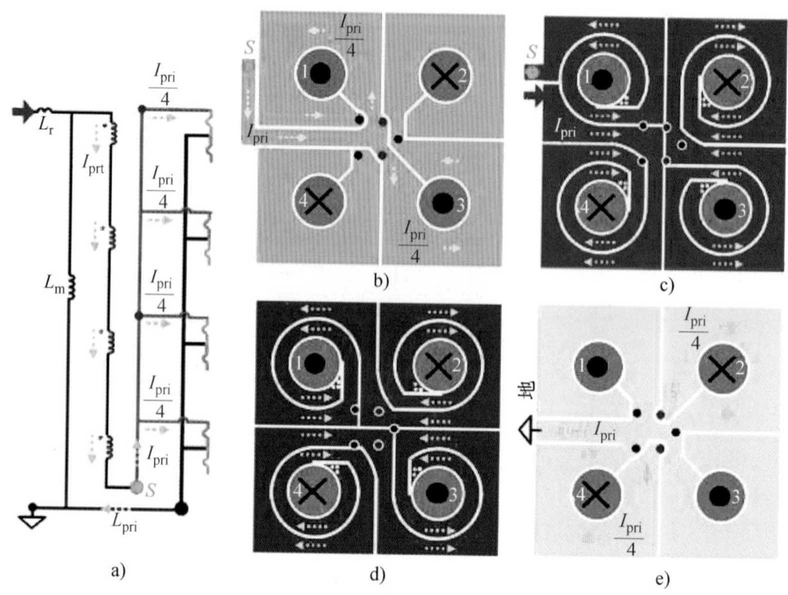

图 8.48　提出的旋转屏蔽的 PCB 绕组实现。a）示意图。b）屏蔽的第 2 层。c）一次绕组的第 3 层。d）一次绕组的第 4 层。e）屏蔽的第 5 层。PCB，印制电路板

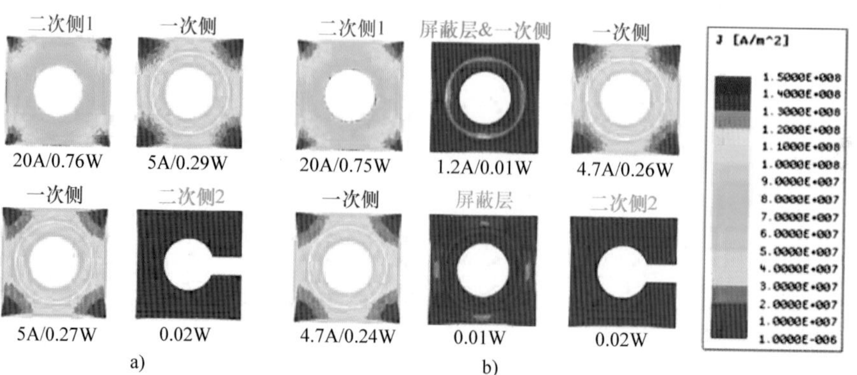

图 8.49　绕组损耗的仿真。a）无屏蔽层。b）有屏蔽层

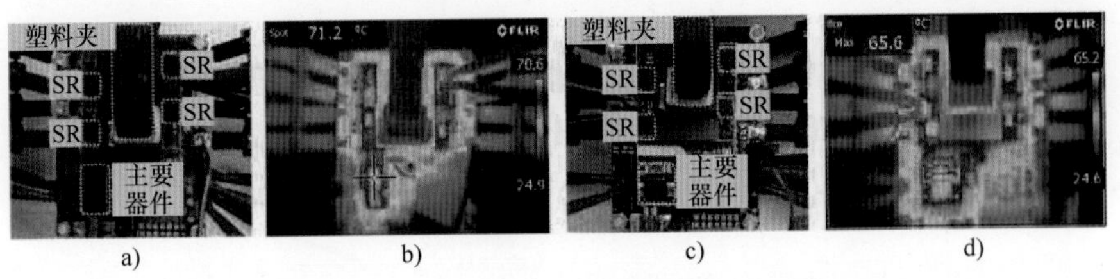

图 8.53　满载下的热测试。a）无屏蔽层的样机设置。b）有屏蔽层的样机设置。c）无屏蔽层的热图像。d）有屏蔽层的热图像

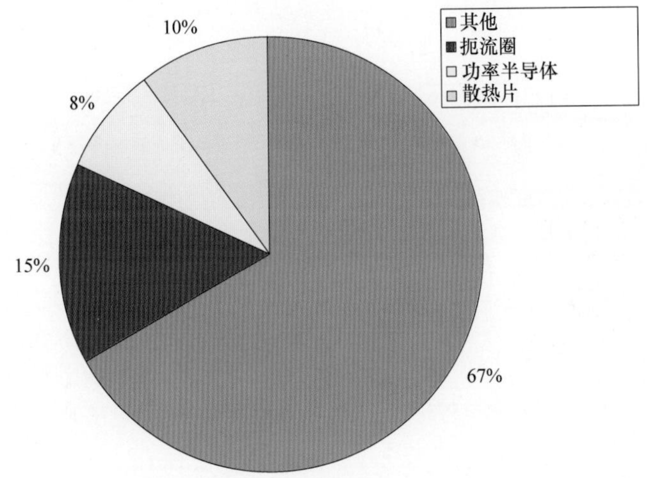

图 9.3　带有 IGBT 和 16kHz 开关频率的 5kVA 三相光伏逆变器的相关成本 [1]

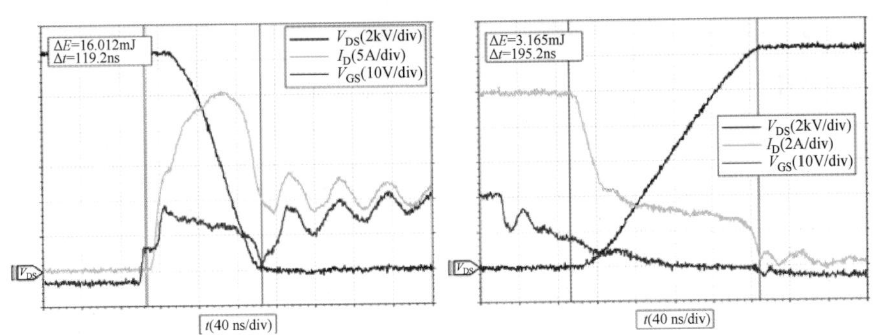

图 9.22　V_{DS} = 12kV、I_D = 10A、R_G = 6.8Ω 时 15kV MOSFET（JBS 二极管整流）的开启和关断转换 [16]

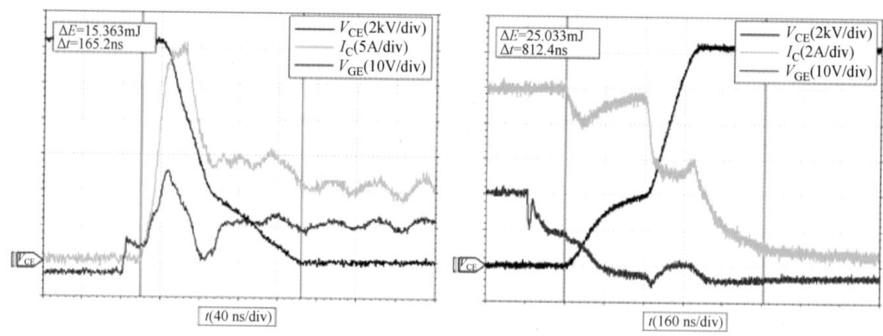

图 9.23　V_{CE} = 12kV、I_C = 10A、R_G = 6.8Ω 时 15kV IGBT 的开启和关断转换[16]

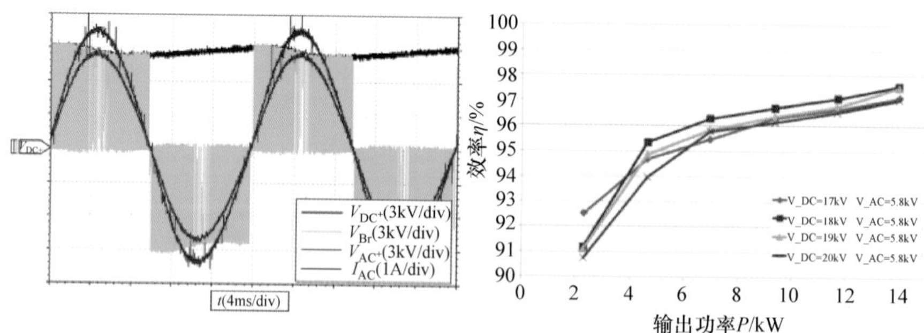

图 9.28　单相运行时的正 DC 链路电压 V_{DC^+}、桥电压 V_{Br}、

输出电压 V_{AC^+} 和输出电流 I_{AC}（左）以及逆变器在不同 DC 电压下的效率[14]

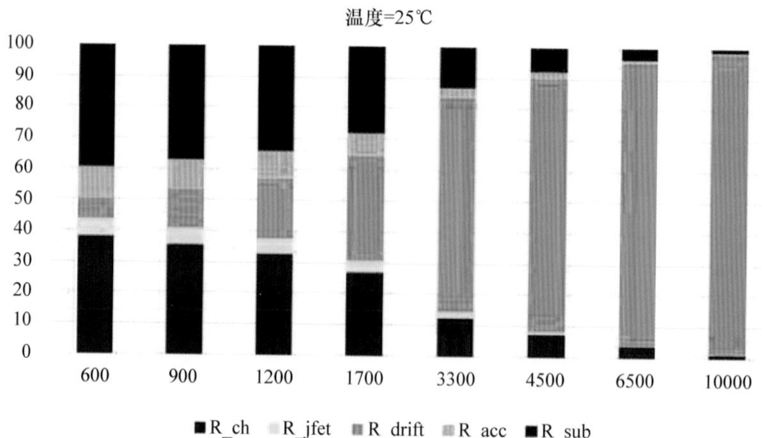

图 10.8　25℃ 下电阻对不同额定电压的 SiC 功率 MOSFET 的贡献

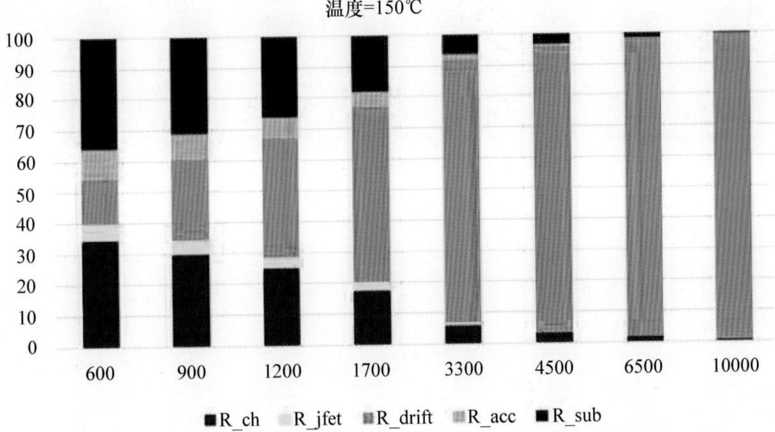

图 10.9　150℃ 下不同额定电压的 SiC 功率 MOSFET 的电阻贡献

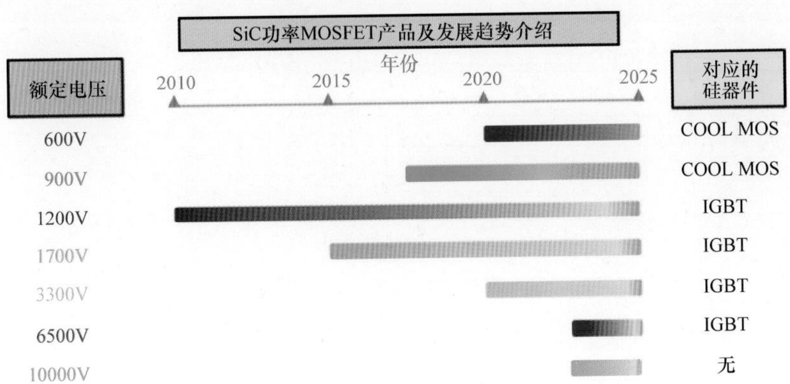

图 10.10　按额定电压划分的 Sic 功率 MOSFET 市场介绍

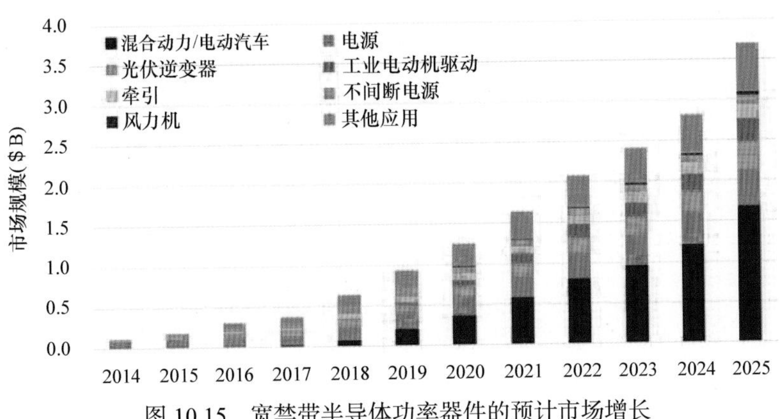

图 10.15　宽禁带半导体功率器件的预计市场增长